SUPER SIMPLE

화학

KB212119

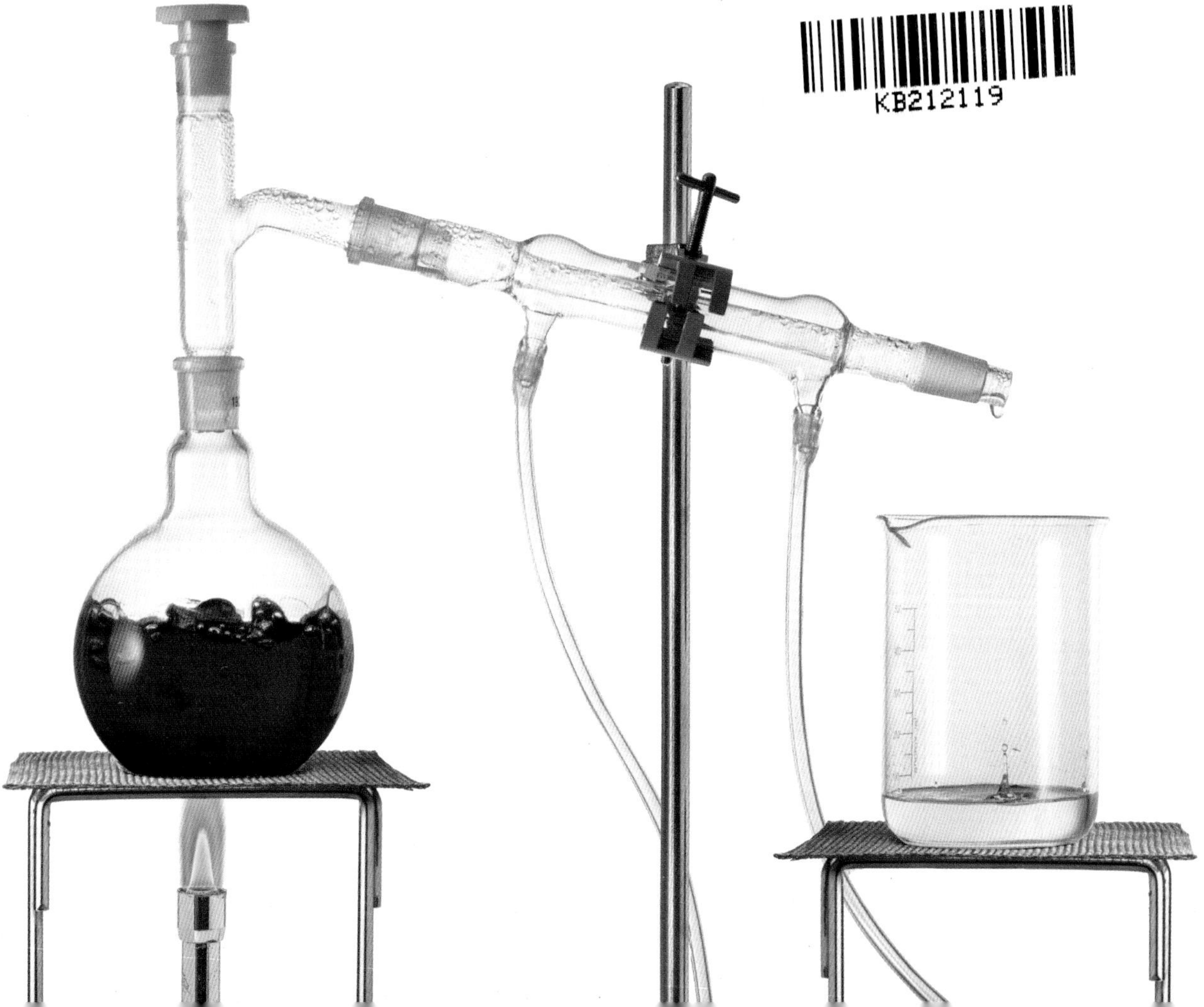

Original title: Super Simple Chemistry: The Ultimate Bitesize Study Guide
Copyright © 2020 Dorling Kindersley Limited
A Penguin Random House Company
www.dk.com

이 책의 한국어판 저작권은 Dorling Kindersley(DK)와 독점 계약한 도서출판 북스힐에 있습니다.
저작권법에 의하여 한국 내에서 보호를 받는 저작물이므로 무단전재와 무단복제를 금합니다.

SUPER SIMPLE 03 **화학**

초판 1쇄 인쇄 | 2024년 9월 1일
초판 1쇄 발행 | 2024년 9월 5일

지은이 | DK 슈퍼 심플 편집위원회
옮긴이 | 김현호, 박은서
펴낸이 | 조승식
펴낸곳 | 도서출판 북스힐
등록 | 1998년 7월 28일 제22-457호
주소 | 서울시 강북구 한천로 153길 17
전화 | 02-994-0071
팩스 | 02-994-0073
인스타그램 | @bookshill_official
블로그 | blog.naver.com/booksgogo
이메일 | bookshill@bookshill.com

ISBN 979-11-5971-604-1
정가 18,000원

• 잘못된 책은 구입하신 서점에서 교환해 드립니다.

DK 북스힐

SUPER SIMPLE 03

화학

차례

과학적 방법

화학의 기초

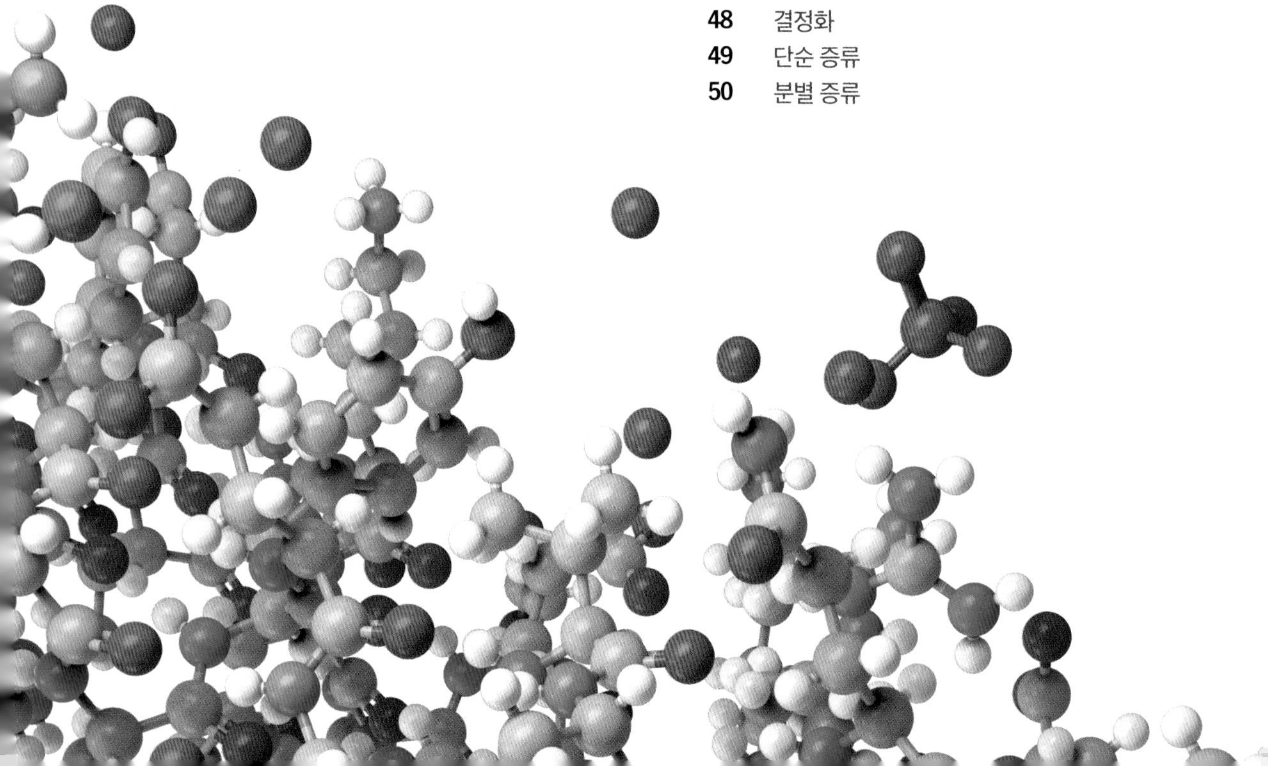

원소

구조 및 결합

물질의 상태

나노 과학 및 지능형 소재

정량 분석

산의 화학

금속과 반응성

에너지 변화

반응 속도와 화학 평형

유기 화학

화학 분석

지구와 화학

여러 가지 자원

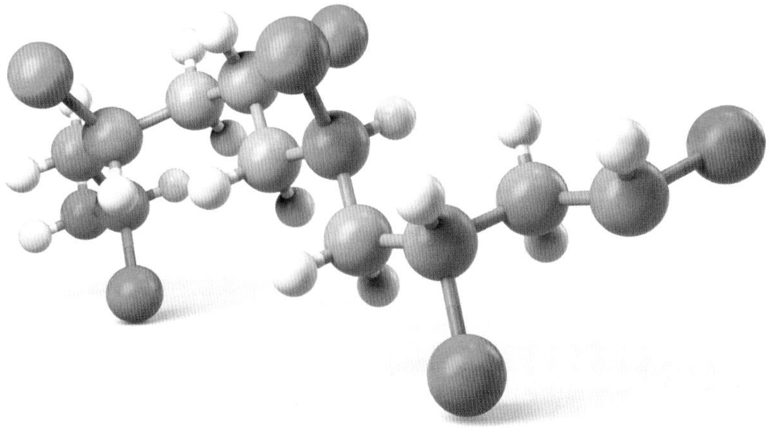

과학적 방법

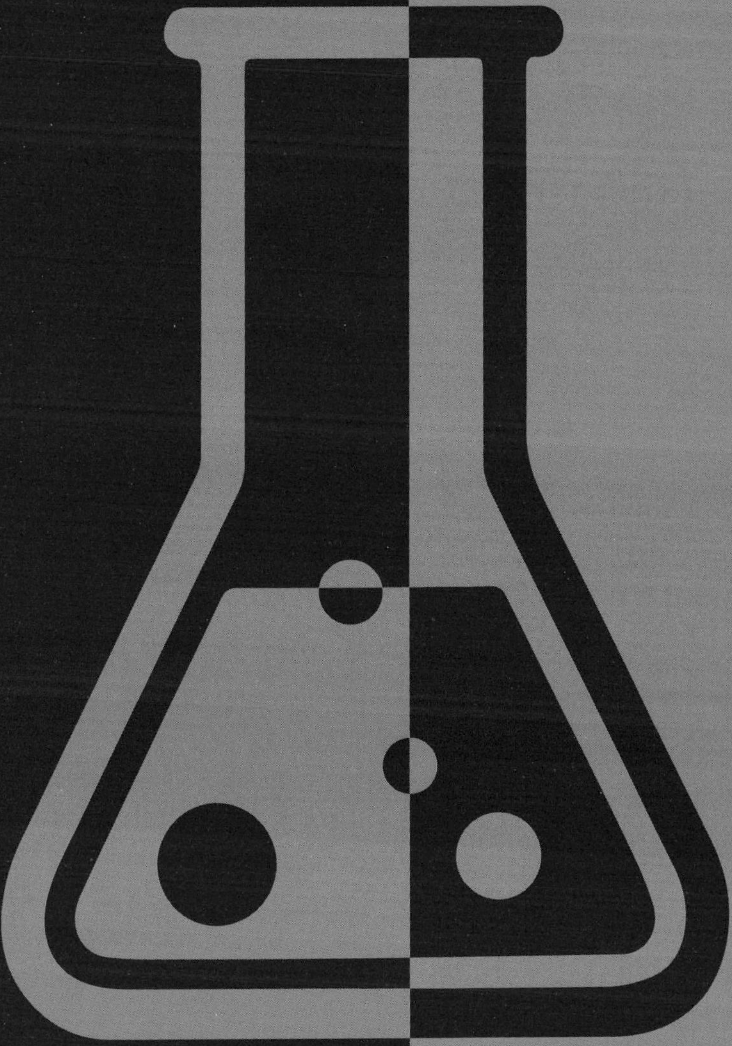

과학 연구 방법

과학자들은 어떤 일이 일어나는 이유와 방법에 대해 설명하고자 한다. 예를 들어 두 원소가 어떻게 반응하는지, 또는 원자들이 어떻게 결합하는지 연구한다. 이를 위해 몇 가지 단계를 거쳐 논리적으로 사고하는데, 이를 과학적 방법이라고 한다. 이 방법은 화학뿐만 아니라 생물학과 물리학을 포함한 모든 과학 분야에서 사용한다.

핵심 요약

- ✓ 과학자는 연구 문제를 해결하기 위해 검증 가능한 가설을 세운다.
- ✓ 과학자는 실험 중에 어떤 일이 일어날지 예측한다.
- ✓ 실험 결과가 가설에 부합한다면 가설은 사실로 받아들여질 수 있다.
- ✓ 과학자의 연구 결과는 언론에 의해 왜곡되어 전달될 수 있다.

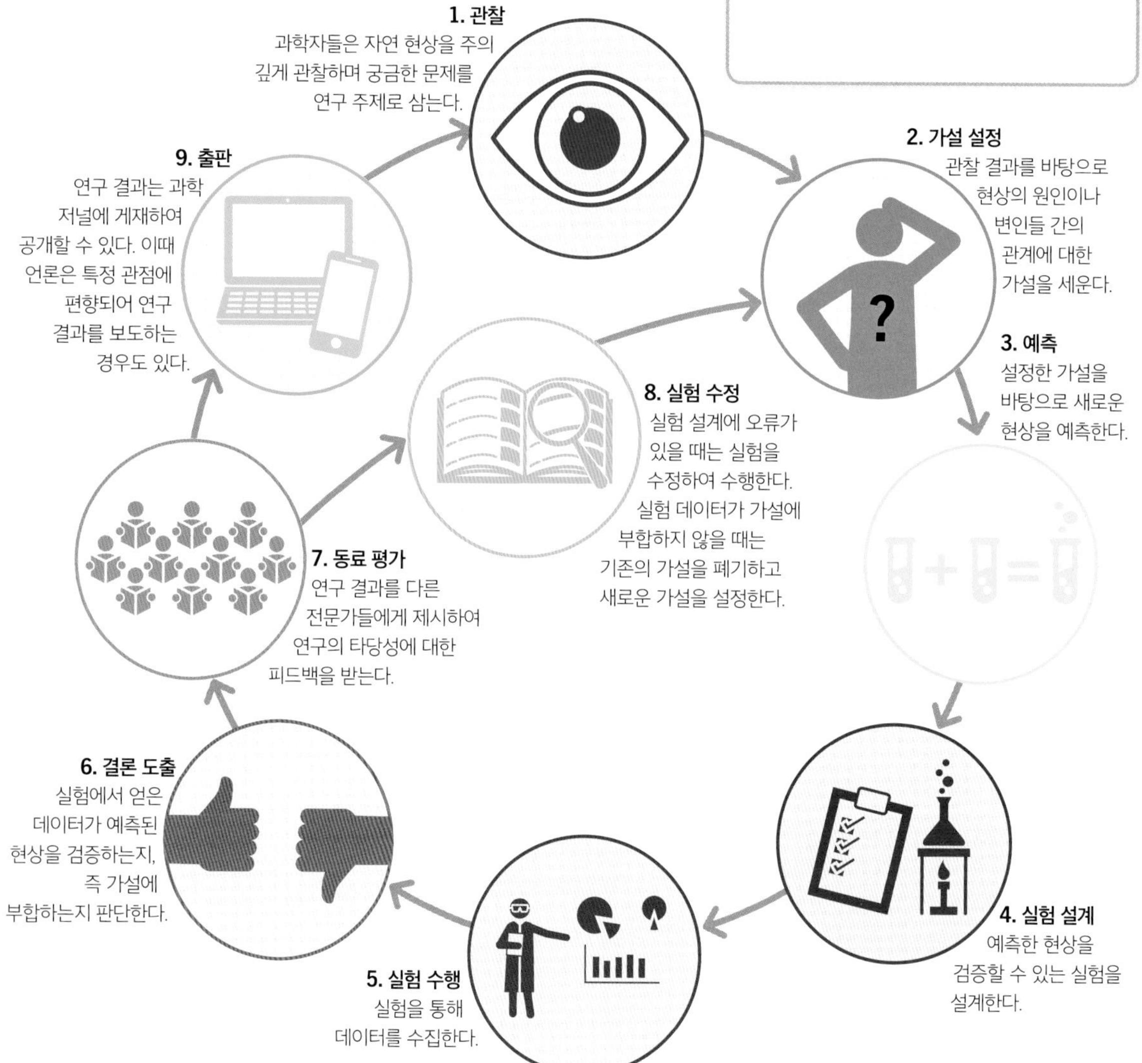

1. 관찰
과학자들은 자연 현상을 주의 깊게 관찰하며 궁금한 문제를 연구 주제로 삼는다.
2. 가설 설정
관찰 결과를 바탕으로 현상의 원인이나 변인들 간의 관계에 대한 가설을 세운다.
?
3. 예측
설정한 가설을 바탕으로 새로운 현상을 예측한다.
4. 실험 설계
예측한 현상을 검증할 수 있는 실험을 설계한다.
5. 실험 수행
실험을 통해 데이터를 수집한다.
6. 결론 도출
실험에서 얻은 데이터가 예측된 현상을 검증하는지, 즉 가설에 부합하는지 판단한다.
7. 동료 평가
연구 결과를 다른 전문가들에게 제시하여 연구의 타당성에 대한 피드백을 받는다.
8. 실험 수정
실험 설계에 오류가 있을 때는 실험을 수정하여 수행한다. 실험 데이터가 가설에 부합하지 않을 때는 기존의 가설을 폐기하고 새로운 가설을 설정한다.
9. 출판
연구 결과는 과학 저널에 게재하여 공개할 수 있다. 이때 언론은 특정 관점에 편향되어 연구 결과를 보도하는 경우도 있다.

과학의 양면성

과학은 우리의 삶을 풍요롭게 한다. 새로운 방법으로 에너지를 생산하는 것에서부터 신약을 개발하는 것까지 다양한 분야에서 과학이 이용된다. 새로운 과학적 발견은 긍정적인 발전으로 이어질 수 있지만, 간혹 예상치 못한 문제로 이어지는 경우도 있다. 우리는 이러한 문제를 인식하여 과학 연구가 세상에 미치는 영향을 제대로 이해해야 한다.

핵심 요약

- ✓ 새로운 과학적 발견은 예상치 못한 문제를 발생시킬 수 있다.
- ✓ 우리는 이러한 문제를 인식하고 과학적 발견이 주는 영향을 다각도로 이해해야 한다.
- ✓ 과학은 답을 찾기 어려운 도덕적 문제를 야기할 수 있다.

댐 건설

댐은 우리가 물을 쉽게 이용할 수 있도록 설계되었다. 인간은 댐으로부터 많은 이점을 얻었지만, 예상치 못한 문제와 마주하기도 했다.

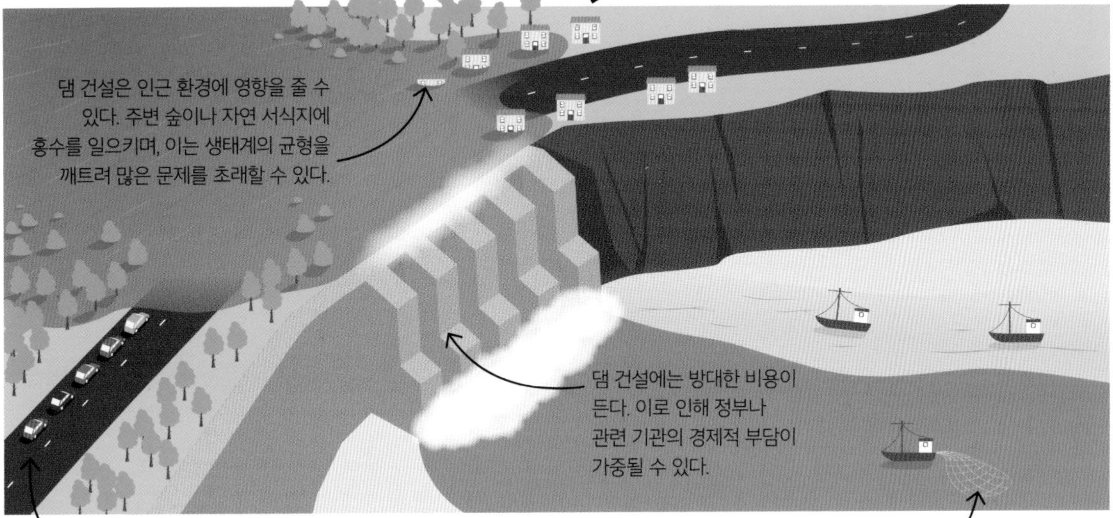

댐에 의해 고립된 마을에 거주하는 사람들은 불편함을 느낄 수 있다.
댐 건설은 인근 환경에 영향을 줄 수 있다. 주변 숲이나 자연 서식지에 홍수를 일으키며, 이는 생태계의 균형을 깨트려 많은 문제를 초래할 수 있다.
댐 건설에는 방대한 비용이 든다. 이로 인해 정부나 관련 기관의 경제적 부담이 가중될 수 있다.
우회 도로 건설은 일부 마을의 접근성을 떨어뜨려 지역 공동체의 분열을 가져올 수 있다.
댐 건설로 인해 강에서의 어류 이동 패턴이 방해받을 수 있다.

과학의 윤리적 문제

과학은 세상의 수많은 문제에 대한 답을 찾는 데 큰 도움을 주지만, 모든 질문에 답을 하는 것은 아니다. 과학 기술의 발전은 때로는 윤리적 문제를 제기하기도 한다. 예를 들어 유전학 분야의 질병 치료법 개발에는 생명을 변형하는 것에 대한 윤리적 문제가 제기되며, 이는 사회 전반의 깊은 성찰과 논의가 필요하다.

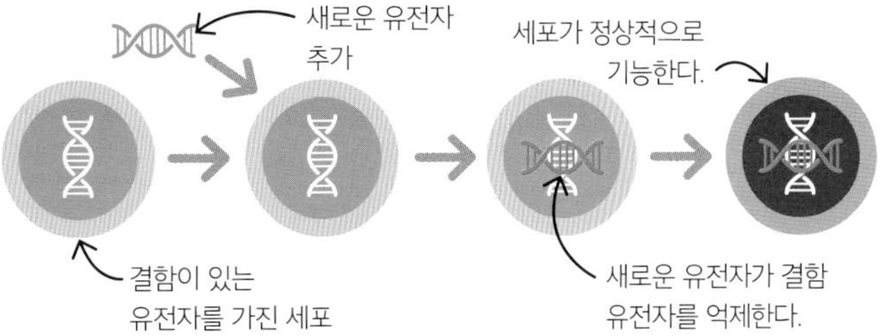

과학의 위험성

과학적 발견은 우리에게 해를 끼칠 위험이 있다. 이러한 위험성은 부작용이 발생할 가능성과 그 결과의 심각성으로 측정된다. 독성 물질에 대한 직접적인 접촉과 같이 명백한 위험 상황이 있을 수도 있으며, 아직 완전히 알 수 없는 새로운 물질의 생성과 같이 불확실한 위험도 존재한다.

핵심 요약

- ✓ 위험 요소는 사람이나 환경에 해를 끼칠 수 있다
- ✓ 위험 요소가 피해를 줄 수 있는 가능성과 그 심각성을 위험성이라고 한다.
- ✓ 사람들은 과학적 발전이 자신의 삶에 얼마나 위험한지 스스로 판단한다.

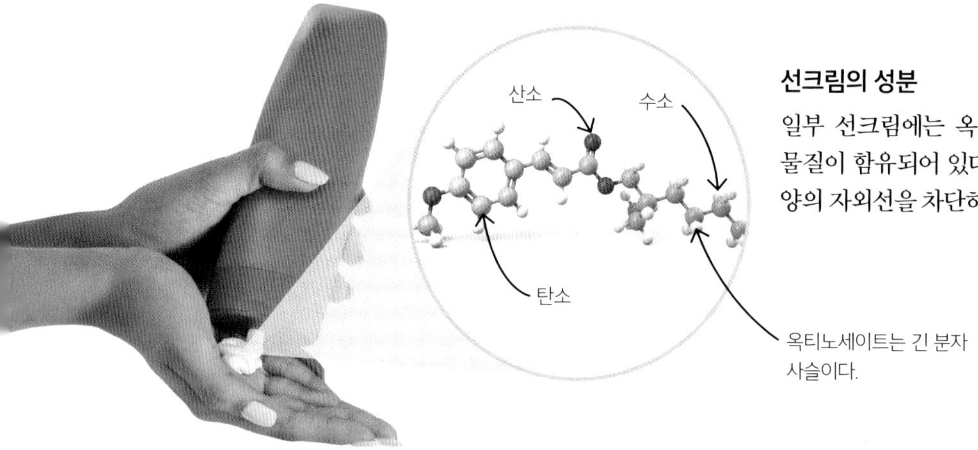

선크림의 성분

일부 선크림에는 옥티노세이트라는 유해 물질이 함유되어 있다. 옥티노세이트는 태양의 자외선을 차단하는 인공 화합물이다.

예상치 못한 위험성

옥티노세이트가 함유된 선크림을 사용하는 것은 건강과 환경에 매우 위험하다. 최근 연구에서 이 물질이 갑상선 호르몬의 생성을 방해하는 것이 밝혀졌다. 이 선크림을 바른 사람이 바다에서 수영을 하면 옥티노세이트 성분이 물에 퍼지게 되며, 이 물질은 산호를 표백하고 환경에 해를 끼친다.

타당성

실험의 결과가 일관되지 않거나 다른 과학자들이 해당 실험을 재현할 수 없을 때 그 실험에 대한 신뢰도는 낮아진다. 반복 및 재현 가능하며 그 결과가 가설과 일치할 때 해당 실험을 타당하다고 판단한다.

핵심 요약

- ✓ 어떤 실험을 같은 사람이 같은 도구로 다시 수행하여 유사한 결과를 얻었을 때, 그 실험은 '반복 가능'하다고 한다.
- ✓ 동일한 실험을 다른 사람이 다른 도구로 수행하여 유사한 결과를 얻었을 때, 그 실험은 '재현 가능'하다고 한다.
- ✓ 실험이 반복 및 재현 가능하며 그 결과가 가설에 부합할 때, 그 실험은 '타당한' 것으로 간주한다.

	첫 번째 실험	두 번째 실험
반복 가능 동일한 사람이 동일한 도구를 사용하여 실험을 반복하고 유사한 결과를 얻은 경우 그 실험은 반복 가능하다.		
재현 가능 다른 사람이 다른 도구를 사용하여 실험을 수행하여 유사한 결과를 얻은 경우 그 실험은 재현 가능하다.	 30 mL	 30 mL
결과가 동일한가? 실험을 반복하고 재현하여 동일한 결과가 나온 경우 그 실험은 타당하다.	12/13/14	12/13/14

정밀한 실험 도구

양을 정밀하게 측정하는 도구를 선택하는 것은 중요하다. 예를 들어 5 mL 단위의 눈금 실린더보다는 1 mL 단위의 피펫을 사용하면 실험을 반복할 때마다 동일한 양을 정확히 측정할 수 있다. 이렇게 함으로써 오차를 줄이고 실험 결과의 일관성을 높일 수 있다.

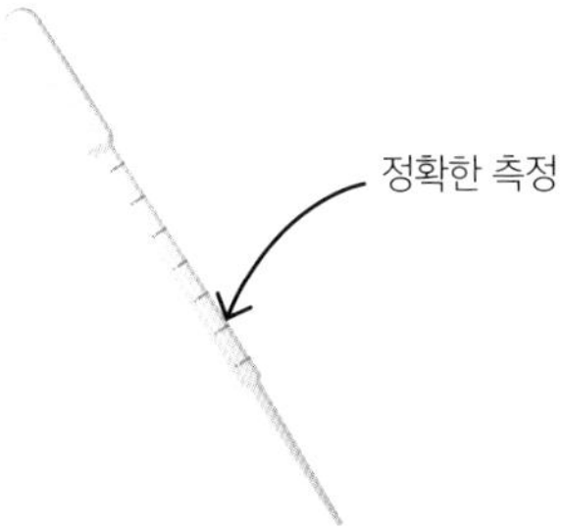

정확함

부정확함

실험의 변인

과학자들은 가설을 검증할 때 특정 요소를 변화시켜 그것이 다른 요소에 어떠한 영향을 주는지를 관찰하는 실험을 진행한다. 때로는 한 요소의 영향을 명확히 이해하기 위해 다른 몇몇 요소들을 일정하게 유지하게 된다. 이러한 요소들을 '변인'이라고 하며, 과학자들은 이 변인을 명확히 설정하여 실험의 공정성을 보장한다.

핵심 요약

- 변인은 실험 결과에 영향을 미칠 수 있는 모든 요인을 의미한다.
- 독립 변인은 실험 과정에서 의도적으로 변경하는 요소를 가리킨다.
- 종속 변인은 독립 변인의 변화에 따라 측정되는 결과를 의미한다.
- 통제 변인은 실험 과정에서 일정하게 유지되어야 하는 요소를 말한다.

변인의 예

이 실험은 염산이 황화 철과 반응하여 황화 수소를 생성하는 실험으로 독립 변인, 종속 변인, 통제 변인이 있다.

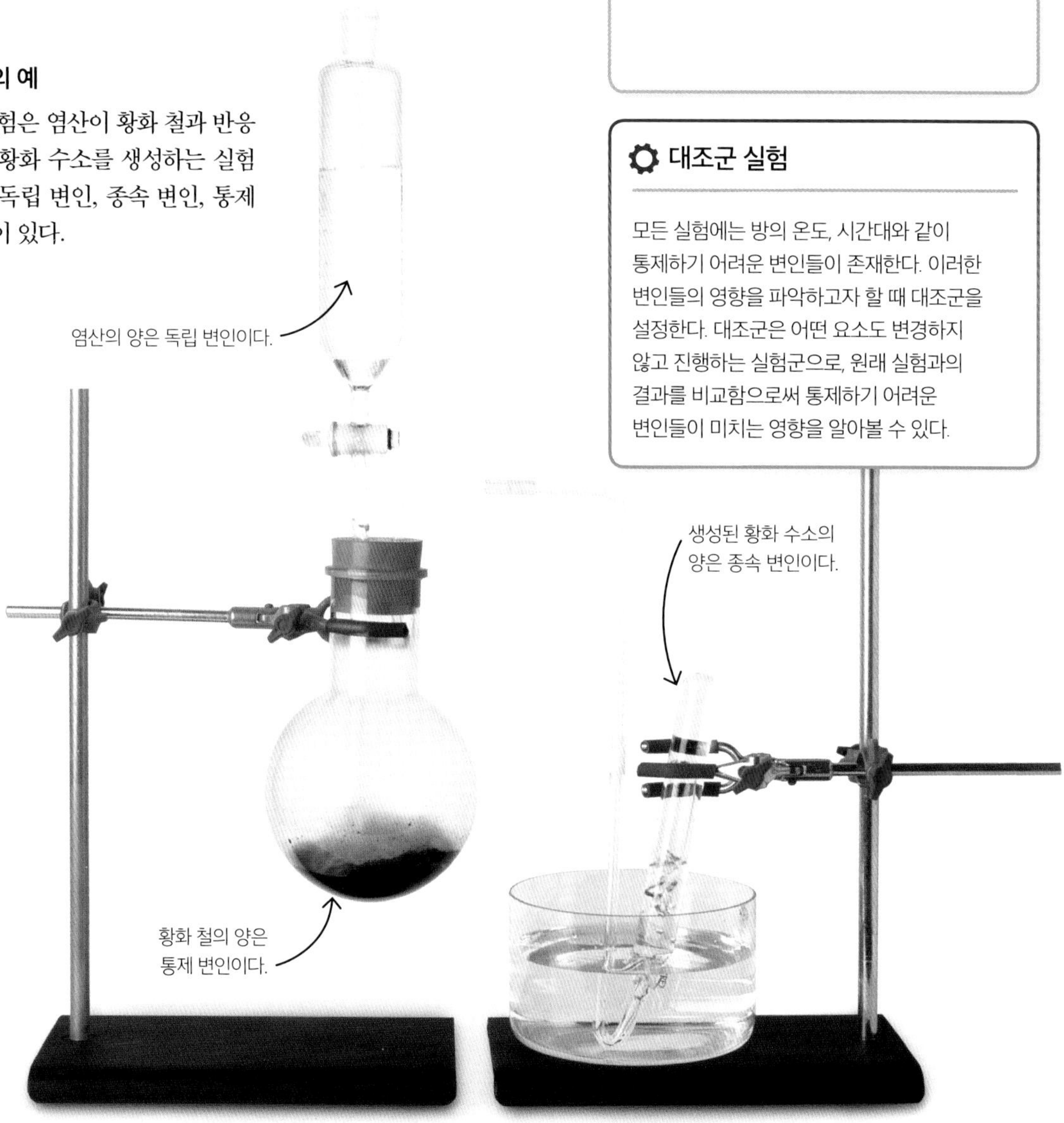

염산의 양은 독립 변인이다.
황화 철의 양은 통제 변인이다.
생성된 황화 수소의 양은 종속 변인이다.

대조군 실험

모든 실험에는 방의 온도, 시간대와 같이 통제하기 어려운 변인들이 존재한다. 이러한 변인들의 영향을 파악하고자 할 때 대조군을 설정한다. 대조군은 어떤 요소도 변경하지 않고 진행하는 실험군으로, 원래 실험과의 결과를 비교함으로써 통제하기 어려운 변인들이 미치는 영향을 알아볼 수 있다.

실험실 안전

실험실에서의 안전은 매우 중요하다. 특히 화학 실험의 경우 부식성이 있는 산 또는 가열 과정이 포함될 수 있어 부상이나 화상 위험이 있다. 여기에 소개된 안전 장비를 사용하면 실험실 안전에 큰 도움이 된다.

핵심 요약

- ✓ 실험은 안전하지 않을 수 있다.
- ✓ 실험을 안전하게 수행할 수 있도록 철저한 계획을 세워야 한다.

눈 보호하기

보안경은 폭발적인 화학 반응 중 작은 입자들로부터 눈을 보호한다.

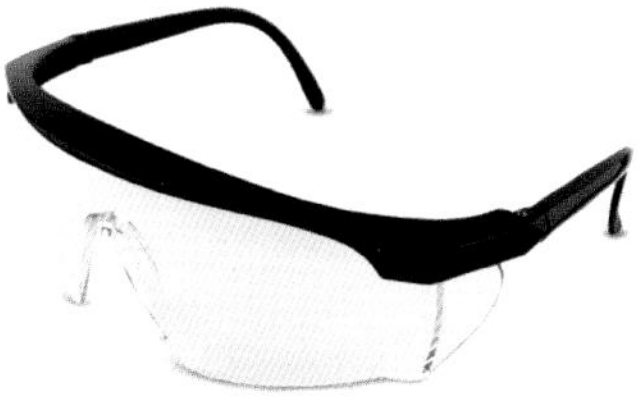

손 보호하기

보호 장갑은 부식성 물질로부터 피부를 보호한다.

안전하게 가열하기

물 중탕은 물질을 뜨거운 물에 담가 가열하는 방식으로, 불로 직접 가열하는 것보다 더 안전하고 효율적이다.

화재 예방하기

내열 매트는 실험실에서 화재가 발생하는 것을 방지한다.

신체 보호하기

실험실 가운은 유해 물질로부터 신체를 보호한다.

위험한 화학 물질

일부 화학 물질은 위험할 수 있다. 병에 다양한 유형의 경고가 표시된 라벨이 있는지 확인한다.

실험 도구

실험을 진행할 때 적절하고 안전하게 결과를 수집하기 위해서는 올바른 장비를 선택하는 것이 중요하다.

핵심 요약

- ✓ 각 도구의 기능을 정확히 이해해야 한다.
- ✓ 각 장비를 간단한 그림으로 그릴 수 있어야 한다.

화학 실험 도구

비커, 시험관, 거즈, 삼각대, 내열 매트, 분젠 버너는 화학 실험에 가장 많이 사용되는 도구이다.

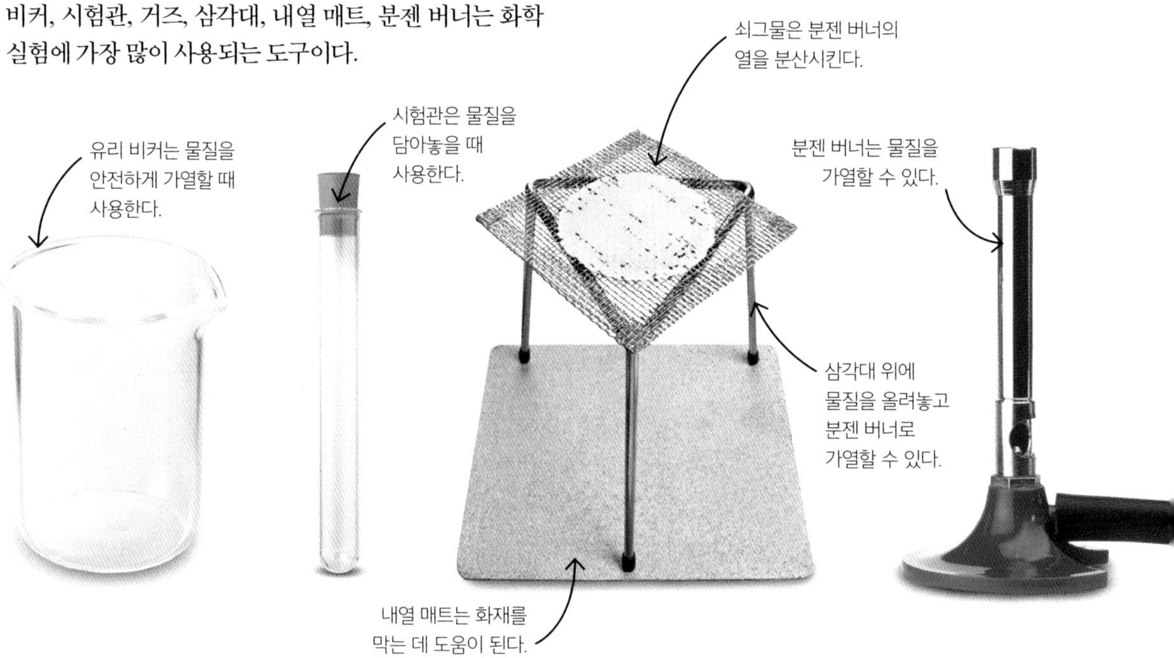

쇠그물은 분젠 버너의 열을 분산시킨다.
시험관은 물질을 담아놓을 때 사용한다.
유리 비커는 물질을 안전하게 가열할 때 사용한다.
분젠 버너는 물질을 가열할 수 있다.
삼각대 위에 물질을 올려놓고 분젠 버너로 가열할 수 있다.
내열 매트는 화재를 막는 데 도움이 된다.

실험 도구 그리기

실험 도구를 그릴 때 다음 그림을 참고한다.

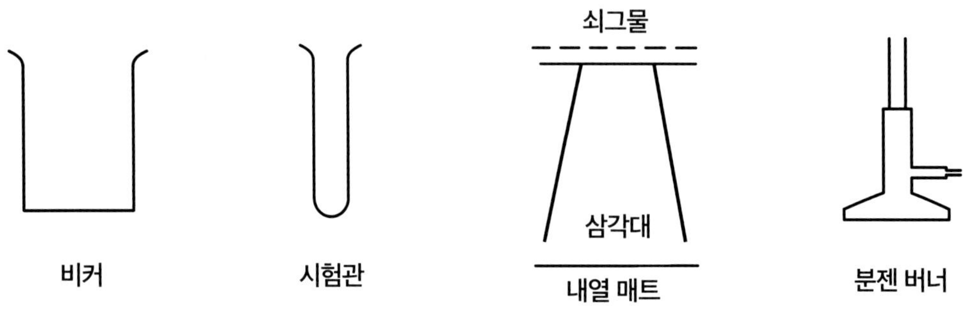

실험 계획하기

실험의 각 단계는 신중하게 계획해야 한다. 교실에서 실험을 수행하거나 시험에서 실험 방법을 설명해야 할 때가 있다. 모든 실험은 그 특성에 따라 다르지만 대체로 여섯 가지 주요 단계로 이루어진다. 이 단계들 대부분은 변인(14쪽 참조)의 선택과 관련되며, 이는 매우 중요한 과정이다.

핵심 요약

- ✓ 실험은 일반적으로 6단계로 계획한다.
- ✓ 독립 변인, 종속 변인, 통제 변인을 신중하게 선택해야 한다.

중화 반응

다음 실험은 수산화 소듐에 염산을 첨가하고 온도를 측정하는 실험이다.

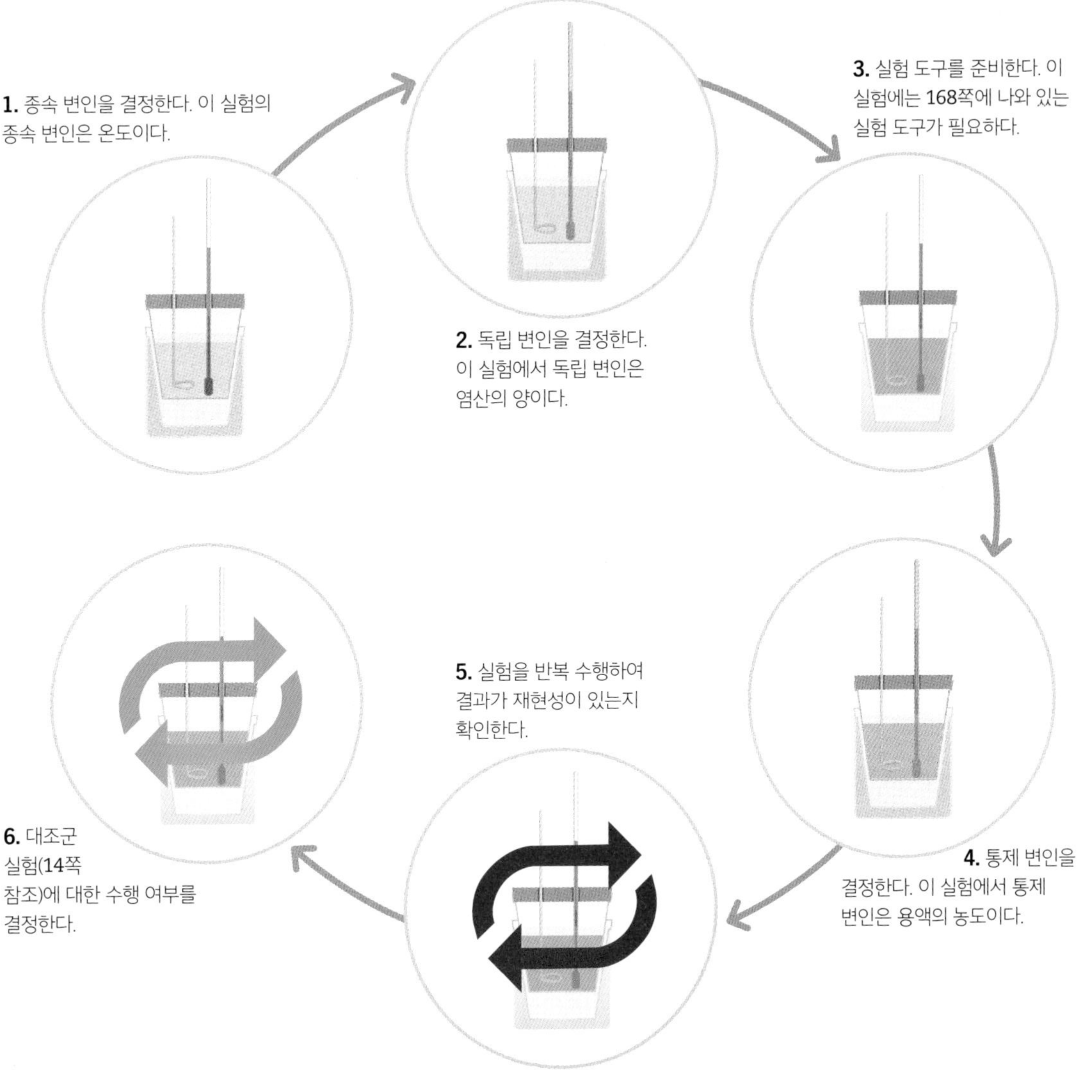
1. 종속 변인을 결정한다. 이 실험의 종속 변인은 온도이다.
2. 독립 변인을 결정한다. 이 실험에서 독립 변인은 염산의 양이다.
3. 실험 도구를 준비한다. 이 실험에는 168쪽에 나와 있는 실험 도구가 필요하다.
4. 통제 변인을 결정한다. 이 실험에서 통제 변인은 용액의 농도이다.
5. 실험을 반복 수행하여 결과가 재현성이 있는지 확인한다.
6. 대조군 실험(14쪽 참조)에 대한 수행 여부를 결정한다.

데이터 정리하기

데이터(또는 자료)는 실험으로부터 얻어진 정보를 의미한다. 이는 대개 수치나 측정값의 형태로 표현되며, 그 예로는 액체의 부피 측정값이 있다. 실험 장비를 활용해 이러한 데이터를 수집하고 그 결과를 표로 정리함으로써 내용을 보다 명확하게 파악할 수 있다.

핵심 요약

- ✓ 데이터는 실험에서 수집한 정보이다.
- ✓ 데이터는 분석과 검토를 용이하게 하기 위해 체계적으로 정리해야 한다.
- ✓ 데이터의 평균값을 계산하여 전체적인 경향성을 파악할 수 있다.

이상치는 다른 데이터 값과 크게 다르며 평균값에 가깝지 않은 경우를 의미한다.

데이터 범위가 나머지와 크게 다른 경우 정확하지 않은 데이터이다.

데이터 집합 1	데이터 집합 2	데이터 집합 3	데이터 집합 4
22	20	27	35
21	21	21	34
22	22	22	35
22	21	22	35

각 데이터 집합의 평균을 계산한다. 평균을 계산할 때는 이상치는 포함하지 않는다.

유효 숫자

측정값이 24.823과 같이 소수점 아래 자릿수가 많을 때가 있다. 만약 시험에서 소수점 아래를 반올림하여 두 자리의 유효 숫자로 답하라고 했다면 25로 표기해야 한다.

이 숫자는 5개의 유효 숫자를 갖고 있다.

24.823

1 2 3 4 5

이 숫자는 2개의 유효 숫자를 갖고 있다.

25

1 2

수학과 과학

화학에는 간단한 수학적 지식이 필요하다. 곱셈과 나눗셈을 포함하여 다음 내용을 학습할 필요가 있다.

핵심 요약

- ✓ 공식을 변환하는 방법을 알아야 한다.
- ✓ 백분율을 계산하는 방법을 알아야 한다.
- ✓ 비율을 계산하는 방법을 알아야 한다.

공식을 변환하는 방법

공식은 '계산되는' 대상이 포함된 식이다. 식을 고쳐서 좌변에 계산되는 대상을 위치시킬 수 있다.

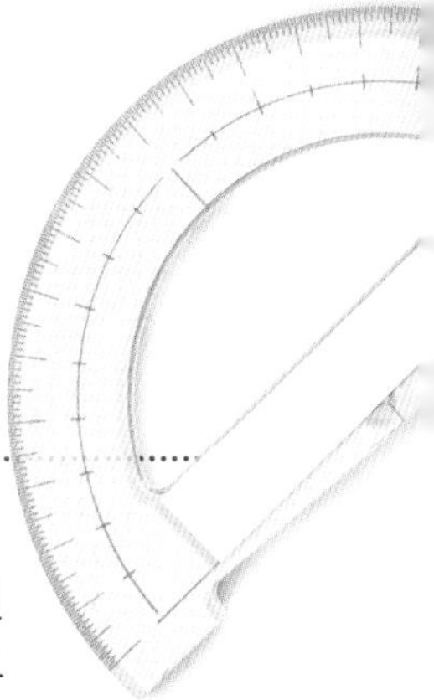

$$\text{면적} = \text{밑변} \times \text{높이}$$

$$\text{밑변} = \frac{\text{면적}}{\text{높이}}$$

면적은 공식에서 계산되는 대상이다.

양변을 높이로 나누어 밑변을 공식에서 계산되는 대상으로 만든다.

밑변은 공식의 새로운 대상이다.

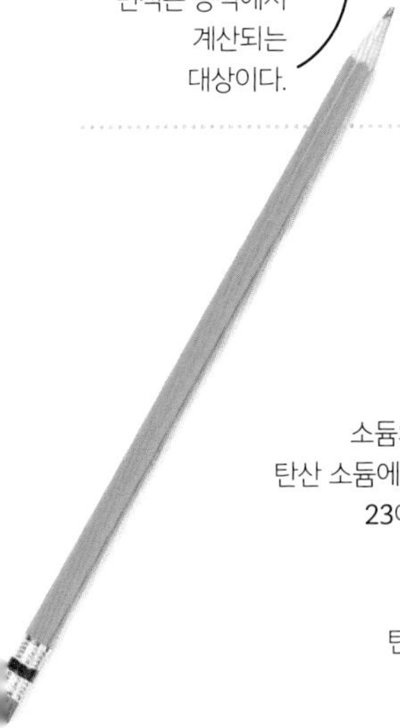

백분율을 계산하는 방법

백분율은 전체에서 해당 값이 차지하는 비율을 표현하는 방법으로 %로 표시한다. 해당 값을 전체 합계로 나눈 다음, 여기에 100을 곱하여 백분율을 계산한다.

$$\frac{46}{106} \times 100 = 43\%$$

소듐의 평균 원자량은 23이고 탄산 소듐에는 소듐 원자가 2개 있다. 23에 2를 곱하면 46이 된다.

탄산 소듐을 함유한 화합물의 화학식량은 106이다.

탄산 소듐의 질량 대비 소듐의 질량 비율이다.

비율을 계산하는 방법

비율은 한 대상과 다른 대상 간의 상대적인 비중을 나타낸 수치이다. 예를 들어 암모니아 분자에 존재하는 수소 원자 수와 수소 분자에 존재하는 수소 원자 수의 비율을 다음과 같이 나타낼 수 있다.

$$NH_3 : H_2 \qquad 3 : 2$$

암모니아 분자에는 수소 원자가 3개 있다.

수소 기체 분자에는 수소 원자가 2개 있다.

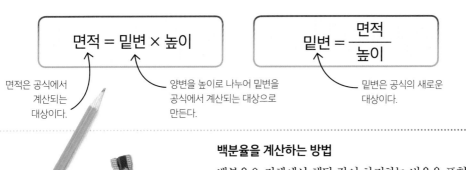

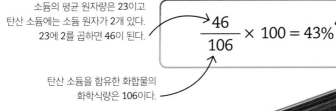

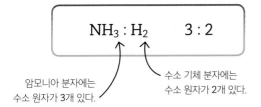

측정 단위

표준 단위는 과학자들이 동일한 방식으로 사물을 측정하게 해주는 보편적인 측정 체계이다. 이를 통해 모든 사람이 수집한 데이터를 이해하고 비교할 수 있다. 하나의 단위는 특정 물리량을 나타낸다. 다음은 몇 가지 미터법 단위이다.

핵심 요약

- ✓ 단위는 특정 장비를 사용하여 사물을 측정하는 데 도움이 된다.
- ✓ 동일한 단위를 사용하면 과학자들이 서로 데이터를 비교하기 쉽다.
- ✓ 서로 다른 실험 도구는 서로 다른 단위를 사용하여 사물을 측정한다.

질량

저울은 물건의 무게를 그램 또는 킬로그램 단위로 측정하는 데 사용된다.

물리량	기본 단위	
질량	그램(g)	킬로그램(kg)

길이

자는 센티미터 또는 미터 단위로 사물의 길이를 측정하는 데 사용된다.

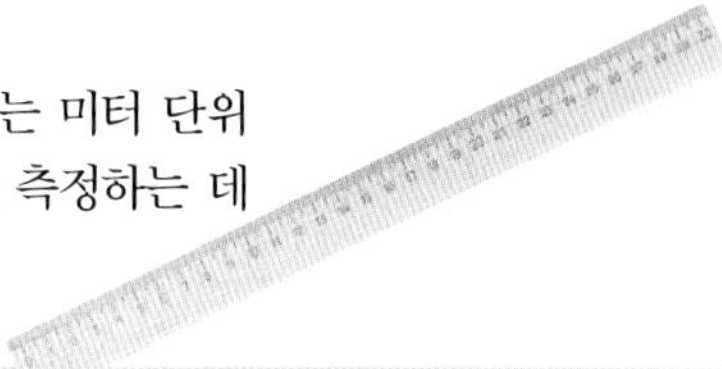

물리량	기본 단위	
길이	센티미터(cm)	미터(m)

부피

비커는 액체의 부피를 입방센티미터 또는 입방미터 단위로 측정하는 데 사용된다.

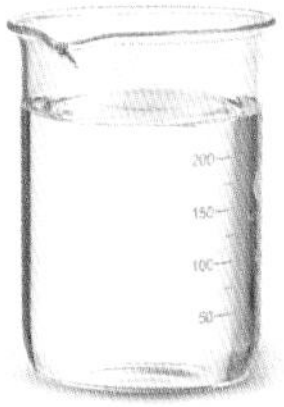

물리량	기본 단위	
부피	입방센티미터(cm^3)	입방미터(m^3)

시간

스톱워치와 타이머를 사용하여 초, 분 또는 시간 단위로 시간을 측정할 수 있다.

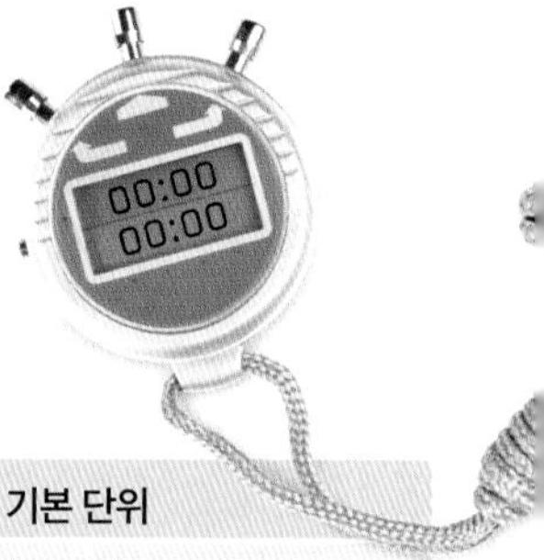

물리량	기본 단위	
시간	초(s)	분(m)

몰

특별한 비커를 이용하여 특정 물질의 몰(109쪽 참조)을 측정하는 경우도 있다.

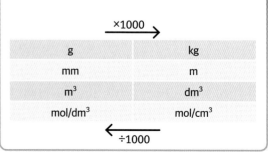

물리량	기본 단위
몰	몰(mol)

단위 변환하기

변환 계수를 사용하여 서로 다른 단위로 변환할 수 있다.

×1000 →

g	kg
mm	m
m^3	dm^3
mol/dm^3	mol/cm^3

← ÷1000

차트와 그래프

단순한 데이터만으로는 우리가 알고자 하는 바를 충분히 이해하기 어렵다. 이때 차트와 그래프는 데이터를 시각적으로 표현하는 데 큰 도움이 된다. 사용하는 데이터의 종류에 따라 적절한 그래프의 선택이 필요하다.

핵심 요약

- ✓ 차트와 그래프는 데이터를 직관적이고 명확하게 표현하는 수단이다.
- ✓ 막대형 차트는 범주형 데이터를 표현하는 데 적절하다.
- ✓ 선 그래프는 변수에 따른 데이터를 나타내는 데 유용하다.

막대형 차트

막대형 차트는 불연속적인 데이터를 표현하는 데 사용된다. 예를 들어 신발 사이즈, 눈의 색깔, 원소의 상대 원자 질량과 같은 범주로 분류된 데이터를 나타낼 때 주로 사용된다.

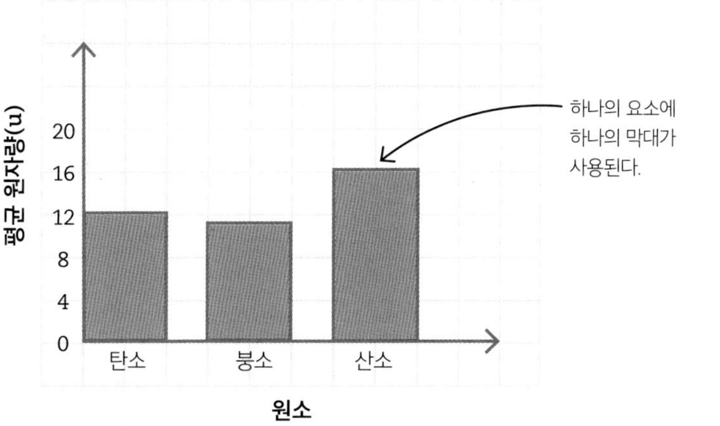

선 그래프

선 그래프는 시간에 따른 액체의 양 변화와 같은 연속적인 데이터를 표현하는 데 적합하다. 오른쪽 선 그래프는 양의 상관관계(왼쪽에서 오른쪽으로 상승 추세)를 나타내고 있다.

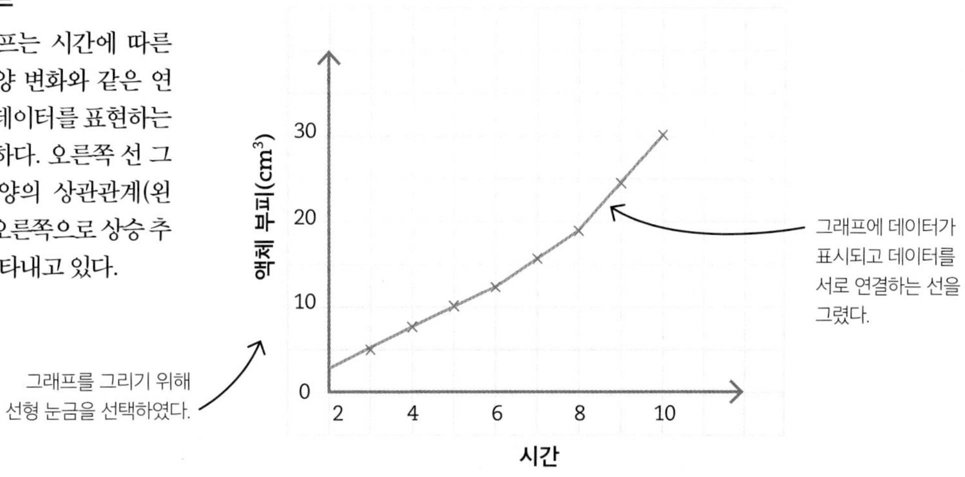

결론

실험 데이터를 분석함으로써 실험에서 발생한 현상에 대한 결론을 명료하게 도출할 수 있다. 예컨대 시간의 흐름에 따라 온도가 상승할 때 액체의 증발량이 증가하는 등의 패턴을 확인할 수 있다. 그러나 그 원인에 대해서는 단정적으로 결론 내리기 어렵다. 도출된 결론이 초기에 세운 가설과 부합하는지 검증하는 과정이 중요하다.

핵심 요약

- ✓ 실험 데이터에 근거하여 명확하고 간결한 결론을 도출하는 것이 중요하다.
- ✓ 관측된 결과에 대해서만 논의하며 그 원인에 대해 추측하지 않는다.
- ✓ 데이터의 패턴이 반드시 원인과 결과의 관계를 나타내는 것은 아니다.

가설

다음의 불꽃 반응에 대한 실험에서 금속이 분젠 버너의 불꽃을 노랗게 변화시킬 것이라는 가설을 세웠다.

가설을 지지함 | **가설을 지지하지 않음**

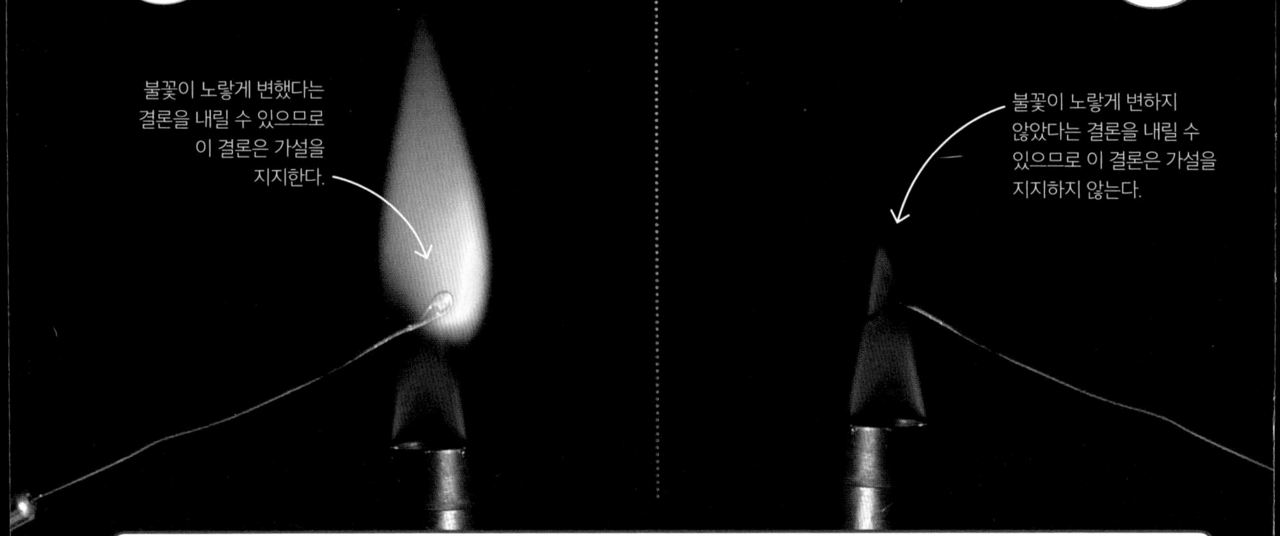
불꽃이 노랗게 변했다는 결론을 내릴 수 있으므로 이 결론은 가설을 지지한다.
불꽃이 노랗게 변하지 않았다는 결론을 내릴 수 있으므로 이 결론은 가설을 지지하지 않는다.

결론으로 서술할 수 없는 것

금속이 있을 때 불꽃이 노랗게 변했다는 결론을 내릴 수는 있지만, 왜 그런 결론이 나왔는지 추측할 수 없다. 이 경우 다른 실험을 통해 그 이유를 밝힐 필요가 있다.

변인 1
변인 2
?
변인 1
변인 2
변인 2
변인 1

두 변인 간의 관계는 우연에 의한 것일 수 있으며, 한 변수가 다른 변수에 영향을 주지 않을 수 있다.

두 변인 간의 관계는 알려지지 않은 제3의 변인에 의해 영향을 받을 수 있다.

데이터는 한 변인이 다른 변인에 직접적인 영향을 준다는 것을 보여줄 수 있다.

오차 및 불확실성

모든 실험 데이터에는 불가피하게 불확실성이 동반된다. 이러한 불확실성은 실험 데이터가 얼마나 정확하고 정밀하게 측정되었는지를 반영하는 척도이다. 불확실성에 영향을 주는 두 가지 요인으로는 측정 장비의 한계로 인한 양적 오차와 실험 설계의 미흡성에서 기인하는 질적 오차가 있다.

핵심 요약

- ✓ 불확실성은 실험 결과에 얼마나 많은 오차가 있는지를 나타내는 척도이다.
- ✓ 양적 오차(수치적 오차)와 질적 오차(비수치적 오차)가 불확실성에 영향을 미친다.
- ✓ 결과의 불확실성은 아래 공식을 사용하여 수정할 수 있다.

장비 선택하기

가능한 한 정밀하게 측정할 수 있는 장비를 선택하면 양적 오차를 줄일 수 있다. 정확하게 측정할 수 있는 장비의 능력을 분해능이라고 한다. 예를 들어 1 mL의 액체를 측정해야 하는 경우 1 mL 단위로 양을 측정할 수 있는 피펫을 선택해야 한다.

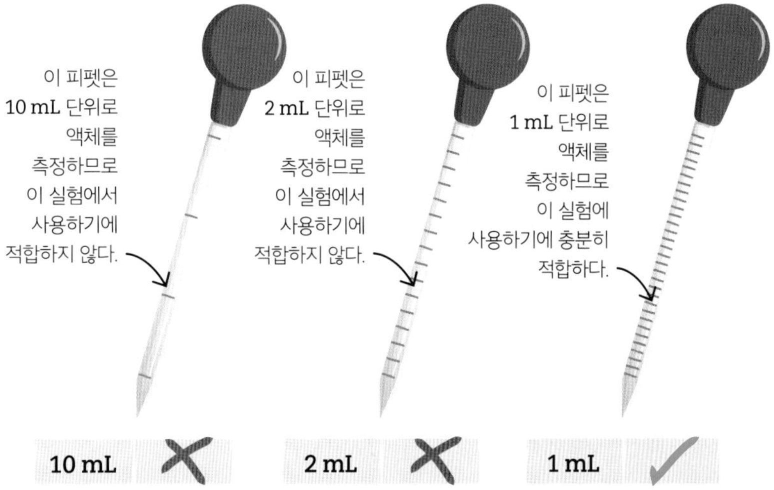

이 피펫은 10 mL 단위로 액체를 측정하므로 이 실험에서 사용하기에 적합하지 않다.
이 피펫은 2 mL 단위로 액체를 측정하므로 이 실험에서 사용하기에 적합하지 않다.
이 피펫은 1 mL 단위로 액체를 측정하므로 이 실험에 사용하기에 충분히 적합하다.
10 mL
2 mL
1 mL

랜덤 오차 피하기

측정량이 매우 작은 경우 실수로 액체를 부정확하게 측정할 수 있다. 이로 인해 측정할 때마다 결과가 조금씩 달라질 수 있으며, 이는 불가피한 현상이다.

첫 번째 시도

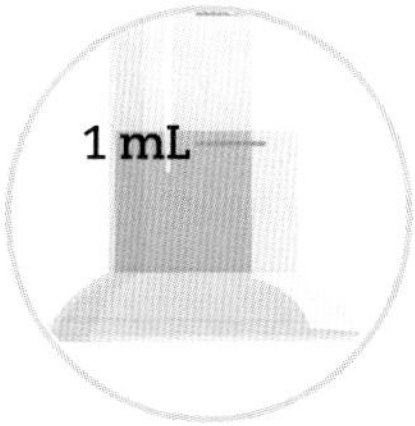

두 번째 시도

불확실성 공식

$$\text{불확실성} = \frac{\text{범위}}{2} \times 100$$

불확실성 고려하기

눈금 실린더로 1 mL의 액체를 측정하는 경우 실제 값은 0.5 mL부터 1.5 mL 사이의 범위에 있을 수 있다. 불확실성 공식은 이 점을 설명한다.

$$\pm 0.5 = \frac{1.5 - 0.5}{2}$$

평가

실험을 되돌아보면 무엇이 잘못되었는지, 어떻게 개선할 수 있는지 이해하는 데 도움이 된다. 평가 과정은 6단계로 이루어지며, 이를 통해 더욱 체계적인 추가 실험을 계획할 수 있다.

핵심 요약

- 실험의 개선점을 파악하기 위하여 평가 과정이 필요하다.
- 평가가 완료된 후 이를 바탕으로 추가 실험을 수행할 수 있다.

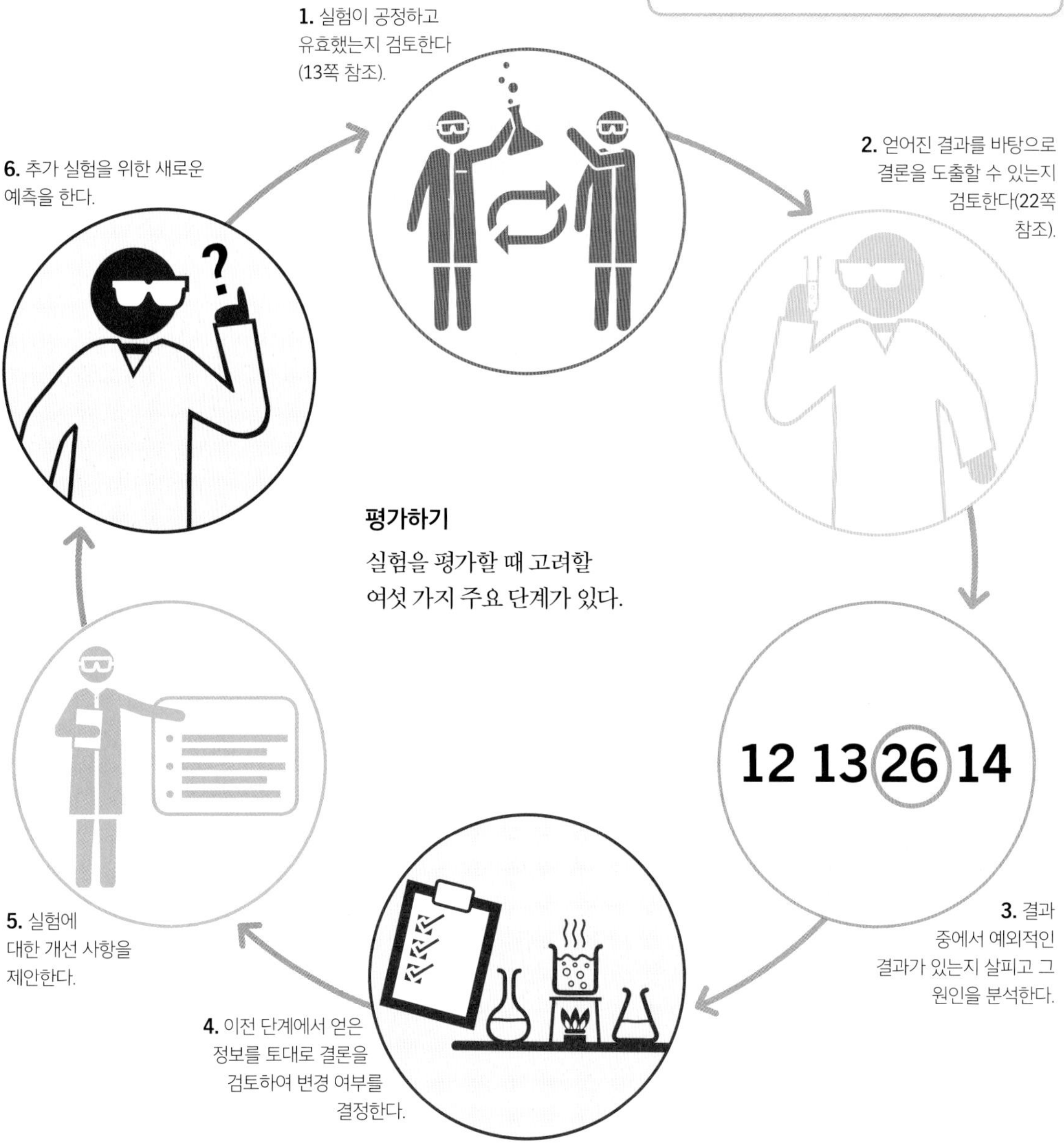
1. 실험이 공정하고 유효했는지 검토한다 (13쪽 참조).
2. 얻어진 결과를 바탕으로 결론을 도출할 수 있는지 검토한다(22쪽 참조).
12 13 26 14
3. 결과 중에서 예외적인 결과가 있는지 살피고 그 원인을 분석한다.
4. 이전 단계에서 얻은 정보를 토대로 결론을 검토하여 변경 여부를 결정한다.
5. 실험에 대한 개선 사항을 제안한다.
6. 추가 실험을 위한 새로운 예측을 한다.

평가하기

실험을 평가할 때 고려할 여섯 가지 주요 단계가 있다.

화학의 기초

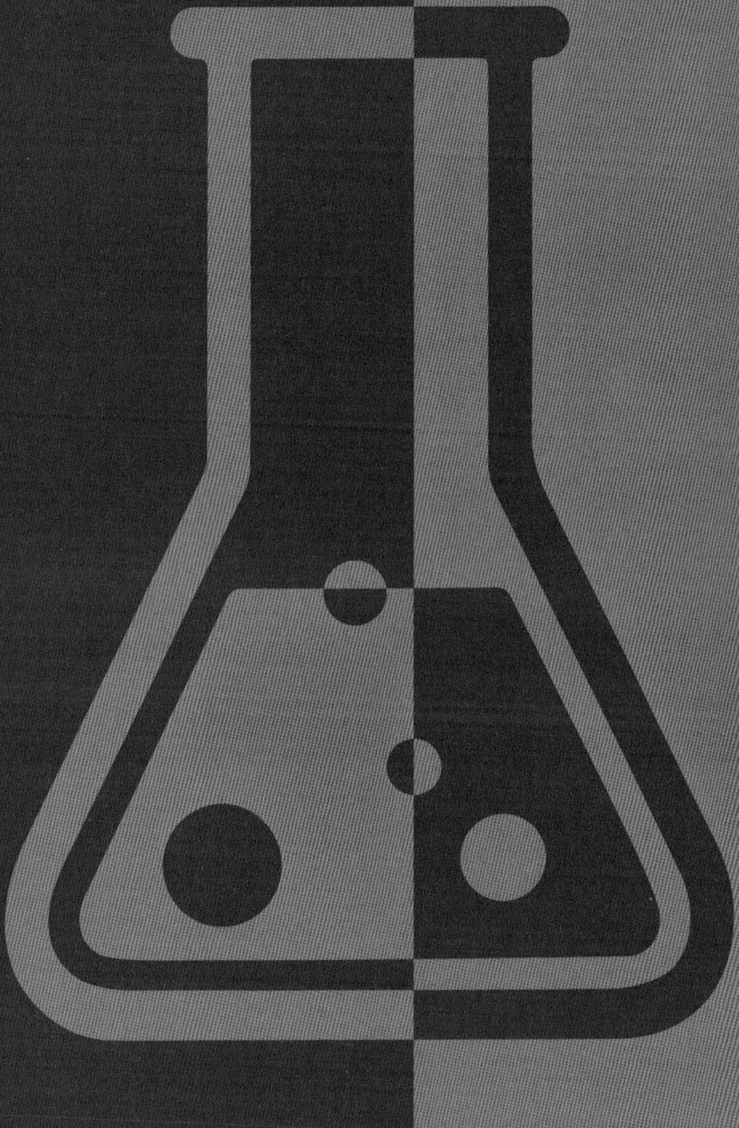

원자

우주에 존재하는 모든 물체는 원자로 구성되어 있다. 원자는 금, 탄소, 산소 등 각 원소의 가장 작은 단위(30쪽 참조)이며, 물질의 기본 구성 요소이다. 원자의 크기는 다양하지만, 일반적으로 1,000만분의 1 mm 정도로 상당히 작다. 대략 100만 개의 원자를 일렬로 늘어놓으면 종이 한 장의 두께와 비슷한 크기가 된다.

핵심 요약

- ✓ 모든 물질은 원자로 구성되어 있다.
- ✓ 원자는 매우 작고 반지름이 대략 0.1 nm 정도이다.
- ✓ 원자는 양성자, 중성자, 전자라고 하는 더 작은 아원자 입자로 구성되어 있다.

원자 구조

모든 원자는 양성자, 중성자, 전자라고 하는 아원자 입자로 이루어져 있다. 각 원자는 가운데에 원자핵이 있고 그 주위를 전자가 돌고 있다.

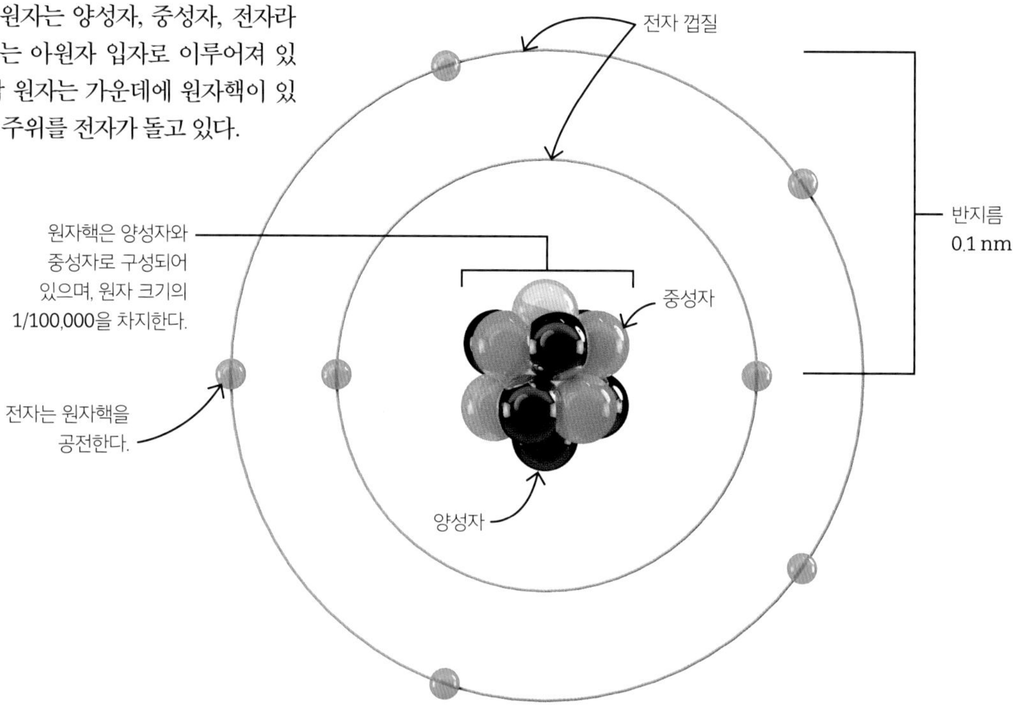

전자 껍질
반지름 0.1 nm
원자핵은 양성자와 중성자로 구성되어 있으며, 원자 크기의 1/100,000을 차지한다.
중성자
전자는 원자핵을 공전한다.
양성자

원자 안에는 무엇이 있을까?

양성자와 중성자는 질량이 같으며 원자의 질량의 대부분을 차지한다. 전자는 훨씬 가볍고 작으며 질량이 거의 없다. 양성자는 양전하를 띠고, 중성자는 전하가 없으며, 전자는 음전하를 띠고 있다.

	전하	질량
+ 양성자	+1	1
중성자	0	1
- 전자	−1	0

이 표의 전하와 질량은 모두 서로 상대적이며 정확한 측정값이 아니다.

원자의 역사

기원전 5세기 고대 그리스 철학자 데모크리토스는 물질이 원자라고 불리는 아주 작은 입자로 이루어진다고 생각했다. 1803년 영국의 화학자 돌턴은 각 원소가 서로 다른 원자로 구성되어 있다고 제안했다.

핵심 요약

- ✓ 원자의 개념은 기원전 500년 고대 그리스에서 시작되었다.
- ✓ 원자의 구성 요소에 대한 생각은 시간이 지남에 따라 변화하였다.
- ✓ 돌턴, 톰슨, 러더퍼드, 보어, 채드윅 등 많은 과학자가 원자 이론을 정립하는 데 기여했다.

원자 모형의 변천

과학자들은 다양한 원자 모형을 만들었고, 여러 실험 결과를 바탕으로 모형들을 수정하였다.

1. 구 모형

첫 번째 원자 모형은 1803년 돌턴이 제안했다. 돌턴은 원자가 더 작은 부분으로 나눌 수 없는 고체 입자라고 제안했다.

2. 푸딩 모형

톰슨은 1904년에 전자를 발견했다. 그는 양전하를 띤 공 안에 음전하를 띤 전자가 들어 있는 푸딩 모형을 제안했다.

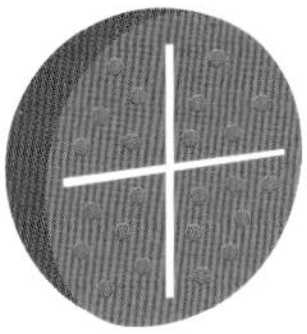

알파 입자 산란 실험

1909년 뉴질랜드 과학자 러더퍼드는 양전하를 띤 알파 입자를 금박에 발사하는 알파 입자 산란 실험을 하였다. 그 결과 모든 원자의 중심에 양전하를 띤 원자핵이 존재한다는 사실이 밝혀졌다.

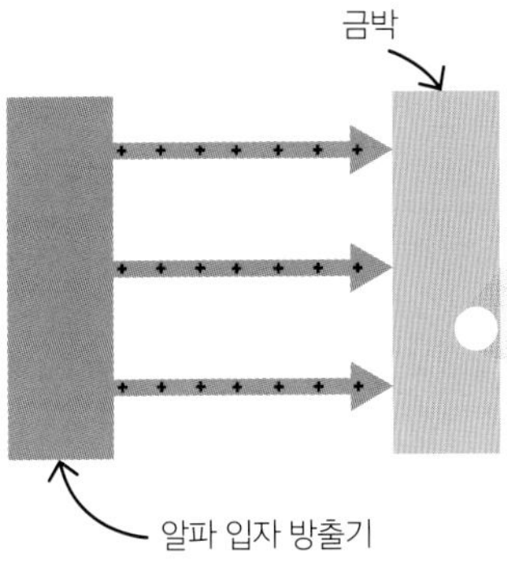

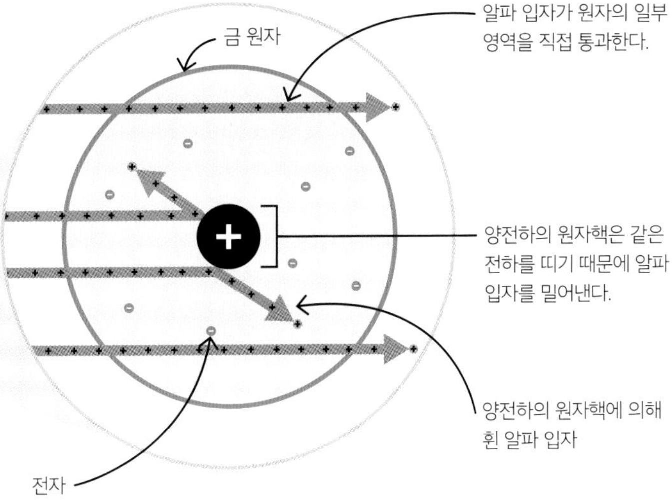

3. 원자핵 모형

러더퍼드는 흩어져 있는 전자 구름의 중앙에 양전하를 띤 원자핵 모형을 제안했다. 나중에 양성자가 원자핵의 양전하임이 밝혀졌다.

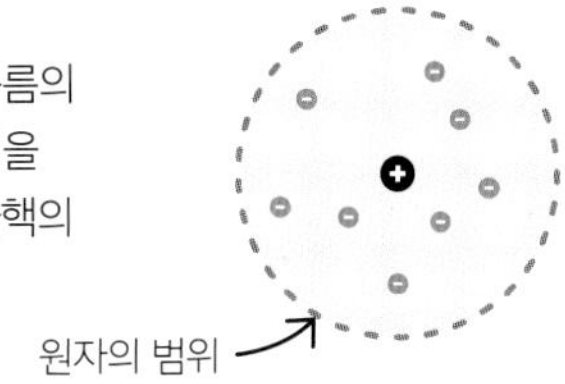

4. 현대 원자핵 모형

보어는 전자가 원자핵 주위를 공전한다는 사실을 발견했다. 이후 채드윅은 원자핵에서 중성자를 발견했다. 이 모형을 기반으로 최신 원자 모형이 발전하였다.

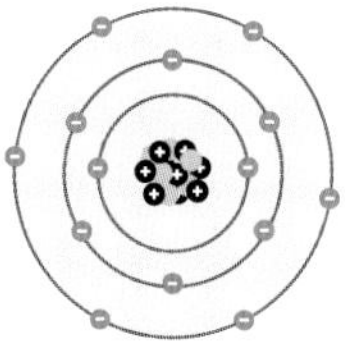

전자 껍질

전자는 원자 내의 작은 입자이다. 전자는 껍질이라고 불리는 경로를 따라 원자핵 주위를 공전한다. 전자가 몇 개밖에 없는 작은 원자는 껍질이 2개이고 라듐과 같은 큰 원자는 전자가 많기 때문에 더 많은 껍질이 필요하다. 일반적으로 전자 껍질은 원자핵 주위에 고리 모양으로 그린다.

핵심 요약

- 전자는 원자핵 주위를 껍질을 따라 공전한다.
- 각 껍질에 최대로 배치될 수 있는 전자 수는 정해져 있다.
- 전자는 안쪽 껍질을 바깥쪽 껍질보다 먼저 채워야 한다.

전자 껍질 규칙

알루미늄 원자와 같이 전자가 20개 이하인 원자의 경우 각 껍질에서 수용할 수 있는 전자 수는 정해져 있다.

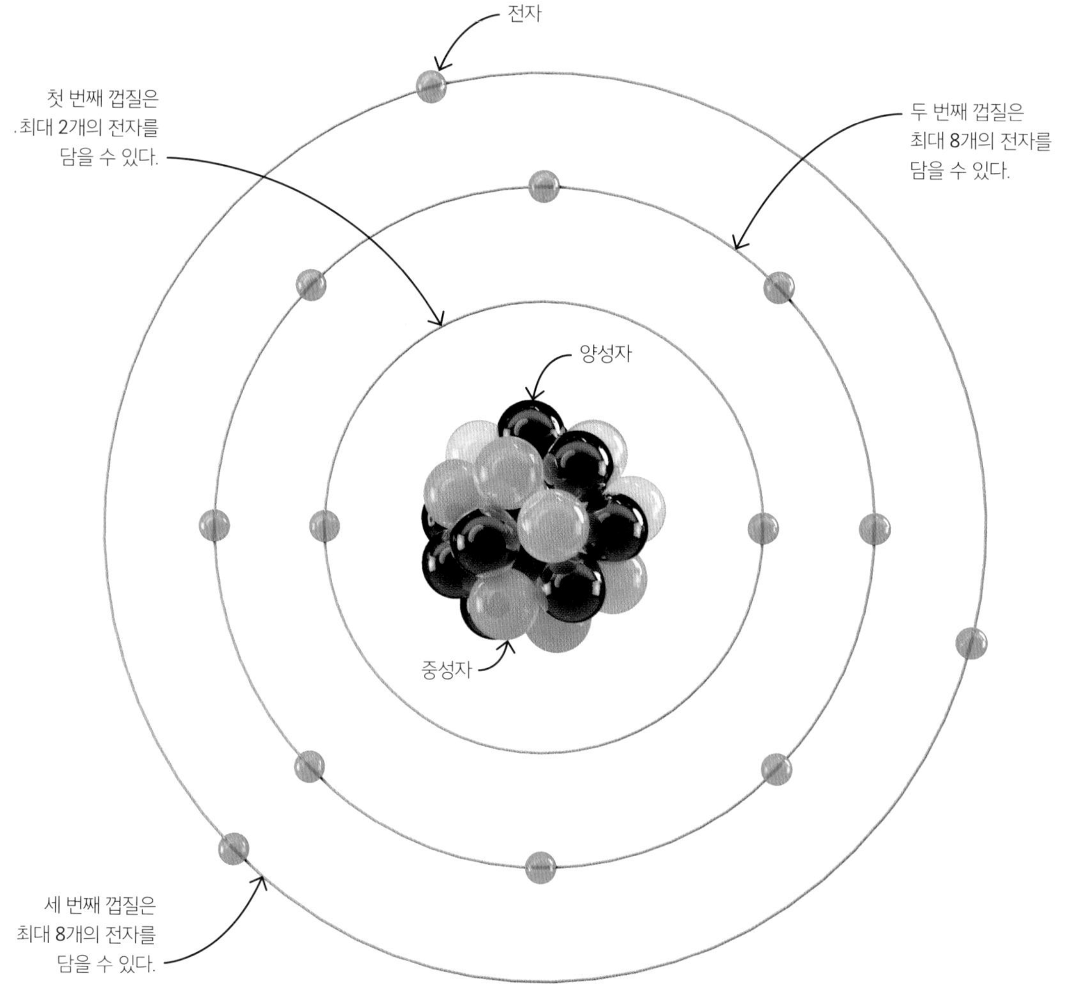

전자
첫 번째 껍질은 최대 2개의 전자를 담을 수 있다.
두 번째 껍질은 최대 8개의 전자를 담을 수 있다.
양성자
중성자
세 번째 껍질은 최대 8개의 전자를 담을 수 있다.

전자 배치

주기율표(52-53쪽 참조)에 있는 정보를 사용하여 원자의 전자 배치를 계산할 수 있다. 전자 배치를 표현하는 방식은 두 가지로, 그림을 사용하여 원자의 전자 배치를 표시하거나(28쪽 참조), 각 껍질에 들어 있는 전자 수(예: 2, 8, 3)를 나열하는 방법이 있다.

핵심 요약

- ✓ 원자의 전자 배치는 각 전자 껍질에 있는 전자의 수를 나열하는 것이다.
- ✓ 각 원자의 전자와 껍질의 수를 알면 전자를 배치할 수 있다.
- ✓ 두 가지 방법을 사용하여 20가지 원소에 대해 전자 배치를 계산할 수 있다.

방법 1: 원자 번호 사용하기

원자 번호(총 전자 수)를 사용하여 28쪽의 규칙에 따라 안쪽 껍질부터 차례대로 전자를 채워 나간다.

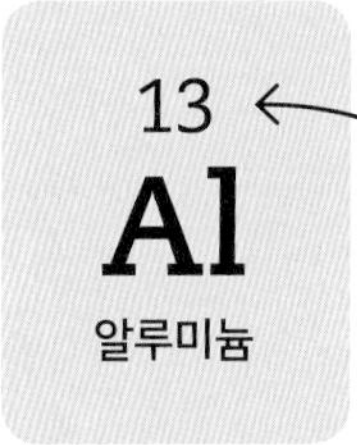

1. 주기율표에서 알루미늄의 원자 번호를 찾는다. 알루미늄의 원자 번호는 13이다.

2. 28쪽의 전자 껍질 규칙을 따른다. 3개의 껍질에 13개의 전자를 배치한다.

3. 알루미늄의 전자 배치는 2, 8, 3이다.

방법 2: 주기와 족 사용하기

원소의 주기는 원자가 가진 껍질 수와 같다. 원소의 족 번호는 최외각 껍질에 있는 전자의 수와 같다.

1. 알루미늄은 3주기에 속하므로 3개의 껍질을 가지고 있다.

2. 알루미늄은 최외각 껍질에 3개의 전자를 가지고 있다.

3. 알루미늄은 내부 껍질을 먼저 채워야 하므로 내부 두 껍질은 가득 차 있다.

4. 알루미늄의 안쪽 껍질에 2개의 전자가 있고 바깥쪽 껍질에 3개의 전자가 있다면 중간 껍질에는 8개의 전자가 있다. 따라서 알루미늄의 전자 구조는 2, 8, 3이다.

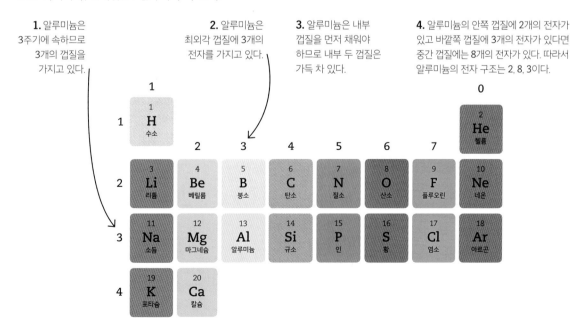

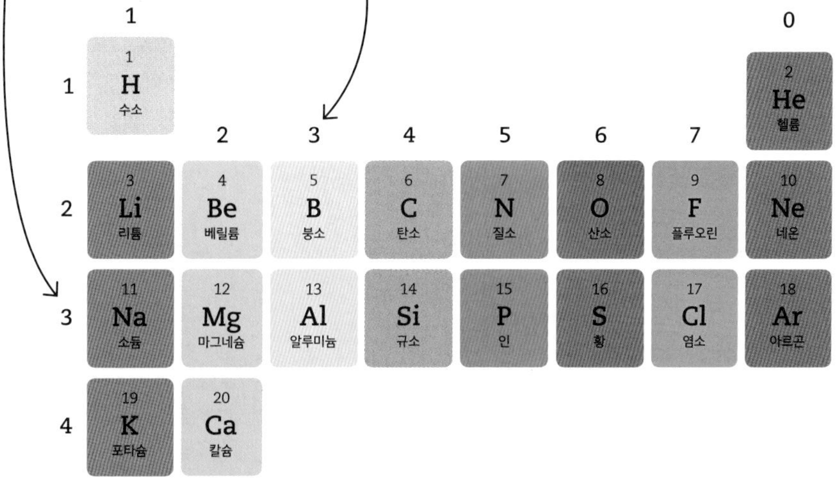

원소

원소는 고유한 물리적·화학적 특성을 가지고 있는 순수한 물질이다. 원자의 양성자 수는 원소를 결정하며, 이 숫자를 원소의 원자 번호라고 한다.

핵심 요약

- 원소는 한 종류의 원자를 포함한다.
- 원자핵의 양성자 수에 따라 원소가 결정된다.
- 현재까지 118가지 원소가 발견되었다.

원소 내부

원소에는 한 가지 유형의 원자만 있다.

유로퓸은 유로퓸 원자만 포함한다.
유로퓸

오스뮴
오스뮴은 오스뮴 원자만 포함한다.

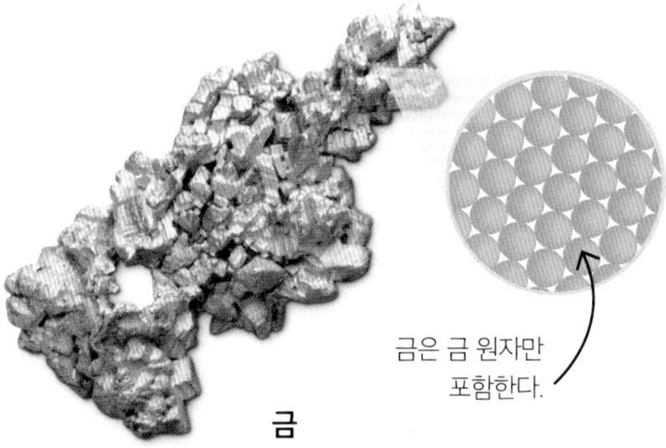

금은 금 원자만 포함한다.
금

주기율표

과학자들은 주기율표라는 도표에 원자 번호 순서대로 모든 원소를 배열하였다. 오른쪽 그림에서 같은 색깔의 원소는 비슷한 특징을 갖고 있다. 주기율표에 대한 자세한 내용은 52-53쪽을 참조한다.

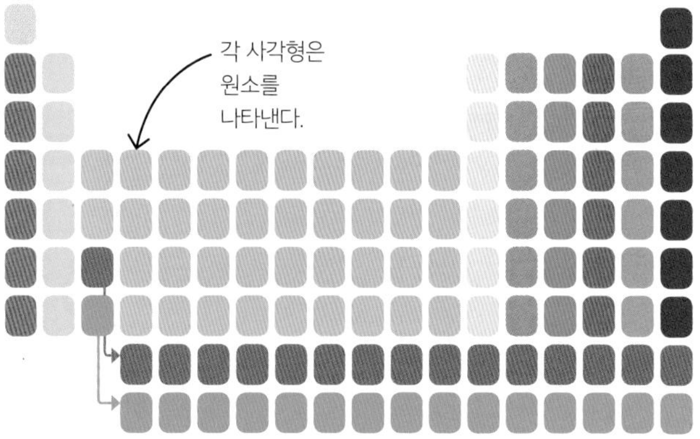

각 사각형은 원소를 나타낸다.

동위 원소

동위 원소란 양성자의 수는 같으나 중성자의 수가 서로 다른 원소를 의미한다. 예컨대 마그네슘 원자 중에는 양성자 12개와 중성자 12개를 보유한 원자가 주를 이루지만, 중성자의 수가 12개보다 많은 마그네슘 원자도 존재한다. 이러한 원자들을 마그네슘의 동위 원소라고 한다.

핵심 요약

- ✓ 동위 원소는 원소의 한 형태이다.
- ✓ 원자핵의 중성자 수에 따라 동위 원소가 결정된다.
- ✓ 원소는 여러 개의 동위 원소를 가질 수 있다.
- ✓ 동위 원소는 원소 뒤에 양성자와 중성자의 총수를 적어 표시한다.

마그네슘의 동위 원소

마그네슘에는 마그네슘-24, 마그네슘-25, 마그네슘-26의 세 가지 동위 원소가 있다. 각 마그네슘의 존재 비율은 지구상에 얼마나 존재하는지를 나타내는 것으로 백분율로 표시한다.

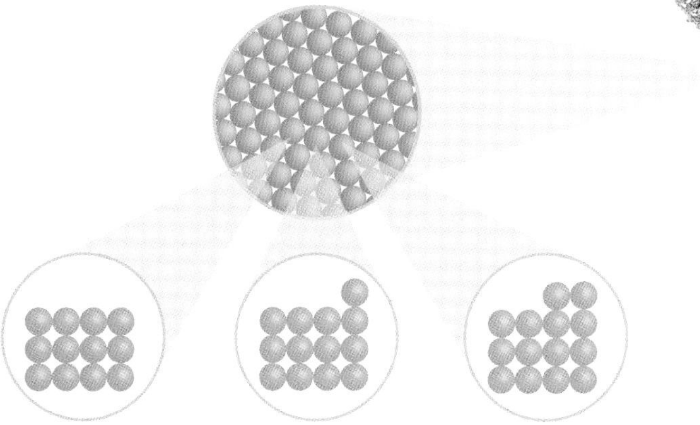

마그네슘-24 원자는 원자핵에 12개의 중성자를 가지고 있으며, 전체 마그네슘 중 78.99%를 차지한다.

마그네슘-25 원자는 원자핵에 13개의 중성자를 가지고 있으며, 전체 마그네슘 중 10%를 차지한다.

마그네슘-26 원자는 원자핵에 14개의 중성자를 가지고 있으며, 전체 마그네슘 중 11.01%를 차지한다.

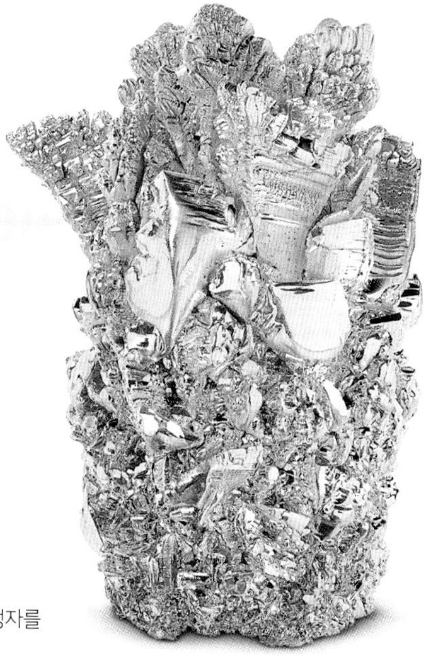

마그네슘

평균 원자량 계산하기

이 공식을 사용하면 한 원소의 평균 질량을 계산할 수 있으며, 이를 평균 원자량(A_r)이라고 한다. 동위 원소의 질량수와 존재 비율을 알고 있으면 A_r을 계산할 수 있다.

평균 원자량 공식:

$$A_r = \frac{\underbrace{(\text{질량수} \times \text{존재 비율})}_{\text{동위 원소 1}} + \underbrace{(\text{질량수} \times \text{존재 비율})}_{\text{동위 원소 2}}}{100}$$

존재 비율의 합은 항상 100이다.

혼합물

원소들이 반응하여 새로운 화합물을 형성하는 경우도 있지만, 단순히 혼합되는 경우도 있다. 이처럼 두 가지 이상의 원소 또는 화합물이 혼합된 것을 혼합물이라고 한다. 예를 들어 공기는 산소, 질소 및 기타 기체의 혼합물이다.

핵심 요약

- 혼합물이란 두 가지 이상의 원소나 화합물로 구성된 물질을 말한다.
- 혼합물 내의 원소나 화합물은 화학적으로 서로 결합되어 있지 않다.
- 혼합물 내의 각각의 원소나 화합물은 혼합되기 전의 성질을 유지한다.
- 혼합물은 화학 반응 없이 서로 분리할 수 있다.

철과 황 혼합물

이 혼합물은 황 분말과 철 가루로 만들었다. 두 원소는 혼합 시 반응하거나 결합하지 않으며, 자석을 사용하여 쉽게 분리할 수 있다.

혼합물의 원자들

혼합물의 원소들은 화학적으로 결합되어 있지 않기 때문에 철과 황 원자들이 불규칙적으로 섞여 있다.

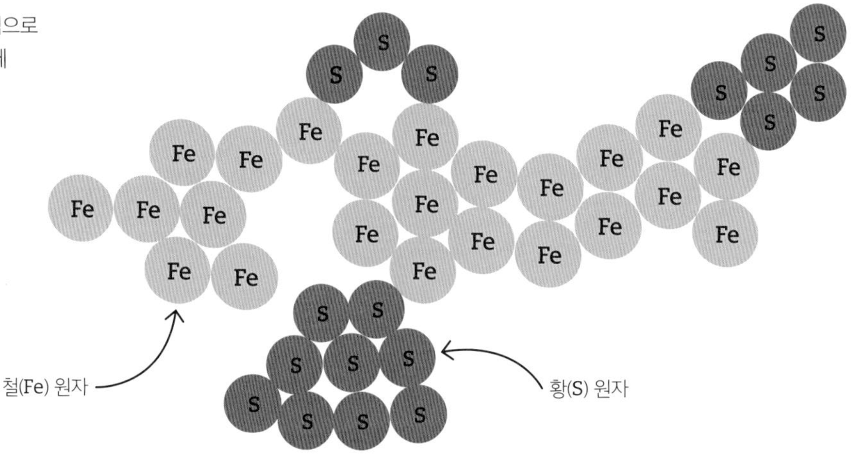

화합물

서로 다른 원소는 화학적으로 결합하여 화합물이라는 새로운 물질을 만들 수 있다. 대부분의 물질은 다양한 화합물로 구성되어 있다.

핵심 요약

- ✓ 대부분의 원소는 화학 반응을 통해 화합물을 형성할 수 있다.
- ✓ 화합물은 두 가지 이상의 원소가 결합하여 만들어진 물질이다.
- ✓ 화합물의 성질은 화합물을 구성하는 원소의 성질과 다르다.
- ✓ 화합물의 원소는 화학 반응을 통해서만 분리할 수 있다.

철과 황 화합물

철과 황 원소는 결합하여 황철석이라는 화합물을 형성한다. 철은 자성을 띠고 황은 부서지기 쉽지만, 황철석은 자성을 띠지도 잘 부서지지도 않는다.

화합물 속의 원자들

원자가 서로 결합하여 화합물을 만들면 새로운 구조가 만들어진다. 따라서 화합물은 새로운 물리적·화학적 특성을 가진다. 예를 들어 황철석에서 철과 황 원자는 규칙적인 3차원 배열로 결합하여 새로운 특성을 갖게 된다.

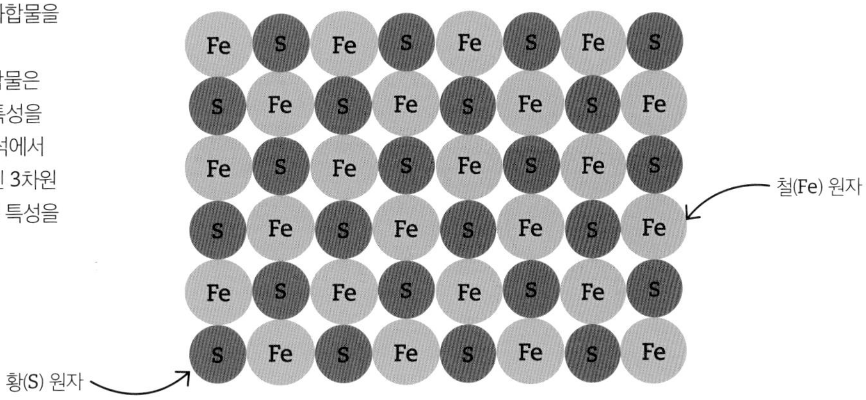

화학식

화학식은 화합물에 어떤 원소가 들어 있는지 간결하게 표현하는 방식이다. 화학식은 단어나 원소 기호(53쪽 참조)를 사용하기도 하고, 숫자를 사용하기도 한다. 화학식에는 여러 유형이 있으며, 이산화 규소에 대한 네 가지 화학식은 다음과 같다.

핵심 요약

- ✓ 화학식은 화합물이 어떤 원소로 구성되어 있는지 보여준다.
- ✓ 화학식에는 여러 유형이 있지만 단어, 화학, 원자 및 구조식의 네 가지 화학식을 자주 사용한다.

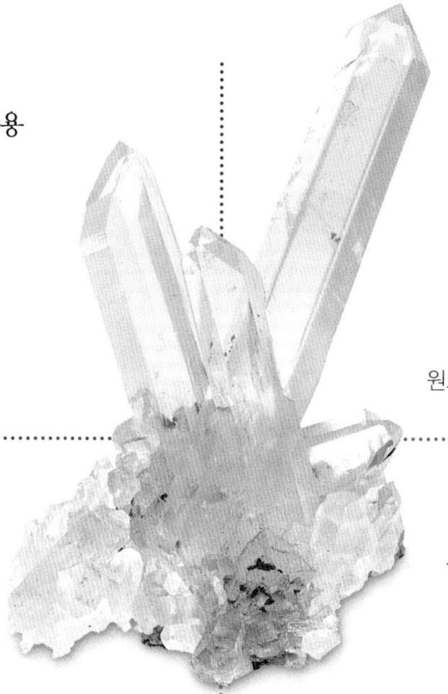

단어 화학식

화합물의 원소 기호 대신 이름을 사용하여 표현한다.

이산화 규소

화학식

원소 기호를 사용하며, 원소 기호 사이에는 공백이 없다.

SiO_2

Si는 규소의 원소 기호이다.

O는 산소의 원소 기호이다.

원자 화학식

원소 기호와 각 원자의 윤곽선을 통해 화합물이 어떤 원소를 포함하고 있는지 표현한다.

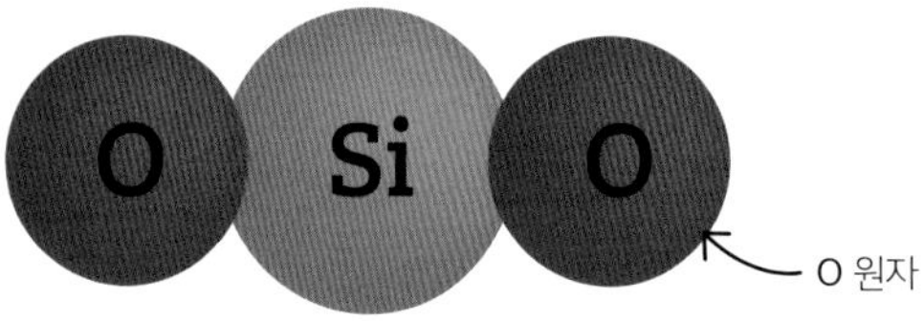

구조식

원소의 기호는 각 원자 사이의 결합을 나타내는 선으로 연결된다.

자주 사용하는 화학식

다음은 흔한 화합물의 화학식이다. 화학식에는 원소 기호 옆에 작은 숫자가 있는데, 이 숫자는 화합물 안에 포함된 원소의 원자 수가 몇 개인지 알려준다.

이산화 탄소	CO_2	일산화 탄소	CO
암모니아	NH_3	염산	HCl
물	H_2O	염화 칼슘	$CaCl_2$
메테인	CH_4	황산	H_2SO_4

염화 칼슘에는 2개의 염소 원자가 있다.

화학식 추론하기

원자는 다른 원자와 결합하여 자신의 최외각 껍질을 전자로 채워 안정화하려는 경향이 있다. 원자가 다른 원자와 결합할 때 전자를 얻거나 잃는데, 그 개수는 보통 원자마다 정해져 있고 그것을 원자가라고 한다.

핵심 요약

- ✓ 원자가는 원자가 다른 원자와 결합하는 방식과 관련된 숫자이다.
- ✓ 원자가 표에는 원소들의 원자가가 족별로 나열되어 있다.
- ✓ 원자가 교환 방법을 사용하면 원자가를 사용하여 화합물의 화학식을 추론할 수 있다.

원자가 계산하기

주기율표에서 같은 족에 속하는 원소는 원자가 표에 나열된 것과 같은 원자가를 갖는다. 물의 화학식은 원자가 표와 원자가 교환 방법을 사용하여 결정할 수 있다.

족	1	2	13	14	15	16	17	18
원자가	1	2	3	4	–3	–2	–1	0

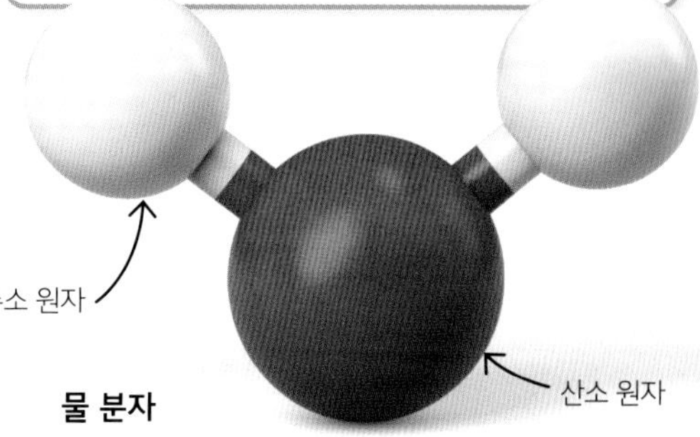

물 분자

예시

H^{+} ← 수소의 원자가를 기호보다 위에 작게 쓴다.

O^{2-} ← 산소의 원자가를 기호보다 위에 작게 쓴다.

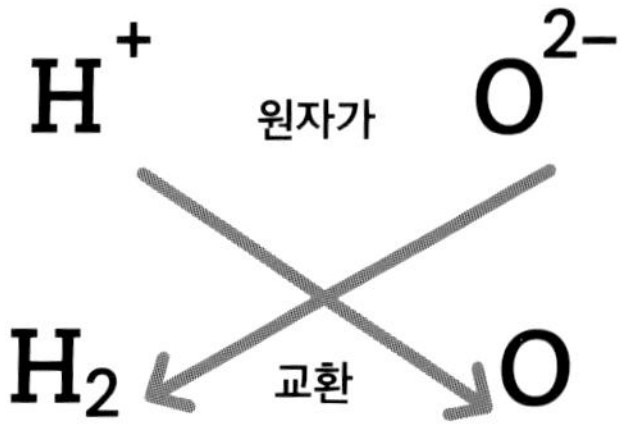

1. 수소(H)는 1족에 속하므로 원자가는 하나이다. 수소 원자는 전자 하나를 잃어 양전하를 띨 수 있다. '1'은 표시하지 않고 더하기 기호를 써서 양전하를 나타낸다.

2. 산소(O)는 16족에 속하므로 원자가는 -2이다. 산소 원자는 최외각 껍질을 채우기 위해 2개의 전자를 얻으므로 2의 음전하를 띤다.

3. 원자가를 원소 기호 위에서 아래로 옮기고 이를 다른 원소와 교환한다. 이렇게 수소와 산소가 결합하여 생성한 물의 화학식 H_2O를 알 수 있다.

전이 금속

전이 금속(62-63쪽 참조)은 주기율표의 2족과 13족 사이의 중간 부분을 차지한다. 주기율표만으로는 전이 금속의 원자가가 무엇인지 알 수 없으며, 대개 2 이상의 원자가를 갖는다. 예를 들어 철(Fe)은 2 또는 3의 원자가를 가진다. 전이 금속의 원자가는 철(Ⅱ) 및 철(Ⅲ)과 같이 로마 숫자를 사용하여 표기한다.

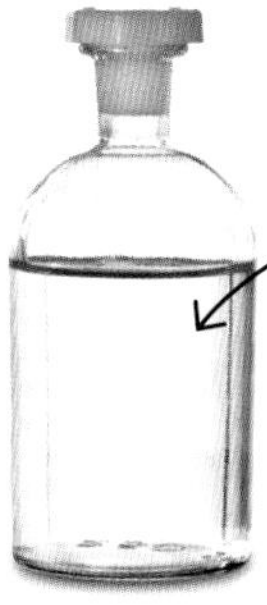
염화 철(Ⅱ) 용액은 투명한 액체이다.

철(Ⅱ)

염화 철(Ⅲ) 용액은 호박색 액체이다.

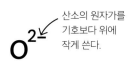

철(Ⅲ)

화학 반응식

화학 반응식은 원소 기호(53쪽 참조)와 화학식(34쪽 참조)을 사용하여 화학 반응 중에 일어나는 물질의 변화를 표시한다. 반응하는 물질을 반응물이라고 하고, 반응이 일어난 후 형성되는 새로운 물질을 생성물이라고 한다. 화학 반응은 화살표로 표시한다.

핵심 요약

- ✓ 화학 반응식은 화학 반응을 통해 반응물이 생성물로 바뀌는 과정을 보여준다.
- ✓ 화학 반응식은 기호, 단어 또는 화학식으로 구성된다.
- ✓ 화학 반응식에는 물질의 상태를 나타내는 기호를 함께 표시한다.

이 반응은 많은 열과 빛을 발생하기 때문에 보통 플라스크에서 반응을 진행한다.

염화 소듐

이 화학 반응식은 소듐과 염소(반응물)가 반응하여 염화 소듐(생성물)을 형성하는 반응을 보여준다.

단어로 나타낸 화학 반응식	소듐 + 염소	⟶	염화 소듐
화학식으로 나타낸 화학 반응식	$2Na + Cl_2$	⟶	$2NaCl$
	반응물	반응은 화살표로 표시한다.	생성물

상태 기호

화학 반응식에는 상태 기호를 함께 쓴다(98쪽 참조). 물질의 상태를 괄호 안의 문자로 나타낸다.

소듐과 염소 원자가 결합하여 고체 물질인 염화 소듐을 만든다.

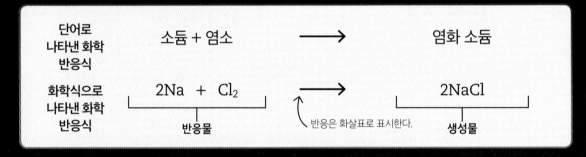

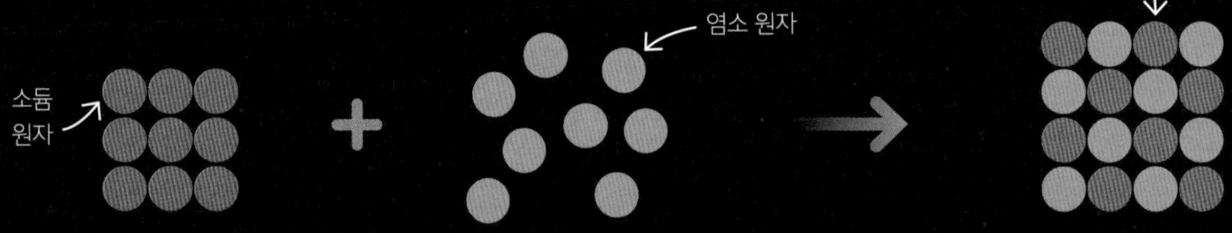

소듐(s) + 염소(g) ⟶ 염화 소듐(s)

상태 기호 (g)는 염소가 기체임을 나타낸다.

상태 기호 (s)는 염화 소듐이 고체임을 나타낸다.

화학 반응식 계수 맞추기

화학 반응 중에는 반응물의 원자들이 재배열되어 생성물을 형성한다. 화학 반응식 양변의 원자 수가 같도록 반응물과 생성물의 계수를 조절한다. 반응식 양변의 전하도 균형을 맞춰야 한다(151쪽 참조).

핵심 요약

- ✓ 화학 반응 중에 원자가 사라지거나 생성되지 않기 때문에 화학 반응식 양변의 원자 수가 같아야 한다.
- ✓ 불균형 화학 반응식에서 양쪽의 원자 수가 같아지도록 화학식 앞에 숫자를 추가하여 균형을 맞춘다.

불균형 화학 반응식

이 화학 반응식은 수소와 산소가 반응하여 물을 만드는 반응을 보여준다. 왼쪽에는 2개의 산소 원자가 있지만 오른쪽에는 하나만 있기 때문에 불균형 화학 반응식이다.

'H'는 수소의 원소 기호이다.

작은 '2'는 2개의 수소 원자를 나타낸다.

'O'는 산소의 원소 기호이다.

이것은 물의 화학식이다.

$$H_2 + O_2 \longrightarrow H_2O$$

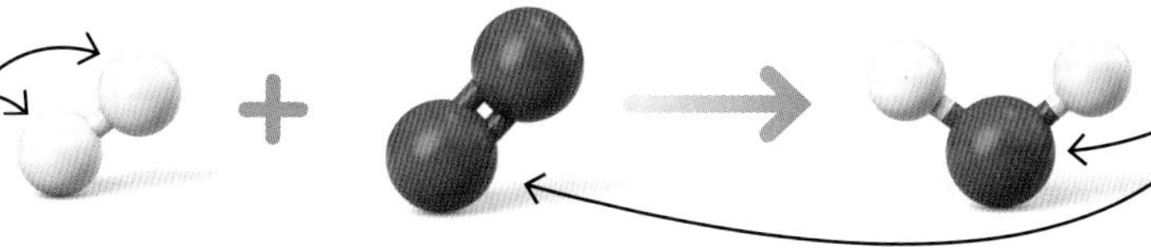

수소 원자 2개

왼쪽에는 산소 원자가 2개 있지만, 오른쪽에는 1개만 있다.

화학 반응식의 균형을 맞추는 방법

화학 반응식의 균형이 맞도록 계수를 조절한다.

1. 수소 앞에 계수 2를 쓴다. 이렇게 하면 수소 원자 수가 2배가 된다.

2. 물 앞에 계수 2를 쓴다. 이렇게 하면 물 분자가 2개가 되고, 양변의 산소 원자의 개수가 동일해진다.

$$2H_2 + O_2 \longrightarrow 2H_2O$$

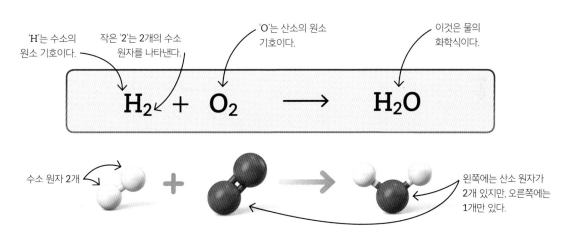

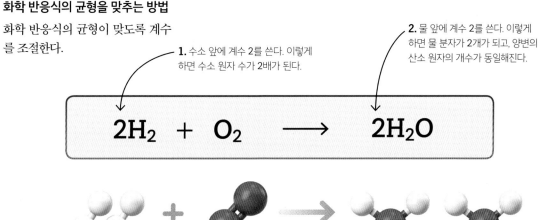

순도

순수한 물질은 한 가지 원소(30쪽 참조) 또는 화합물(33쪽 참조)만을 포함한다. 예를 들어 순수한 물은 물 분자로만 이루어져 있다. 그러나 물질이 완전히 순수한 경우는 드물고 보통 다른 원소나 화합물이 섞여 있다.

핵심 요약

- ✓ 순수한 물질은 한 가지 원소 또는 화합물로 이루어져 있다.
- ✓ 순도는 물질이 녹거나 끓는 순간을 확인하여 검증할 수 있다.
- ✓ 물질에 포함된 불순물은 일반적으로 녹는점을 낮추고 끓는점을 높인다.
- ✓ 물질의 끓는점과 녹는점이 순수한 물질의 끓는점과 녹는점에 가까울수록 순도가 높다.

순도 확인

순수한 물질은 녹는점과 끓는점이 일정하다. 예를 들어 물은 0°C에서 녹고 100°C에서 끓는다. 불순물이 포함된 물은 다양한 온도 범위에서 녹거나 끓는다.

핵심

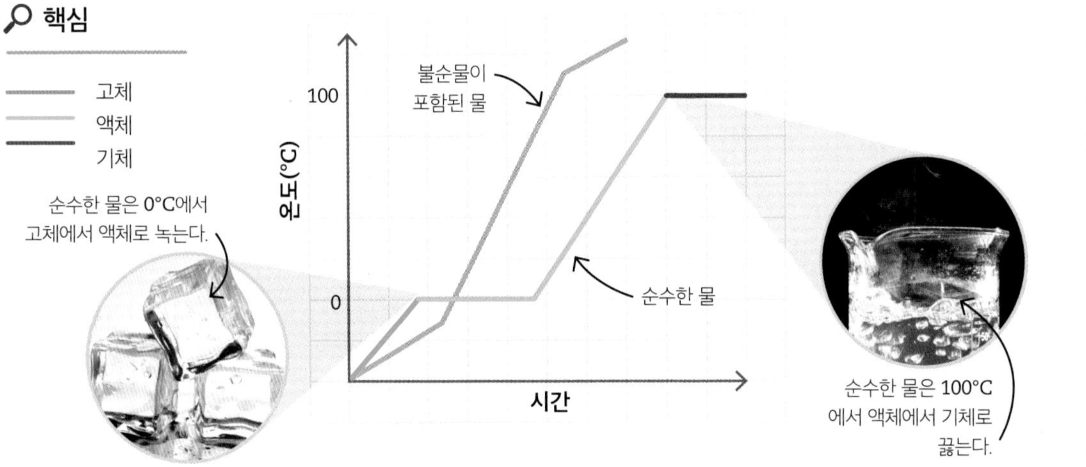

불순물 활용 예시

다음은 생활 속에서 불순물을 유용하게 사용하는 예시이다. 물에 소금을 녹이면 물의 끓는점이 높아져 음식이 더 빨리 익는다. 또한 빙판길에 소금을 뿌리면 얼음이 훨씬 빨리 녹아 겨울에 더 안전하게 운전할 수 있다.

소금과 물

소금과 얼음

제제

제제는 특정 목적을 위해 만들어진 혼합물(32쪽 참조)이다. 제제에 포함된 성분들은 각 성분마다 특징이 있다. 매니큐어, 의약품, 세제, 페인트와 같은 물질들을 제제라고 할 수 있다.

핵심 요약

- ✓ 제제는 특정 성분이 정확하게 함유된 혼합물이다.
- ✓ 특정 목적을 위해 제제를 만든다.
- ✓ 다양한 산업 분야에서 일하는 화학자들이 제제를 만들고 검증한다.

페인트

페인트는 제제의 한 예이다. 페인트를 만들기 위해 네 가지 화학 물질을 정확하게 정해진 비율만큼 혼합한다. 비율이 다르면 페인트가 너무 묽거나 진해질 수 있다.

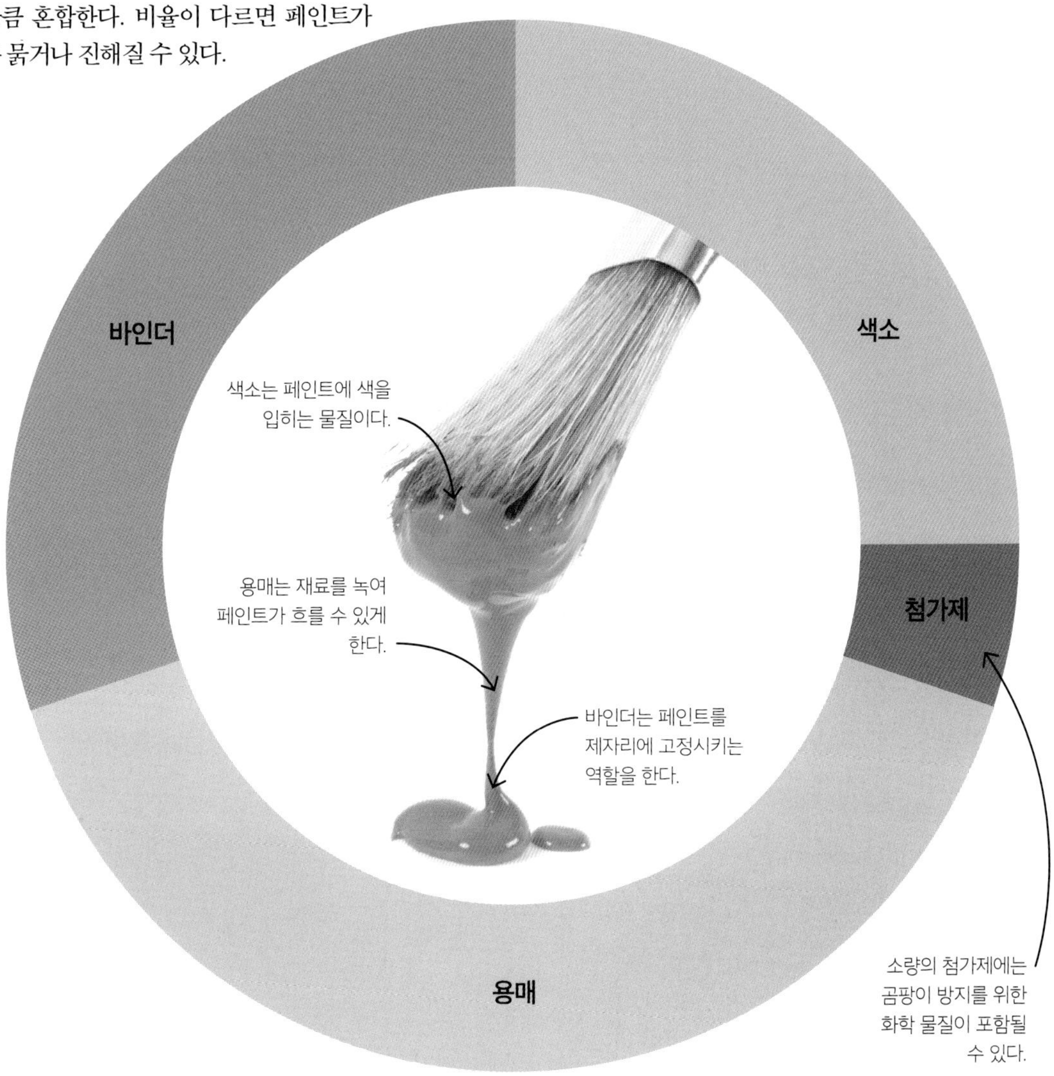

바인더
색소
첨가제
용매
색소는 페인트에 색을 입히는 물질이다.
용매는 재료를 녹여 페인트가 흐를 수 있게 한다.
바인더는 페인트를 제자리에 고정시키는 역할을 한다.
소량의 첨가제에는 곰팡이 방지를 위한 화학 물질이 포함될 수 있다.

용해

용해는 한 물질이 작은 입자로 분해되어 다른 물질과 완전히 섞이는 현상이다. 설탕, 소금처럼 녹는 물질을 용질이라고 하고, 물이나 에탄올과 같이 용질을 녹일 수 있는 물질을 용매라고 한다. 용질과 용매가 섞여 용액을 형성한다.

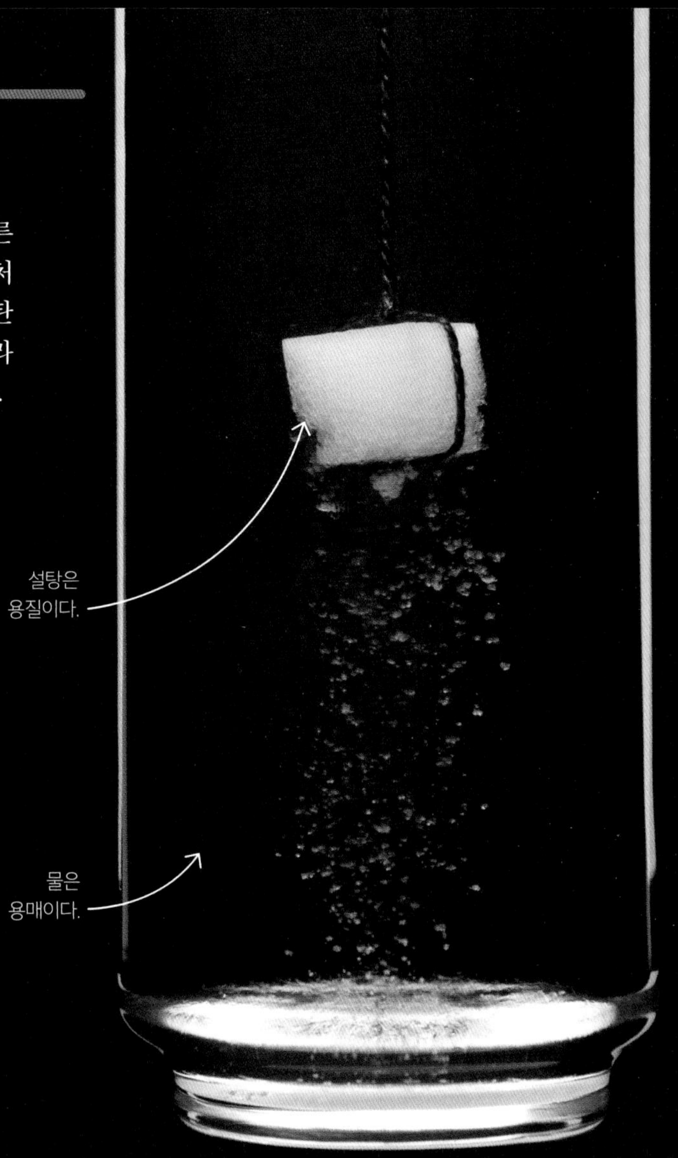
설탕은
용질이다.
물은
용매이다.

설탕의 용해

설탕은 물에 쉽게 녹는다. 설탕이 녹으면 더 이상 눈에 보이지 않는다.

핵심 요약

- 용질은 용해되는 물질이다.
- 용매는 용질을 녹이는 액체이다.
- 용질이 용매에 용해될 때 용액이 형성된다.
- 모든 물질이 용해되는 것은 아니다.

분리되는 분자들

많은 물질이 물에 녹는다. 물 분자는 다양한 종류의 분자 및 원자와 인력이 있기 때문에 용질을 쉽게 분해할 수 있다. 혼합물을 가열하고 저어주면 용질이 더 빨리 용해된다.

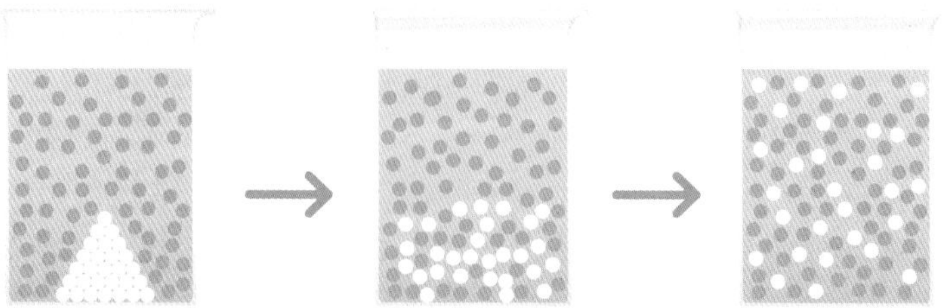

1. 처음에는 용질(소금)이 서로의 인력으로 인해 붙어 있다.

2. 시간이 지나면 물 분자가 소금 입자를 둘러싸고 소금 입자는 분리되어 물로 퍼진다.

3. 용질이 완전히 용해되면 용매를 통해 고르게 퍼진다.

분쇄

분쇄는 암석과 같은 큰 고체 덩어리를 미세한 분말로 분해하는 것이다. 이렇게 하면 분말이 액체에 빨리 용해될 수 있다. 또한 분말로 만들면 반응물의 표면적이 증가하여 반응 속도가 빨라진다.

핵심 요약

- ✓ 분쇄는 물질을 더 작은 입자로 분해하는 것이다.
- ✓ 분말은 액체에 더 빨리 용해된다.
- ✓ 분말은 화학 반응을 더 빠르게 진행한다.

화합물 분쇄

막자와 막자사발을 사용하여 암염을 작은 조각으로 분쇄할 수 있다.

표면적 증가

고체 반응물의 표면적이 증가하면 화학 반응이 훨씬 빠르게 일어난다. 예를 들어 표면적이 24 cm^2인 암염을 분쇄하면 총 표면적이 약 48 cm^2로 2배로 증가하여 반응 속도가 더 빨라진다.

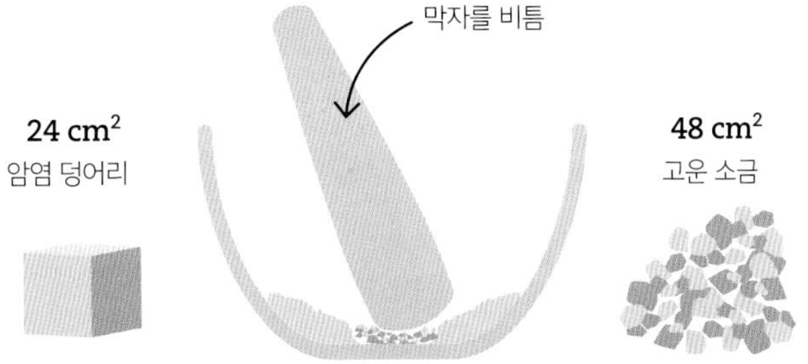

1. 암염의 표면적이 약 24 cm^2이다.

2. 막자사발과 막자를 사용하여 작은 덩어리로 빻는다.

3. 분쇄 후 암염의 표면적은 약 48 cm^2이다.

용해도

물질의 용해도는 용매(40쪽 참조)에 용질이 얼마나 많이 녹을 수 있는지를 나타내는 척도이다. 일반적으로 온도가 높을수록 용해도가 높아진다. 용해도는 용매 100 g당 용질 g 단위(g/100 g)로 나타낸다.

핵심 요약

- ✓ 용해도는 용매에 얼마나 많은 용질이 용해될 수 있는지를 나타내는 척도이다.
- ✓ 대부분 고체의 용해도는 온도가 높아지면 증가한다.
- ✓ 용액에서 용매를 증발시키고 남은 용질의 질량을 측정하여 용해도를 측정할 수 있다.

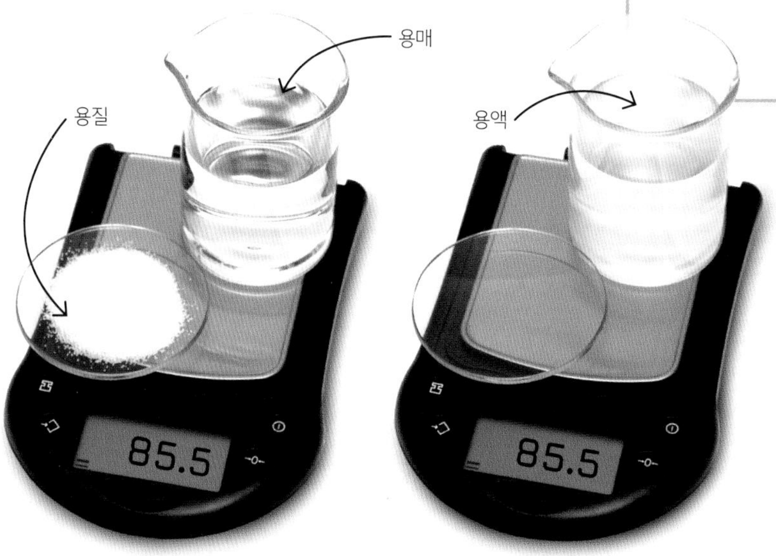

질량은 그대로 유지됨

용액의 질량은 용질이 용해되기 전 용질의 질량과 용매의 질량을 합한 것과 동일하다.

온도에 따른 용해도

온도가 높을수록 용매에 용해되는 용질의 양이 많아진다. 온도를 변화시키면서 물에 녹은 소금의 질량을 측정하는 간단한 실험을 할 수 있다. 물의 질량과 저어주는 횟수는 동일하게 한다.

용해도 계산

용매의 질량과 용매에 최대로 녹을 수 있는 용질의 질량을 알면 용해도를 계산할 수 있다.

핵심 요약

- ✓ 용해도는 용매 100 g당 용해된 용질의 그램 수로, 단위는 g/100 g이다.
- ✓ 용매의 질량과, 용매에 최대로 녹을 수 있는 용질의 질량을 측정하여 용해도를 계산할 수 있다.

용해도 계산 방법

용액의 질량을 측정한다. 그 다음 용액에서 용매를 증발시키고 남은 용질의 질량을 측정한다. 용액의 질량에서 용질의 질량을 빼면 용매의 질량을 구할 수 있다.

용액

용매가 증발한 후 용질

$$\text{용해도(용매 100 g당 g)} = \frac{\text{용질의 질량(g)}}{\text{용매의 질량(g)}} \times 100$$

용해도 곡선

서로 다른 온도에서 물질의 용해도를 그래프로 표시할 수 있으며, 이를 용해도 곡선이라고 한다. 물질마다 용해도 곡선이 다르다.

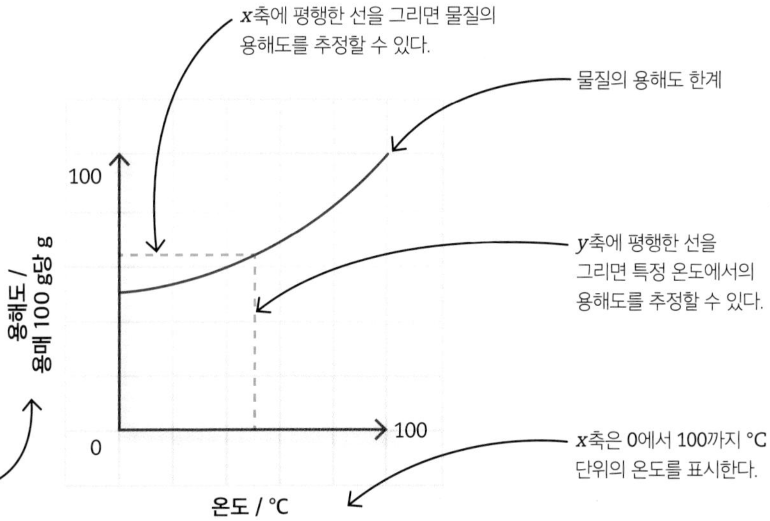
x축에 평행한 선을 그리면 물질의 용해도를 추정할 수 있다.
물질의 용해도 한계
y축에 평행한 선을 그리면 특정 온도에서의 용해도를 추정할 수 있다.
100
0
100
용해도 /
용매 100 g당 g
온도 / °C
y축은 용해도를 0에서 100까지 g/100 g 단위로 표시한다.
x축은 0에서 100까지 °C 단위의 온도를 표시한다.

크로마토그래피

크로마토그래피는 혼합물(32쪽 참조)에서 화합물(33쪽 참조)을 분리하는 방법이다. 크로마토그래피에는 고정상과 이동상 두 가지 상이 존재한다. 고정상은 움직이지 않는 종이 부분을 뜻하고, 이동상은 고정상을 통과하는 액체 또는 기체를 뜻한다. 혼합물 속의 화합물들은 각각 이동상에 용해되는 정도가 다르기 때문에 분리된다(42쪽 참조).

핵심 요약

- ✓ 크로마토그래피는 혼합물에서 화합물을 분리하는 방법이다.
- ✓ 크로마토그래피에는 고정상과 이동상이 존재한다.
- ✓ 어떤 물질은 다른 물질보다 이동상을 따라 더 멀리 이동할 수 있다.
- ✓ R_f 값은 이동상에 비해 물질이 얼마나 멀리 이동하는지를 나타내는 값이다.

크로마토그램 만들기

크로마토그램은 크로마토그래피의 결과물이라고 할 수 있다. 크로마토그램을 만들려면 거름종이, 연필, 다양한 색의 잉크, 물, 물을 담을 용기가 필요하다. 다음 순서에 따라 진행하면 크로마토그램을 만들 수 있다.

1. 종이의 가장자리에 선을 그리고 선에 잉크를 찍는다. 종이의 가장자리가 물속에 들어가도록 접시 위에 종이를 걸어놓는다.

2. 이동상(물)이 고정상(종이)을 따라 위로 올라가면서 잉크를 운반한다. 이동상에 대한 용질의 용해도가 높을수록 용질이 더 높이 올라간다.

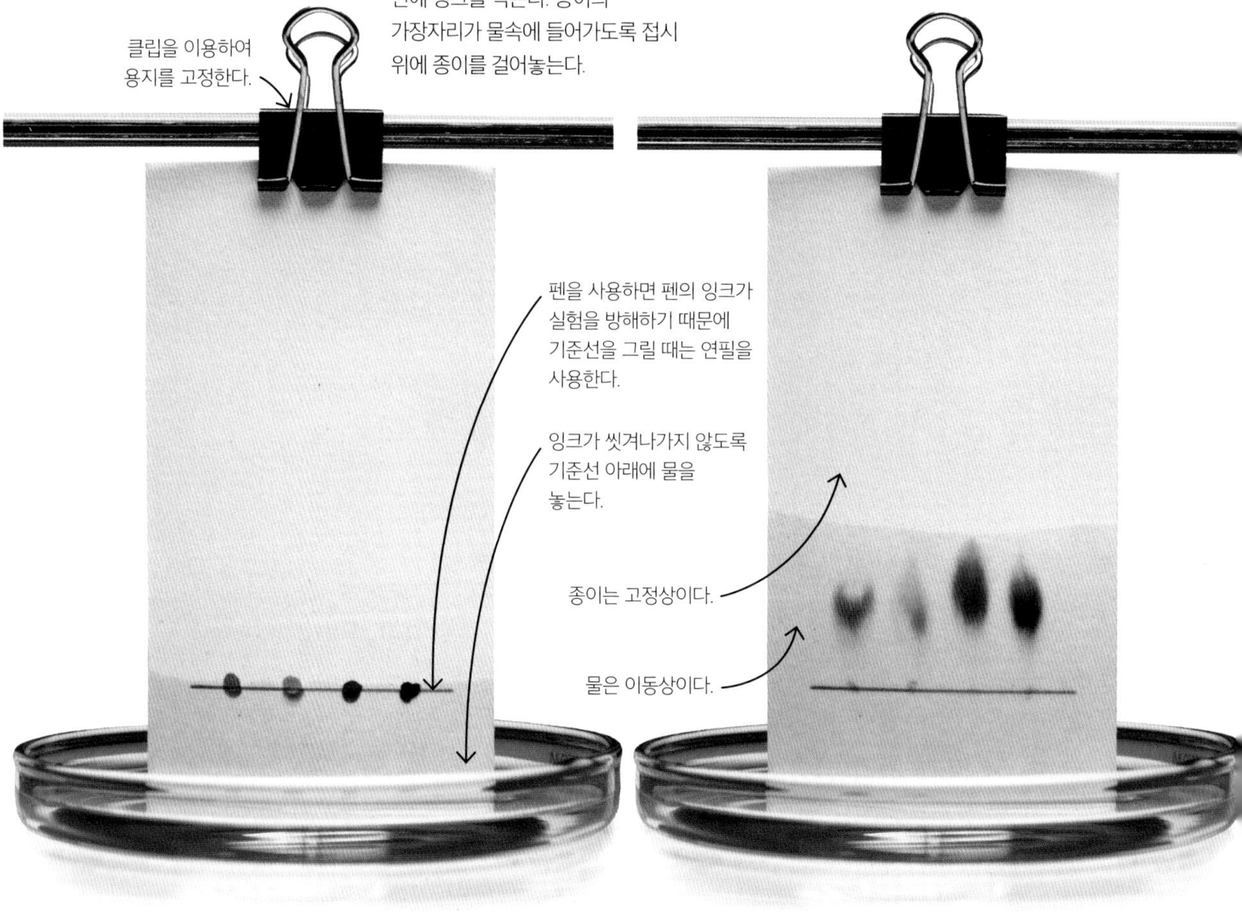

클립을 이용하여 용지를 고정한다.
펜을 사용하면 펜의 잉크가 실험을 방해하기 때문에 기준선을 그릴 때는 연필을 사용한다.
잉크가 씻겨나가지 않도록 기준선 아래에 물을 놓는다.
종이는 고정상이다.
물은 이동상이다.

R_f값 계산

R_f값은 물질의 이동 거리와 이동상의 이동 거리를 비교한 값이다. 같은 이동상과 고정상을 사용했을 때 어떤 물질의 R_f값이 동일하면 그 물질은 같은 물질이라고 추측할 수 있다.

$$R_f = \frac{\text{시료의 이동 거리(cm)}}{\text{이동상의 이동 거리(cm)}}$$

$$\text{보라색 색소의 } R_f\text{값: } 0.9 = \frac{4.5\text{ cm}}{5\text{ cm}}$$

3. 잉크가 고정상 위의 다양한 지점에 분포한다. 이 결과지를 크로마토그램이라고 한다.

4. 자를 사용하여 각 색소가 기준선으로부터 이동한 거리를 측정한다. 이동상이 이동한 거리를 종이에 표시한다.

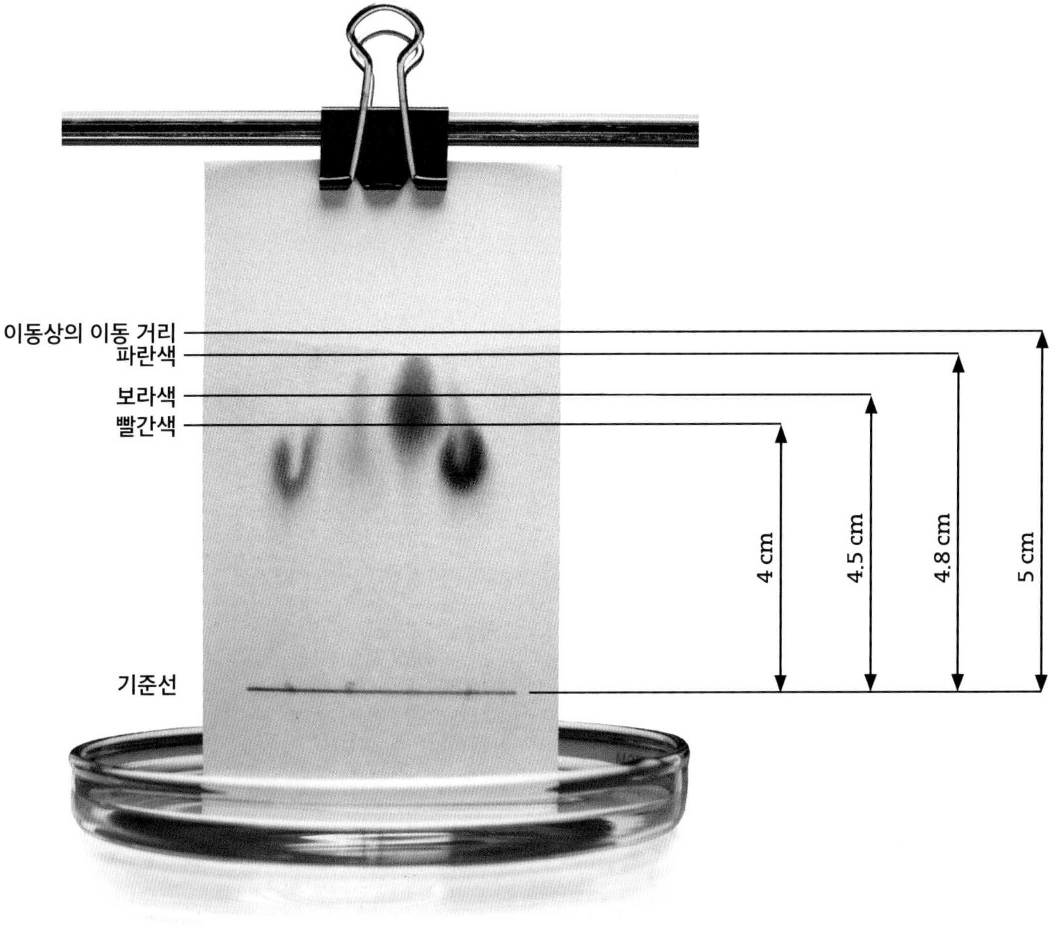

여과

여과는 용매와 불용성 고체를 분리하는 데 사용한다. 불용성 고체는 용매에 녹지 않는 고체(40쪽 참조)를 뜻한다. 혼합물을 작은 구멍이 있는 거름종이에 부으면 물 분자는 거름종이를 통과하고, 불용성 고체는 거름종이에 걸려 분리가 된다.

핵심 요약

- ✓ 여과는 액체에서 불용성 고체를 분리하는 것이다.
- ✓ 여과는 혼합물을 분리하는 여러 가지 방법 중 하나이다.
- ✓ 고체가 특정 용매에 녹지 않으면 그 용매에 불용성이라고 한다.

모래 여과하기

모래는 물에 녹지 않기 때문에 여과를 통해 물에서 모래를 분리할 수 있다.

모래(불용성 고체)가 거름종이에 남는다.
유리 깔때기에 거름종이를 설치한다.
물과 모래의 혼합물
200
150
100
APPROX
50
여과된 맑은 물

혼합물 분리하기

혼합물에 포함된 물질의 특성에 따라 혼합물을 분리하는 다른 방법도 있다. 예를 들어 자성을 띠는 철가루와 모래의 혼합물을 분리하는 데 자석을 사용할 수 있다.

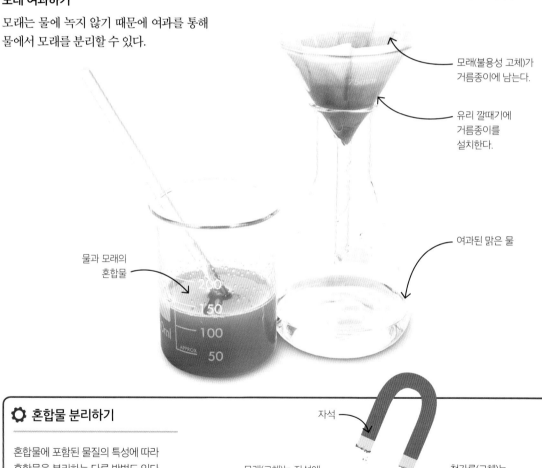

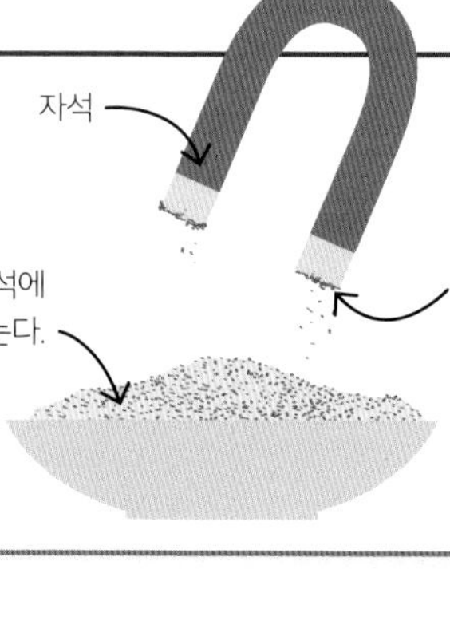
자석
모래(고체)는 자석에 끌리지 않는다.
철가루(고체)는 자석에 끌린다.

증발

증발은 액체 분자가 기체가 되는 현상이다. 물은 실온에서 천천히 증발하기 때문에 젖은 빨래가 마를 수 있다. 물을 가열하면 증발 속도가 빨라진다.

핵심 요약

- ✓ 증발은 끓는점 이하의 액체가 기체로 변화하는 것을 뜻한다.
- ✓ 액체를 가열할 때 액체가 빠르게 기체로 변하는 현상을 끓음이라고 한다.
- ✓ 열은 액체 분자에 더 많은 에너지를 제공하여 액체 분자 간의 결합을 끊는다.

끓는 물

액체를 끓는점까지 가열하면 모든 액체가 빠르게 기체로 증발한다.

김
기체 거품이 표면으로 올라온다.

혼합물 분리하기

증발은 용매와 용질을 분리하는 데 사용할 수 있다(40쪽 참조). 용매가 용질보다 끓는점이 낮기 때문에 용매를 분리할 수 있다.

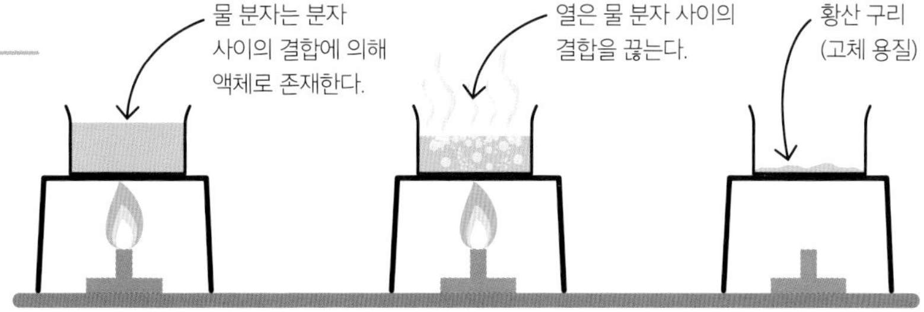

물 분자는 분자 사이의 결합에 의해 액체로 존재한다.
열은 물 분자 사이의 결합을 끊는다.
황산 구리 (고체 용질)

1. 황산 구리 수용액을 가열한다.

2. 용액이 끓기 시작하여 수증기를 형성한다.

3. 물은 기체로 변하고 황산 구리가 남는다.

결정화

결정은 원자가 3차원 격자 패턴을 형성하는 고체 구조이다. 용액(40쪽 참조)을 가열한 후 식히면 결정이 형성되는데, 이 과정을 결정화라고 한다. 일반적으로 냉각 시간이 길수록 형성되는 결정이 더 크다.

핵심 요약

- ✓ 결정화는 용액에서 용질을 분리하는 과정이다.
- ✓ 결정화는 천천히 가열하여 용질을 녹인 다음 용액을 냉각하여 결정을 형성하는 것이다.
- ✓ 결정의 크기와 모양은 용액이 얼마나 빨리 냉각되었는지에 따라 달라진다.

황산 구리 결정

황산 구리 수용액을 천천히 가열한 후 식히면 청색 결정이 형성된다.

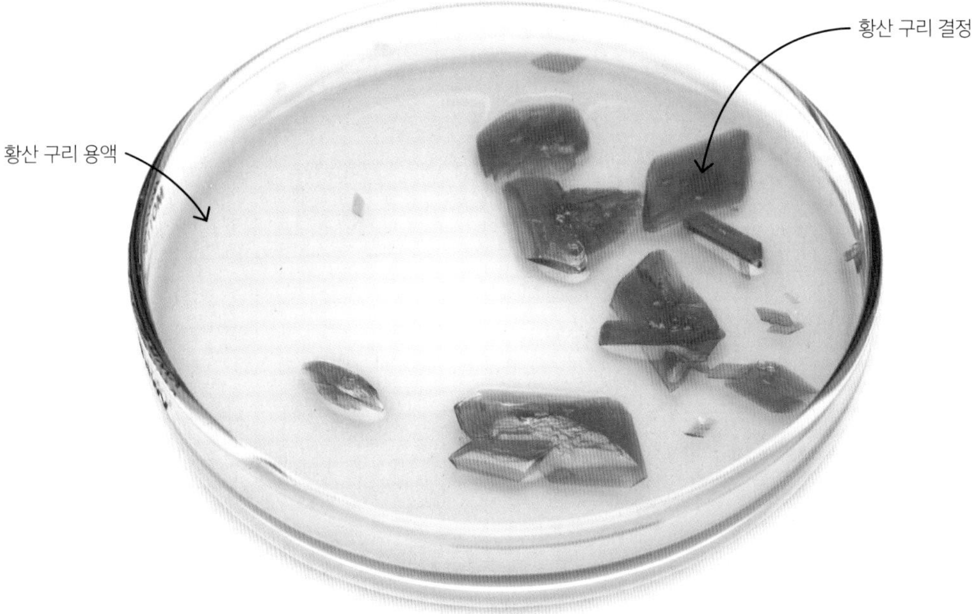

결정이 형성되는 방법

고체가 녹아 있는 용액을 가열하면 액체가 증발하고 용질의 구조가 단단해진다. 용액을 빠르게 가열하면 큰 결정이 형성되고, 천천히 가열하면 작은 결정이 형성된다.

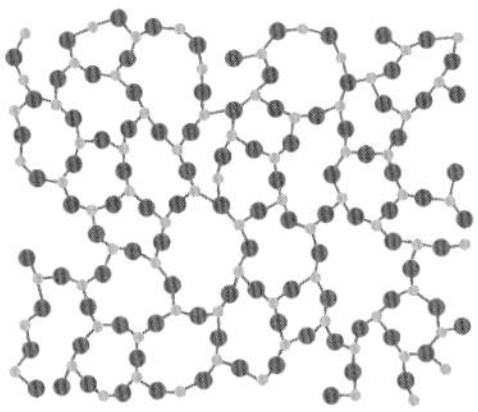

가열되기 전에 황산 구리 수용액 속의 입자들은 무작위로 균일하게 분포한다.

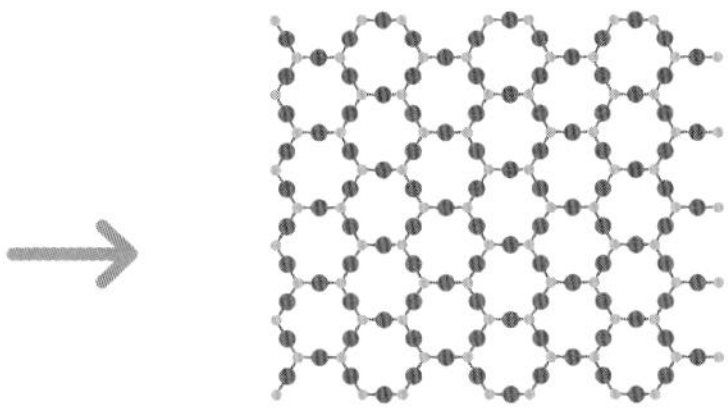

물이 가열되어 증발하면 황산 구리 입자가 충분히 농축되어 결정이 연결되고 형성된다.

단순 증류

증류는 증발 및 응축으로 용액에서 용매를 모으는 과정이다. 용액을 가열하면 끓는점이 낮은 액체는 증발하고 끓는점이 높은 용질만 남게 된다. 증발한 기체는 냉각되어 다시 액체로 응축된다.

핵심 요약

- 단순 증류는 용액에서 하나의 액체를 분리하는 것이다.
- 단순 증류는 용매의 끓는점이 용질의 끓는점보다 낮은 경우에만 가능하다.
- 단순 증류로 순수한 용매를 얻을 수 있다.

물과 잉크 분리하기

잉크와 같은 혼합물은 증류로 분리할 수 있다. 혼합물을 물의 끓는점(100°C)까지 가열한다.

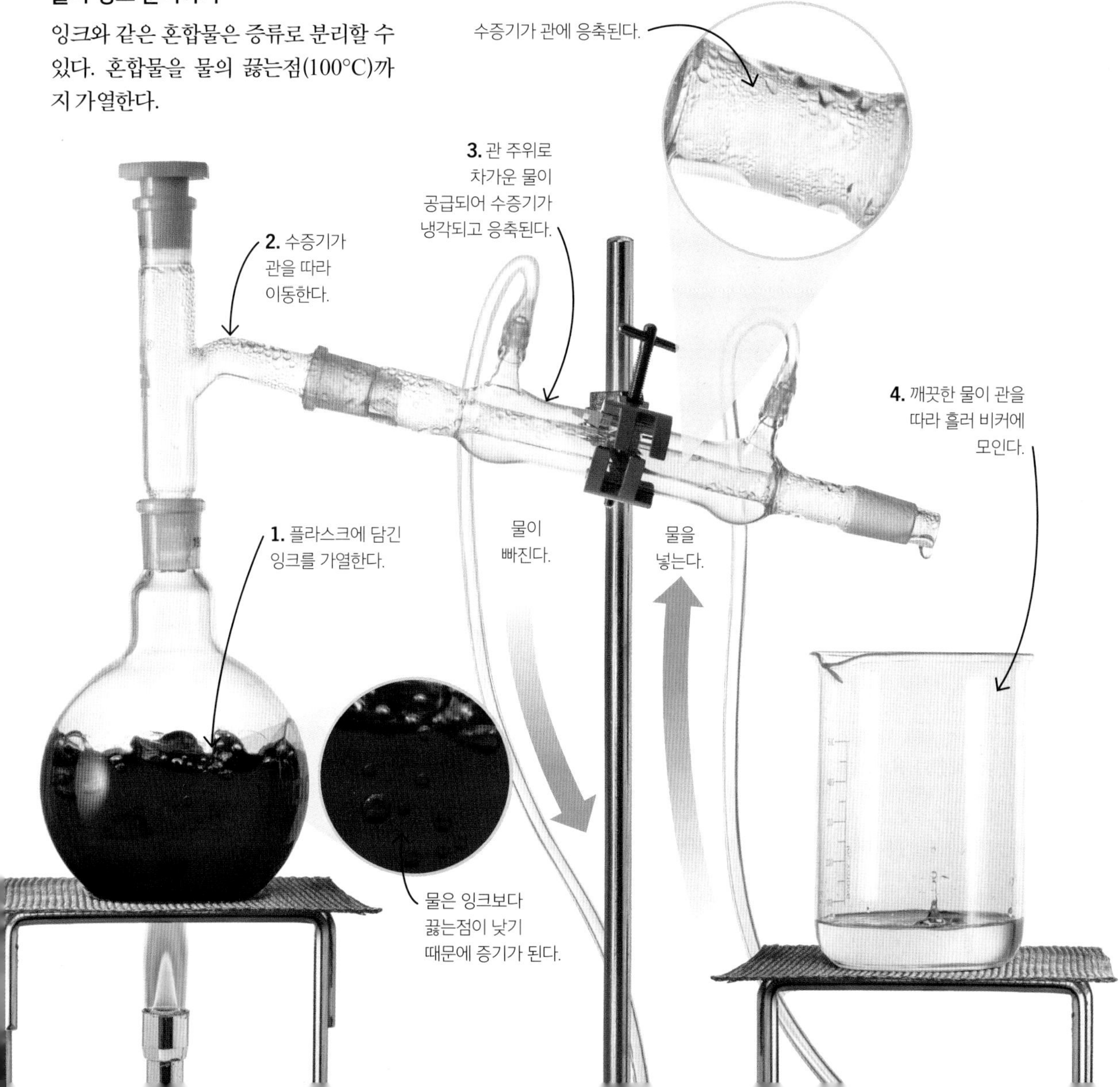

수증기가 관에 응축된다.
3. 관 주위로 차가운 물이 공급되어 수증기가 냉각되고 응축된다.
2. 수증기가 관을 따라 이동한다.
4. 깨끗한 물이 관을 따라 흘러 비커에 모인다.
1. 플라스크에 담긴 잉크를 가열한다.
물이 빠진다.
물을 넣는다.
물은 잉크보다 끓는점이 낮기 때문에 증기가 된다.

분별 증류

분별 증류는 액체 혼합물을 분리하는 것이다. 각 액체의 끓는점이 다르기 때문에 용액을 다른 온도로 여러 번 가열하는 방법을 사용한다. 분별 증류관은 각 액체를 분리할 수 있도록 한다.

핵심 요약

- ✓ 분별 증류는 용액에서 여러 액체를 분리하는 방법이다.
- ✓ 분별 증류는 용액에 포함된 액체의 끓는점이 다를 때 사용한다.

원유 증류하기

원유는 일반적으로 산업 현장에서 분리하지만(204-205쪽 참조), 실험실에서도 분리할 수 있다. 각 액체에 대해 1~6단계를 반복한다.

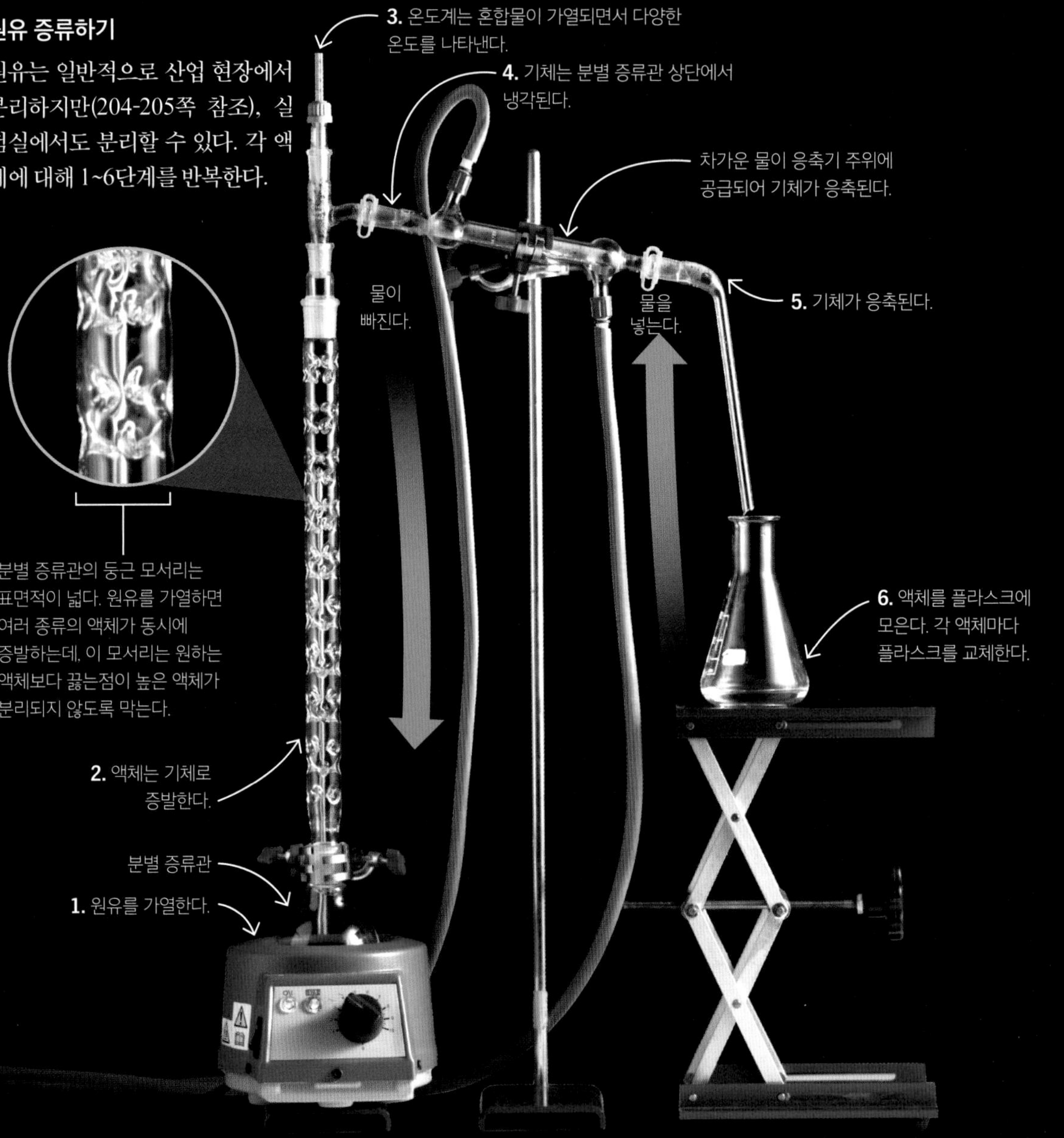

3. 온도계는 혼합물이 가열되면서 다양한 온도를 나타낸다.
4. 기체는 분별 증류관 상단에서 냉각된다.
차가운 물이 응축기 주위에 공급되어 기체가 응축된다.
물이 빠진다.
물을 넣는다.
5. 기체가 응축된다.
6. 액체를 플라스크에 모은다. 각 액체마다 플라스크를 교체한다.
분별 증류관의 둥근 모서리는 표면적이 넓다. 원유를 가열하면 여러 종류의 액체가 동시에 증발하는데, 이 모서리는 원하는 액체보다 끓는점이 높은 액체가 분리되지 않도록 막는다.
2. 액체는 기체로 증발한다.
분별 증류관
1. 원유를 가열한다.

원소

주기율표

주기율표에는 현재까지 알려진 118가지 원소가 나열되어 있다. 과학자들은 원소들을 원자 번호 순으로 나열하고 비슷한 성질을 가진 족으로 분류하였다.

핵심 요약

- 주기율표에는 원자 번호가 커지는 순서대로 모든 원소가 나열되어 있다.
- 가로 행을 주기라고 하다.
- 세로 열을 족이라고 한다.
- 세로 열을 따라 아래로 내려가면 어떤 경향성을 볼 수 있다.

족 및 주기

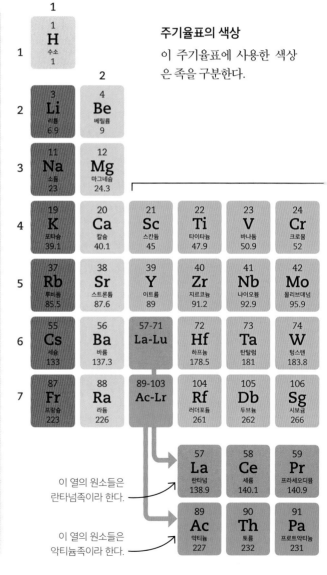

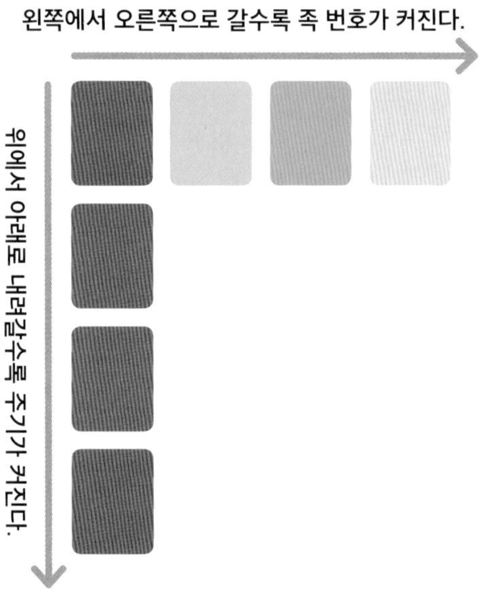

왼쪽에서 오른쪽으로 갈수록 족 번호가 커진다.
위에서 아래로 내려갈수록 주기가 커진다.

주기

같은 행에 있는 원소들은 동일한 수의 전자 껍질(28쪽 참조)을 가지고 있다. 예를 들어 1주기의 원소는 전자 껍질이 하나이고, 6주기의 원소는 전자 껍질이 6개이다.

족

같은 열에 있는 원소들은 최외각 껍질에 같은 수의 전자를 가지고 있다. 예를 들어 1족 원소는 가장 바깥 껍질에 전자가 하나이고, 17족 원소는 가장 바깥 껍질의 전자가 7개이다.

주기율표의 색상

이 주기율표에 사용한 색상은 족을 구분한다.

	1	2				
1	1 H 수소 1					
2	3 Li 리튬 6.9	4 Be 베릴륨 9				
3	11 Na 소듐 23	12 Mg 마그네슘 24.3				
4	19 K 포타슘 39.1	20 Ca 칼슘 40.1	21 Sc 스칸듐 45	22 Ti 타이타늄 47.9	23 V 바나듐 50.9	24 Cr 크로뮴 52
5	37 Rb 루비듐 85.5	38 Sr 스트론튬 87.6	39 Y 이트륨 89	40 Zr 지르코늄 91.2	41 Nb 나이오븀 92.9	42 Mo 몰리브데넘 95.9
6	55 Cs 세슘 133	56 Ba 바륨 137.3	57-71 La-Lu	72 Hf 하프늄 178.5	73 Ta 탄탈럼 181	74 W 텅스텐 183.8
7	87 Fr 프랑슘 223	88 Ra 라듐 226	89-103 Ac-Lr	104 Rf 러더포듐 261	105 Db 두브늄 262	106 Sg 시보귬 266

이 열의 원소들은 란타넘족이라 한다.	57 La 란타넘 138.9	58 Ce 세륨 140.1	59 Pr 프라세오디뮴 140.9
이 열의 원소들은 악티늄족이라 한다.	89 Ac 악티늄 227	90 Th 토륨 232	91 Pa 프로트악티늄 231

주기율표 읽는 방법

원소 기호는 한 글자 혹은 두 글자로 나타내며 항상 대문자로 시작한다. 원소 기호는 화학식(34쪽 참조)과 화학 반응식(36쪽 참조)에 사용되며, 모든 언어권에서 동일하게 사용된다. 원자 번호는 원소가 갖고 있는 양성자의 수이다. 평균 원자량은 모든 동위 원소(31쪽 참조)를 포함한 원자의 평균 질량이다.

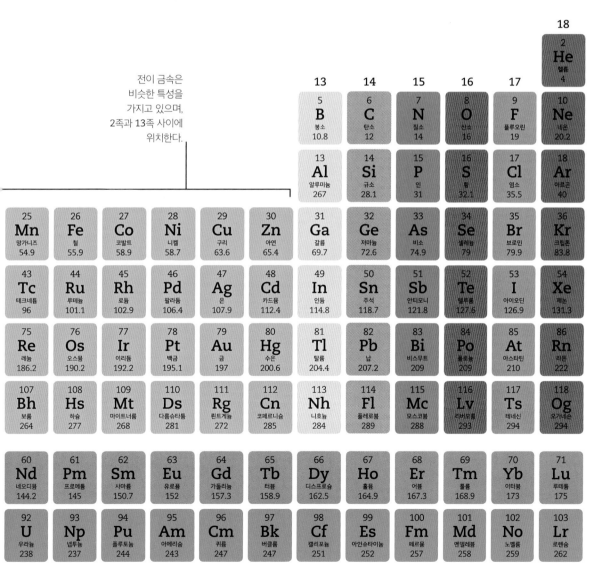

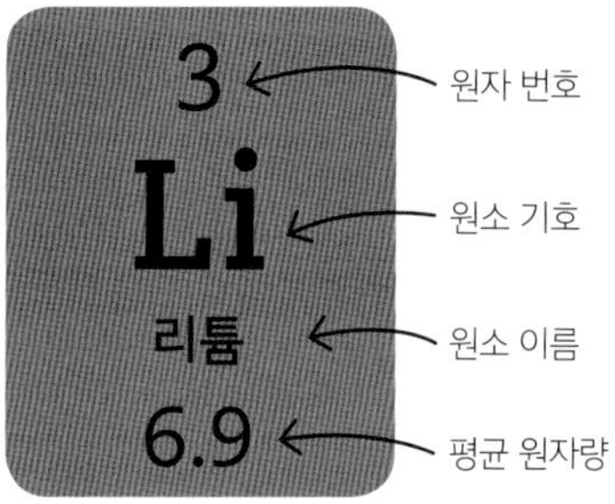

전이 금속은 비슷한 특성을 가지고 있으며, 2족과 13족 사이에 위치한다.

						13	14	15	16	17	18
											2 He 헬륨 4
						5 B 붕소 10.8	6 C 탄소 12	7 N 질소 14	8 O 산소 16	9 F 플루오린 19	10 Ne 네온 20.2
						13 Al 알루미늄 267	14 Si 규소 28.1	15 P 인 31	16 S 황 32.1	17 Cl 염소 35.5	18 Ar 아르곤 40
25 Mn 망가니즈 54.9	26 Fe 철 55.9	27 Co 코발트 58.9	28 Ni 니켈 58.7	29 Cu 구리 63.6	30 Zn 아연 65.4	31 Ga 갈륨 69.7	32 Ge 저마늄 72.6	33 As 비소 74.9	34 Se 셀레늄 79	35 Br 브로민 79.9	36 Kr 크립톤 83.8
43 Tc 테크네튬 96	44 Ru 루테늄 101.1	45 Rh 로듐 102.9	46 Pd 팔라듐 106.4	47 Ag 은 107.9	48 Cd 카드뮴 112.4	49 In 인듐 114.8	50 Sn 주석 118.7	51 Sb 안티모니 121.8	52 Te 텔루륨 127.6	53 I 아이오딘 126.9	54 Xe 제논 131.3
75 Re 레늄 186.2	76 Os 오스뮴 190.2	77 Ir 이리듐 192.2	78 Pt 백금 195.1	79 Au 금 197	80 Hg 수은 200.6	81 Tl 탈륨 204.4	82 Pb 납 207.2	83 Bi 비스무트 209	84 Po 폴로늄 209	85 At 아스타틴 210	86 Rn 라돈 222
107 Bh 보륨 264	108 Hs 하슘 277	109 Mt 마이트너륨 268	110 Ds 다름슈타튬 281	111 Rg 뢴트게늄 272	112 Cn 코페르니슘 285	113 Nh 니호늄 284	114 Fl 플레로븀 289	115 Mc 모스코븀 288	116 Lv 리버모륨 293	117 Ts 테네신 294	118 Og 오가네손 294

60 Nd 네오디뮴 144.2	61 Pm 프로메튬 145	62 Sm 사마륨 150.7	63 Eu 유로퓸 152	64 Gd 가돌리늄 157.3	65 Tb 터븀 158.9	66 Dy 디스프로슘 162.5	67 Ho 홀뮴 164.9	68 Er 어븀 167.3	69 Tm 툴륨 168.9	70 Yb 이터븀 173	71 Lu 루테튬 175
92 U 우라늄 238	93 Np 넵투늄 237	94 Pu 플루토늄 244	95 Am 아메리슘 243	96 Cm 퀴륨 247	97 Bk 버클륨 247	98 Cf 캘리포늄 251	99 Es 아인슈타이늄 252	100 Fm 페르뮴 257	101 Md 멘델레븀 258	102 No 노벨륨 259	103 Lr 로렌슘 262

주기율표의 역사

19세기 말 원소의 성질을 연구하던 과학자들은 원자량이 커지는 순서대로 원소들을 나열하면서 패턴을 발견했다. 뉼렌즈는 원자량으로 원소를 정렬했는데, 이때 8번째 원소마다 비슷한 성질을 나타내는 것이 밝혀졌다. 그 이후 1869년 러시아의 화학자 멘델레예프가 이를 개선했다.

핵심 요약

- ✓ 1800년대에 과학자들은 당시에 알려진 원소의 특성에서 패턴을 찾고 있었다.
- ✓ 멘델레예프는 1869년 현재 사용 중인 주기율표와 유사한 최초의 주기율표를 만들었다.
- ✓ 멘델레예프는 이 주기율표에 공백을 두었는데, 나중에 이 자리에 해당하는 원소가 발견되었다.

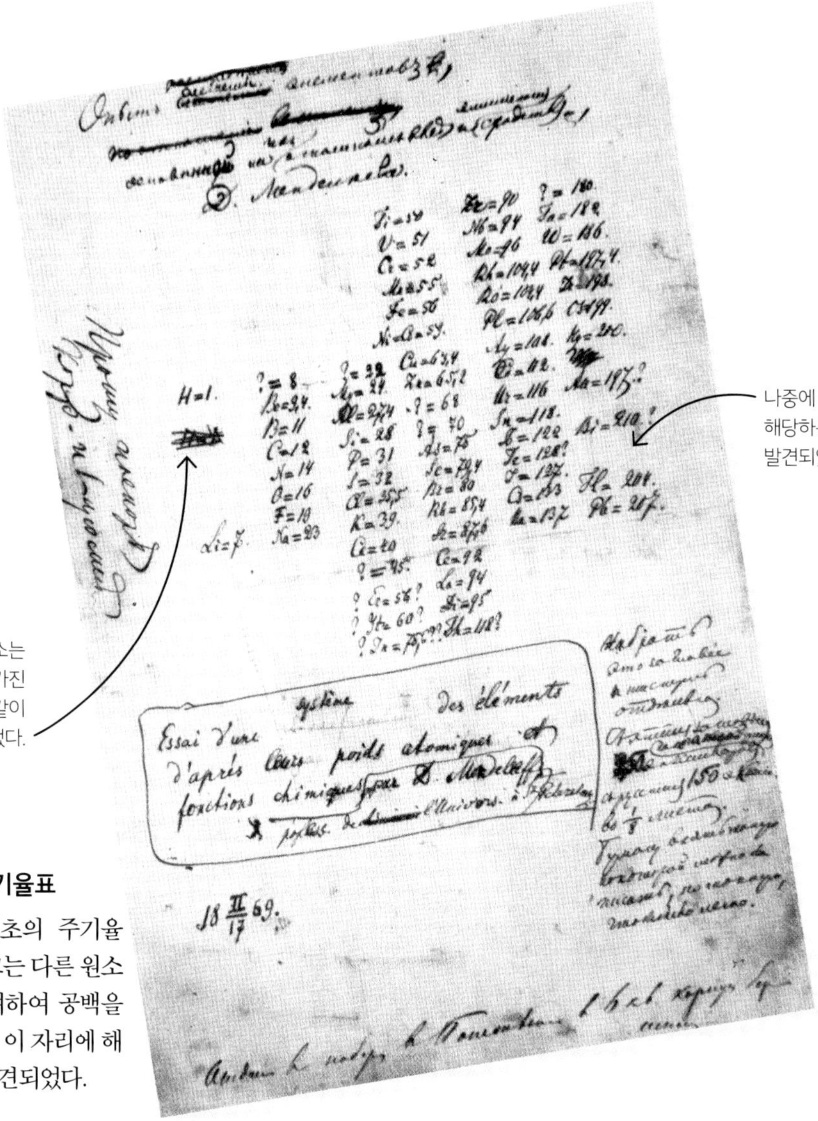

멘델레예프의 주기율표

멘델레예프는 최초의 주기율표를 만들었다. 그는 다른 원소들의 특성을 고려하여 공백을 두었는데, 나중에 이 자리에 해당하는 원소가 발견되었다.

수소

수소는 주기율표의 첫 번째 원소이자 우주에서 가장 흔한 원소이다. 수소는 일반적으로 기체로 존재하며, 모든 원소 중 가장 작고 간단하다.

원자 구조

수소 분자는 2개의 원자로 구성되어 있으며, 각 원자는 양성자와 전자를 각각 하나씩 포함한다. 이 원자들은 전자를 공유하고 서로 결합하여 하나의 수소 분자를 형성한다.

핵심 요약

- ✓ 수소는 비금속이다.
- ✓ 수소는 상온에서 기체이다.
- ✓ 수소는 우주에서 가장 가벼운 원소이다.
- ✓ 수소는 반응성이 높고 연소하면 물을 형성한다.
- ✓ 수소는 일반적으로 이원자 분자 형태로 존재한다.

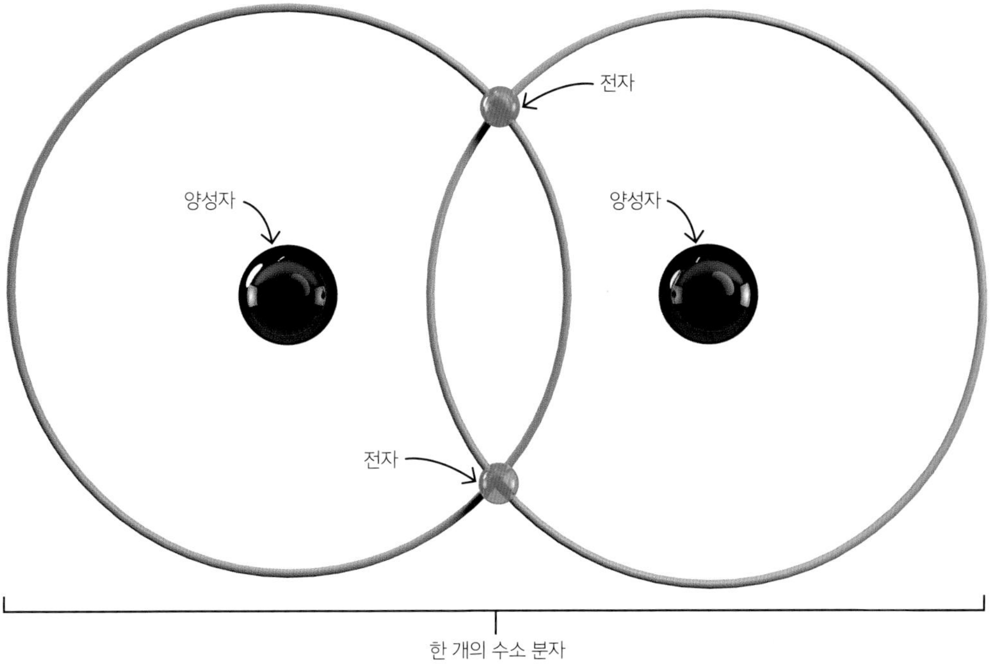

가장 가벼운 원소

기체로서 수소는 가장 작은 분자이며 가장 가벼운 원소이다. 수소를 채운 풍선이 공기 중에 떠 있을 수 있는 것도 이 때문이다.

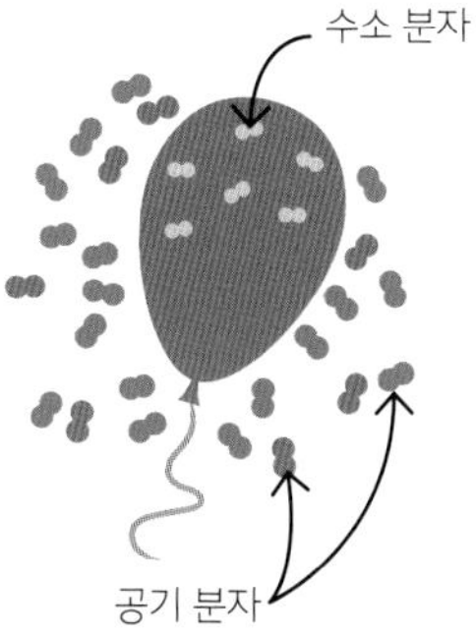

물 분자

수소가 연소하면 2개의 수소 원자(H)가 공기 중의 산소 원자(O) 하나와 공유 결합을 형성한다. 이 반응은 물(H_2O) 한 분자를 형성한다.

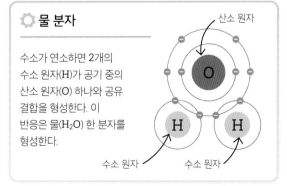

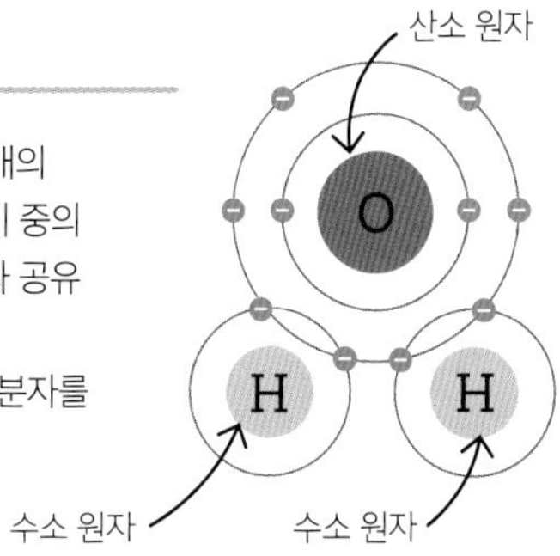

금속

원소의 4분의 3 이상이 금속이며, 금속은 공통적으로 유용한 특성을 갖고 있다. 철, 알루미늄, 구리, 아연은 합금(89쪽 참조)에서 가장 일반적으로 사용하는 네 가지 금속이다.

핵심 요약

- ✓ 대부분의 원소는 금속이다.
- ✓ 대부분의 금속은 상온에서 고체이다.
- ✓ 대부분의 금속은 단단하고 광택이 있다.
- ✓ 금속은 전성과 연성이 있다.
- ✓ 금속은 전기가 잘 통한다.
- ✓ 금속은 열을 잘 전달한다.
- ✓ 대부분의 금속은 녹는점과 끓는점이 높다.
- ✓ 몇몇 금속은 자성을 띤다.

대부분의 금속은
광택이 있고 강한
힘을 견딜 수 있다.

광택이 있고 단단함

금속은 휘거나 부러지지 않고 힘을 견딜 수 있다. 금속의 표면을 연마하면 광택이 난다.

전기 전도

금속은 전자가 원자 사이를 자유롭게 이동할 수 있기 때문에 전기가 잘 통한다. 구리와 같은 금속은 전기가 잘 통하기 때문에 전기 배선에 사용한다.

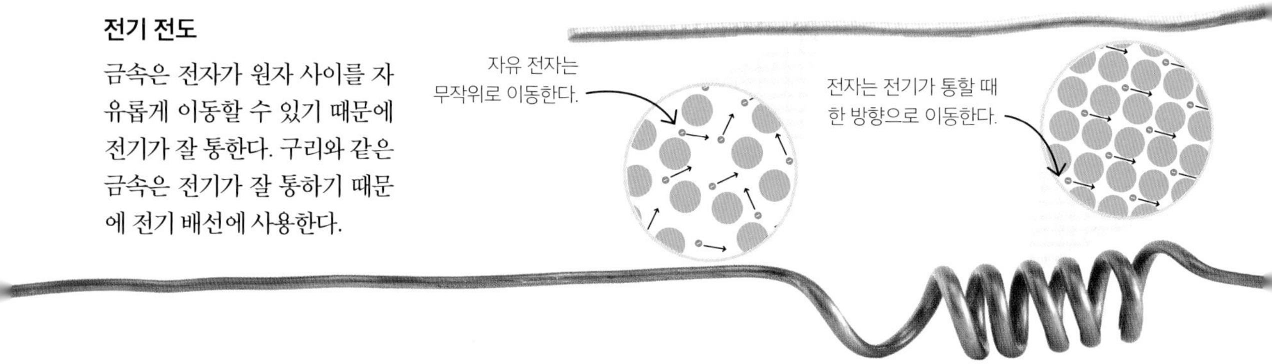
자유 전자는
무작위로 이동한다.
전자는 전기가 통할 때
한 방향으로 이동한다.

열 전도

금속은 원자들이 서로 밀집되어 있기 때문에 열을 잘 전달한다. 열에너지는 금속 내부의 원자를 진동시켜 서로 부딪히게 하여 열을 전달한다.

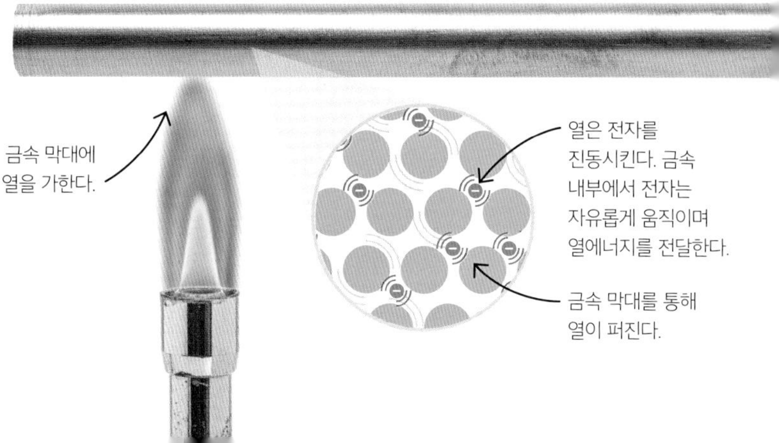
금속 막대에
열을 가한다.
열은 전자를
진동시킨다. 금속
내부에서 전자는
자유롭게 움직이며
열에너지를 전달한다.
금속 막대를 통해
열이 퍼진다.

전성

금속은 전성이 있어 다양한 모양으로 만들 수 있다. 또한 연성이 있어 실처럼 늘어날 수 있다.

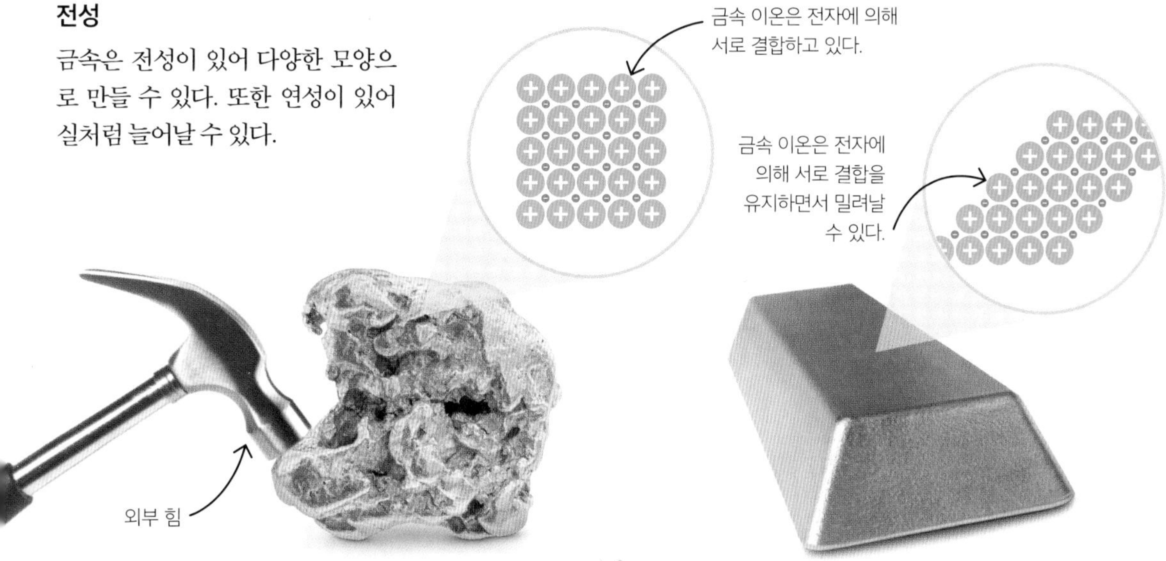

금속 이온은 전자에 의해 서로 결합하고 있다.
금속 이온은 전자에 의해 서로 결합을 유지하면서 밀려날 수 있다.
외부 힘

금 덩어리 **평평한 금**

자성

자석은 자기장을 생성하는 물체로, 철, 코발트, 니켈, 망간, 가돌리늄을 끌어당길 수 있다. 이 금속들만 자석으로 만들 수 있고, 대부분의 다른 금속들은 자성을 띠지 않는다.

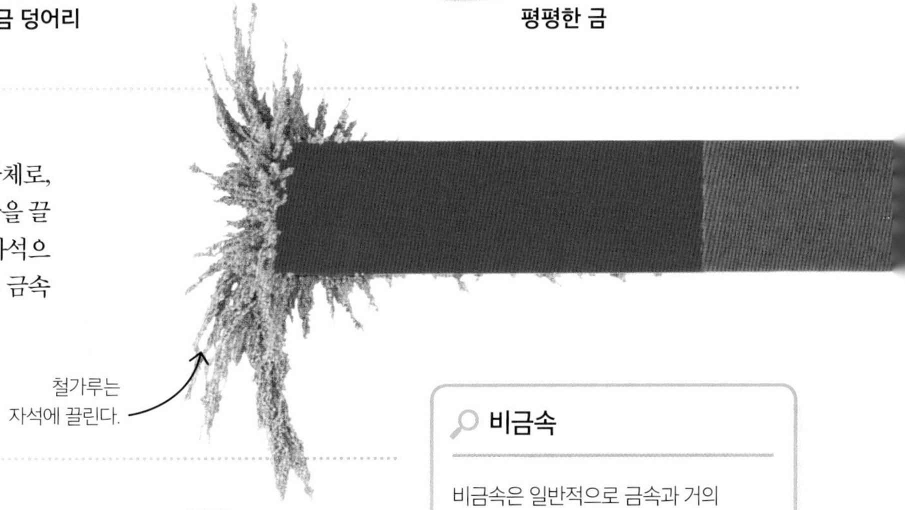

철가루는 자석에 끌린다.

높은 녹는점

금속은 양이온과 전자로 구성되어 있다. 이 둘 사이의 인력은 매우 강하여 높은 온도에서만 이 인력을 깰 수 있다. 따라서 대부분의 금속은 높은 녹는점을 갖는다.

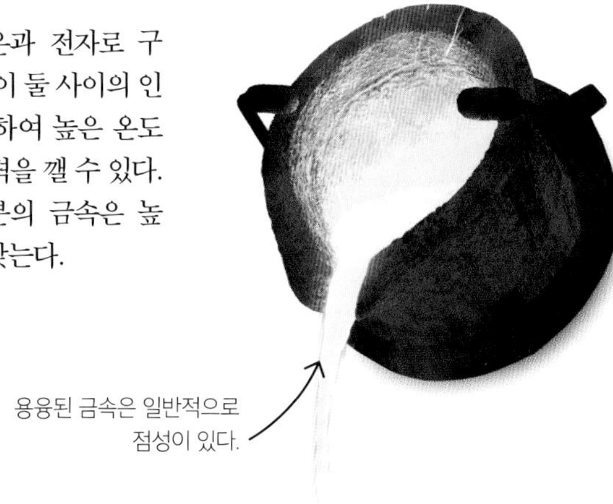

비금속

비금속은 일반적으로 금속과 거의 정반대되는 특성을 가지고 있다. 비금속은 광택이 나는 대신 칙칙하고, 전성이나 연성을 갖는 대신 부서지기 쉽다. 그리고 열과 전기가 잘 통하지 않으며, 녹는점과 끓는점이 낮다. 모든 비금속이 이런 특성을 갖는 것은 아니다. 비금속에 대해서는 이후에 자세히 설명한다.

1족
물리적 특성

1족 원소(수소 제외, 57쪽 참조)를 알칼리 금속이라고 한다. 이 원소들은 녹는점이 매우 낮고, 칼로 자를 수 있다. 또한 밀도가 낮아 물 위에 뜰 수 있다.

핵심 요약

- ✓ 1족 금속은 반응성이 매우 높다.
- ✓ 1족 금속은 광택이 있고 부드럽다.
- ✓ 1족 금속은 열과 전기를 잘 전도한다.
- ✓ 1족 금속은 녹는점과 끓는점이 매우 낮다.
- ✓ 1족 금속은 밀도가 낮은 편이다.

1족의 물리적 특성

1족 금속은 자연에서 순수한 형태로 발견되지 않으나, 실험실에서 순수한 형태로 정제할 수 있다. 그리고 순수한 형태의 금속은 공기와 반응하지 않도록 유리에 보관해야 한다.

리튬 소듐 포타슘 루비듐 세슘

순수한 리튬은 공기에 노출되면 광택이 없어진다.

순수한 소듐은 밝은 은색이다.

순수한 포타슘은 밝은 은색이다.

순수한 루비듐은 짙은 은색이다.

순수한 세슘은 은빛 금색이다.

1족
화학적 특성

1족 금속은 물과 산에서 격렬하게 반응하기 때문에 위험하다. 또한 공기와 반응하여 금속 산화물을 형성한다. 이 금속은 물과 반응하여 금속 수산화물이라는 알칼리성 화합물을 형성하기 때문에 1족을 알칼리 금속이라고 한다.

핵심 요약

- ✓ 1족 원소는 반응성이 매우 크다.
- ✓ 1족 원소는 최외각 껍질에 전자가 하나 있다.
- ✓ 1족 원소는 비금속과 반응하여 이온 결합 물질을 형성한다.

반응성의 경향성

1족 원소는 아래 주기로 내려갈수록 반응성이 더 커진다. 아래쪽 원소의 최외각 전자는 원자핵에서 멀리 떨어져 있어 정전기적 인력(전자와 원자핵 사이의 인력)이 약하다. 이 인력이 약하면 반응 중에 전자가 손실되기 쉬워 1족 아래에 있는 금속의 반응성이 더 크다.

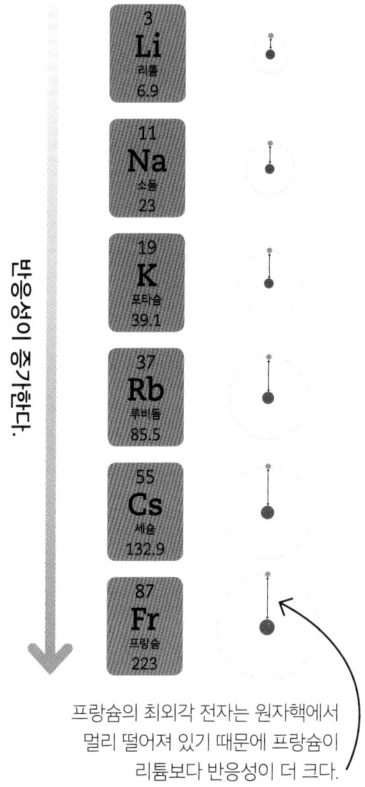

빛을 내는 반응

포타슘은 물과 격렬하게 반응하여 수산화 포타슘을 생성한다.

포타슘은 보라색을 내며 연소한다.
수소 기체가 방출된다.

2족

2족 원소는 금속이며, 알칼리 토금속이라고 부른다. 2족 원소는 1족 원소만큼 반응성이 크지 않다.

핵심 요약

- 2족 원소는 금속이다.
- 2족 원소는 반응성이 있다.
- 2족 원소는 최외각 껍질에 2개의 전자를 가지고 있다.
- 2족 원소는 일반적으로 비금속과 반응하여 이온 결합 물질을 형성한다.

2족의 물리적 특성

2족 원소는 상온에서 광택이 있는 고체 금속이다.

순수한 베릴륨은 짙은 회색이다.

베릴륨

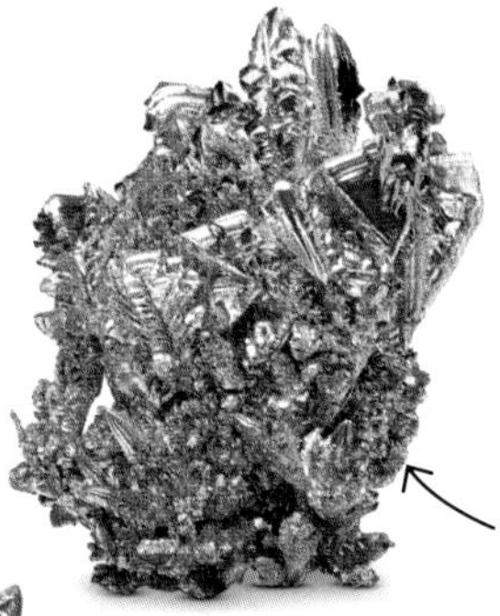

순수한 칼슘은 은빛이 도는 옅은 노란색이다.

칼슘

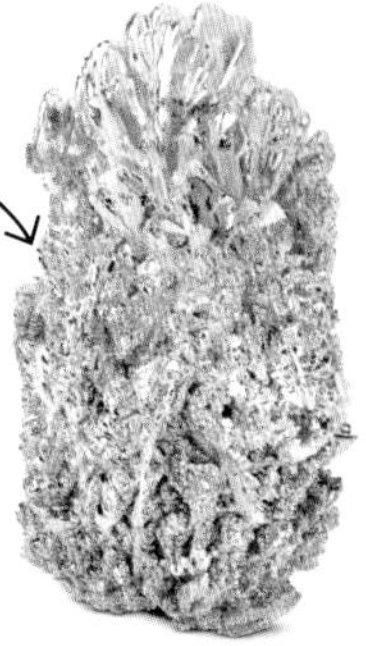

순수한 마그네슘은 은색이다.

마그네슘

순수한 스트론튬은 일반적으로 회색이지만, 공기에 노출되면 노란색으로 변한다.

스트론튬

순수한 바륨은 은회색에 노란빛을 띤다.

바륨

라듐과 방사성 붕괴

2족의 마지막 원소인 라듐은 같은 족 원소 중 원자의 크기가 가장 크다. 라듐의 원자핵은 방사성 붕괴를 일으켜 알파 입자(양성자 2개와 중성자 2개)를 방출할 수 있다. 또한 전자를 잃고 베타 입자를 방출할 수도 있다.

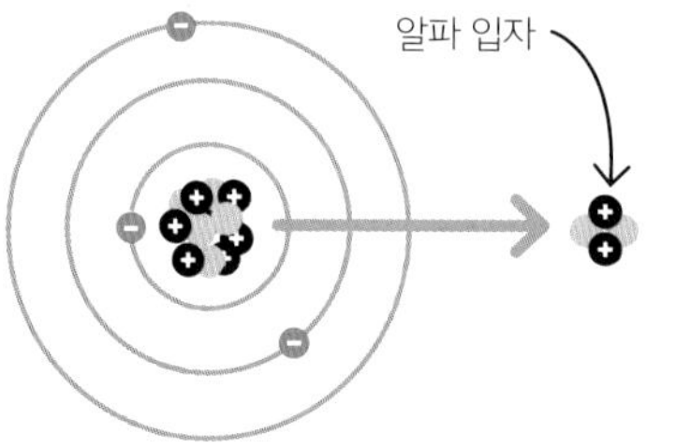

알파 붕괴

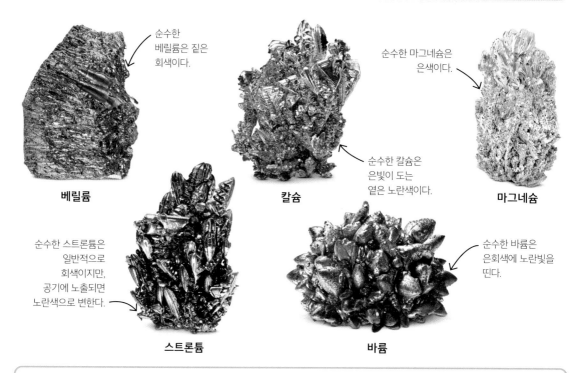

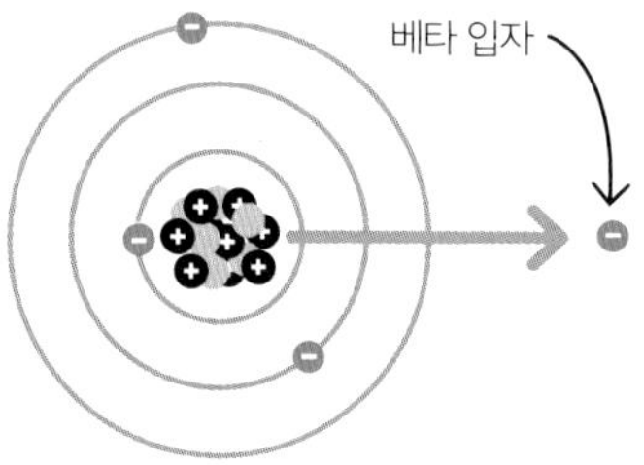

베타 붕괴

13족

13족에 속하는 대부분의 원소는 금속이다. 이들은 1족, 2족 원소보다 반응성이 작다. 대부분의 13족 금속은 산소와 반응하여 금속 산화물을 형성하고, 물과 반응하여 수산화물을 형성한다.

핵심 요약

- ✓ 13족 원소 대부분은 금속 특성을 가지고 있다.
- ✓ 13족 원소는 1족과 2족 원소보다 반응성이 작다.
- ✓ 13족 원소는 최외각 껍질에 3개의 전자를 가지고 있다.

13족의 물리적 특성

13족에 속하는 원소는 비금속인 붕소를 제외하고 금속이다.

순수한 붕소는 같은 족의 다른 원소에 비해 색이 어둡다.

붕소

순수한 알루미늄은 은색이다.

알루미늄

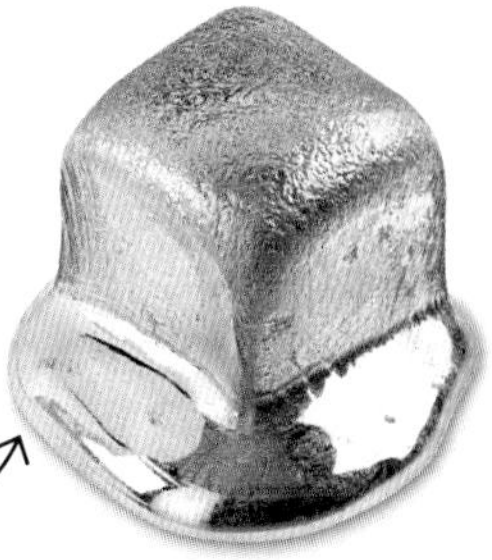

갈륨은 실온보다 약간 높은 온도에서 녹는다.

갈륨

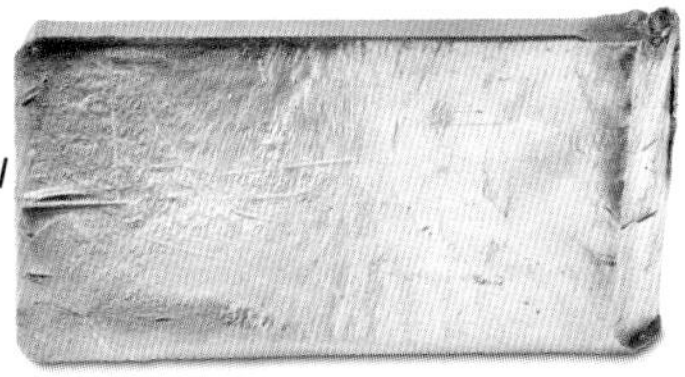

순수한 인듐은 선을 새길 만큼 무르다.

인듐

순수한 탈륨은 공기와의 접촉을 막기 위해 유리병에 보관해야 한다.

탈륨

인공 원소

13족의 맨 아래에 있는 니호늄은 아연과 비스무트 원자를 충돌시켜 얻을 수 있는 인공 원소이다. 핵융합(253쪽 참조)이 일어나고, 이때 형성되는 원자가 바로 니호늄 원자이다. 모스코븀 원자(68쪽 참조)도 니호늄으로 분해될 수 있다.

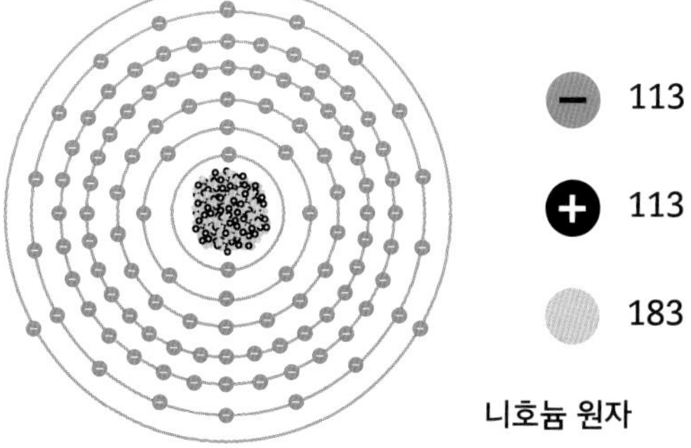

니호늄 원자

전이 금속

전이 금속은 주기율표의 중앙(2족과 13족 사이)에 위치하는 원소이다. 금속의 전형적인 특성을 가지고 있으며, 전이 금속 원자는 한 종류 이상의 이온(73쪽 참조)을 형성할 수 있다. 많은 전이 금속은 산업 현장에서 촉매로 사용한다(184쪽 참조).

핵심 요약

- ✓ 전이 금속은 주기율표의 중앙에 위치한다.
- ✓ 전이 금속은 다양한 용도와 특성을 갖고 있다.
- ✓ 대부분 한 종류 이상의 이온을 가지고 있다.
- ✓ 이온 결합 물질은 대부분 다양한 색을 띤다.
- ✓ 전이 금속은 좋은 촉매 역할을 할 수 있다.

다채로운 용액

전이 금속은 물에 녹아 다양한 색상의 화합물을 형성한다. 이 용액들은 부피 플라스크에 담겨 있다.

크로뮴 이온(Cr^{3+})은 연한 녹색이다.
티타늄 용액은 특정 음이온이 없는 한 일반적으로 무색이다.

다양한 색상

전이 금속은 반응 중에 원자가 얼마나 많은 전자를 잃었는지에 따라 다양한 색의 용액을 만들 수 있는데, 이는 전자와 빛이 다양한 방식으로 상호 작용하기 때문이다. 예를 들어 바나듐 용액은 세 가지 색상으로 나타날 수 있다.

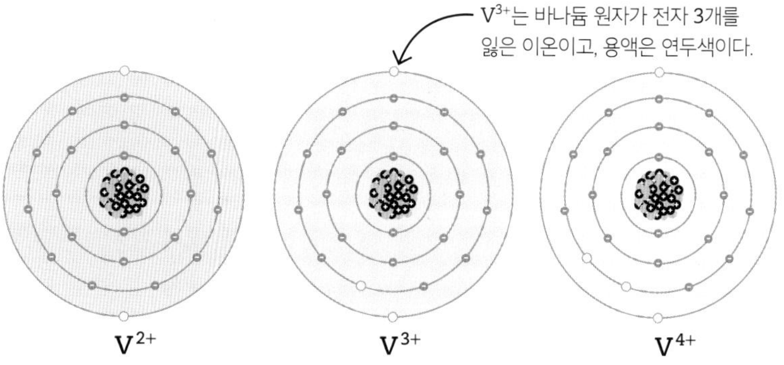
V^{3+}는 바나듐 원자가 전자 3개를 잃은 이온이고, 용액은 연두색이다.
V^{2+}
V^{3+}
V^{4+}

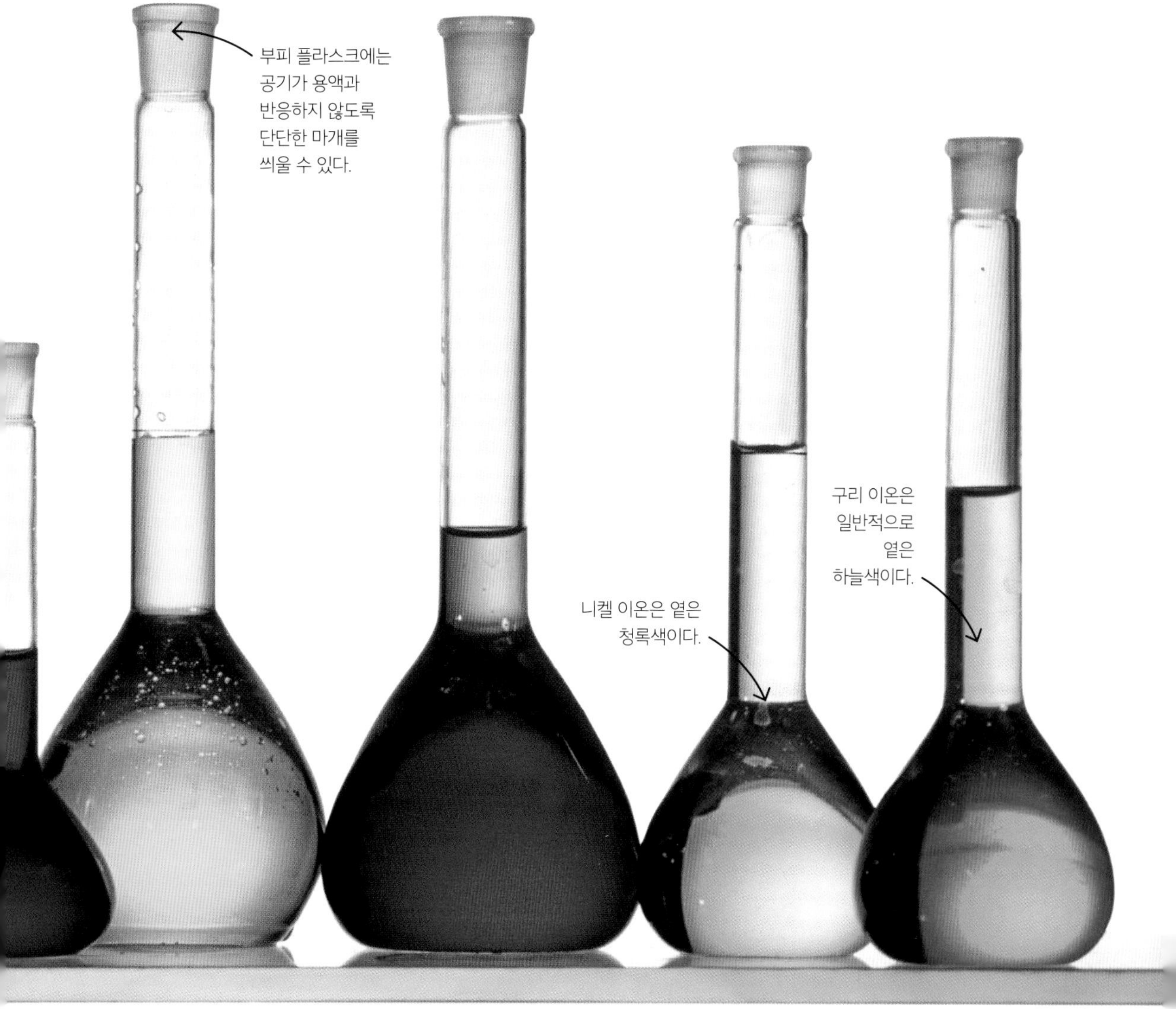
부피 플라스크에는 공기가 용액과 반응하지 않도록 단단한 마개를 씌울 수 있다.
구리 이온은 일반적으로 옅은 하늘색이다.
니켈 이온은 옅은 청록색이다.

란타넘족

란타넘족은 원자 번호가 57-71인 원소들로 전이 금속과 비슷한 특성을 가지고 있다. 란타넘족은 공기 중에서 쉽게 광택을 잃기 때문에 이를 방지하기 위해 아르곤이나 기름 속에 보관한다.

핵심 요약

- ✓ 란타넘족은 주기율표에서 원자 번호가 57-71인 원소이다.
- ✓ 란타넘족은 지각에서 다른 원소와의 화합물 형태로 발견된다.
- ✓ 란타넘족은 비금속과 반응하여 이온 결합 물질을 형성한다.
- ✓ 란타넘족은 원자의 크기가 크다.

란타넘족의 물리적 특성

란타넘족은 지각에서 다른 원소와의 화합물 형태로 발견되므로 순수한 상태로 사용하기 위해서는 정제할 필요가 있다.

란타넘

세륨

프라세오디뮴

순수한 유로퓸은 황금빛 결정을 가지고 있다.

유로퓸

네오디뮴

사마륨

순수한 사마륨은 은백색이다.

순수한 가돌리늄은 단단하다.

가돌리늄

터븀

순수한 터븀은 칼로 자를 수 있을 만큼 무르다.

툴륨

일반적인 활용

란타넘족은 특정 물건을 제조하는 데 사용될 수 있다. 예를 들어 전구에 사용되는 란타넘은 방출되는 황색광의 양을 줄일 수 있고, TV 화면에는 소량의 세륨이 함유되어 있어 색을 내는 데 도움이 된다.

형광 전구

TV

기타

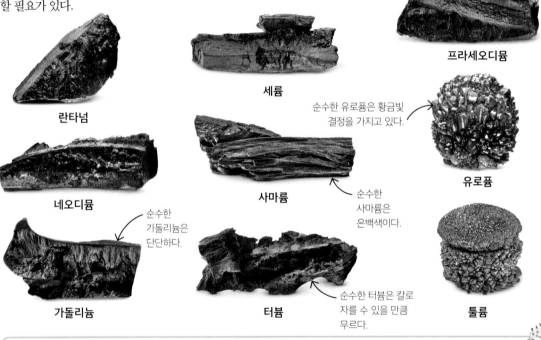

이 금속은 사마륨-코발트 합금으로 만들어진다.

악티늄족

악티늄족은 원자 번호가 89-103인 원소들이다. 란타넘족과 비슷한 성질을 가지고 있지만, 반응성이 더 강하다. 악티늄족 원소는 방사성을 띠고 있으며(60쪽 참조), 대부분 인공 원소이다.

핵심 요약

- 대부분의 악티늄족은 인공 원소이다.
- 악티늄족은 란타넘족보다 반응성이 높고 공기와 쉽게 반응한다.
- 악티늄족은 원자의 크기가 크다.
- 악티늄족 원자는 방사성이 있다.

악티늄족의 물리적 특성

악티늄족의 원소는 방사성을 띠기 때문에 순수한 상태로 존재하기 어렵다. 악티늄족은 특정 광물 내에서 미량으로 발견된다.

오투나이트 (미량의 악티늄을 함유한 광물)

모나자이트 (토륨 함유 광물)

토버나이트 (미량의 프로트악티늄을 함유한 광물)

인공 악티늄족인 캘리포늄은 펠릿에 포함되어 있다.

캘리포늄

순수한 우라늄은 광이 나는 회색이다.

우라늄

탄소

탄소는 중요한 비금속 원소이다. 다른 원소들과 결합하여 이산화 탄소, 플라스틱, 연료 등 수백만 가지의 화합물을 형성할 수 있기 때문이다.

핵심 요약

- ✓ 탄소는 비금속이다.
- ✓ 탄소는 모든 생명체 내부에 존재한다.
- ✓ 탄소는 다른 원소와 다양한 화합물을 형성한다.

탄소 원자

하나의 탄소 원자는 일반적으로 양성자 6개, 중성자 6개, 전자 6개를 포함한다.

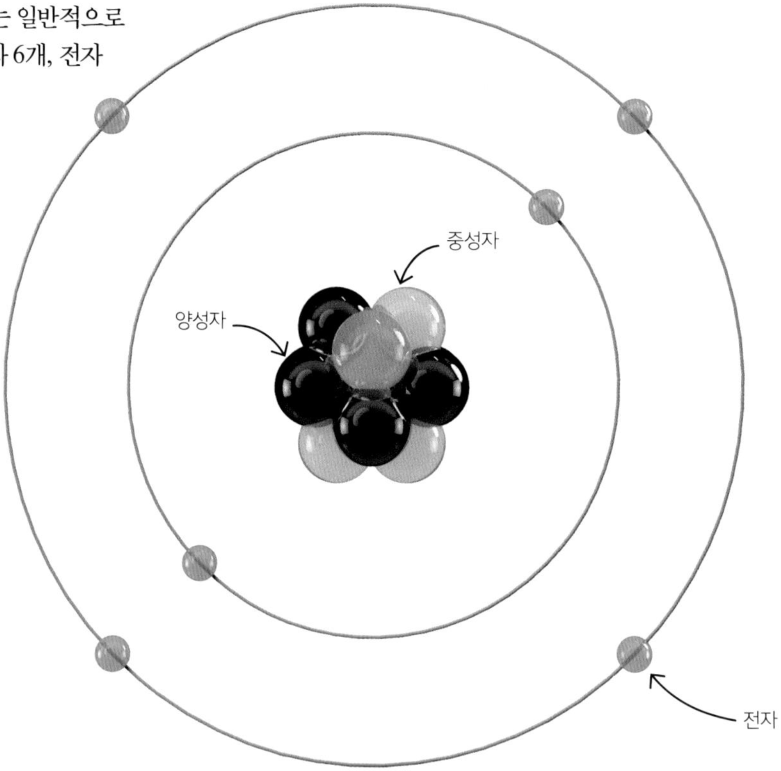

탄소 기반 생명

탄소는 모든 생명체를 구성하는 네 가지 주요 원소(수소, 산소, 질소, 탄소) 중 하나이다. 탄소 원자는 DNA, 단백질, 탄수화물(224-226쪽 참조), 지방 등 생명에 필수적인 분자를 형성한다.

14족

14족 원소는 같은 족 원소들끼리 상당히 다른 특성을 가지고 있다. 탄소(66쪽 참조)는 고체 비금속이고, 규소와 저마늄은 준금속이며, 나머지 세 원소(주석, 납, 플레로븀)는 금속이다.

핵심 요약

- ✓ 14족 원소에는 금속과 비금속이 존재한다.
- ✓ 14족 원소는 최외각 껍질에 4개의 전자를 가지고 있다.
- ✓ 14족 원소는 수소와 반응하여 수소화물을 형성한다.

14족의 물리적 특성

14족 원소는 상온에서 모두 고체이며 광택이 있다.

순수한 탄소는 매우 짙은 색이고 광이 난다.

탄소

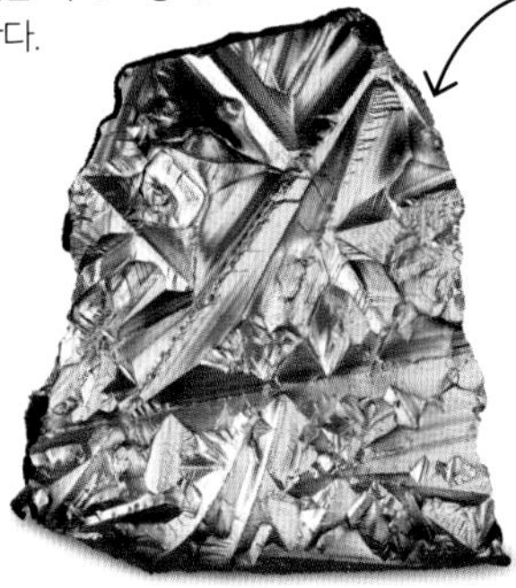
순수한 규소는 은색이다.

규소

순수한 저마늄은 은색이다.

저마늄

순수한 주석은 은색이다.

주석

순수한 납은 회색이다.

납

전도체

순수한 규소와 저마늄은 반도체이다. 규소나 저마늄에 갈륨과 같은 다른 원소를 소량 첨가하면 여분의 전자로 인해 전기가 흐를 수 있다. 이 합금으로 컴퓨터에 사용하는 규소 웨이퍼를 만든다.

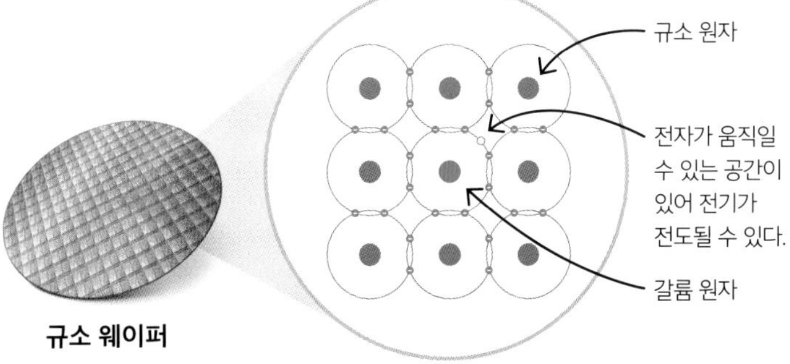

규소 원자
전자가 움직일 수 있는 공간이 있어 전기가 전도될 수 있다.
갈륨 원자

규소 웨이퍼

15족

15족 원소는 모양과 특성이 다양하다. 족의 이름은 첫 번째 원소의 이름을 따서 질소 족이라고 한다. 15족은 반응성이 작은 무색 기체인 질소부터 반짝이는 고체 금속인 비스무트까지 다양하다.

핵심 요약

- 15족 원소는 물리적·화학적 특성이 다양하다.
- 15족 원소에는 비금속과 금속이 모두 포함된다.
- 15족 원소는 최외각 껍질에 5개의 전자를 가지고 있다.

15족의 물리적 특성

질소를 제외한 15족의 모든 원소는 상온에서 고체이다.

이 유리구 안에 있는 것은 순수한 질소이며, 전기가 통하면 보라색을 띤다.

질소

순수한 인은 고운 붉은색 분말이다.

인

순수한 비소는 광이 있는 검은색이다.

비소

순수한 안티모니는 은색이고 단단하지만 부서지기 쉽다.

안티모니

순수한 비스무트는 산소와 반응하여 화려한 색의 결정을 형성한다.

비스무트

경향성

15족 원소는 아래 주기로 내려갈수록 각 원소의 원자 크기가 커지고 금속성이 강해진다. 녹는점, 끓는점, 밀도는 일반적으로 아래 주기로 내려갈수록 증가한다.

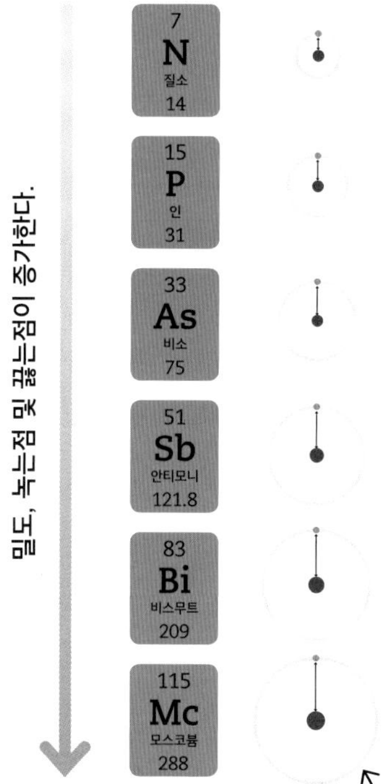

15족의 마지막 원소인 모스코븀은 가장 크고 밀도가 높다.

16족

16족 원소에는 비금속인 산소와 황, 준금속(금속과 비금속의 성질을 모두 가진)인 셀레늄, 텔루륨, 금속인 폴로늄, 인공 원소인 리버모륨이 포함된다. 16족은 산소 족이라고 한다. 산소와 황은 모두 금속과 반응하여 이온 결합 물질을 형성한다.

핵심 요약

- 16족 원소에는 준금속과 비금속이 포함되어 있다.
- 16족 원소는 반응성이 매우 높다.
- 16족 원소는 최외각 껍질에 6개의 전자를 가지고 있다.

16족의 물리적 특성

16족에 속하는 대부분의 원소는 산소를 제외하고 상온에서 고체이다. 폴로늄과 리버모륨은 자연에 극미량 존재한다.

순수한 황은 노란색 분말이다.

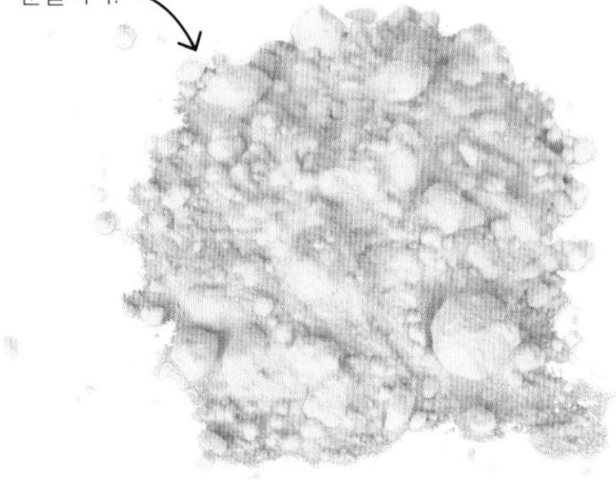

황

순수한 산소에 전기를 흘려주면 은청색을 띤다.

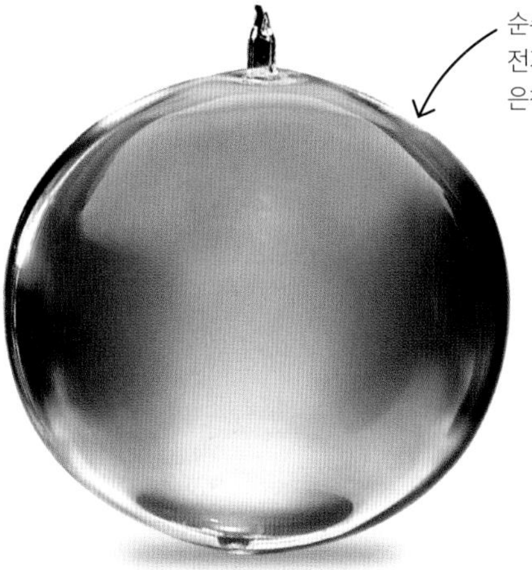

산소

순수한 텔루륨은 반짝이는 은백색이다.

텔루륨

순수한 셀레늄은 반짝이는 회색이다.

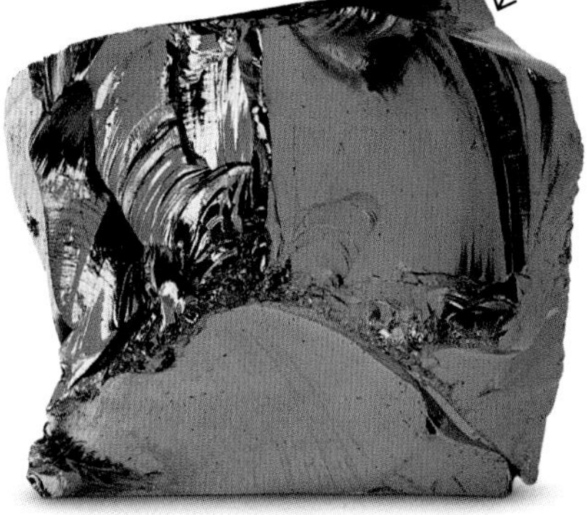

셀레늄

17족

17족 원소는 반응성이 높은 비금속이다. 할로젠(금속과 반응하여 염을 만들기 때문에 '염화'를 의미함, 141-142쪽 참조)이라고 한다. 이 원소들은 다양한 특성을 가지고 있으며, 일부는 소독제나 표백제 등 가정용품에 사용된다.

핵심 요약

- ✓ 17족 원소는 비금속이다.
- ✓ 17족 원소는 금속과 반응하여 이온 결합 물질을 형성한다.
- ✓ 17족 원소는 이원자 분자를 형성한다.
- ✓ 17족 원소는 최외각 껍질에 7개의 전자를 가지고 있다.

17족의 물리적 특성

대부분의 17족 원소는 기체 형태로 존재한다. 아래 주기로 내려갈수록 더 어두운 색을 띤다.

순수한 플루오린 기체는 옅은 노란색이다.

플루오린

순수한 염소 기체는 황록색이다.

염소

순수한 브로민 기체는 적갈색이다.

브로민

순수한 아이오딘 결정은 짙은 보라색이며 반짝인다.

아이오딘

경향성

17족 원소는 최외각 껍질에 7개의 전자를 가지고 있다. 최외각 껍질은 다른 원자와 반응할 때 전자를 하나 얻는다. 17족 원소는 아래 주기로 내려갈수록 반응성이 작아지는데, 이는 정전기적 인력(59쪽 참조)이 약해지기 때문이다.

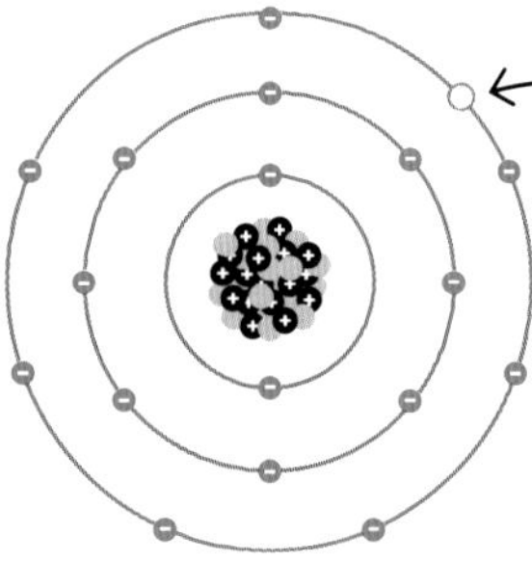
염소 원자는 최외각 껍질에서 전자를 하나 얻을 수 있다.

염소 원자

18족

18족 원소는 끓는점이 매우 낮은 무색·무취의 기체이다. 비활성 기체 또는 0족 기체라고도 한다. 18족 원소의 원자는 최외각 껍질이 전자로 가득 차 있기 때문에 전자를 잃거나 얻을 수 없다. 이로 인해 이들은 반응성이 거의 없으며, 일반적으로 단일 원자로 존재한다.

핵심 요약

- ✓ 18족 원소는 무색 기체이다.
- ✓ 18족 원소는 끓는점이 매우 낮다.
- ✓ 18족 원소는 모두 최외각 껍질이 가득 차 있다.
- ✓ 18족 원소는 반응성이 거의 없다.

18족의 물리적 특성

18족 원소는 실온에서 기체이다. 유리구 안의 18족 원소에 전기가 흐를 때 다양한 색을 띤다.

순수한 헬륨에 전기를 흘리면 보라색으로 빛난다.

헬륨

순수한 네온에 전기를 흘리면 주황색으로 빛난다.

네온

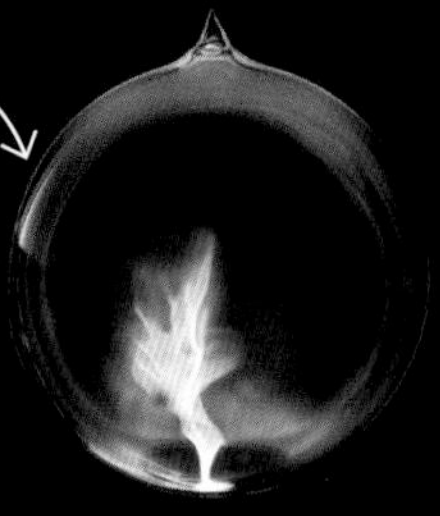

순수한 아르곤에 전기를 흘리면 옅은 보라색으로 빛난다.

아르곤

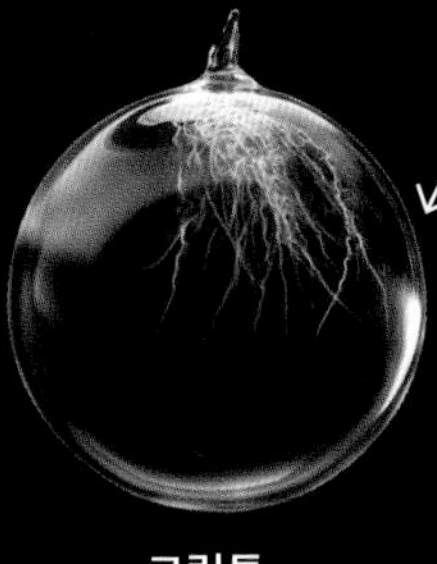

순수한 크립톤에 전기를 흘리면 청백색으로 빛난다.

크립톤

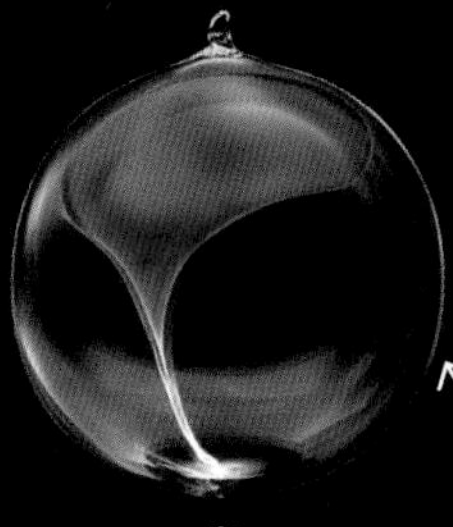

순수한 제논에 전기를 흘리면 파란색으로 빛난다.

제논

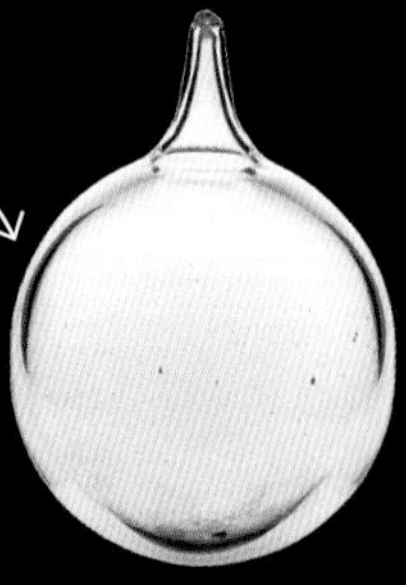

순수한 라돈은 투명한 기체이다.

라돈

반응하지 않는 원소

대부분의 18족 원소는 최외각 껍질에 8개의 전자를 가지고 있어 더 이상 전자를 가질 수 없기 때문에 반응성이 매우 작다.

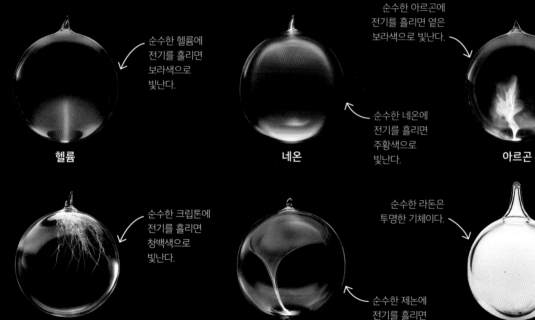

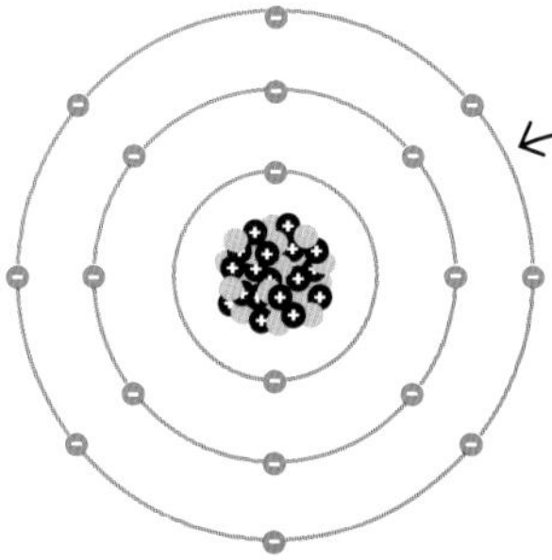

구조 및 결합

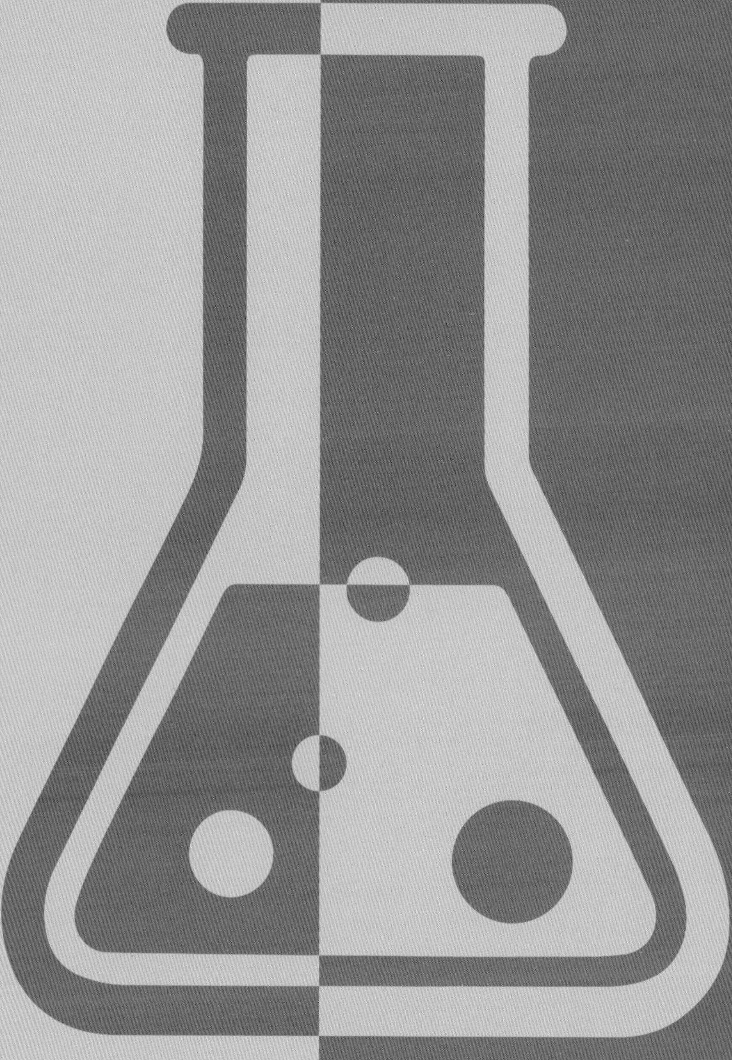

이온

이온은 하나 이상의 전자를 얻거나 잃은 원자 또는 다원자 입자이다. 전자는 음전하를 띠므로 원자가 전자를 얻으면 음전하를 띠게 되고(음이온), 원자가 전자를 잃으면 양전하를 띠게 된다(양이온). 이온의 전하량은 원자가 얻거나 잃은 전자의 수와 같다.

핵심 요약

- ✓ 이온은 전하를 띠는 입자이다.
- ✓ 양전하를 띠는 이온을 양이온, 음전하를 띠는 이온을 음이온이라고 한다.
- ✓ 원자가 얻거나 잃은 전자의 수는 이온의 전하와 같다.

전자를 잃음

어떤 원자는 최외각 껍질에 전자를 가득 채우기 위해 전자를 잃는다.

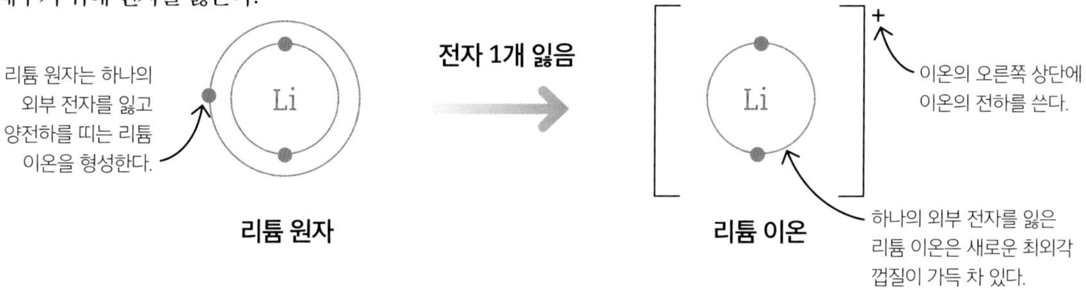
리튬 원자는 하나의 외부 전자를 잃고 양전하를 띠는 리튬 이온을 형성한다.
Li
전자 1개 잃음
Li
+
이온의 오른쪽 상단에 이온의 전하를 쓴다.
하나의 외부 전자를 잃은 리튬 이온은 새로운 최외각 껍질이 가득 차 있다.
리튬 원자
리튬 이온

전자를 얻음

어떤 원자는 최외각 껍질에 전자를 가득 채우기 위해 전자를 얻는다.

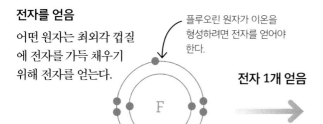

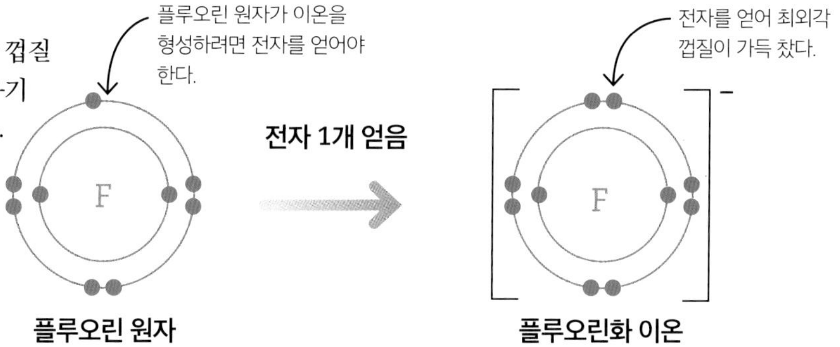
플루오린 원자가 이온을 형성하려면 전자를 얻어야 한다.
F
전자 1개 얻음
전자를 얻어 최외각 껍질이 가득 찼다.
F
−
플루오린 원자
플루오린화 이온

이온의 형성

금속 원자는 양이온을 형성하기 위해 전자를 잃을 수 있다. 비금속 원자는 전자를 얻거나 잃을 수 있지만 음이온이 더 일반적이다.

원소	유형	원자	이온	얻거나 잃은 전자 수
포타슘	금속	K	K^{+}	1개 잃음
칼슘	금속	Ca	Ca^{2+}	2개 잃음
수소	비금속	H	H^{-}(또는 H^{+})	1개 얻거나 잃음
산소	비금속	O	O^{2-}	2개 얻음

이온 결합

금속과 비금속이 반응하면 이온 결합이 형성된다. 이온 결합이란 양전하와 음전하 사이의 정전기적 인력에 의한 결합을 뜻한다. 금속 원자는 항상 전자를 잃고 양이온을 형성하는 반면, 비금속 원자는 보통 전자를 얻어 음이온을 형성한다. 이렇게 생성된 이온은 최외각 껍질이 가득 차 안정적이다.

핵심 요약

- ✓ 금속과 비금속 사이에 이온 결합이 형성된다.
- ✓ 화학 반응 중에 원자는 전자를 얻거나 잃어 최외각 껍질이 가득 차 안정적이다.
- ✓ 금속은 항상 전자를 잃고 양이온을 형성한다.
- ✓ 이온 결합이 형성될 때 비금속은 전자를 얻어 음이온을 형성한다.

이온 결합의 형성

주기율표의 18족(71쪽 참조)에 속하는 기체의 원자는 최외각 껍질이 가득 차 있다. 반면 다른 원자는 전자를 얻거나 잃어서 이온을 형성하여 최외각 껍질에 전자를 가득 채운다.

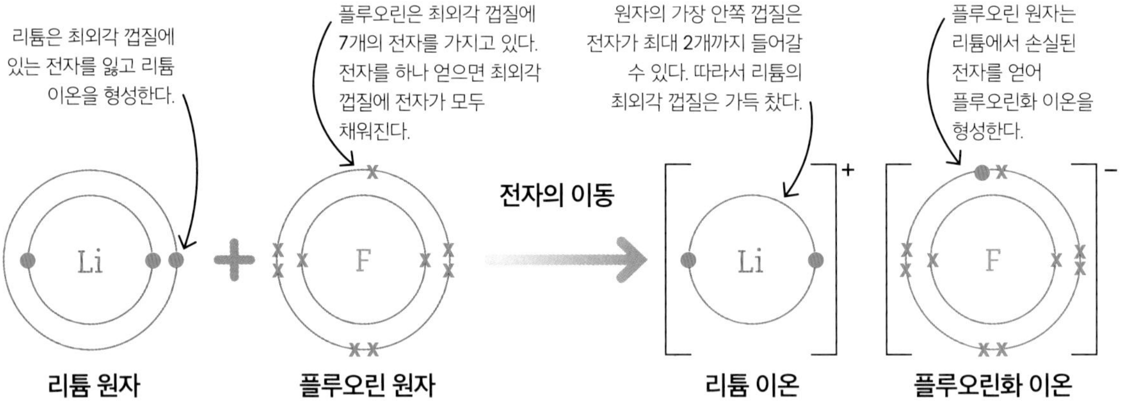
리튬은 최외각 껍질에 있는 전자를 잃고 리튬 이온을 형성한다.
플루오린은 최외각 껍질에 7개의 전자를 가지고 있다. 전자를 하나 얻으면 최외각 껍질에 전자가 모두 채워진다.
원자의 가장 안쪽 껍질은 전자가 최대 2개까지 들어갈 수 있다. 따라서 리튬의 최외각 껍질은 가득 찼다.
플루오린 원자는 리튬에서 손실된 전자를 얻어 플루오린화 이온을 형성한다.
Li
F
전자의 이동
+
−
리튬 원자
플루오린 원자
리튬 이온
플루오린화 이온

이온이 형성되는 이유

원자는 최외각 껍질을 모두 채우기 위해 전자를 잃거나 얻는다. 따라서 이온의 전자 배치는 항상 가장 가까운 비활성 기체의 구성과 동일하다.

원소	유형	원자	원자의 전자 배치	형성된 이온	이온의 전자 배치
소듐	금속	Na	2, 8, 1	Na^{+}	2, 8
마그네슘	금속	Mg	2, 8, 2	Mg^{2+}	2, 8
산소	비금속	O	2, 6	O^{2-}	2, 8
염소	비금속	Cl	2, 8, 7	Cl^{-}	2, 8, 8

이온과 주기율표

원자는 양성자와 전자의 수가 같으므로 전하가 없는 반면에, 이온은 하나 이상의 전자를 얻거나 잃은 입자이다. 금속은 전자를 잃는 경향이 있어 양이온을 형성한다. 비금속은 전자를 얻는 경향이 있어 음이온을 형성한다.

핵심 요약

- ✓ 1족, 2족, 13족 금속은 전자를 잃고 양이온을 형성한다.
- ✓ 15족, 16족, 17족에 속하는 비금속은 전자를 얻어 음이온을 형성한다.
- ✓ 수소는 양이온과 음이온을 모두 형성할 수 있다.
- ✓ 같은 족에 속한 원소들은 같은 전하를 가진 이온이 된다.

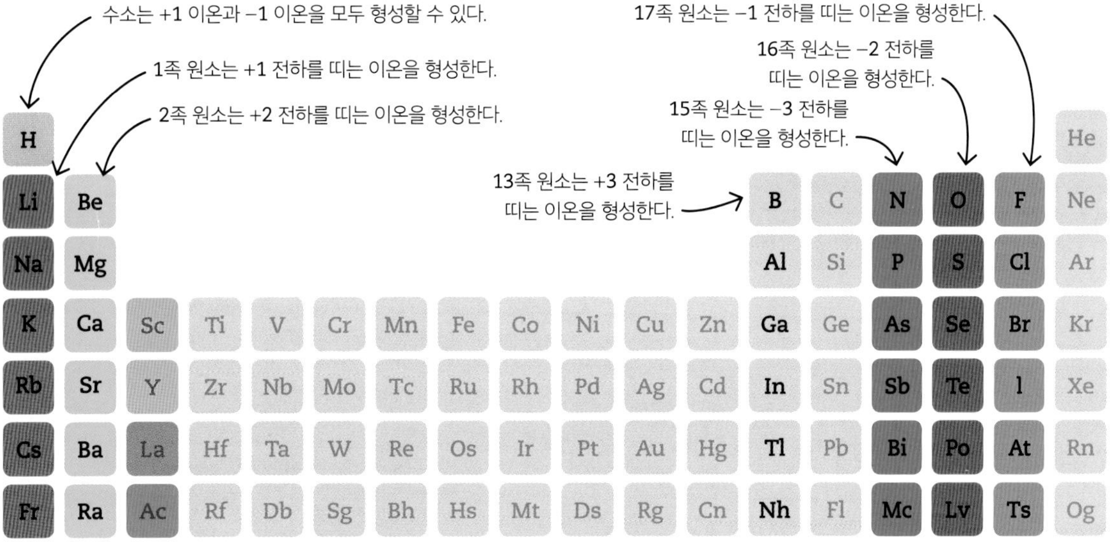

전하 예측하기

원소의 족 번호를 통해 이온의 전하를 예측할 수 있다. 같은 족에 속하는 원소(전이 원소 제외)는 최외각 껍질에 같은 수의 전자를 가지고 있으며, 이는 같은 전하를 가진 이온을 형성할 수 있다는 뜻이다.

원소	족	유형	원자	이온	형성된 이온
소듐	1	금속	Na	Na^{+}	전자 하나를 잃어 소듐 이온이 됨
마그네슘	2	금속	Mg	Mg^{2+}	전자 2개를 잃어 마그네슘 이온이 됨
산소	16	비금속	O	O^{2-}	전자 2개를 얻어 산화 이온이 됨
염소	17	비금속	Cl	Cl^{-}	전자 하나를 얻어 염화 이온이 됨

점-십자 모형

화학 반응은 전자의 이동으로 설명할 수 있다. 점-십자(dot and cross) 모형은 전자가 어디에서 어디로 가는지 시각화하여 나타낸다. 일반적으로 원자의 최외각 껍질에 있는 전자만 표시하며, 이는 최외각 껍질의 전자가 화학 결합에 관여하기 때문이다.

핵심 요약

- 점-십자 모형은 원자, 이온, 분자의 전자 배열을 보여준다.
- 각 전자는 점 또는 십자(×자) 모양으로 표시한다.
- 화합물에서 이 모형은 전자가 원래 어느 원자에 있었는지 알려준다.

플루오린화 소듐

소듐이 플루오린과 반응하면 소듐 원자에서 플루오린 원자로 전자가 이동하여 소듐 이온(Na^+)과 플루오린화 이온(F^-)이 형성된다. 이렇게 해서 플루오린화 소듐(NaF)이 만들어진다.

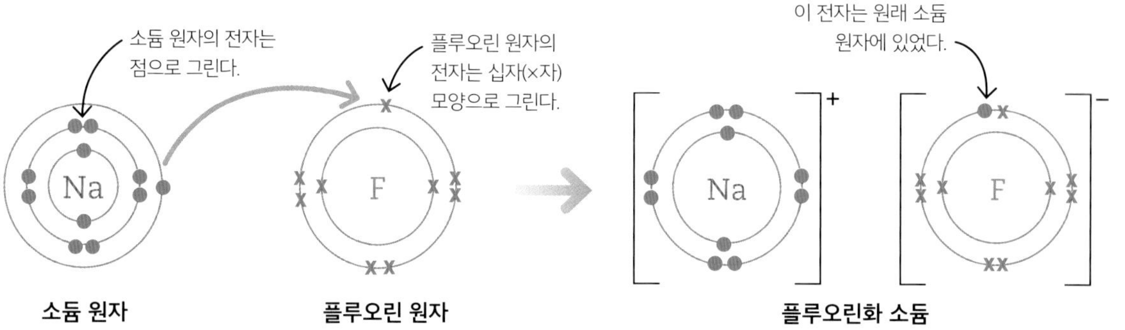
소듐 원자의 전자는 점으로 그린다.
플루오린 원자의 전자는 십자(×자) 모양으로 그린다.
이 전자는 원래 소듐 원자에 있었다.
Na
F
+
−
소듐 원자
플루오린 원자
플루오린화 소듐

산화 마그네슘

마그네슘은 2+ 이온을 형성하고 산소는 2− 이온을 형성한다. 마그네슘 이온과 산화 이온이 한 개씩 반응하면 중성인 산화 마그네슘(MgO)을 형성한다.

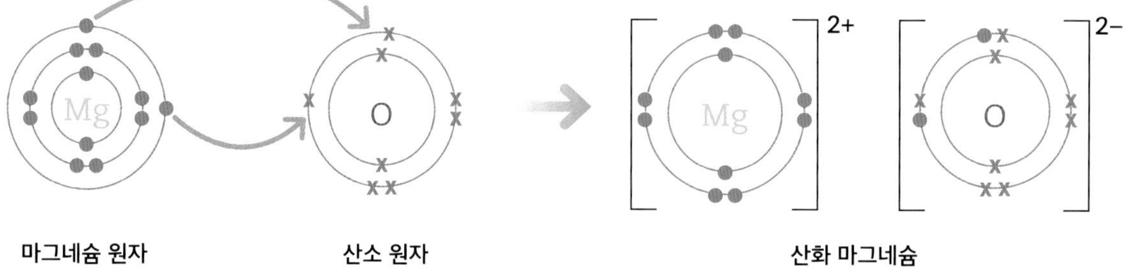
마그네슘 원자는 최외각 껍질에서 2개 외부 전자를 잃고 Mg^{2+} 이온이 된다.
Mg
O
2+
2−
마그네슘 원자
산소 원자
산화 마그네슘

산화 소듐

소듐은 1+ 이온을 형성하고 산소는 2− 이온을 형성한다. 전하의 균형을 맞추어 중성 이온 결합 물질인 산화 소듐(Na_2O)을 형성하려면 소듐 원자 2개가 산소 원자 하나와 결합해야 한다.

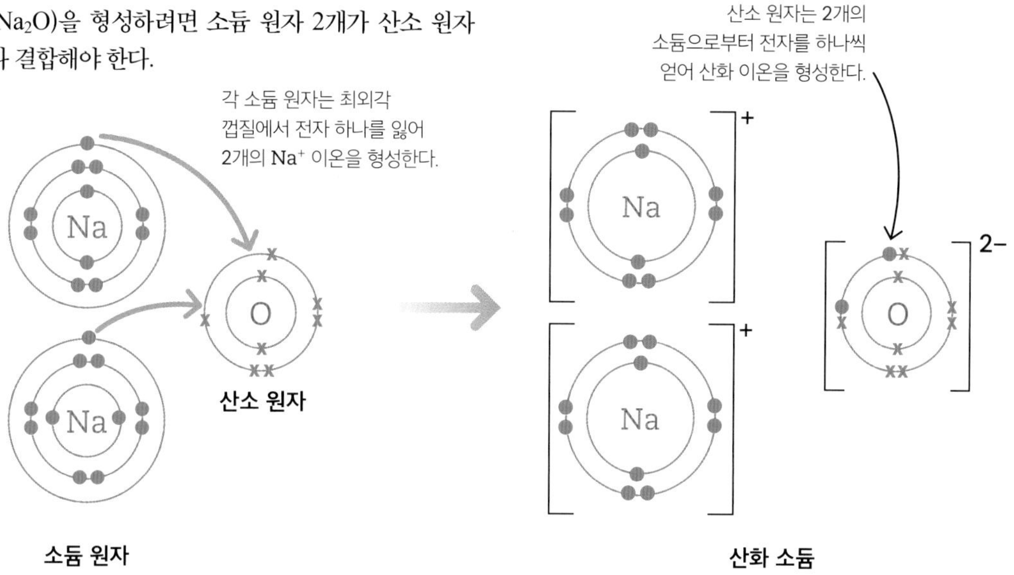
각 소듐 원자는 최외각 껍질에서 전자 하나를 잃어 2개의 Na^+ 이온을 형성한다.
Na
Na
O
산소 원자
소듐 원자
산소 원자는 2개의 소듐으로부터 전자를 하나씩 얻어 산화 이온을 형성한다.
+
+
2−
산화 소듐

플루오린화 마그네슘

플루오린화 마그네슘(MgF_2)은 Mg^{2+} 이온과 F^- 이온으로 구성된다. 마그네슘 이온의 전하는 2+이므로 균형을 맞추려면 2개의 F^- 이온이 필요하다.

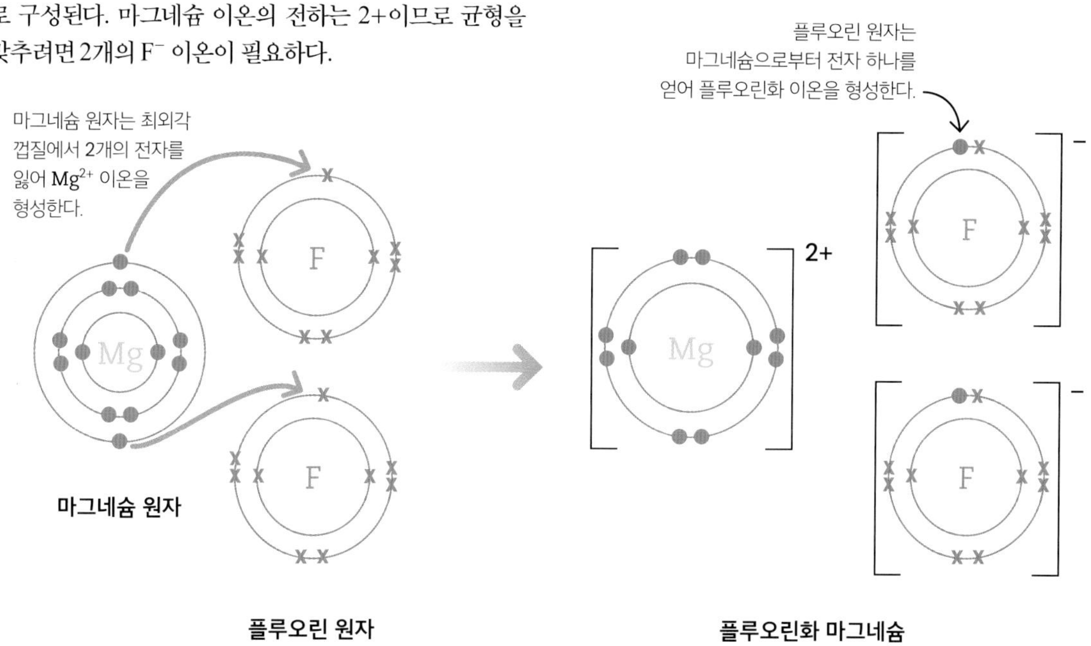
마그네슘 원자는 최외각 껍질에서 2개의 전자를 잃어 Mg^{2+} 이온을 형성한다.
Mg
F
F
마그네슘 원자
플루오린 원자
플루오린 원자는 마그네슘으로부터 전자 하나를 얻어 플루오린화 이온을 형성한다.
2+
−
−
플루오린화 마그네슘

이온 결정 구조

금속과 비금속이 서로 반응하면 이온 결합 물질을 형성한다. 물이나 이산화 탄소와 같은 단순한 화합물과 달리, 이온 결합 물질은 개별 분자로 구성되지 않고 양이온과 음이온이 반복되는 3차원 구조로 이루어져 있다. 이 배열을 이온 격자라고 한다.

핵심 요약

- 이온 결합 물질은 양이온과 음이온이 교대로 배치되어 있다.
- 양전하와 음전하 사이의 강한 정전기 인력에 의해 이온이 결합되어 있다.
- 이 배열을 이온 격자라고 하다.

염화 소듐

다음 그림에는 몇 개의 이온만 표시되어 있지만, 실제 염화 소듐 결정에는 약 60해 개의 소듐 이온 및 염화 이온이 포함되어 있다.

소듐 이온과 염화 이온이 반복적으로 배열되어 이온 격자 구조를 형성한다.
양전하를 띤 소듐 이온은 음전하를 띤 염화 이온으로 둘러싸여 있다.
음전하를 띤 염화 이온은 양전하를 띤 소듐 이온으로 둘러싸여 있다.
소듐 이온은 염화 이온보다 작다.

염화 소듐(NaCl)이라고도 하는 소금은 소듐 이온(Na^+)과 염화 이온(Cl^-)이 반복적으로 배열된 구조를 갖는다.

공-막대 모형

공-막대 모형은 이온 구조를 표현하는 데 사용되며, 이온이 어떻게 배열되어 있는지 시각화한다. 하지만 이온의 상대적인 크기를 명확하게 나타내지 못하며, 실제 이온 사이에는 공간이 없다.

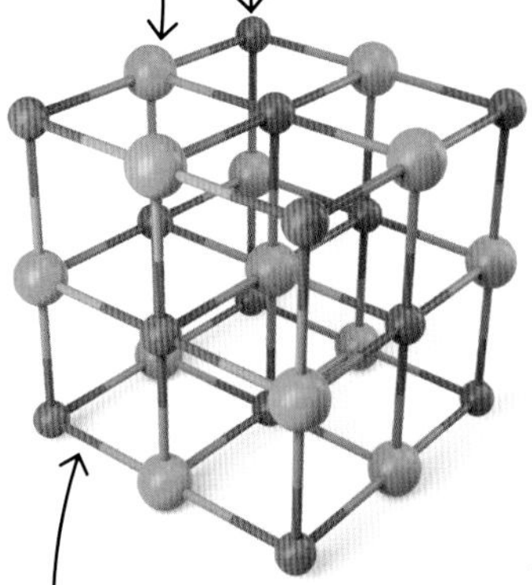
염화 이온 (Cl^-)
소듐 이온 (Na^+)
막대는 양이온과 음이온 사이의 강한 정전기적 인력을 나타낸다.

염화 소듐

이온 결합의 특성

이온 결합 물질은 이온 격자 구조로 인해 특별한 특성을 갖는다(78쪽 참조). 이온 결합 물질은 고체일 때 결정성이며, 일반적으로 녹는점과 끓는점이 높다. 이온 결합 물질은 물에 녹거나 용해되면 전기를 전도할 수 있지만, 고체 상태에서는 전기를 전도하지 않는다.

핵심 요약

- ✓ 이온 결합 물질을 구성하는 이온 사이에는 강한 정전기적 인력이 작용한다.
- ✓ 이온 사이의 인력이 강하여 이온을 떨어뜨리는 데 많은 에너지가 필요하며, 따라서 이온 결합 물질은 녹는점이 높은 편이다.
- ✓ 고체상의 이온 결합 물질은 전기가 통하지 않는다.
- ✓ 이온 결합 물질은 물에 녹거나 용융되면 전기가 통한다.

결정

염화 소듐 결정에서 소듐 이온과 염화 이온은 규칙적으로 배열되어 있다.

소듐 이온(Na^+)
염화 이온(Cl^-)
양이온과 음이온 사이에는 강한 정전기적 인력이 존재한다.
염화 소듐은 상온에서 고체이다.

용융과 용해

고체상의 이온 결합 물질에서는 이온이 움직일 수 없다. 이온 결합 물질이 용융되거나 용해되면 이온이 이동할 수 있다. 일부 이온 결합 물질은 물에 쉽게 용해되지만, 그렇지 않은 경우도 있다.

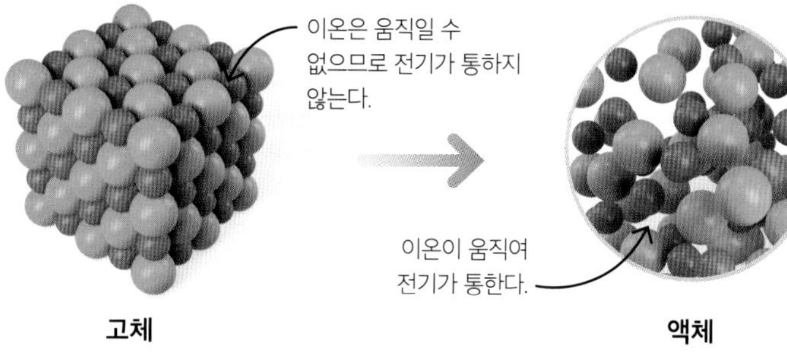
이온은 움직일 수 없으므로 전기가 통하지 않는다.
이온이 움직여 전기가 통한다.
고체
액체

공유 결합

공유 결합은 두 원자가 한 쌍의 전자를 공유할 때 형성된다. 원자는 이러한 방식으로 전자를 공유함으로써 최외각 껍질에 전자가 가득 차 안정화된다. 일반적으로 공유 결합을 끊는 데는 많은 에너지가 필요하여 강한 결합이라고 한다.

핵심 요약

- ✓ 공유 결합은 두 원자가 한 쌍의 전자를 공유하는 결합이다.
- ✓ 원자는 최외각 껍질에 전자를 가득 채우기 위해 전자를 공유한다.
- ✓ 최외각 껍질에 있는 전자만 공유할 수 있다.
- ✓ 비금속 원자 사이에 공유 결합이 형성된다.

비금속 원자

공유 결합은 비금속 원자 사이에 형성되며, 염소(Cl_2)와 같이 같은 원자 사이에 생기거나, 물(H_2O) 또는 이산화 탄소(CO_2)와 같이 다른 원자 사이에 생길 수 있다.

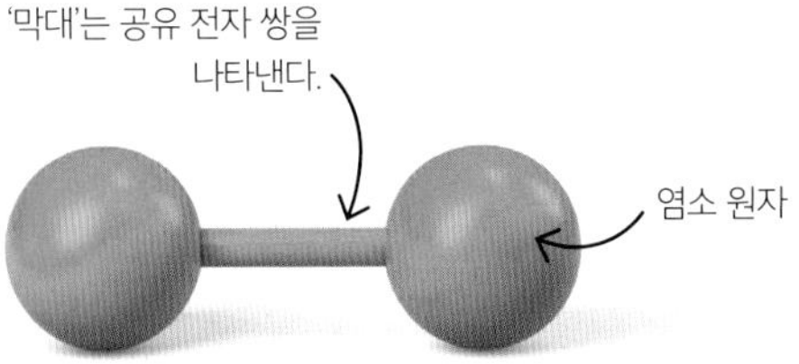

'막대'는 공유 전자 쌍을 나타낸다.
염소 원자

염소 분자(Cl_2)

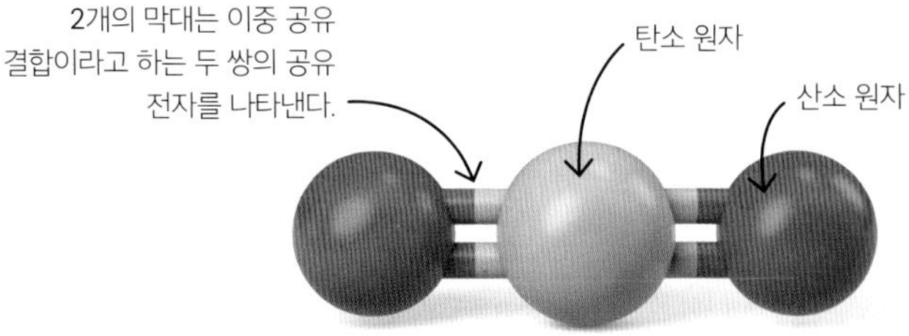

2개의 막대는 이중 공유 결합이라고 하는 두 쌍의 공유 전자를 나타낸다.
탄소 원자
산소 원자

이산화 탄소 분자(CO_2)

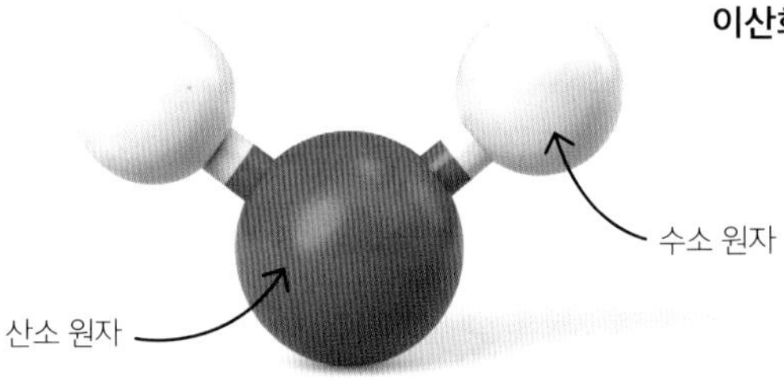

물 분자(H_2O)

공유 결합의 형성

원자의 가장 안정적인 전자 배치(29쪽 참조)는 최외각 껍질이 가득 찬 상태이다. 각 원자는 전자를 공유하여 최외각 껍질을 채워 가장 가까운 비활성 기체(71쪽 참조)와 동일한 전자 배치를 갖게 된다.

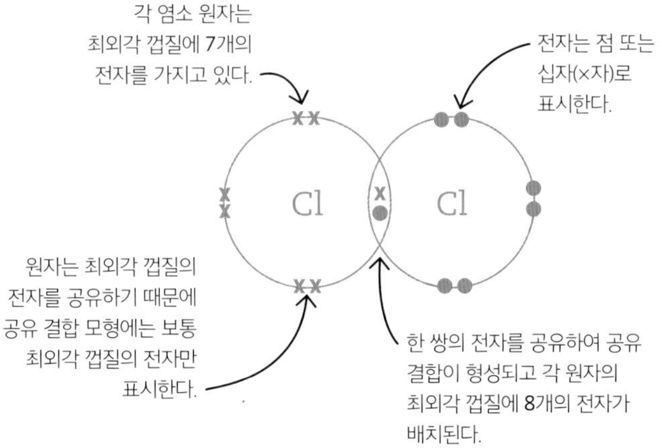

공유 결합의 표현

공유 결합은 원자가 서로 전자를 공유할 때 원자 사이에 형성된다. 두 원자가 한 쌍의 전자를 공유하면 단일 결합이 형성되고, 두 원자가 두 쌍의 전자를 공유하면 이중 결합이 형성된다. 공유 결합을 표현하는 방법에는 여러 가지가 있다.

핵심 요약

- ✓ 3D 구조는 분자의 모양을 보여준다.
- ✓ 점-십자 모형은 공유 결합을 형성하기 위해 전자가 어떻게 공유되는지를 보여준다.
- ✓ 구조식은 모든 원자와 원자 사이의 결합을 2차원으로 표시한다.

3D 구조

공-막대 모형이라고 하는 이 모형은 분자 내 원자와 원자의 결합 각도를 보여준다. 분자 모양을 시각화하는 데 유용하지만, 더 큰 분자의 경우 복잡하여 사용하기 어렵다.

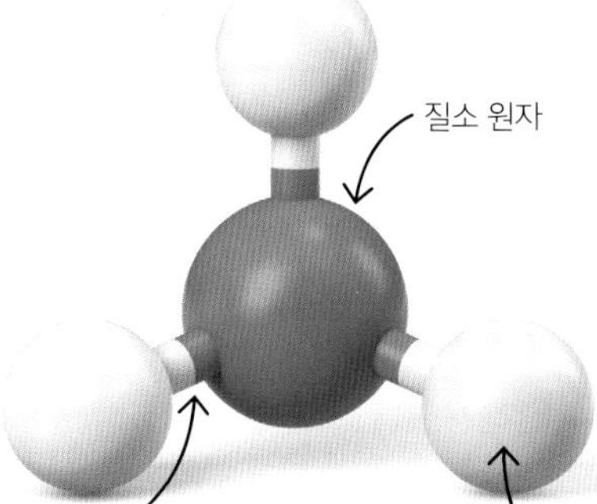

질소 원자
막대는 질소 원자와 수소 원자 사이의 단일 결합을 나타낸다.
수소 원자

암모니아 분자

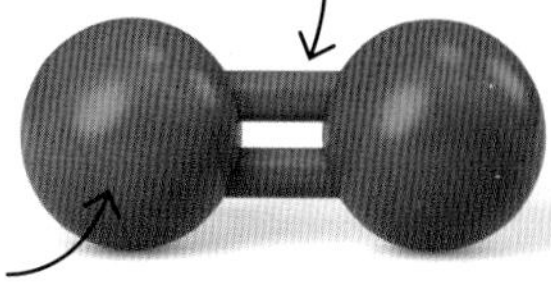

2개의 막대는 산소 원자 사이의 이중 결합을 나타낸다.
산소 원자

산소 분자

점-십자 모형

전자가 어떻게 배열되어 있는지, 전자가 어느 원자에서 왔는지를 보여준다. 다른 모형과 달리 비공유 전자쌍도 보여주기 때문에 분자가 특정 모양을 갖는 이유를 아는 데 유용하다.

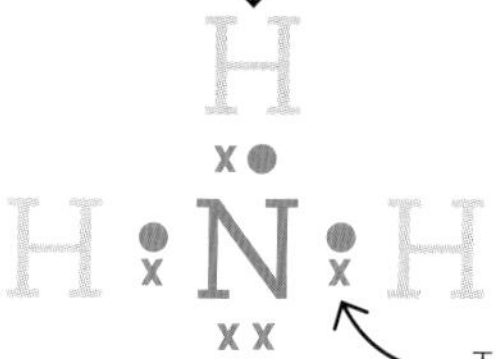

암모니아 분자

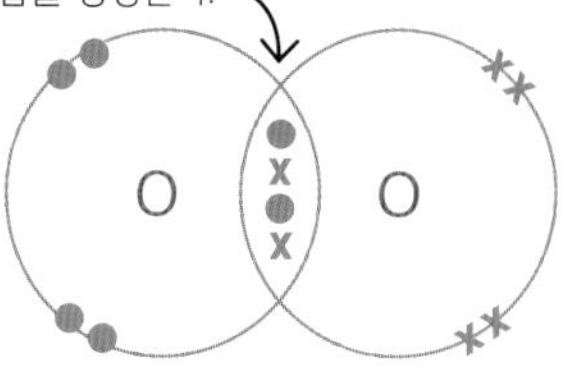

산소 분자

구조식

구조식은 모든 원자가 어떻게 연결되어 있는지, 각 원자 사이의 결합은 몇 중 결합인지 표시한다.

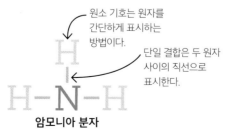

원소 기호는 원자를 간단하게 표시하는 방법이다.
단일 결합은 두 원자 사이의 직선으로 표시한다.
H
H–N–H

암모니아 분자

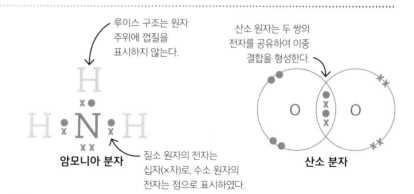

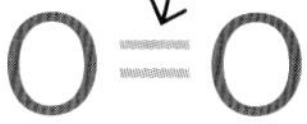

2개의 선은 산소 원자 사이의 이중 결합을 나타낸다.
O=O

산소 분자

단순한 분자

분자는 2개 이상의 원자가 공유 결합으로 연결되어 구성된다. 산소나 물과 같은 단순한 분자는 우리 주변에 흔하게 존재한다. 한 분자에 속해 있는 원자들은 서로 같은 원소일 수도 있고 다른 원소일 수도 있지만, 동일한 분자는 항상 같은 원자 구성으로 되어 있다.

핵심 요약

- ✓ 분자는 2개 이상의 원자가 결합한 것이다.
- ✓ 분자 내 원자 사이의 결합은 공유 결합이다.
- ✓ 물 분자는 항상 수소 원자 2개와 산소 원자 1개로 구성되어 있듯이, 한 물질의 분자는 같은 원자 구성으로 되어 있다.

수소

수소 원자는 최외각 껍질에 각각 하나의 전자를 가지고 있으며, 최외각 껍질을 가득 채우기 위해 총 2개의 전자가 필요하다.

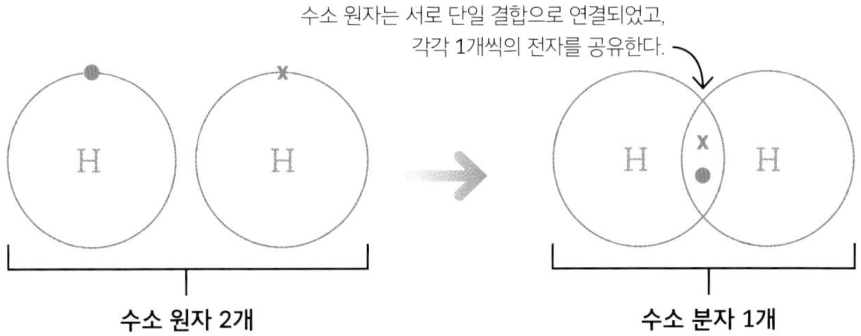

이산화 탄소

이산화 탄소는 화학식이 CO_2인 단순한 분자이다. 탄소와 산소는 수소보다 큰 원자로, 최외각 껍질을 가득 채우기 위해 전자가 8개 필요하다.

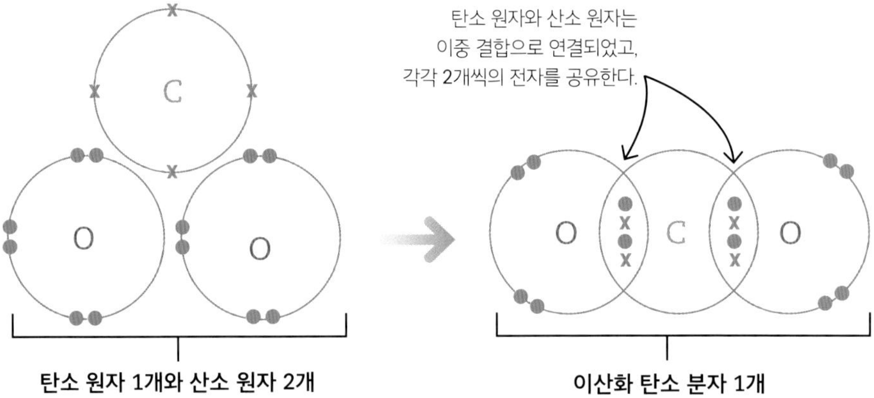

물

물(H_2O)에는 수소와 산소가 포함되어 있다. 각 수소 원자는 최외각 껍질을 가득 채우기 위해 2개의 전자가 필요한 반면, 산소 원자는 8개의 전자가 필요하다.

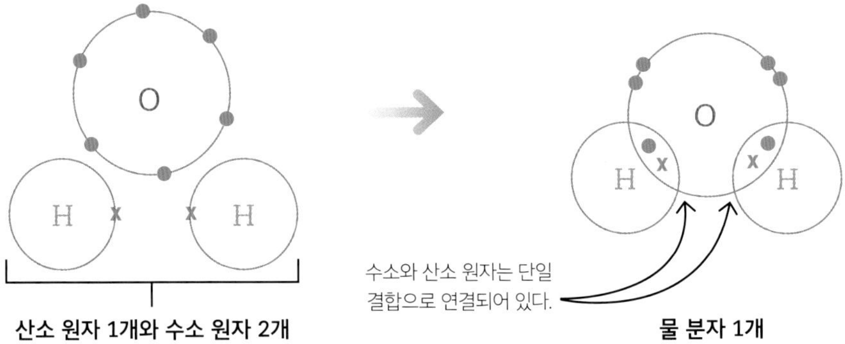

단순한 분자의 특성

물(H_2O)과 염소(Cl_2)와 같은 분자의 원자는 공유 결합으로 서로 연결되어 있다. 개별 분자 사이에는 약한 인력인 분자 간 인력이 존재한다. 이 인력을 깨는 데는 상대적으로 적은 에너지가 필요하므로 단순한 분자는 녹는점과 끓는점이 낮은 편이다.

핵심 요약

- ✓ 분자 내 원자는 공유 결합을 통해 서로 연결되어 있다.
- ✓ 개별 분자 사이에 작용하는 분자 간 인력은 약하다.
- ✓ 대부분의 단순한 분자는 실온, 1기압에서 기체나 액체 상태이다.
- ✓ 단순한 분자를 단순 공유 결합 물질이라고도 한다.

염소

염소(Cl_2)는 분자 사이의 인력이 약한 단순한 분자이다. 실온, 1기압에서 염소는 기체로 존재하며, 끓는점이 −34°C 이다.

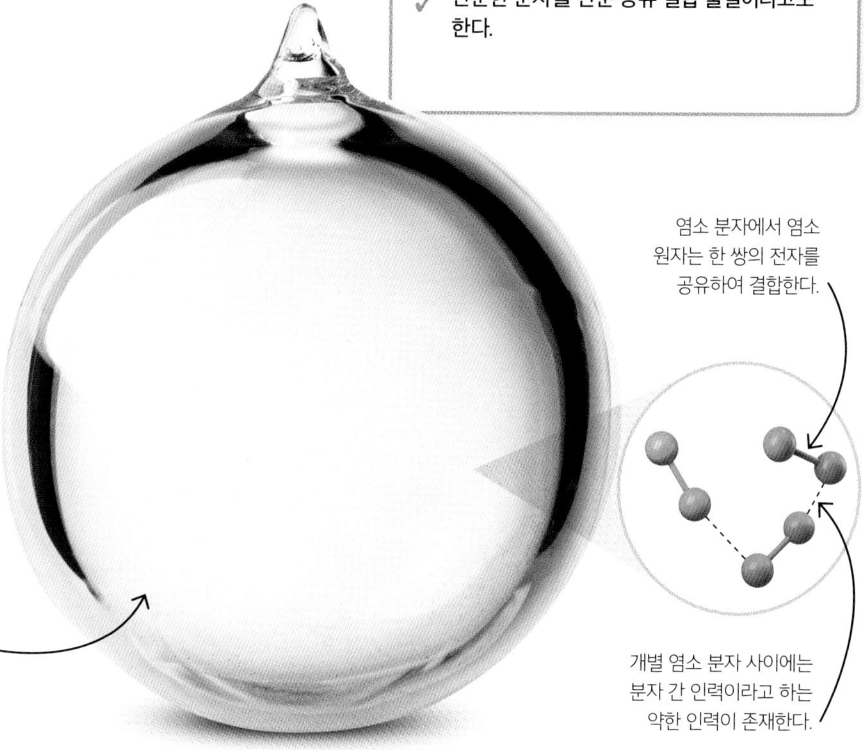

염소 분자에서 염소 원자는 한 쌍의 전자를 공유하여 결합한다.
염소는 실온과 1기압에서 황록색 기체이다.
개별 염소 분자 사이에는 분자 간 인력이라고 하는 약한 인력이 존재한다.

분자 간 인력

공유 결합 물질이 녹거나 끓을 때 공유 결합이 아닌 분자 사이의 인력만 끊어진다. 큰 분자는 더 강한 분자 간 인력을 가지며, 더 높은 녹는점과 끓는점을 가진다. 그러나 원소의 종류 또한 분자 간 인력에 중요한 영향을 미친다.

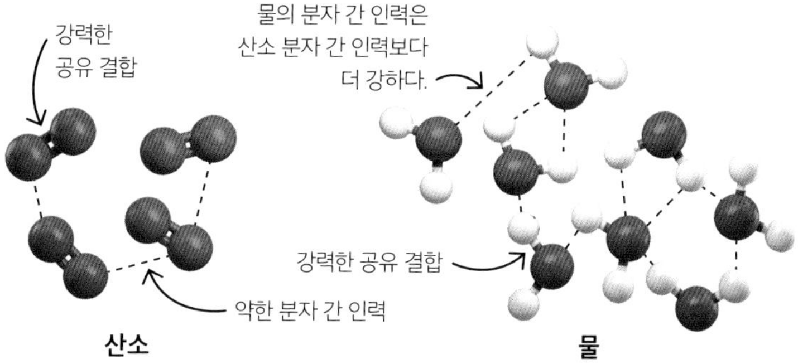

고분자

고분자는 매우 큰 분자로, 단량체가 사슬 형태로 결합하여 형성된다. 고분자는 유용한 특성을 가지고 있으며, 자연적으로 발생하기도 하고 인위적으로 만들 수도 있다. 고분자에 대한 자세한 내용은 213, 214, 222, 260, 261쪽을 참조한다.

핵심 요약

- ✓ 고분자는 단량체라고 하는 작은 분자로 구성된다.
- ✓ 단량체는 서로 결합하여 긴 고분자 사슬을 형성한다.
- ✓ 단량체는 모두 같은 종류의 분자일 수도 있고, 다른 종류의 분자일 수도 있다.
- ✓ 대부분의 고분자는 공유 결합으로 연결되어 있다.

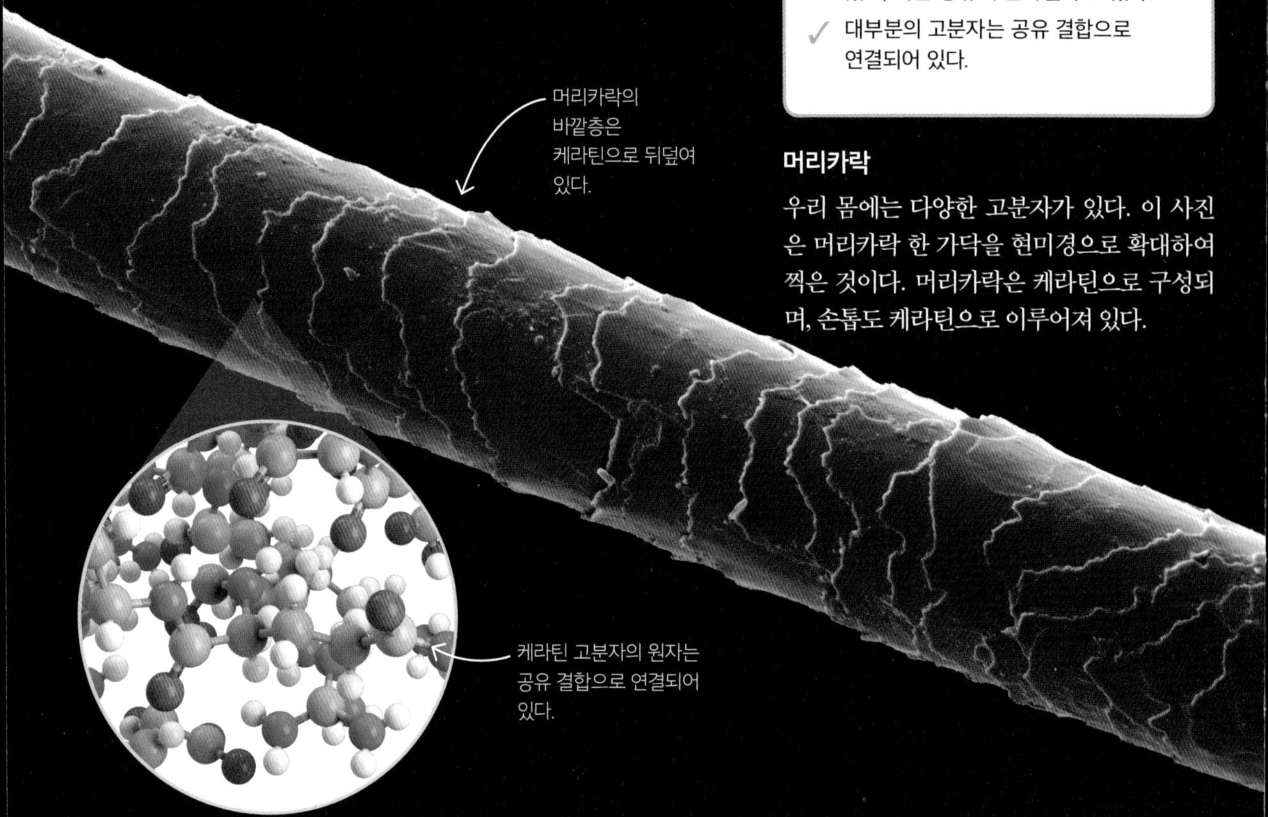
머리카락의 바깥층은 케라틴으로 뒤덮여 있다.
케라틴 고분자의 원자는 공유 결합으로 연결되어 있다.

머리카락

우리 몸에는 다양한 고분자가 있다. 이 사진은 머리카락 한 가닥을 현미경으로 확대하여 찍은 것이다. 머리카락은 케라틴으로 구성되며, 손톱도 케라틴으로 이루어져 있다.

고분자가 형성되는 과정

천연 고분자와 인공 고분자는 단량체라는 작은 분자로 구성된다. 일부 고분자는 한 종류의 단량체로 만들어지지만, 케라틴과 같은 단백질(225쪽 참조)은 여러 종류의 단량체(아미노산)로부터 형성된다.

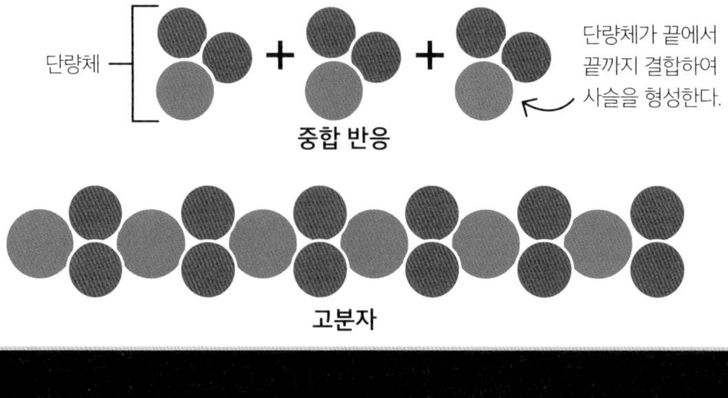
단량체
중합 반응
단량체가 끝에서 끝까지 결합하여 사슬을 형성한다.
고분자

공유 결정

공유 결정은 비금속 원자가 규칙적으로 연결된 물질이다. 공유 결정을 구성하는 모든 원자는 공유 결합으로 연결되어 있다. 공유 결정의 특징에 대한 자세한 내용은 86쪽을 참조한다.

핵심 요약

- ✓ 공유 결정은 비금속 원자가 공유 결합을 하여 규칙적으로 배열되어 구성된 물질이다.
- ✓ 공유 결정은 대개 녹는점이 높고 단단하다.
- ✓ 대부분의 공유 결정은 자유 전자가 없으므로 전기가 통하지 않는다.

이산화 규소

실리카라고도 부르는 이산화 규소의 규소 원자와 산소 원자는 공유 결합으로 결합되어 규칙적으로 배열되어 있다.

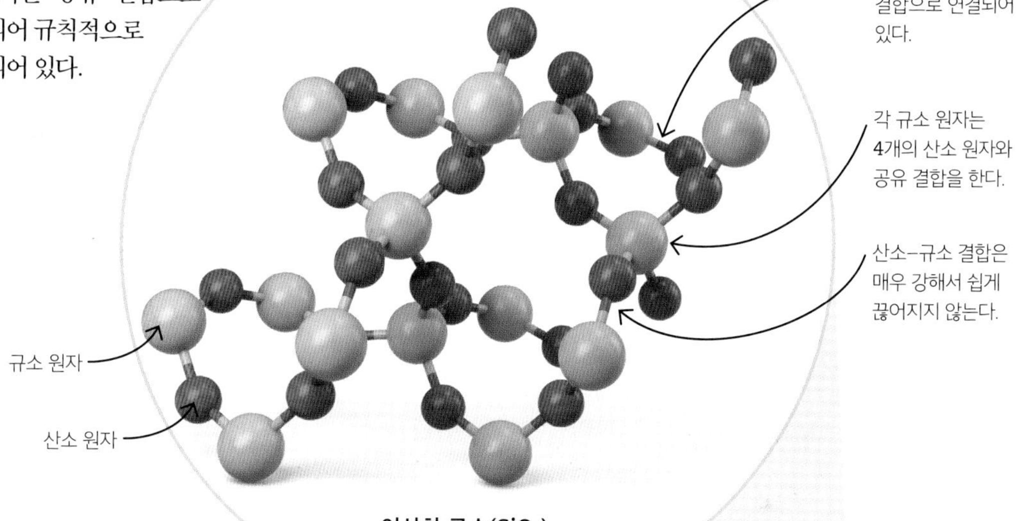
모든 원자는 공유 결합으로 연결되어 있다.
각 규소 원자는 4개의 산소 원자와 공유 결합을 한다.
산소-규소 결합은 매우 강해서 쉽게 끊어지지 않는다.
규소 원자
산소 원자

이산화 규소(SiO_2)

이산화 규소

공유 결정의 원자 간 결합을 끊으려면 많은 에너지가 필요하기 때문에 이산화 규소는 녹는점이 매우 높다. 이산화 규소는 자유 전자가 없어 전기가 통하지 않는다.

이산화 규소의 광물 형태를 석영이라고 한다. 석영은 모래의 주요 성분이다.

탄소 동소체

동소체는 한 가지 원소로 이루어져 있지만 원자의 배열이 다른 물질이다. 다이아몬드, 흑연, 그래핀은 탄소의 동소체이다. 이 물질들은 모두 상온에서 고체이며 공유 결정이지만 (85쪽 참조), 원자 배열의 차이로 서로 다른 특성을 가진다.

핵심 요약

- ✓ 동소체는 한 가지 원소로 이루어져 있지만 원자의 배열이 다른 물질이다.
- ✓ 다이아몬드, 흑연, 그래핀은 탄소의 동소체이다.
- ✓ 다이아몬드, 흑연, 그래핀은 원자 배열 구조의 차이로 인해 서로 다른 특성을 가진다.

다이아몬드

다이아몬드의 각 탄소 원자는 다른 탄소 원자 4개와 공유 결합되어 있다. 다이아몬드는 매우 단단하고 전기가 통하지 않지만, 열은 잘 전달한다.

다이아몬드는 자연에서 발견되는 물질 중 가장 단단하다.

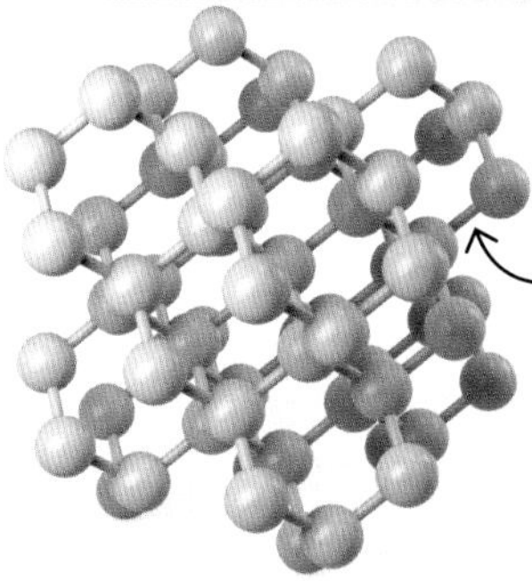
다이아몬드의 모든 공유 결합을 끊으려면 많은 에너지가 필요하기 때문에 녹는점이 매우 높다.

흑연

흑연은 탄소 원자 하나가 다른 탄소 원자 3개와 공유 결합하고, 하나의 자유 전자를 갖는다. 이 자유 전자로 인해 흑연은 높은 전기 전도도를 가진다.

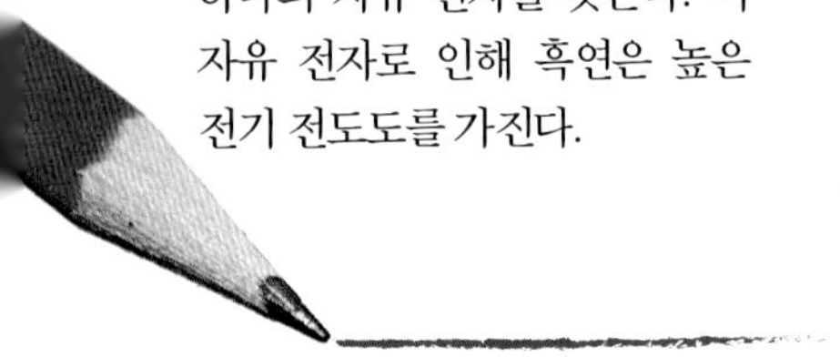

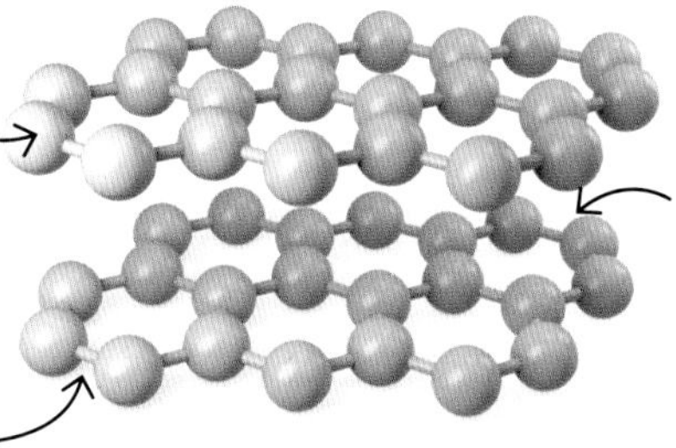
흑연의 탄소 원자는 육각형의 층을 형성한다.
층 간의 인력이 약하기 때문에 서로 미끄러질 수 있다.
흑연의 공유 결합은 쉽게 끊어지지 않기 때문에 녹는점이 높다.

그래핀

그래핀은 흑연의 한 층에 해당하는 물질이다. 그래핀은 매우 강하고 매우 가벼우며 전기 전도성이 크다. 또한 다른 재료에 그래핀을 첨가하면 강도를 증가시킬 수 있다.

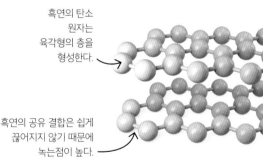

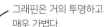

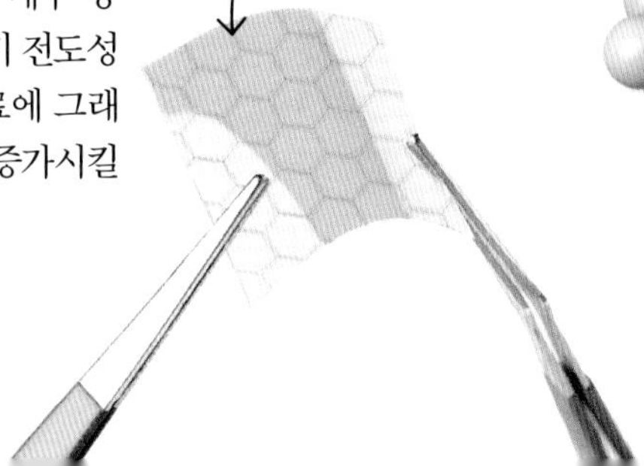
그래핀은 거의 투명하고 매우 가볍다.

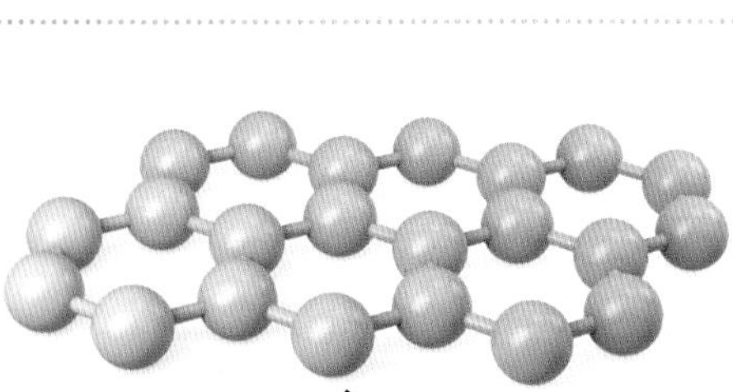
그래핀의 탄소 원자는 육각형으로 배열되어 있다.

풀러렌

풀러렌은 탄소의 동소체(86쪽 참조)로, 탄소 원자가 공이나 튜브 모양으로 연결되어 만들어진 큰 분자이다. 최초의 풀러렌인 버크민스터풀러렌(C_{60})은 1985년에 발견되었으며, 돔 구조물 건축으로 유명한 건축가 버크민스터 풀러의 이름을 따서 명명되었다.

핵심 요약

- ✓ 풀러렌은 탄소 원자가 공이나 튜브 모양으로 연결된 물질이다.
- ✓ 가장 잘 알려진 풀러렌은 공 모양의 버크민스터풀러렌(C_{60})이다.
- ✓ 풀러렌을 다른 원자 또는 분자 주위에 형성되도록 만들어 다른 원자를 풀러렌 내에 갇히게 만들 수 있다.

버크민스터풀러렌

버크민스터풀러렌은 자연적으로 발생하는 흔한 풀러렌으로 그을음에서 소량 발견된다. 구형이기 때문에 '버키볼'이라고도 한다.

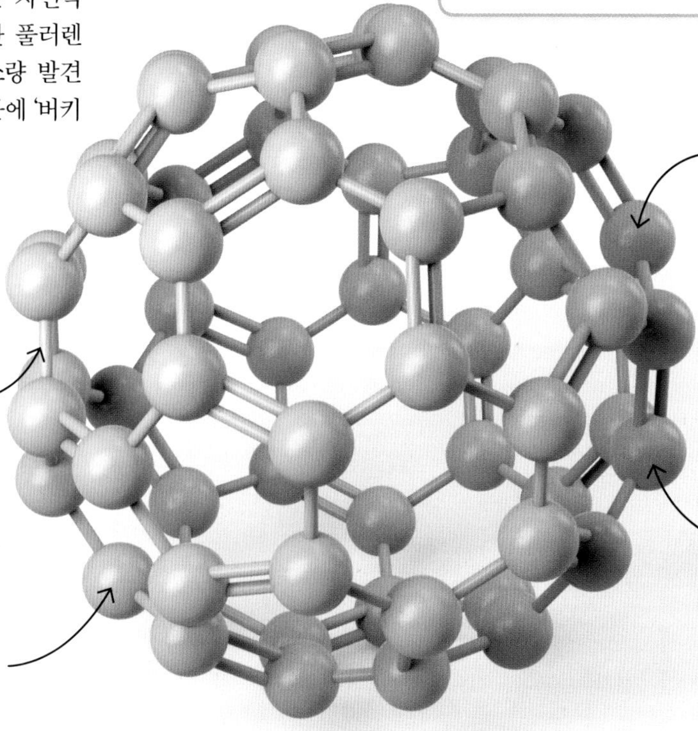
각 탄소 원자는 3개의 다른 원자와 결합되어 있다.
탄소 원자는 공유 결합으로 연결되어 있다.
60개의 탄소 원자가 축구공처럼 12개의 오각형과 20개의 육각형으로 배열되어 있다.
버크민스터풀러렌은 속이 빈 구이다.

나노 튜브

나노 튜브의 구조는 직경이 수십억 분의 1 m에 불과하지만, 지금까지 발견된 물질 중 가장 강하고 단단한 것으로 알려져 있다. 나노 튜브는 가볍고 강하기 때문에 전자기기, 태양 전지, 스포츠 장비 등에 사용된다.

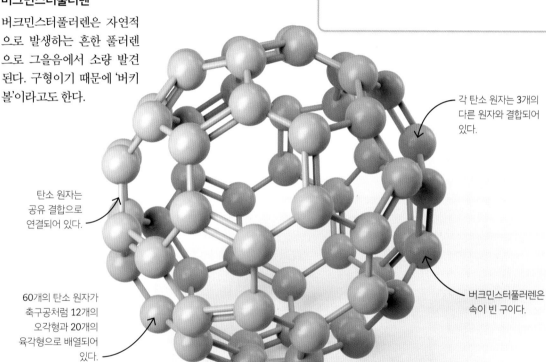

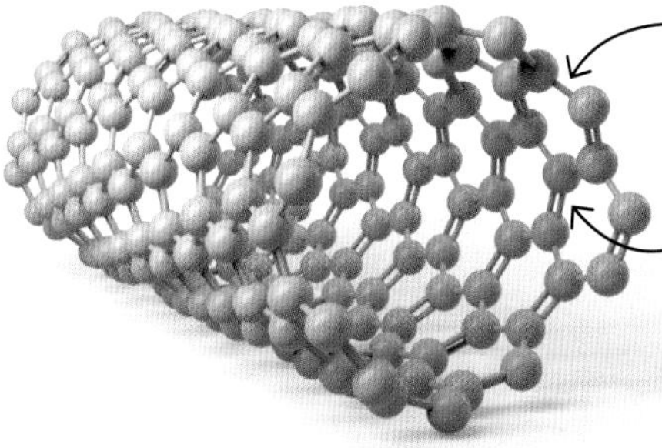
탄소 나노 튜브는 그래핀(86쪽 참조)을 말아놓은 것처럼 생겼다.
나노 튜브에서 탄소 원자 사이의 결합 길이는 수십억분의 1 m에 불과하지만, 튜브 전체 길이는 수 cm일 수 있다.

금속 결합

금속 원사의 최외각 껍실 전자는 자유롭게 이동할 수 있다. 이를 자유 전자라고 하며, 금속이 전기 전도성을 갖도록 한다. 금속 이온과 전자 사이의 정전기적 인력으로 대부분의 금속은 높은 녹는점을 갖는다.

핵심 요약

- 금속은 입자가 규칙적으로 배열된 구조를 갖는다.
- 최외각 껍질의 전자는 자유롭게 이동할 수 있다.
- 금속 양이온은 음전하를 띤 전자의 바다로 둘러싸여 있다.
- 금속은 자유 전자가 있어 전기 전도성이 크다.

금속 결합의 원리

금속에서 전자는 금속 이온 주위를 자유롭게 이동할 수 있다. 즉 금속은 '전하 운반체'인 전자를 가지고 있으므로 모두 전기 전도성을 갖는다.

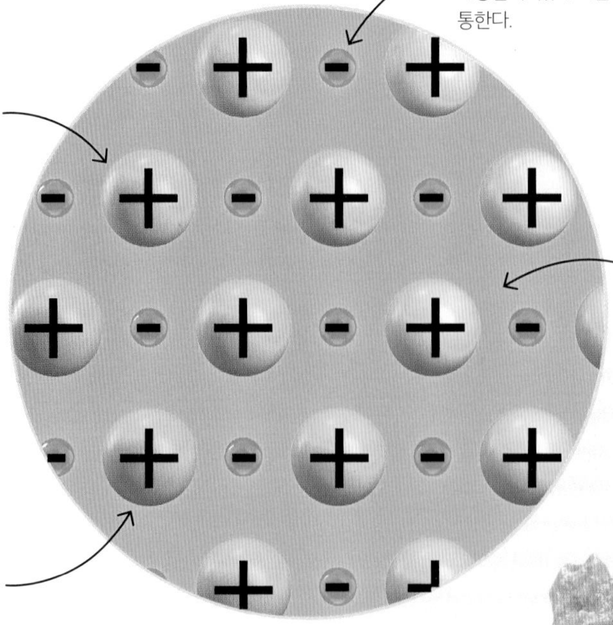

금

금은 전자와 금속 이온 사이의 정전기적 인력을 끊는 데 많은 에너지가 필요하기 때문에 녹는점이 높다.

금은 상온에서 고체이며 금속 이온이 밀집된 구조이다.

순수한 금속과 합금

합금은 두 가지 이상의 금속 또는 금속과 비금속 원소로 구성된 물질이다. 합금은 합금을 만드는 데 사용되는 원소와는 다른 특성을 가지는데, 보통 더 단단하다. 일상생활에서 사용하는 합금에는 강철, 청동, 황동, 아말감 등이 있다(자세한 예는 262쪽 참조).

핵심 요약

- ✓ 대부분의 합금은 두 가지 이상의 금속 원소로 구성되어 있지만, 일부는 탄소나 황과 같은 비금속 원소와 합금을 이루기도 한다.
- ✓ 원자의 크기가 다르면 층이 서로 미끄러지기 어렵기 때문에 합금은 기반이 되는 순수한 금속보다 더 단단하다.

철 합금

철(Fe)은 은회색 금속으로 산소 및 물과 쉽게 반응하여 녹을 형성한다(264쪽 참조). 강철은 철과 미량의 탄소가 결합된 합금으로 순수한 철보다 단단하고 강하다.

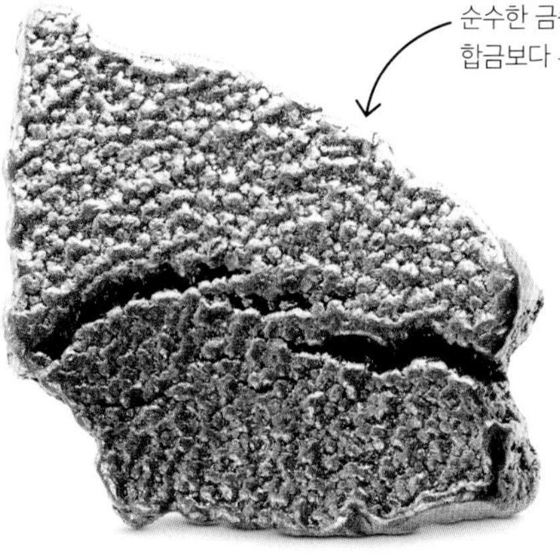
순수한 금속은
합금보다 무르다.

철

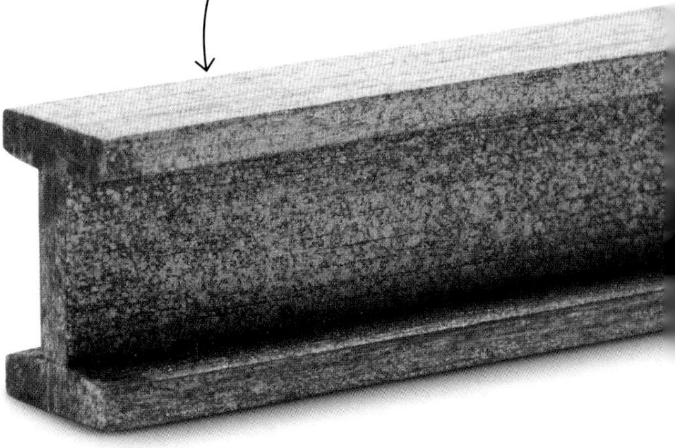
강철은 순수한 철보다 훨씬
단단하며 건설 현장에서
사용한다.

강철

합금의 경도

합금은 두 가지 이상의 순수한 원소를 결합하여 만든다. 서로 다른 원소의 원자는 크기가 달라 층이 이동하기 어렵고, 때문에 합금은 순수한 금속보다 단단하다.

외부에서 힘을 가하면
층이 밀릴 수 있다.

순수한 금속

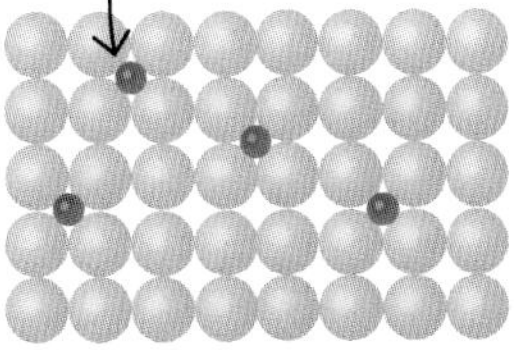
다른 원소의 원자를
추가하면 층이 미끄러지기
어렵다.

합금

물질의 상태

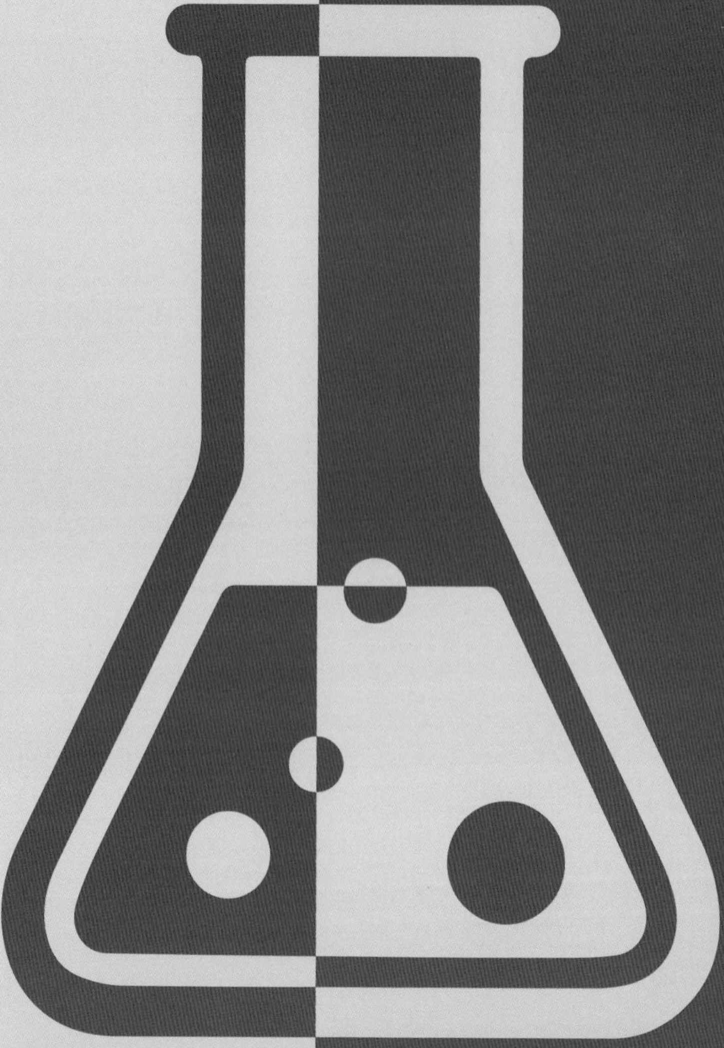

고체

고체는 물질의 세 가지 주요 상태 중 하나이다. 액체나 기체와 달리 고체는 그 형태를 유지하며, 흐르지 않는다. 고체 입자는 절대 영도(−273°C) 이상의 온도에서 끊임없이 제자리에서 진동한다.

핵심 요약

- ✓ 고체 입자는 인력에 의해 고정된 위치에 존재한다.
- ✓ 고체 입자는 제자리에서 진동한다.
- ✓ 고체 입자는 그 위치에서 움직일 수 없기 때문에 고정된 모양을 가지며, 흐르지 않는다.

얼음 조각

얼음은 물(H_2O)의 고체 형태이다. 물 분자는 고정된 위치에 있으며, 얼음이 녹아 물이 되지 않는 한 이동할 수 없다.

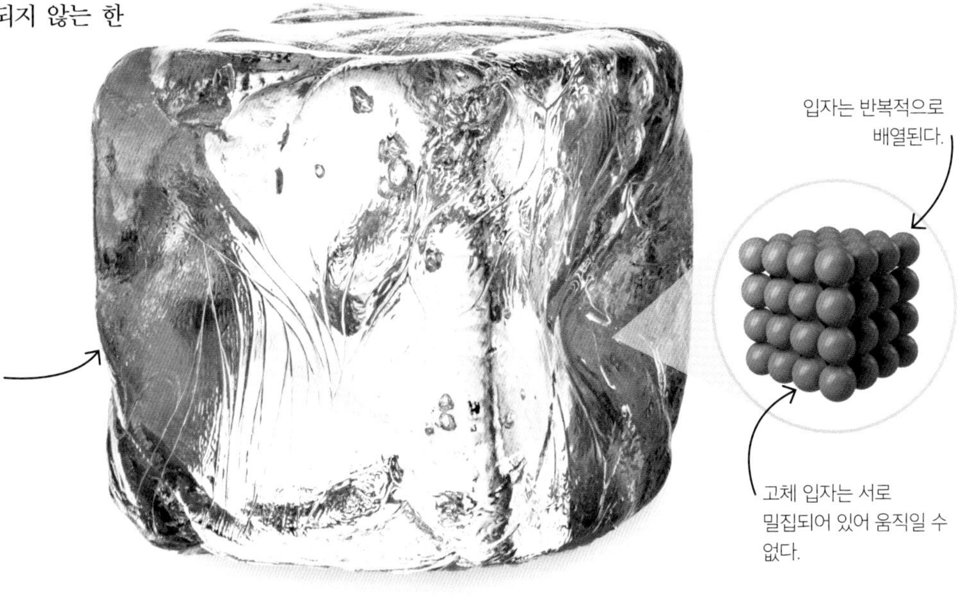

얼음은 단단해서 흐르지 않고, 온도가 올라가 녹는점이 되면 물이 되어 흐른다.
입자는 반복적으로 배열된다.
고체 입자는 서로 밀집되어 있어 움직일 수 없다.

고체의 특징

고체 입자는 고정된 위치에 있어 액체 및 기체와 다른 특징을 갖는다. 고체는 모양이 고정되어 있고 밀도가 높으며 흐르지 않는다. 또한 고체는 압축할 수 없다.

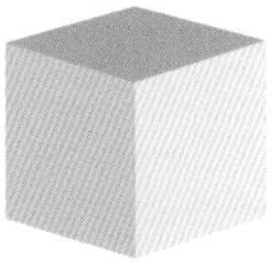

부피 및 모양
고체는 고정된 모양을 가진다. 부피는 온도에 따라 약간 변한다.

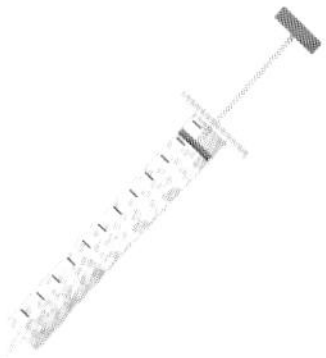

밀도 및 압축성
고체 입자는 서로 가까이 있어 밀도가 높고 압축할 수 없다.

흐름
고체 입자 간 인력으로 입자는 흐르지 않는다.

액체

물질이 액체 상태일 때 입자는 자유롭게 이동할 수 있는 에너지가 있다. 그 결과 액체는 용기의 가장자리로 흘러 거의 평평한 표면을 형성한다. 이때 액체의 모양이 용기의 모양에 맞게 변하더라도 총 부피는 동일하다.

핵심 요약

- 액체 입자는 무작위로 배열되어 있으며 자유롭게 이동할 수 있다.
- 액체는 용기의 가장자리로 흘러 평평한 표면을 형성한다.
- 액체의 부피는 온도에 따라 변한다.
- 입자가 서로 매우 가깝기 때문에 액체는 쉽게 압축되지 않는다.

물

물은 일반적으로 화합물 H_2O의 액체 상태를 가리킨다.

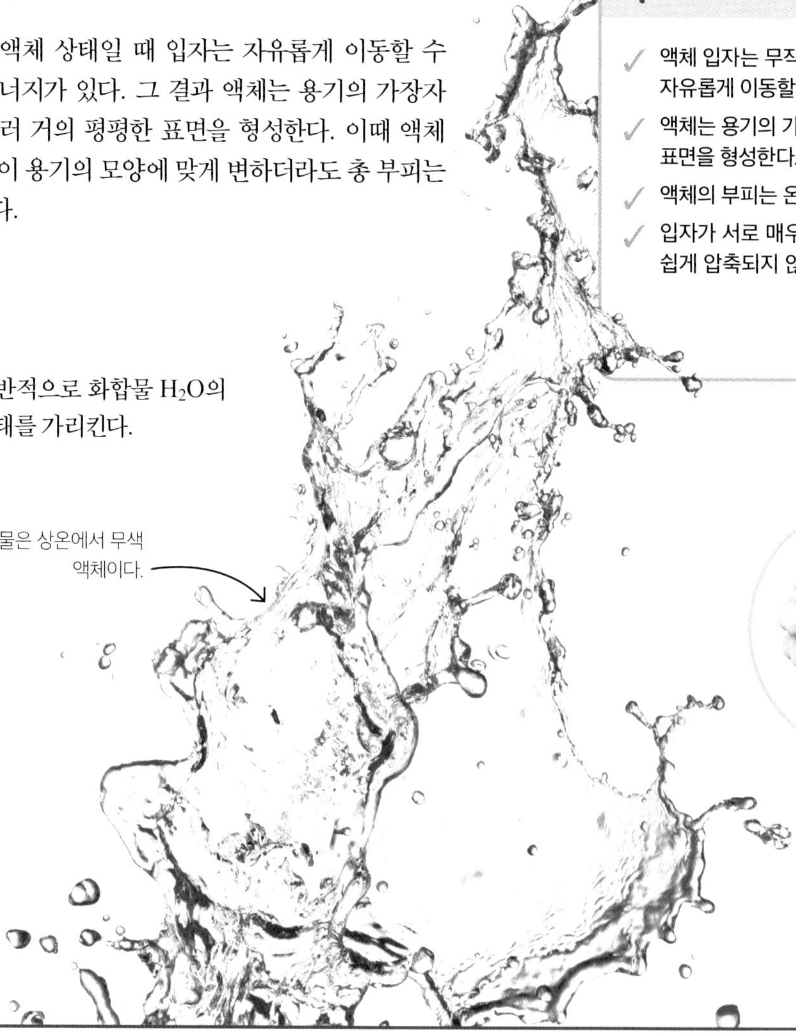
물은 상온에서 무색 액체이다.

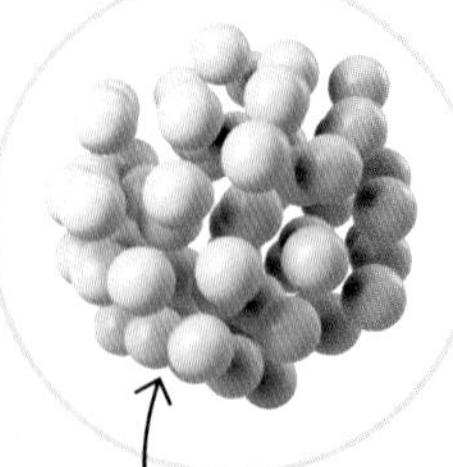
입자는 촘촘하지만 무작위로 배열되어 이동할 수 있다.

액체의 특징

한 물질이 액체 상태라는 것은 고체 상태에서 충분한 에너지를 얻어 입자 사이의 인력을 극복했다는 뜻이다. 따라서 입자들이 이동할 수 있어 고체와는 다른 특징이 있다.

부피 및 모양
액체는 용기의 가장자리로 흘러 모양은 변할 수 있지만, 총 부피는 동일하다.

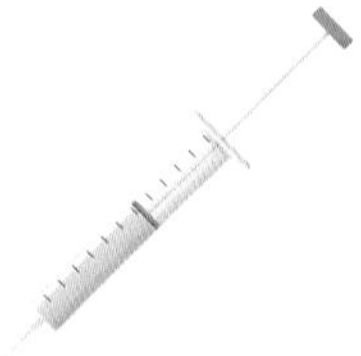

밀도 및 압축성
액체 입자는 서로 밀착되어 있어 압축하기 어렵다.

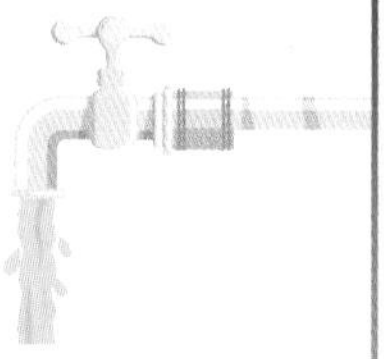

흐름
액체 입자는 자유롭게 움직일 수 있으므로 좁은 공간을 통과할 수 있다.

기체

물질이 입자와 입자 간의 인력을 극복할 수 있을 만큼 충분한 에너지를 얻으면 기체로 존재한다. 기체는 고체나 액체보다 밀도가 작기 때문에 압축하기 쉽다. 기체는 고정된 모양이 없고, 기체의 부피는 온도와 압력에 따라 크게 변화한다.

핵심 요약

- ✓ 기체 입자는 멀리 떨어져 있다.
- ✓ 기체는 밀도가 낮아서 큰 부피를 차지하지만, 그 안에 입자는 거의 없다.
- ✓ 입자는 계속 움직이며, 다른 입자와의 충돌이 없는 한 직선 운동을 한다.
- ✓ 기체는 고정된 모양이 없다.

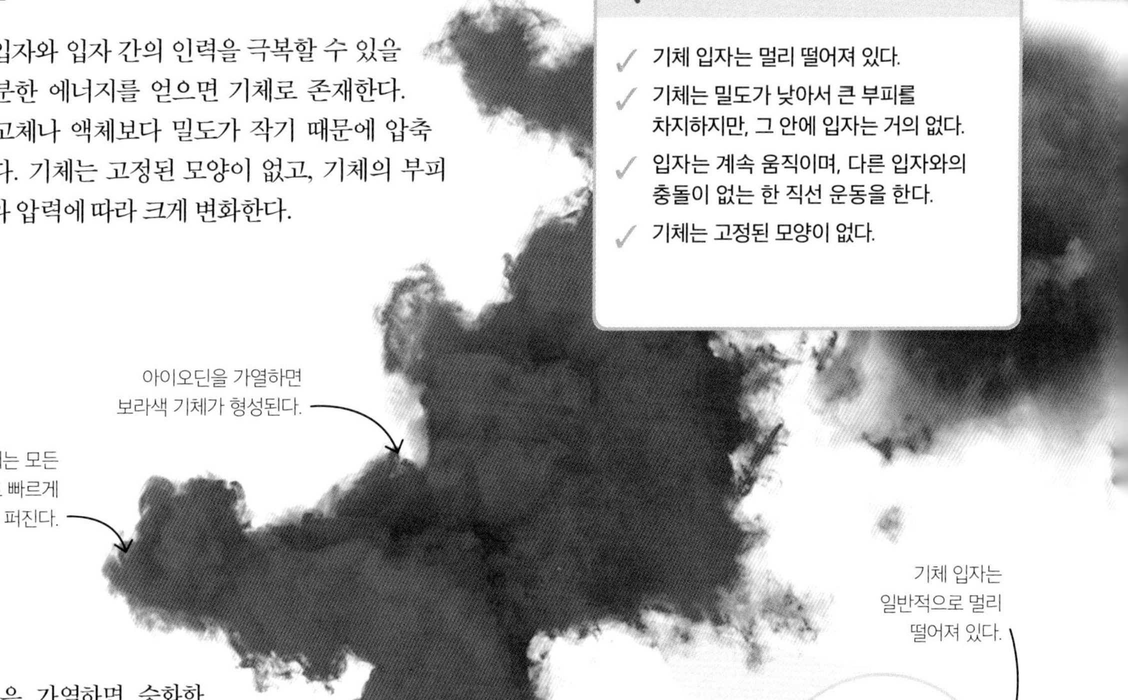
아이오딘을 가열하면
보라색 기체가 형성된다.
기체는 모든
방향으로 빠르게
퍼진다.

아이오딘

아이오딘은 가열하면 승화한다. 이는 아이오딘 입자 사이의 인력이 약해 이를 끊는 데 필요한 에너지가 적기 때문이다.

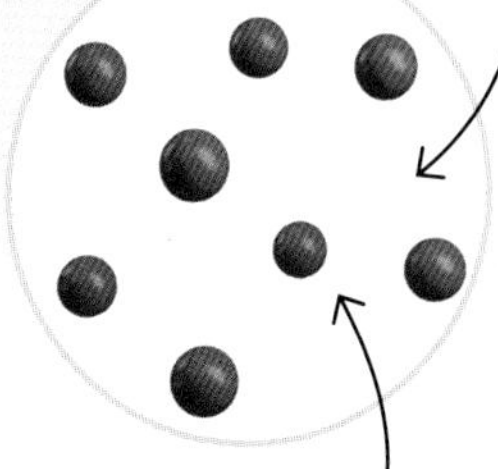
기체 입자는
일반적으로 멀리
떨어져 있다.
입자가 자유롭게 이동할
수 있는 공간이 있다.

기체의 특징

물질이 기체 상태라는 것은 입자 사이의 인력을 극복할 수 있을 만큼 충분한 에너지를 얻었다는 뜻이다. 입자가 자유롭게 움직이기 때문에 기체는 고체, 액체와 다른 특징을 갖는다.

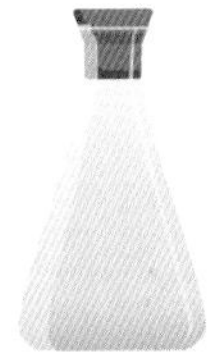

부피 및 모양
기체의 부피는 고정되지 않으며, 모양은 용기의 모양과 같다.

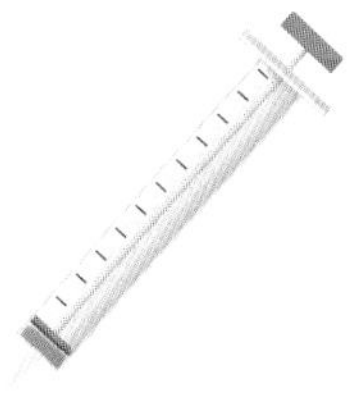

밀도 및 압축성
기체 입자는 서로 멀리 떨어져 있어 쉽게 압축할 수 있다.

흐름
기체 입자는 자유롭게 움직이며 아주 작은 틈을 통과할 수 있다.

액체의 확산

물과 같은 액체의 입자는 끊임없이 움직인다. 물에 다른 물질을 넣으면 그 입자가 물 입자와 충돌하면서 물과 섞인다. 이 과정을 확산이라고 하며, 자발적인 현상이다.

핵심 요약

- 액체 입자는 무작위로 움직인다.
- 확산은 한 물질의 입자가 다른 물질과 섞이는 과정이다.
- 입자가 무작위로 움직이기 때문에 흔들거나 저어주지 않아도 두 물질이 균일하게 섞일 수 있다.
- 물질이 완전히 섞여도 액체 입자는 계속 움직인다.

보라색 색소를 물에 녹이기

색소를 물에 넣으면 색소 입자가 확산되어 혼합물의 색이 균일해진다.

처음에는 색소가 한 곳에 집중되어 있다.
색소가 확산되어 액체에 퍼진다.
시간이 지나면 물과 색소가 완전히 혼합된다.

액체 확산의 원리

물질을 물에 넣으면 그 입자가 농도가 높은 곳에서 낮은 곳으로 서서히 이동하여 고르게 퍼진다.

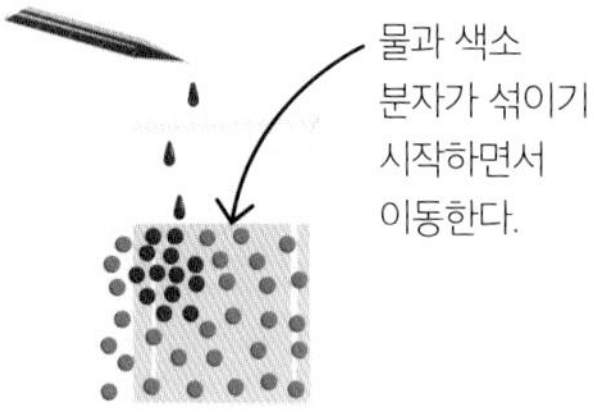

물과 색소 분자가 섞이기 시작하면서 이동한다.

확산 전

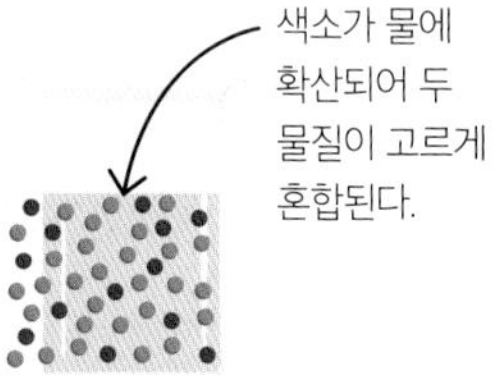

색소가 물에 확산되어 두 물질이 고르게 혼합된다.

확산 후

기체의 확산

기체 입자는 모든 방향으로 매우 빠르게 운동한다. 두 기체를 혼합하면 두 물질의 입자가 모든 방향으로 퍼져 농도가 높은 곳에서 낮은 곳으로 이동한다. 이러한 기체의 확산은 액체의 확산(94쪽 참조)과 마찬가지로 자발적이다.

핵심 요약

- ✓ 기체 입자는 매우 빠르게 운동하며 서로 충돌한다.
- ✓ 서로 다른 두 기체가 만나면 입자가 퍼지면서 섞인다.
- ✓ 입자는 고농도에서 저농도로 이동한다.

브로민

브로민(Br_2)은 대기압에서 주황빛 갈색 기체이다. 다음은 브로민 기체와 공기가 섞이는 현상을 보여준다.

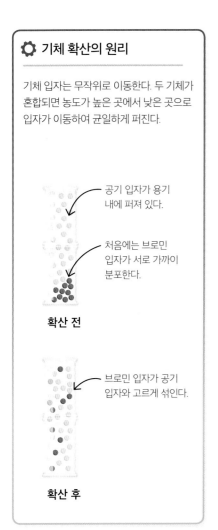

기체 확산의 원리

기체 입자는 무작위로 이동한다. 두 기체가 혼합되면 농도가 높은 곳에서 낮은 곳으로 입자가 이동하여 균일하게 퍼진다.

공기 입자가 용기 내에 퍼져 있다.
처음에는 브로민 입자가 서로 가까이 분포한다.

확산 전

브로민 입자가 공기 입자와 고르게 섞인다.

확산 후

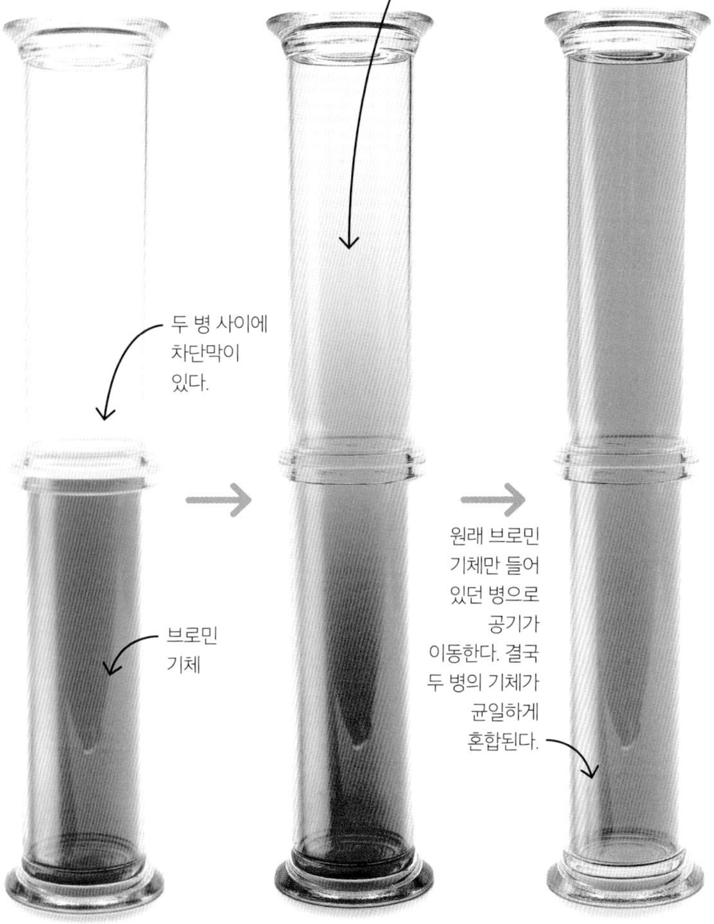

차단막을 제거하면 브로민 기체가 공기가 들어 있는 병으로 확산된다.
두 병 사이에 차단막이 있다.
브로민 기체
원래 브로민 기체만 들어 있던 병으로 공기가 이동한다. 결국 두 병의 기체가 균일하게 혼합된다.

상태 변화

고체, 액체, 기체 사이의 상태 변화는 물리적 변화이다. 이러한 변화는 온도 및 압력과 관련이 있으며 가역적이다. 하나의 원소 또는 화합물만 포함된 순수한 물질은 녹는점 이하의 온도에서 고체이며, 녹는점과 끓는점 사이의 온도에서는 액체, 끓는점 이상의 온도에서는 기체이다.

핵심 요약

- ✓ 상태 변화는 순수한 물질이 가열 또는 냉각되거나 압력이 변할 때 발생한다.
- ✓ 순수한 물질은 녹는점 이하에서 고체, 녹는점과 끓는점 사이에서 액체, 끓는점 이상에서 기체로 존재한다.
- ✓ 물질의 온도가 상승하면 입자는 에너지를 얻는다.

물질의 상태

물은 얼음(고체), 물(액체), 수증기(기체)의 세 가지 상태로 존재한다. 얼음이 녹으면 물이 되고, 물이 끓으면 수증기가 된다. 특정 조건에서는 고체에서 기체로 바로 변하기도 한다.

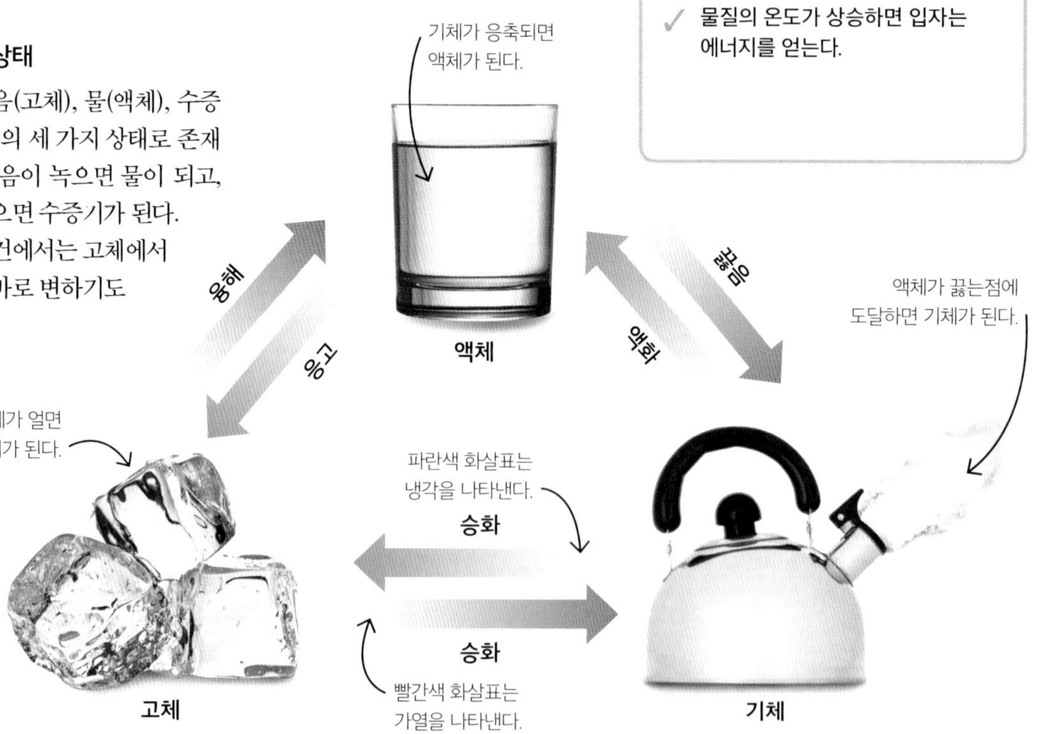

기체가 응축되면 액체가 된다.
융해
응고
액체
끓음
액화
액체가 끓는점에 도달하면 기체가 된다.
액체가 얼면 고체가 된다.
파란색 화살표는 냉각을 나타낸다.
승화
승화
빨간색 화살표는 가열을 나타낸다.
고체
기체

입자가 배열되는 방식

간단한 모형을 사용하여 고체, 액체 및 기체 입자가 배열되는 방식을 나타낼 수 있다. 이러한 모형에는 한계가 있는데, 예를 들어 축척에 맞게 그리면 기체 입자는 여기에 표시된 것보다 훨씬 더 멀리 떨어져 있다.

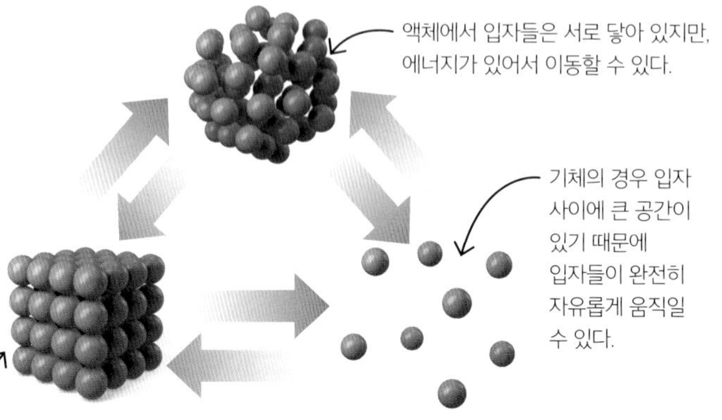

액체에서 입자들은 서로 닿아 있지만, 에너지가 있어서 이동할 수 있다.
기체의 경우 입자 사이에 큰 공간이 있기 때문에 입자들이 완전히 자유롭게 움직일 수 있다.
고체에서 입자들은 밀집되어 있어 제자리에서 진동한다.

가열 및 냉각 곡선

가열 및 냉각 곡선은 상태 변화 시 얼마나 많은 에너지가 출입하는지에 대한 정보를 준다. 물질을 가열하는 시간과 물질의 온도를 기록하여 그래프를 얻는다. 가열 곡선에서 물질의 상태가 변하는 동안 온도는 거의 일정하며, 이는 물질에 의해 에너지가 흡수되기 때문이다.

핵심 요약

- ✓ 가열 및 냉각 곡선은 일정 시간 동안 물질이 가열 또는 냉각될 때 물질의 온도가 어떻게 변화하는지 보여준다.
- ✓ 물질이 주위로부터 열에너지를 흡수하면 녹거나 끓고, 주위로 열에너지를 빼앗기면 얼거나 액화된다.
- ✓ 물질의 상태가 변하는 동안에 온도는 일정하게 유지된다.

가열 곡선

가열 곡선 실험은 물질을 서서히 가열하면서 시간에 따른 온도 변화를 측정하는 방식으로 진행한다. 가열 곡선 그래프는 '계단형' 모양이 특징이다.

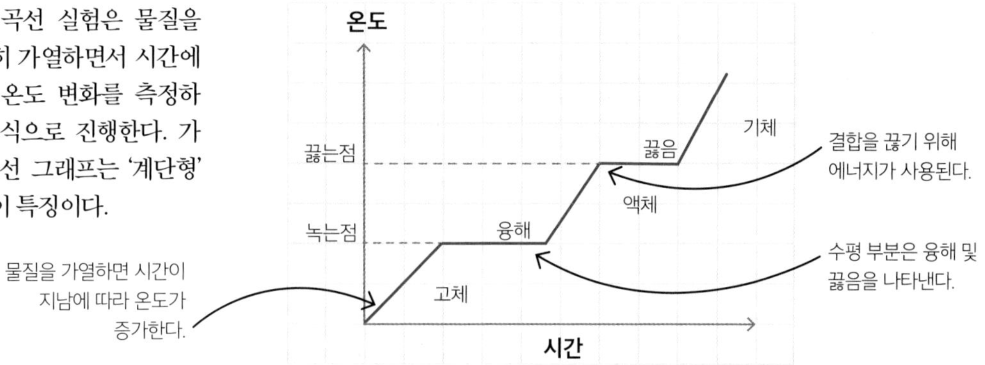

냉각 곡선

냉각 곡선 실험은 물질을 냉각하며 시간에 따른 온도 변화를 측정하는 방식으로 진행한다. 냉각 곡선 모양은 가열 곡선과 비슷하지만 그 반대이다.

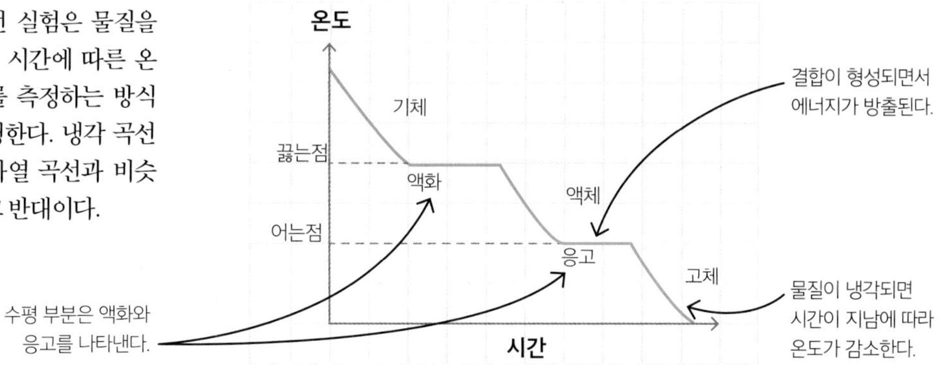

상태 기호 및 상태 예측하기

상태 기호는 화학 반응식에 추가하여 물질의 상태가 어떤지에 대한 정보를 제공한다. 상태 기호에는 고체, 액체, 기체, 수용액 상태를 각각 나타내는 (s), (l), (g), (aq) 네 가지가 있다. 녹는점과 끓는점을 알면 주어진 온도에서 물질의 상태를 파악할 수 있다.

핵심 요약

- ✓ 상태 기호는 화학 반응에서 각 물질의 상태를 나타낸다.
- ✓ (s), (l), (g), (aq)는 각각 고체, 액체, 기체, 수용액 상태를 나타낸다.
- ✓ 녹는점과 끓는점을 알면 주어진 온도에서 물질의 상태를 예측할 수 있다.

상태 및 화학 반응식

여기서 소듐과 물은 반응하여 수소 기체와 수산화 소듐 수용액을 형성한다. 각 물질의 물리적 상태는 화학 반응식에 표시되어 있다.

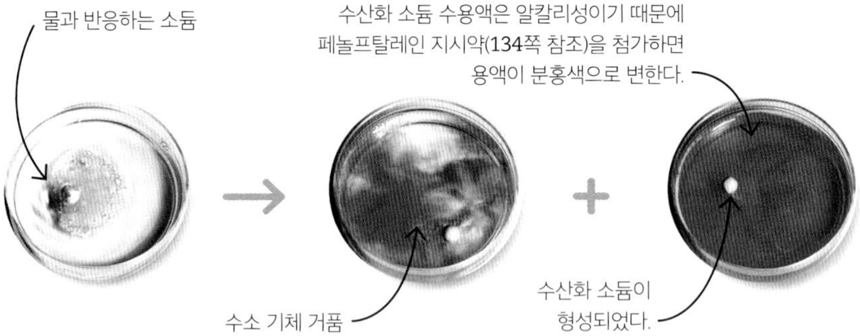
물과 반응하는 소듐
수산화 소듐 수용액은 알칼리성이기 때문에 페놀프탈레인 지시약(134쪽 참조)을 첨가하면 용액이 분홍색으로 변한다.
수소 기체 거품
수산화 소듐이 형성되었다.

소듐	+	물	⟶	수소	+	수산화 소듐
$2Na(s)$	+	$2H_2O(l)$	⟶	$H_2(g)$	+	$2NaOH(aq)$

상태 예측하기

녹는점 이하의 물질은 고체이고, 녹는점과 끓는점 사이에서는 액체이며, 녹는점 이상의 물질은 기체이다.

원소	녹는점	끓는점
산소	−219°C	−183°C
갈륨	30°C	2,229°C
브로민	−7°C	58.9°C

문제
표의 물질 중 실온에서 액체인 물질은 무엇인가? 실온은 20°C라고 하자.

풀이
1. 산소는 −183°C에서 끓으므로 그 이상의 모든 온도에서 기체이다.
2. 갈륨은 30°C까지 녹지 않으므로 20°C에서 고체 상태이다.
3. 브로민은 −7°C에서 녹고 58.9°C까지 끓지 않는다.

답
실온에서 브로민만 액체이다.

나노 과학 및 지능형 소재

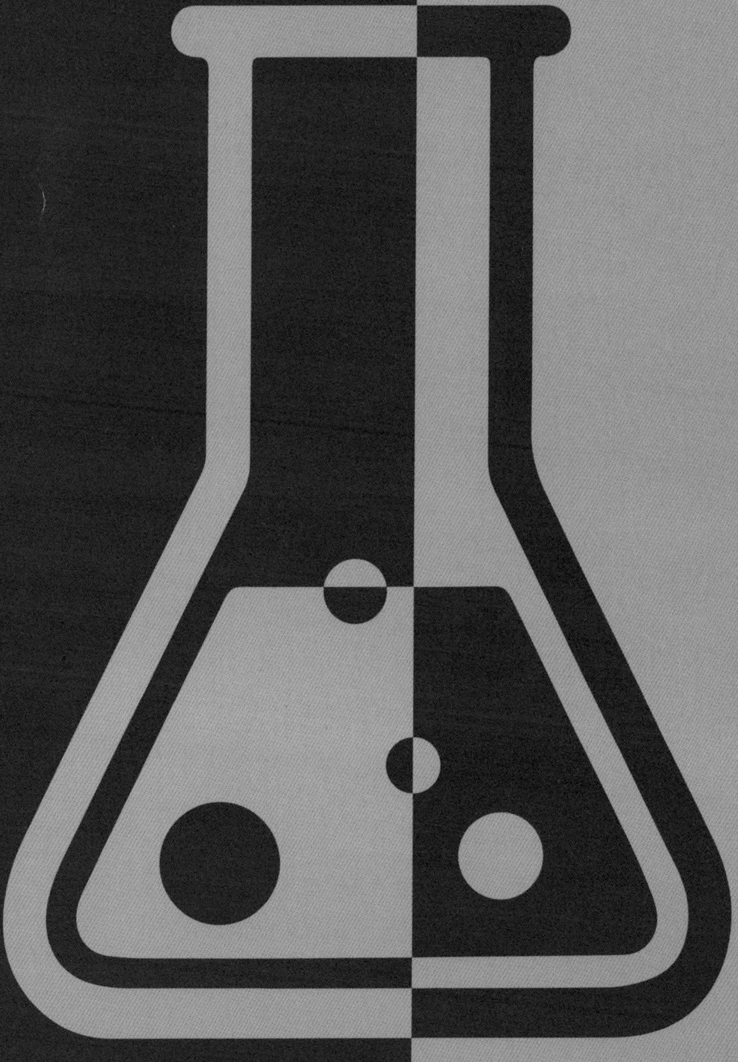

나노 입자

나노 입자는 수백 개의 원자로 구성된 아주 작은 입자이다. 1나노미터(nm)는 길이가 10억분의 1 m(1×10^{-9} m)이며, 나노 입자의 직경은 1~100 nm이다. 나노 입자는 육안이나 광학 현미경으로는 볼 수 없으며, 전자 현미경으로 관찰할 수 있다.

핵심 요약

- ✓ 나노 입자의 크기는 1~100 nm이다.
- ✓ 1 nm는 10억분의 1 m이다.
- ✓ 나노 입자는 전자 현미경으로만 볼 수 있다.

아주 작은 입자

나노 입자는 자연에서 발견되며, 실험실에서도 만들 수 있다. 다음 그림은 나노 입자의 모형이다.

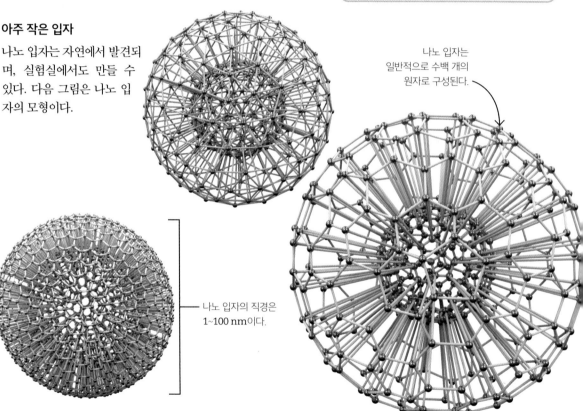

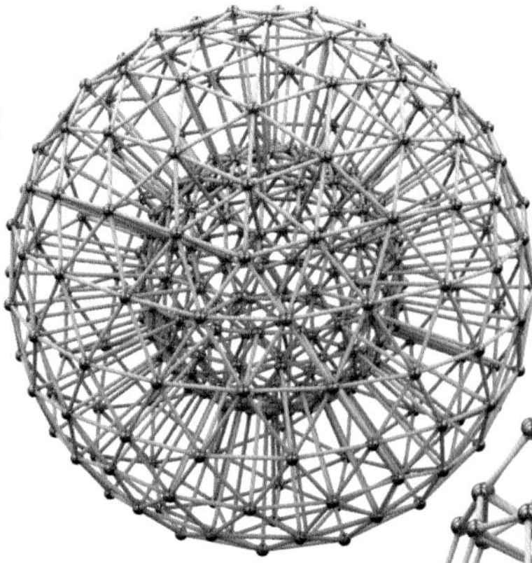

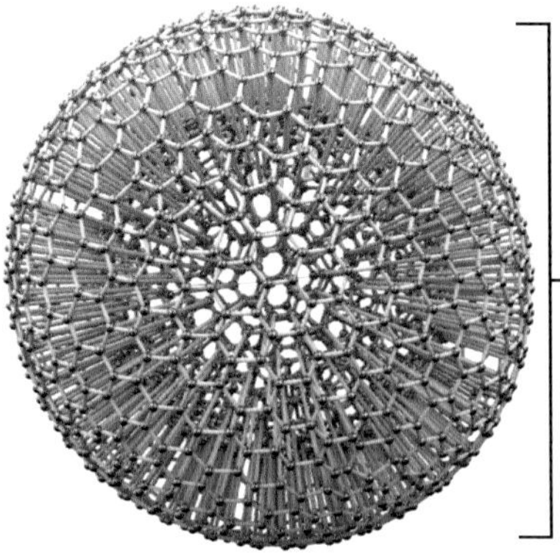
나노 입자의 직경은
1~100 nm이다.

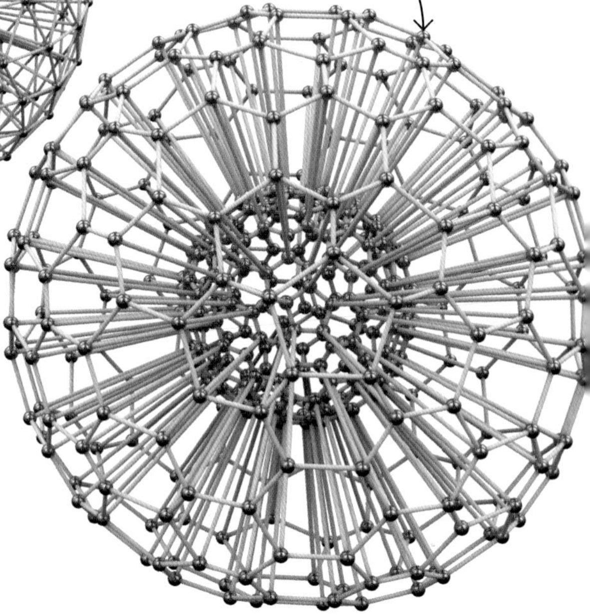
나노 입자는
일반적으로 수백 개의
원자로 구성된다.

나노 입자의 크기 비교

나노 입자는 직경이 1~100 nm이다. 오른쪽 표는 다른 물체와 비교한 나노 입자의 크기를 보여준다. 나노 입자 1,000개가 머리카락 한 올의 너비와 같으며, 약 100만 개의 나노 입자가 머리핀의 크기와 같다.

입자	직경
원자	0.1 nm
작은 분자	0.5 nm
나노 입자	1~100 nm
적혈구	7,000 nm
머리카락	100,000 nm

나노 입자의 특성

나노 입자는 동일한 물질의 '벌크' 상태(분말, 덩어리, 얇은 판 등)와 비교할 때 매우 다른 특성을 가진다. 벌크 상태에서는 원자의 일부만 표면에 존재하는 반면, 나노 입자의 부피는 작기 때문에 상대적으로 많은 원자가 표면에 존재한다. 따라서 나노 입자를 포함하는 재료가 훨씬 반응성이 크다.

핵심 요약

- ✓ 나노 입자는 동일한 물질의 벌크 상태와 비교할 때 다른 특성을 가진다.
- ✓ 나노 입자는 부피 대비 표면적이 매우 커서 화학 반응이 일어나기 쉽다.

부피 대비 표면적 비율

나노 입자는 부피에 비해 표면적이 매우 크다. 그 이유는 입자의 크기가 작아지면 부피에 비해 표면적이 증가하기 때문이다. 크기가 다른 두 정육면체 모양 물체의 부피 대비 표면적 비율을 비교해 보자.

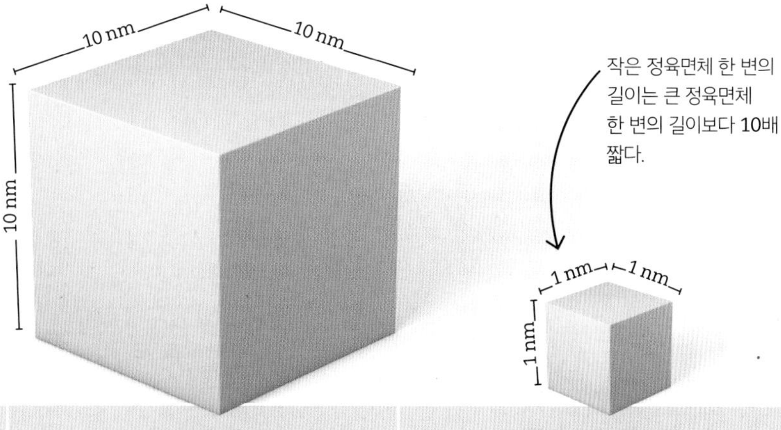

풀이	큰 정육면체	작은 정육면체
표면적 계산하기	각 면의 표면적은 $10\ nm \times 10\ nm = 100\ nm^2$이다. 정육면체는 6면이 있으므로 정육면체의 표면적은 $100\ nm^2 \times 6 = 600\ nm^2$이다.	각 면의 표면적은 $1\ nm \times 1\ nm = 1\ nm^2$이다. 정육면체는 6면이 있으므로 정육면체의 표면적은 $1\ nm^2 \times 6 = 6\ nm^2$이다.
부피 계산하기	$10\ nm \times 10\ nm \times 10\ nm = 1000\ nm^3$	$1\ nm \times 1\ nm \times 1\ nm = 1\ nm^3$
부피 대비 표면적 비율 계산하기	$비율 = \frac{표면적}{부피}$ $= \frac{600\ nm^2}{1000\ nm^3} = 0.6 : 1$	$비율 = \frac{표면적}{부피}$ $= \frac{6\ nm^2}{1\ nm^3} = 6 : 1$

작은 정육면체의 부피 대비 표면적 비율은 큰 정육면체의 부피 대비 표면적 비율보다 10배 더 크다.

나노 입자의 활용 및 위험성

나노 입자는 부피 대비 표면적이 크기 때문에 나노 입자를 사용하면 효과적인 촉매(184쪽 참조)를 만들 수 있다. 또한 값비싼 물질을 나노 입자 형태로 만들어 경제적이고 유용하게 사용할 수도 있다. 다만, 나노 입자의 효과가 모두 알려진 것이 아니기 때문에 나노 입자의 안전성에 대해 고려할 필요가 있다.

핵심 요약

- ✓ 나노 입자는 매우 작고 부피 대비 표면적이 크기 때문에 유용하게 사용된다.
- ✓ 나노 입자는 호흡이나 피부를 통해 인체에 흡수될 수 있다.
- ✓ 일부 나노 입자는 환경과 인체에 부정적인 영향을 끼칠 수 있다.

나노 의약품

나노 입자는 매우 작아서 체내에 흡수되어 세포막을 통과할 수 있다. 즉 특정 세포에 약물을 전달하는 데 사용할 수 있다. 일부 암을 퇴치하기 위해 나노 백신이 개발되었다.

백신이 탑재된 면역 세포가 혈관에 주입되어 암세포를 찾아 파괴한다.
나노 백신이 들어 있는 다공성 규소 디스크는 면역 세포와 혼합된다.

나노 입자는 어떻게 사용되나?

나노 입자는 의학 및 전자기기 등에 널리 사용되고 있다. 다만, 나노 입자가 일상 생활에 더 많이 사용됨에 따라 그것이 환경과 인체에 미칠 수 있는 영향을 함께 고려해야 한다.

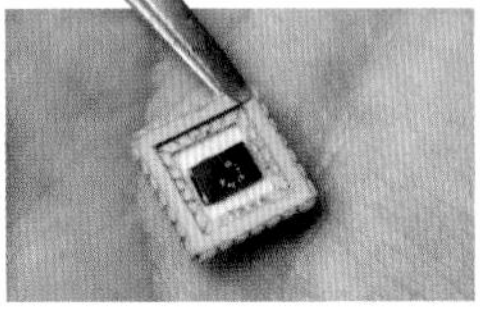

초소형 전자 장치
그래핀은 원자 한 개 두께에 불과하지만 매우 강하고 전기 전도성이 뛰어나다. 나노 입자는 초소형 마이크로칩을 만드는 데 사용된다.

자외선 차단제
타이타늄 산화물과 산화 아연 나노 입자가 함유된 선크림은 기존 자외선 차단제보다 자외선을 더 효과적으로 차단한다.

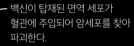

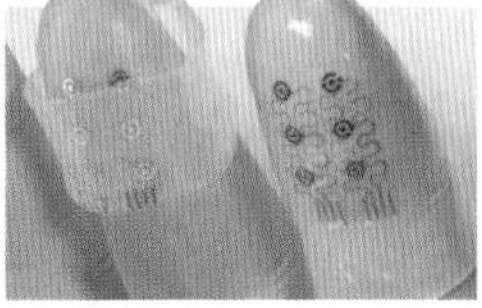

합성 피부
금 나노 입자를 이용하여 온도와 습도를 감지할 수 있는 합성 피부가 제작되었다.

감온 및 감광 색소

스마트 소재는 주변 환경에 따라 반응하면서도 초기 상태로 돌아갈 수 있는 소재이다. 감온 색소는 온도에 따라 색이 변하는 반면, 감광 색소는 빛에 노출되면 색이 변한다.

핵심 요약

- ✓ 색소는 특정 색으로 보이는 물질이다.
- ✓ 감온 색소는 온도에 따라 색이 변한다.
- ✓ 감광 색소는 빛에 노출되면 색이 변한다.

색상 변화

감온 필름은 온도에 따라 색상이 변한다. 감온 필름은 상온에서 검은색이며, 가열하여 27°C 이상이 되면 색이 변한다.

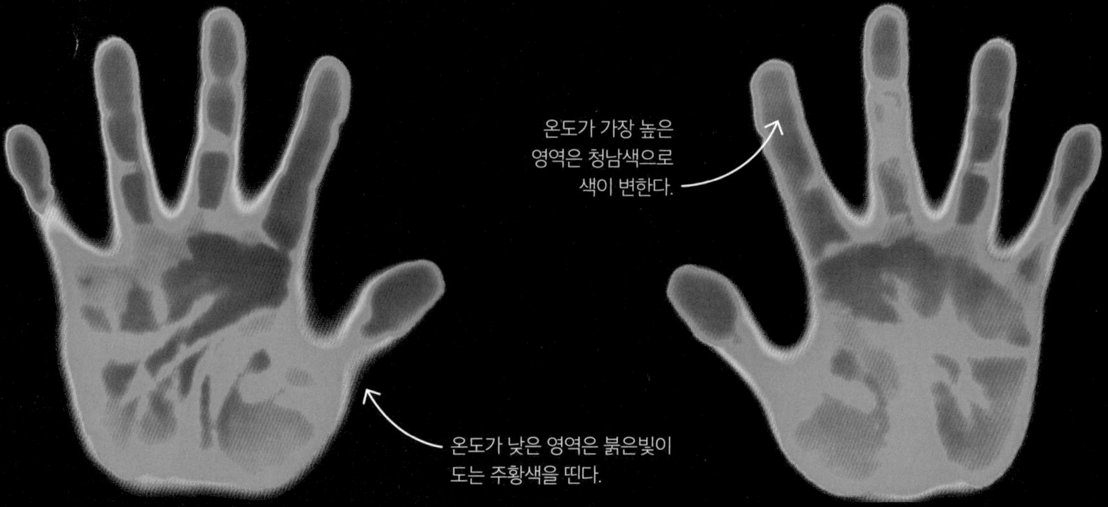
온도가 가장 높은
영역은 청남색으로
색이 변한다.
온도가 낮은 영역은 붉은빛이
도는 주황색을 띤다.

감광 색소의 작동 원리

감광 소재는 빛에 노출되면 색이 변한다. 빛을 흡수하면 물질 내 분자의 형태가 변하여 색이 변한다. 일상생활에서 감광 소재는 밝은 빛에 노출되면 어두워지는 선글라스용 렌즈를 만드는 데 사용된다.

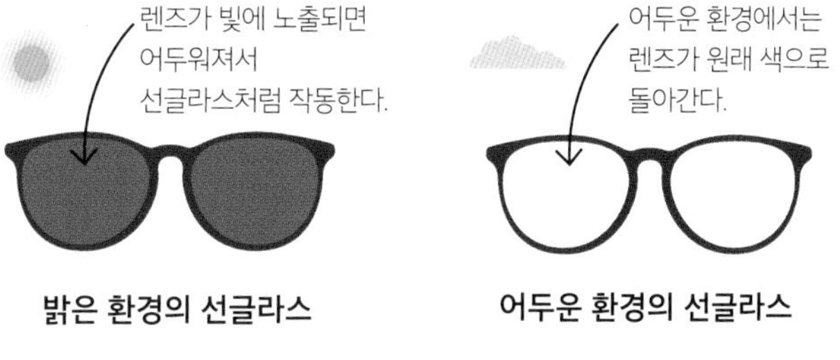
렌즈가 빛에 노출되면
어두워져서
선글라스처럼 작동한다.
어두운 환경에서는
렌즈가 원래 색으로
돌아간다.
밝은 환경의 선글라스
어두운 환경의 선글라스

형상 기억 소재

형상 기억 소재는 다양한 모양으로 변형될 수 있으며, 가열하면 원래 모양으로 되돌아간다. 수술용 봉합사, 자동차 범퍼, 안경 등을 만드는 데 사용할 수 있다.

핵심 요약

- 형상 기억 고분자 및 합금은 열을 가하면 원래 모양으로 돌아간다.
- 스마트 소재는 원래 모양을 기억할 수 있다.
- 이러한 소재는 공학, 의료계, 귀금속 제작 등 다양한 분야에서 사용된다.

형상 기억 합금

니티놀은 형상 기억 합금의 예로, 니켈과 티타늄으로 만들어지며 안경을 만드는 데 자주 사용된다.

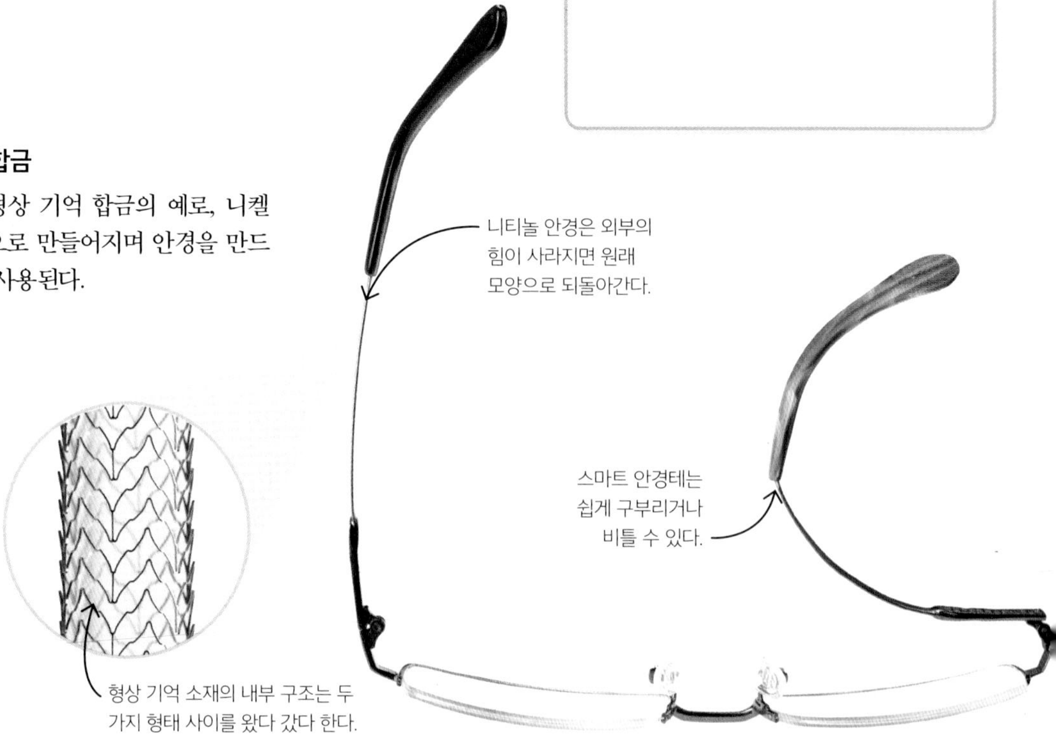

형상 기억 고분자

형상 기억 합금과 마찬가지로 형상 기억 고분자도 가열하면 원래 모양으로 돌아갈 수 있으며, 구강 보호 장치를 포함한 다양한 물질을 만드는 데 사용된다.

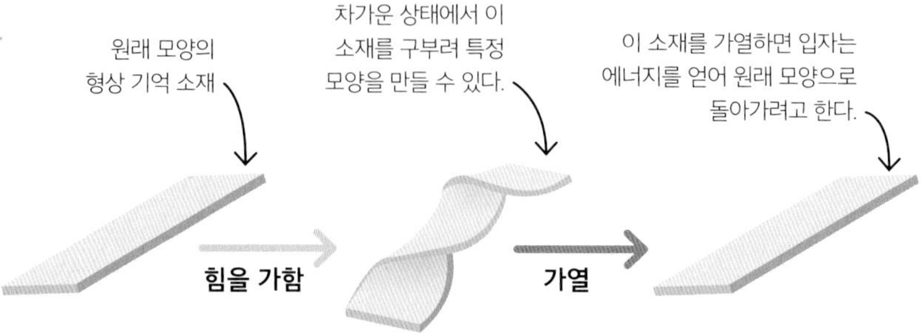

원래 모양의 형상 기억 소재
차가운 상태에서 이 소재를 구부려 특정 모양을 만들 수 있다.
이 소재를 가열하면 입자는 에너지를 얻어 원래 모양으로 돌아가려고 한다.
힘을 가함
가열

하이드로젤

하이드로젤은 많은 양의 물을 흡수할 수 있는 스마트 소재이다. 하이드로젤은 기저귀, 위생용품, 콘택트렌즈, 인공 눈 등 다양한 분야에서 사용된다. 이 소재는 물을 방출했다가 다시 흡수할 수 있는 능력이 있다.

핵심 요약

- 하이드로젤은 자기 질량의 최대 1,000배까지 물을 흡수할 수 있다.
- 주변 환경이 건조하면 물을 방출한다.
- 하이드로젤은 기저귀에 사용되며, 식물에 천천히 수분을 공급한다.

하이드로젤 알갱이

다양한 색상의 하이드로젤 알갱이는 실내 식물에서 흙 대신 사용할 수 있다. 이 알갱이는 식물의 뿌리에 천천히 수분을 공급한다.

하이드로젤 알갱이를 사용하여 식물에 수분을 공급할 수 있다.

다양한 색상의 알갱이는 자기 질량의 최대 1,000배에 달하는 물을 흡수할 수 있다.

하이드로젤의 작동 원리

하이드로젤 알갱이는 다량의 물을 흡수했다가 나중에 방출할 수 있어 물이 부족한 토양에 이용된다. 어떤 하이드로젤은 오랜 시간에 걸쳐 천천히 살충제를 방출하는 데 사용된다.

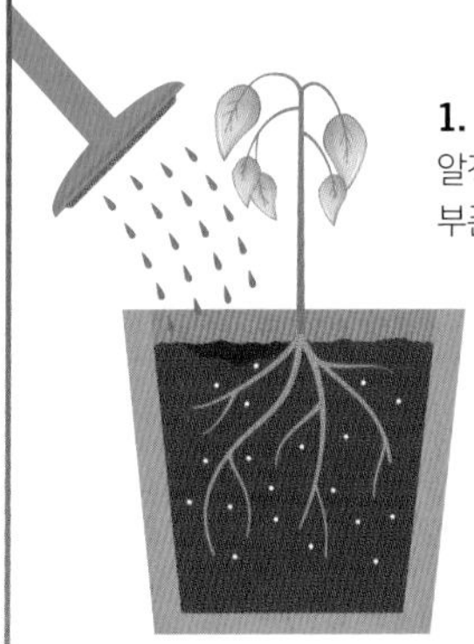

1. 물을 뿌리면 하이드로젤 알갱이가 물을 흡수하여 부푼다.

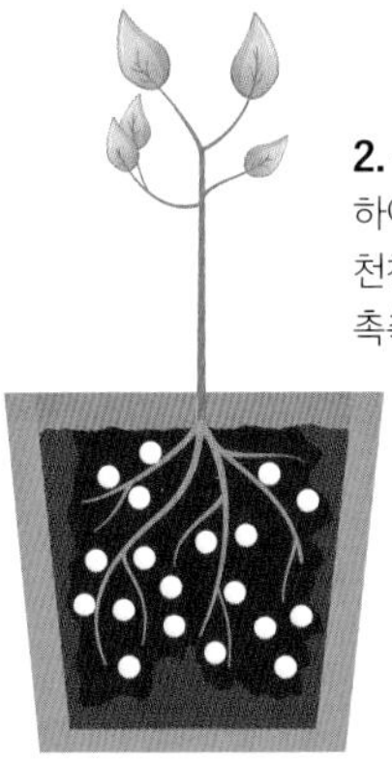

2. 물이 부족할 때 하이드로젤 알갱이는 물을 천천히 방출하여 토양을 촉촉하게 유지한다.

정량 분석

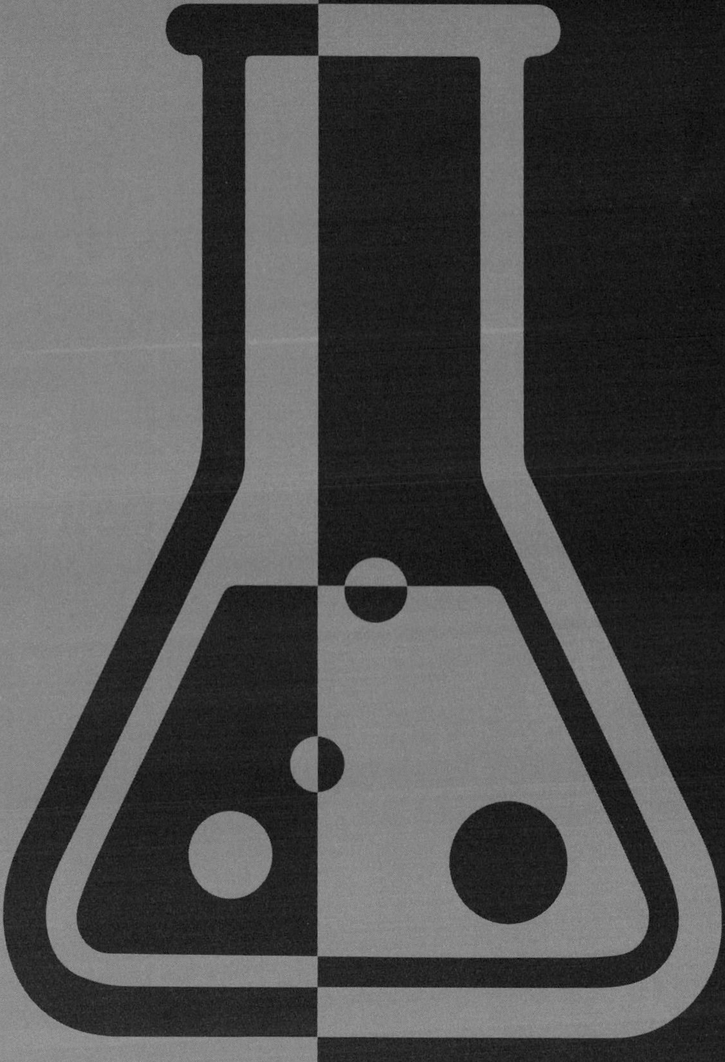

화학식량

각 원소의 평균 원자량(A_r)은 주기율표에 표시되며, 원소 기호와 함께 써 있는 숫자들 중 더 큰 값이 평균 원자량이다. 화학식에 있는 모든 원자의 A_r을 더하면 화학식량(M_r)을 계산할 수 있다.

핵심 요약

- ✓ 화합물의 질량을 화학식량(M_r)으로 표현할 수 있다.
- ✓ 화합물의 화학식량은 화학식에 포함된 모든 원자의 평균 원자량을 더한 값이다.
- ✓ 질량 백분율은 A_r과 M_r 값을 사용하여 계산한다.

황산 구리

황산 구리는 파란색 결정으로 존재한다. 화학식은 $CuSO_4$이다.

$$M_r = 63.5 + 32 + (4 \times 16) = 159.5$$

질량 백분율 계산하기

원소의 평균 원자량, 화학식, 화학식량 세 가지를 알면 화합물에서 원소의 질량 백분율을 계산할 수 있다.

$$\text{원소의 질량 백분율} = \frac{(\text{원소의 원자 수}) \times (\text{원소의 평균 원자량})}{\text{화합물의 화학식량}} \times 100$$

문제

화학식을 사용하여 황산 구리에서 산소의 질량 백분율을 계산하시오.

풀이

$$\text{산소의 질량 백분율} = \frac{(4 \times 16)}{159.5} \times 100 = \frac{64}{159.5} \times 100 = 40.1\%$$

답

황산 구리에서 산소의 질량 백분율은 40.1%이다.

질량 백분율 공식 활용하기

화합물에서 원소의 질량 백분율은 원자의 질량비를 계산한 값이다.

핵심 요약

- 화합물을 구성하는 원자의 수와 원자량을 모두 합하면 화합물의 화학식량을 구할 수 있다.
- 서로 다른 원소의 원자량은 다르다.
- 화합물에서 원소의 질량 백분율은 원자의 수와 질량을 고려하여 계산한다.

문제

정원사가 질산 암모늄 75%와 황산 포타슘 25%가 혼합된 비료를 가지고 있다. 질소 10.5 g을 공급하는 데 필요한 비료의 질량을 계산하시오.

풀이

1. 질산 암모늄의 화학식량(M_r)을 계산한다. 질산 암모늄의 화학식은 NH_4NO_3이다.

평균 원자량(A_r): H = 1, N = 14, O = 16

화학식량(M_r): 14 + (4 × 1) + 14 + (3 × 16) = 80

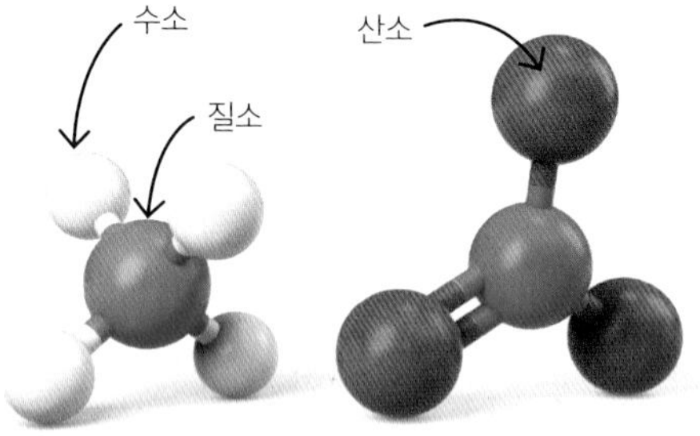

질산 암모늄

2. 질산 암모늄에서 질소의 질량 백분율을 계산한다.

$$\text{원소의 질량 백분율} = \frac{(\text{화학식에 포함된 원소의 원자 수}) \times (\text{원소의 평균 원자량})}{\text{화합물의 화학식량}} \times 100$$

$$\text{질산 암모늄에서 질소의 질량 백분율} = \frac{2 \times 14}{80} \times 100 = \frac{28}{80} \times 100 = 35\%$$

3. 필요한 질산 암모늄의 질량을 계산한다.

$$\text{필요한 화합물의 질량} = \frac{\text{필요한 원소의 질량}}{\text{질량 백분율}} \times 100$$

질소 10.5 g이 필요하므로 다음과 같은 질량의 질산 암모늄이 필요하다. $\frac{10.5}{35} \times 100 = 30\text{ g}$

4. 필요한 비료의 양을 계산한다. 비료의 75%가 질산 암모늄이고 질산 암모늄 30 g이 필요하므로 다음과 같이 계산한다.

$$\text{필요한 비료의 질량} = \frac{\text{필요한 질산 암모늄의 질량}}{\text{혼합물에서 질산 암모늄의 비율}} \times 100$$

$$= \frac{30}{75} \times 100 = 40\text{ g}$$

답

비료 40 g이 필요하다.

몰

화학에서는 물질에 포함된 입자의 수, 즉 물질의 양을 알아내는 것이 유용하다. 물질의 양은 몰(mol) 단위로 측정하며, 1몰의 입자는 아보가드로 수만큼의 입자를 의미한다. 이때 해당 입자의 종류(원자, 분자, 이온 또는 전자)를 명시하는 것이 중요하다.

핵심 요약

- ✓ 물질의 양은 물질에 포함된 입자의 수이다.
- ✓ 물질의 양을 나타내는 단위는 몰이다.
- ✓ 몰의 기호는 '몰(mol)'이다.
- ✓ 물질 1몰의 질량은 평균 원자량 또는 화학식량을 그램 단위로 나타낸 것이다.

아보가드로 수

물질 1몰에 들어 있는 입자의 수를 아보가드로 수라고 하며, 이는 6.02×10^{23}에 해당한다. 여기서 입자는 원자, 분자, 이온 또는 전자일 수 있다.

$$6.02 \times 10^{23}$$
$$\downarrow$$
$$602\ 000\ 000\ 000\ 000\ 000\ 000\ 000$$

원자 1몰의 질량

각 원소의 평균 원자량(A_r)은 주기율표에서 찾을 수 있다. 원자 1몰의 질량은 해당 원소의 평균 원자량과 같다.

원소	원소 기호	평균 원자량(A_r)	1몰의 질량(g)
철	Fe	56	56 g

화합물 1몰의 질량

화합물의 화학식량(M_r)은 화합물에 포함된 원자의 총 평균 원자량(A_r)이다. 화합물 1몰의 질량은 화학식량과 같다.

화합물	화학식	화학식량(M_r)	1몰의 질량(g)
물	H_2O	1+1+16 = 18	18 g

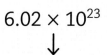

다양한 물질 1몰의 부피
왼쪽부터: 설탕, 염화 니켈(II), 황산 구리(II), 망가니즈산 포타슘(VII), 구리, 철가루

몰 계산

물질의 양은 몰(mol) 단위로 측정하며, 물질의 질량 및 평균 원자량과 관련이 있다. 이 세 가지 값 중 2개를 알고 있으면 나머지 한 개의 값을 계산할 수 있다. 몰 수를 계산할 때 원자의 경우 평균 원자량을, 화합물의 경우 화학식량을 사용한다.

핵심 요약

- ✓ 몰, 물질의 질량, 평균 원자량은 서로 특정한 관계가 있다.
- ✓ 몰 수 = 물질의 질량 ÷ 평균 원자량
- ✓ 이 공식을 사용하여 물질의 질량 혹은 화학식량을 구할 수 있다

몰 수 계산하기

물질의 질량과 평균 원자량을 알면 물질의 몰 수를 계산할 수 있다.

문제

9.0 g의 물(H_2O)에 들어 있는 물 분자의 몰 수를 계산하시오.

평균 원자량(A_r): H = 1, O = 16 H_2O의 화학식량(M_r) = (2 × 1) + 16 = 18

$$\text{몰 수} = \frac{\text{질량}}{\text{화학식량}}$$

풀이

$$\text{몰 수} = \frac{9.0}{18} = 0.5\ \text{mol}$$

답

9.0 g의 물에는 0.5몰의 물 분자가 있다.

질량 계산하기

몰 수와 화학식량을 알면 물질의 질량을 계산할 수 있다.

문제

2.0몰의 물(H_2O)의 질량을 계산하시오.

$$\text{질량} = \text{몰 수} \times \text{화학식량}$$

풀이

질량 = 2.0 × 18 = 36 g

답

2.0몰의 물의 질량은 36 g이다.

화학식량 계산하기

물질의 질량과 몰 수를 알면 물질의 평균 원자량 또는 화학식량을 계산할 수 있다.

문제

16 g의 이산화 황에는 0.25몰의 이산화 황 분자(SO_2)가 들어 있다. 이산화 황의 화학식량을 계산하시오.

$$\text{화학식량} = \frac{\text{질량}}{\text{몰 수}}$$

풀이

$$\text{화학식량} = \frac{16}{0.25} = 64$$

답

이산화 황의 화학식량은 64이다.

질량 보존

질량 보존 법칙에 따르면 화학 반응 중에는 원자가 생성되거나 소멸되지 않기 때문에 반응물과 생성물의 총 질량은 변하지 않는다. 따라서 화학 반응식의 양쪽에서 각 원소의 원자 수는 동일하다.

핵심 요약

- 화학 반응에서 질량은 보존된다.
- 반응물과 생성물의 총 질량은 동일하다.
- 화학 반응 중에는 원자가 생성되거나 소멸되지 않는다.

앙금 생성 반응

질산 은 용액은 중크롬산 포타슘 용액과 반응하여 질산 포타슘과 중크롬산 은을 생성한다.

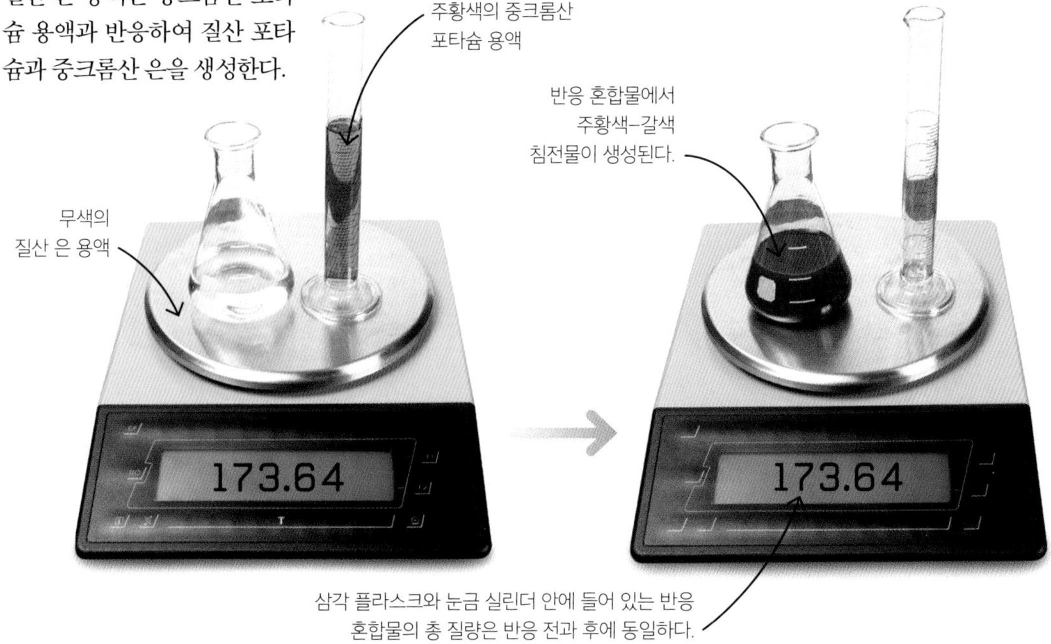

질량 보존 법칙

오른쪽 화학 반응식은 마그네슘이 염소와 반응하여 염화 마그네슘을 형성하는 과정을 보여준다. 이 반응에서 원자들은 분리되고 다른 방식으로 결합할 뿐, 새로 생성되거나 사라지지 않는다.

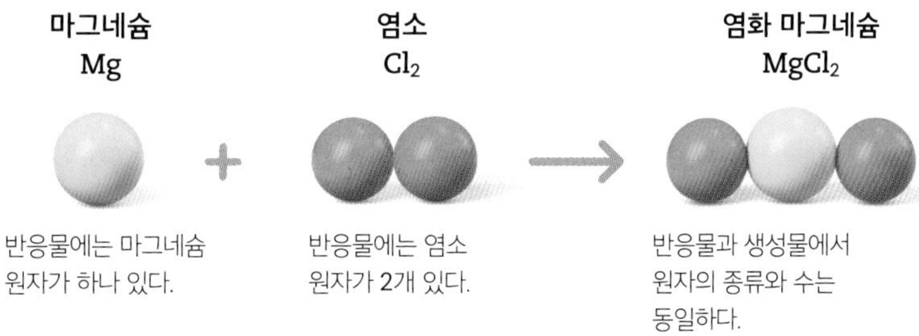

질량 변화

어떤 화학 반응은 반응물과 생성물의 총 질량이 다를 수 있지만, 질량 보존 법칙(111쪽 참조)은 언제나 성립한다. 열린 용기에서 반응이 일어나면 기체가 들어오고 나갈 수 있다. 기체가 빠져나가면 반응물의 질량보다 생성물의 질량이 작고, 기체가 유입되면 반대의 상황이 일어난다.

핵심 요약

- ✓ 물질은 열려 있는 용기에서 빠져나가거나 들어갈 수 있다.
- ✓ 기체 상태의 생성물이 용기에서 빠져나가면 질량이 감소한다.
- ✓ 기체 상태의 반응물이 용기에 들어가면 질량이 증가한다.

반응 중 질량 손실

어떤 화학 반응은 기체를 생성한다. 생성물 중 기체가 공기 중으로 빠져나가 반응물의 질량보다 생성물의 질량이 작을 수 있다.

마그네슘은 묽은 염산과 반응하여 염화 마그네슘 용액과 수소 기체를 생성한다.
비커에서 수소가 빠져나가면서 질량이 감소한다.
열린 비커 속의 마그네슘 리본

반응 중 질량 증가

마그네슘이 공기 중에서 가열되면 산소와 반응하여 산화 마그네슘을 형성한다. 마그네슘은 산소를 얻는 반면, 공기는 산소를 잃는다. 마그네슘의 질량은 증가하지만, 공기의 질량을 모두 고려하면 반응 전과 후의 전체 질량은 동일하다.

금속 + 산소 ⟶ 금속 산화물

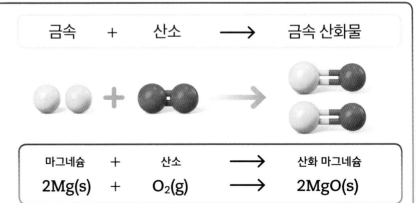

마그네슘 + 산소 ⟶ 산화 마그네슘

$$2Mg(s) + O_2(g) \longrightarrow 2MgO(s)$$

몰과 화학 반응식

물질의 양은 몰(mol) 단위로 표시한다. 화학 반응식은 화학 반응에서 반응물과 생성물의 상대적인 양을 보여준다. 두 물질의 양의 비율을 몰 비율이라고 하며, 이는 반응에서 알려진 물질의 양으로부터 다른 물질의 양을 계산하는 데 사용할 수 있다.

핵심 요약

- ✓ 화학 반응식의 계수는 각 물질의 상대적인 몰 수를 나타낸다.
- ✓ 원소 기호 뒤의 숫자는 화합물에 포함된 원소의 원자 수를 나타낸다.
- ✓ 반응물과 생성물의 몰 비율은 항상 일정하다.

계수는 반응에서 각 물질의 상대적인 양을 표시한다.

물질에 한 원소의 원자가 2개 이상 있는 경우 아래 첨자로 표시한다.

$$CH_4 + 2O_2 \longrightarrow CO_2 + 2H_2O$$

1몰의 메테인 / 2몰의 산소 / 1몰의 이산화 탄소 / 2몰의 물

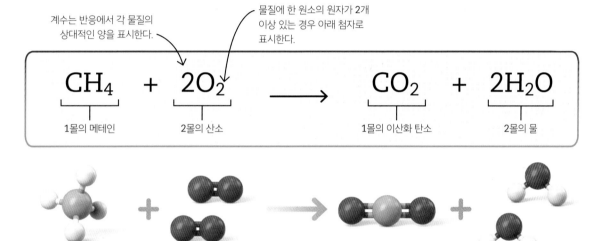

메테인　산소　이산화 탄소　물

몰 비율

문제

질소는 수소와 반응하여 암모니아를 형성한다. $N_2 + 3H_2 \rightarrow 2NH_3$

화학 반응식을 활용하여 6몰의 수소로부터 생성되는 암모니아의 양을 계산하시오.

풀이

수소의 몰 수를 $3H_2$의 계수인 3으로 나눈 다음, $2NH_3$의 계수인 2를 곱한다.

NH_3의 몰 수 $= \frac{6몰}{3} \times 2 = 4몰$

답

4몰의 암모니아가 생성된다.

화학 반응식 계수 맞추기

어떤 반응에 포함된 모든 물질의 화학식량을 알고 있으면 화학 반응식의 균형을 맞출 수 있다. 그리고 각 물질의 몰 수를 계산할 수 있다(110쪽 참조).

핵심 요약

- ✓ 화학 반응식에는 반응에 포함된 각 물질의 화학식과 계수를 정확하게 표시해야 한다.
- ✓ 모든 반응물과 생성물의 화학식을 알고 있으면 화학 반응식의 계수를 맞출 수 있다.

반응 물질의 질량 사용: 예시

문제

두 학생이 실험을 수행했다. 그들은 도가니에서 마그네슘 조각을 가열하여 산소와 반응시켜 산화 마그네슘을 만들었다. 실험 결과를 이용하여 이 반응의 화학 반응식을 구하시오.

도가니 질량(g)	30.00
도가니 + 마그네슘 질량(g)	30.48
도가니 + 산화 마그네슘 질량(g)	30.80

풀이

1. 각 물질의 질량을 계산한다.

마그네슘 질량 = 30.48 − 30.00 = 0.48 g
산화 마그네슘 질량 = 30.80 − 30.00 = 0.80 g
산소 질량 = 30.80 − 30.48 = 0.32 g

2. 각 물질의 화학식량(107쪽 참조)을 계산한다.

Mg의 평균 원자량 = 24 O_2의 화학식량 = (2 × 16) = 32 MgO의 화학식량 = 24 + 16 = 40

3. 오른쪽 공식을 사용하여 각 물질의 몰 수를 계산한다.

$$\text{몰 수} = \frac{\text{물질의 질량}}{\text{화학식량}}$$

Mg: $\frac{0.48}{24} = 0.02\ \text{mol}$ O_2: $\frac{0.32}{32} = 0.01\ \text{mol}$ MgO: $\frac{0.80}{40} = 0.02\ \text{mol}$

4. 모든 숫자를 가장 작은 값(여기에서는 0.01)으로 나누어 비율을 정수화한다. 일부 숫자가 정수가 아닌 경우 같은 양을 곱하여 모두 정수가 되도록 한다.

Mg: $\frac{0.02}{0.01} = 2$ O_2: $\frac{0.01}{0.01} = 1$ MgO: $\frac{0.02}{0.01} = 2$

답

화학 반응식은 다음과 같다. $2Mg + O_2 \rightarrow 2MgO$

한계 반응물

화학 반응은 반응물 중 하나가 완전히 소모될 때까지 계속된다. 이렇게 먼저 소진되는 반응물을 한계 반응물이라고 한다. 다른 반응물은 과잉으로 존재한다고 표현된다. 한계 반응물의 양이 증가하면 생성물의 양도 증가한다.

핵심 요약

- ✓ 한계 반응물을 모두 사용하면 반응이 끝난다.
- ✓ 다른 반응물을 과잉 반응물이라고 한다.
- ✓ 생성물의 양은 한계 반응물의 양에 정비례한다.

색 변화 반응

아이오딘은 물에 용해되어 갈색 용액을 형성한다. 아연은 아이오딘과 반응하여 무색의 아이오딘화 아연을 형성한다.

금속 아연을 넣는다.
아이오딘 용액은 갈색이다.
아이오딘이 서서히 소모되어 용액의 색이 옅어진다.
모든 아이오딘이 아연과 반응하여 무색의 아이오딘화 아연 용액을 생성한다.
반응하지 않은 아연이 남아 있다. 이는 과잉 상태이다.

최대 생성물 계산하기

한계 반응물에 의해 형성되는 생성물의 질량을 알고 있으면 한계 반응물의 질량이 달라졌을 때 생성물의 질량을 예측할 수 있다.

문제

2.4 g의 마그네슘 리본이 과량의 묽은 염산과 완전히 반응할 때 0.2 g의 수소가 생성된다. 이때 6.0 g의 마그네슘이 완전히 반응할 때 생성되는 수소의 질량을 구하시오.

풀이

$$\frac{\text{두 번째 반응에서 Mg의 질량}}{\text{첫 번째 반응에서 Mg의 질량}} = \frac{6.0}{2.4} = 2.5$$

따라서 두 번째 반응에는 2.5배 더 많은 마그네슘이 사용되었다.

두 번째 반응에서 수소 질량 = $2.5 \times 0.2 = 0.5$ g

답

0.5 g의 수소가 생성된다.

반응에서 질량 계산하기

한계 반응물(115쪽 참조)의 질량은 생성물의 질량을 결정한다. 한계 반응물과 생성물의 화학식량, 화학 반응식, 한계 반응물의 질량을 사용하여 생성물의 최대 질량을 계산할 수 있다.

핵심 요약

- ✓ 한계 반응물의 양은 질량과 화학식량으로 계산한다.
- ✓ 생성물의 최대 양은 한계 반응물의 양과 몰 비율로 계산한다.
- ✓ 생성물의 최대 질량은 몰 수와 분자량으로 계산한다.

문제

철은 염소와 반응하여 염화 철을 형성한다.

$2Fe + 3Cl_2 \longrightarrow 2FeCl_3$ 철 + 염소 ⟶ 염화 철

2.24 g의 철이 과량의 염소와 반응할 때 생성될 수 있는 염화 철의 최대 질량을 구하시오.

풀이

1. 염화 철의 화학식량(107쪽 참조)을 계산한다.

평균 원자량(A_r): Fe = 56, Cl = 35.5

화학식량(M_r): $FeCl_3 = 56 + (3 \times 35.5) = 162.5$

2. 한계 반응물의 몰 수를 구한다. 염소가 과량이므로 철이 한계 반응물이다.

$$\text{몰 수} = \frac{\text{질량}}{\text{화학식량}} = \frac{2.24}{56} = 0.04\ \text{mol}$$

3. 화학 반응식의 몰 비율을 사용하여 생성물의 몰 수를 계산한다.

몰 비율은 2Fe : $2FeCl_3$에서 1 : 1이며, 0.04몰의 Fe는 0.04몰의 $FeCl_3$를 형성한다

4. 생성물의 질량을 계산한다. 3단계의 답과 1단계의 화학식량을 사용한다.

$$\text{질량} = \text{몰} \times \text{화학식량} = 0.04 \times 162.5 = 6.5\ \text{g}$$

답

염화 철의 최대 질량은 6.5 g이다.

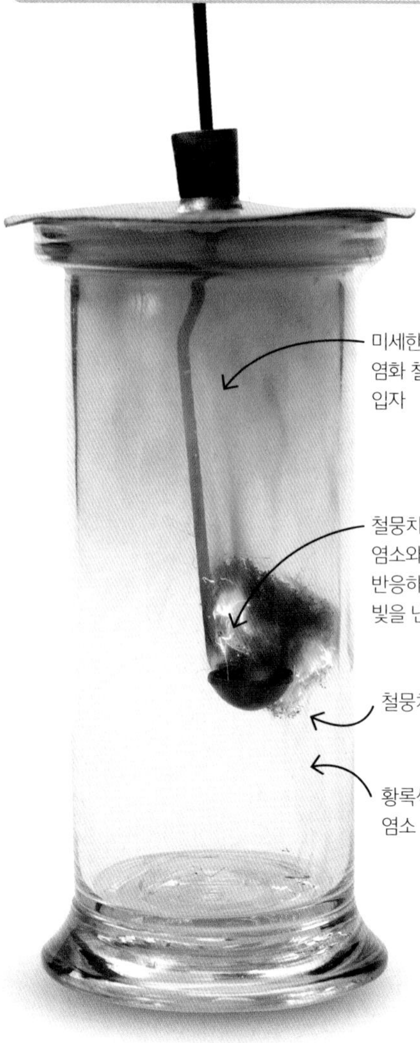

염소와 반응하는 철

기체의 부피

기체의 부피는 기체 분자의 수, 온도, 압력에 따라 달라지지만, 기체의 종류에 따라서는 달라지지 않는다. 모든 기체 1몰은 실온(20°C)과 대기압(101 kPa)에서 24 L를 차지한다.

핵심 요약

✓ 기체의 부피는 기체의 몰 수 및 몰 부피와 관련이 있다.

✓ 기체의 몰 부피는 상온 및 1기압에서 24 L 이다.

몰 부피

실온(20°C)과 대기압 조건을 RTP 라고 한다. 모든 기체 1몰은 RTP 에서 24 L의 부피를 차지한다. 몰 수를 알면 RTP에서 기체의 부피를 계산할 수 있다.

문제

RTP에서 0.25몰의 이산화 탄소가 차지하는 부피를 계산하시오.

RTP에서 기체 부피(L) = 기체 몰 수(mol) × 24

풀이

부피 = 0.25몰 × 24 = 6.0 L

답

6.0 L

기체의 부피

기체의 부피만 알면 기체의 몰 수를 계산할 수 있다. 몰 부피는 24 L이다.

문제

RTP에서 3.0 L를 차지하는 산소의 몰 수를 계산하시오.

$$\text{몰 수(mol)} = \frac{\text{RTP에서 기체 부피(L)}}{\text{몰 부피}}$$

풀이

$$\text{몰 수} = \frac{3}{24} = 0.125\ \text{mol}$$

답

산소 0.125몰

질량과 기체의 부피

기체의 화학식량(M_r)과 질량으로 기체가 차지하는 부피를 계산할 수 있다. 여기서 사용하는 공식은 110쪽을 참조한다.

문제

RTP에서 1.5 g의 수소가 차지하는 부피를 계산하시오.

(H_2의 화학식량 = 2.0)

질량(g) = 몰 수(mol) × 화학식량

풀이

1. 기체의 몰 수를 계산한다.

1.5 g = 몰 수(mol) × 2.0

$$\text{수소의 몰 수} = \frac{1.5}{2} = 0.75\ \text{mol}$$

2. 기체의 부피를 계산한다.

부피(L) = 0.75 mol × 24 = 18 L

답

18 L

실험식

실험식은 화합물에 존재하는 각 원자의 가장 간단한 정수 비율을 나타낸다. 이온 결합 물질은 격자 구조로 되어 있어 실험식으로 표현한다. 공유 결합 물질은 일반적으로 분자식으로 표현하며, 간혹 실험식으로 표현하는 경우도 있다.

핵심 요약

- ✓ 실험식은 화합물을 구성하는 각 원자 수의 가장 간단한 정수 비이다.
- ✓ 이온 결합 물질의 화학식은 항상 실험식이다.
- ✓ 이온 결합 물질의 실험식에서 이온의 전하를 모두 더하면 0이 된다.

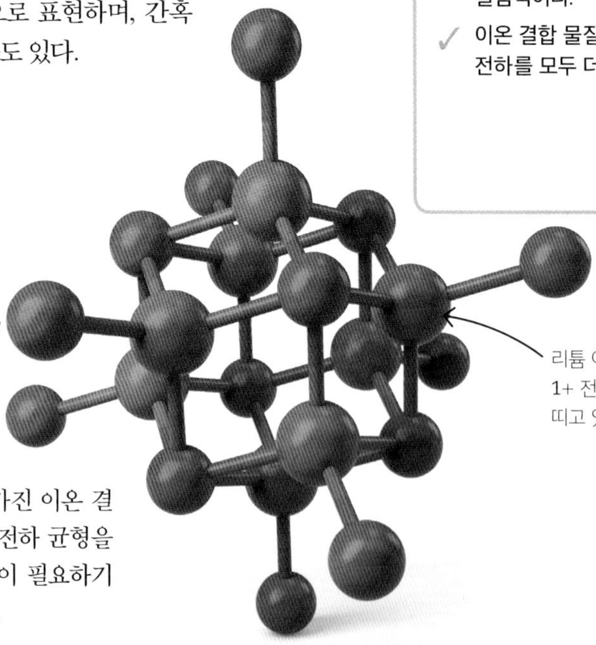

산소 이온은 2– 전하를 띠고 있다.
리튬 이온은 1+ 전하를 띠고 있다.

산화 리튬

산화 리튬은 격자 구조를 가진 이온 결합 물질이다. 산화 이온의 전하 균형을 맞추려면 2개의 리튬 이온이 필요하기 때문에 실험식은 Li_2O이다.

실험식 계산하기

실험식의 개념은 공유 결합 물질에도 적용된다.

문제

분자식이 P_4O_{10}인 오산화 인의 실험식은?

풀이

1. 최대공약수를 찾는다. 4와 10의 최대공약수는 2이다.

2. 분자식을 최대공약수로 나눈다.

$$P = \frac{4}{2} = 2 \qquad O = \frac{10}{2} = 5$$

답

실험식은 P_2O_5이다.

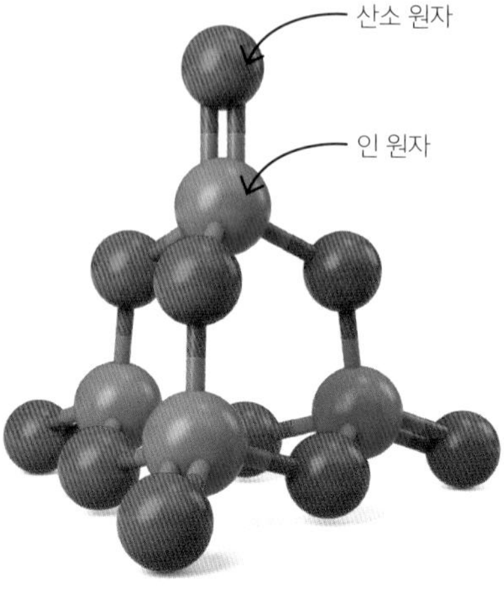

오산화 인

실험식 결정 실험

다음 실험을 통해 금속 산화물의 실험식을 계산할 수 있다. 이 실험에서는 산소와 반응하기 전 금속의 질량과 금속 산화물의 질량을 측정한다. 마그네슘은 이 실험에 적합한 금속이다.

핵심 요약

- 실험식은 화합물을 구성하는 각 원자 수의 가장 간단한 정수 비로 표현된다.
- 실험식은 실험 자료를 사용하여 결정할 수 있다.
- 실험을 통해 반응물과 생성물의 질량을 측정해야 한다.
- 질량은 주의 깊게 측정해야 한다.
- 실험 중에는 보안경과 장갑을 착용한다.

산화 마그네슘의 실험식

마그네슘과 산화 마그네슘의 질량을 알면 산화 마그네슘의 실험식(120쪽 참조)을 계산할 수 있다.

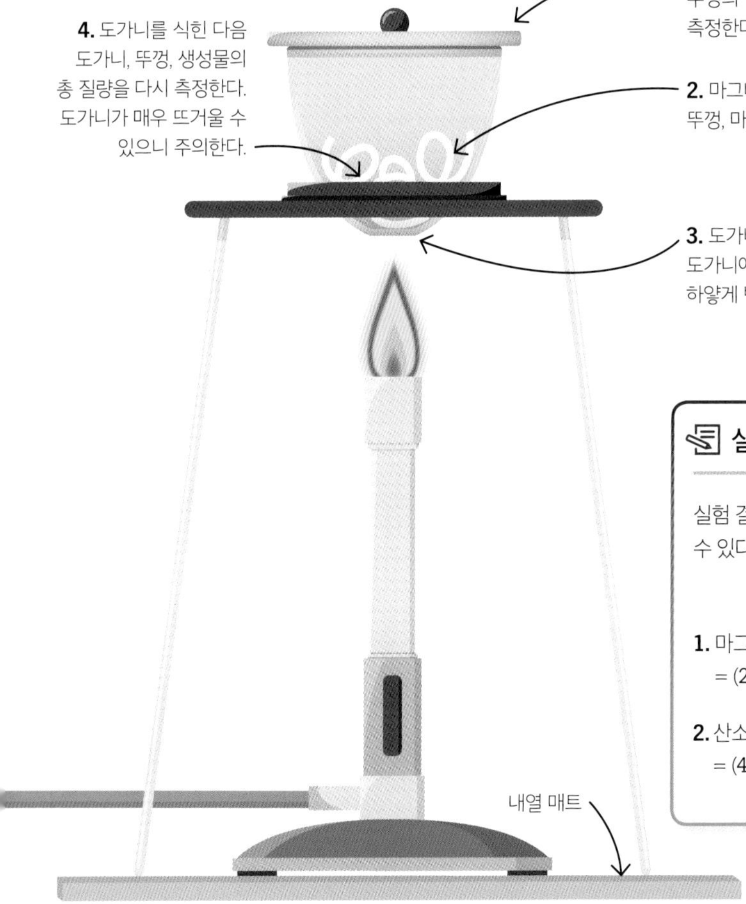

1. 도가니와 도가니 뚜껑의 질량을 측정한다.
2. 마그네슘 조각을 도가니에 넣는다. 도가니, 뚜껑, 마그네슘의 총 질량을 측정한다.
3. 도가니를 가열하면서 가끔씩 뚜껑을 열어 도가니에 외부 공기를 넣는다. 마그네슘이 하얗게 변할 때까지 약 10분간 가열한다.
4. 도가니를 식힌 다음 도가니, 뚜껑, 생성물의 총 질량을 다시 측정한다. 도가니가 매우 뜨거울 수 있으니 주의한다.
내열 매트

실험 결과 기록하기

실험 결과를 바탕으로 실험식(120쪽 참조)을 계산할 수 있다. 다음은 풀이 과정이다.

1. 마그네슘 질량
= (2단계 질량) – (1단계 질량)

2. 산소 질량
= (4단계 질량) – (2단계 질량)

실험식 구하기

실험식 결정 실험(119쪽 참고)의 실험 결과를 사용하여 산화 마그네슘 화합물의 실험식을 결정할 수 있다.

핵심 요약

- ✓ 풀이 과정을 이해하기 쉽게 열로 정리한다.
- ✓ 각 원소의 질량을 계산하고 평균 원자량으로 나눈다.
- ✓ 가장 간단한 정수 비율을 구한다.

문제

오른쪽 표는 119쪽 실험의 실험 결과이다. 이 결과를 사용하여 산화 마그네슘의 실험식을 구하시오.
평균 원자량(A_r): Mg = 24, O = 16

도가니 질량(g)	30.00
도가니 + 마그네슘 질량(g)	30.48
도가니 + 산화 마그네슘 질량(g)	30.80

풀이

산화 마그네슘의 각 원소의 질량을 계산한다.

마그네슘 질량 = 30.48 − 30.00 = 0.48 g

산소 질량 = 30.80 − 30.48 = 0.32 g

산화 마그네슘

1. 원소 기호를 열에 쓴다.	Mg	O
2. 각 원소의 질량을 쓴다.	0.48 g	0.32 g
3. 각 원소의 평균 원자량을 쓴다.	24	16

4. 2단계의 숫자를 3단계의 숫자로 나눈다.

$\frac{0.48}{24} = 0.02$ $\frac{0.32}{16} = 0.02$

5. 4단계의 숫자를 가장 작은 수로 나눈다.

$\frac{0.02}{0.02} = 1$ $\frac{0.02}{0.02} = 1$

6. 필요한 경우 비율을 단순화하여 실험식을 쓴다.

$Mg_1O_1 = MgO$

답

산화 마그네슘의 실험식은 MgO이다.

결정수

일부 염에는 물 분자가 포함되어 있다. 물 분자는 이온 결정 격자 안에 있지만 느슨하게 결합되어 있고, 가열하여 제거할 수 있다. 결정수가 포함된 염을 '수화물'이라고 하고, 결정수가 전혀 없는 염을 '무수물'이라고 한다.

핵심 요약

- ✓ 이온 결정에는 결정수가 포함될 수 있다.
- ✓ 수분이 함유된 염은 가열을 통해 수분을 제거할 수 있다.
- ✓ 결정수가 없는 염을 무수물이라 한다.

황산 구리 수화물의 탈수 반응

황산 구리 수화물은 파란색이다. 이 물질을 가열하면 결정수가 제거되어 흰색의 황산 구리 무수물을 형성한다.

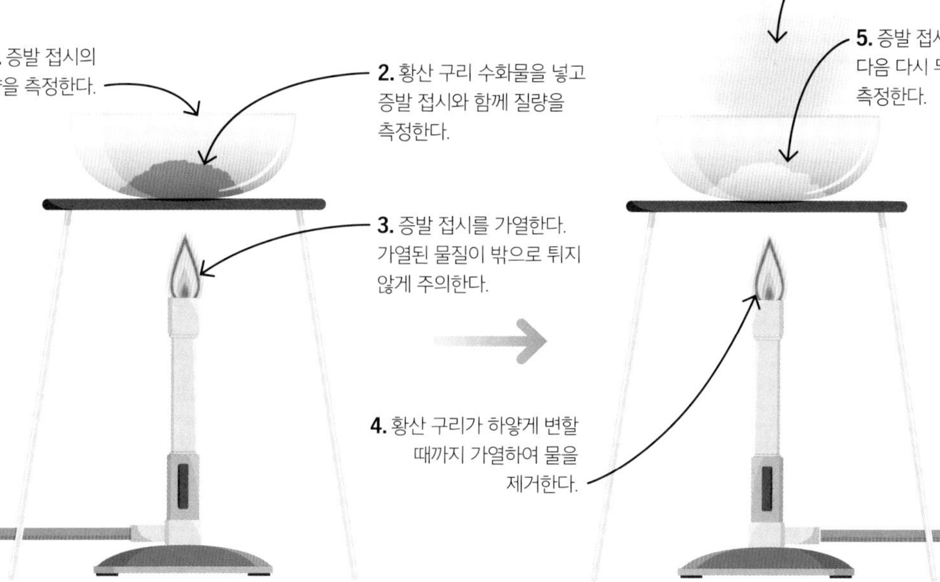

1. 증발 접시의 질량을 측정한다.
2. 황산 구리 수화물을 넣고 증발 접시와 함께 질량을 측정한다.
3. 증발 접시를 가열한다. 가열된 물질이 밖으로 튀지 않게 주의한다.
4. 황산 구리가 하얗게 변할 때까지 가열하여 물을 제거한다.
물이 방출된다.
5. 증발 접시를 식힌 다음 다시 무게를 측정한다.

황산 구리 수화물 및 황산 구리 무수물

황산 구리 무수물는 $CuSO_4$이다. 황산 구리 수화물의 일반적인 화학식은 $CuSO_4 \cdot xH_2O$이며, 여기서 x는 정수이고, 점(·)은 화학식의 두 부분을 구분한다. 수화물 형태에서 결정수는 매우 약하게 결합되어 있다.

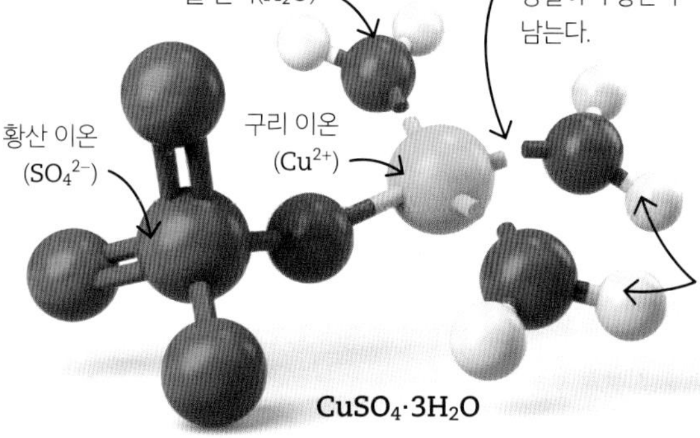

결정수 계산하기

121쪽 실험 결과를 이용하여 결정수의 양을 결정할 수 있다. 수화물과 무수물의 질량을 알고 있으면 손실된 물의 질량을 계산할 수 있다.

핵심 요약

- ✓ 풀이 과정을 열로 정리한다.
- ✓ 각 화합물의 질량을 구하고 화학식량으로 나눈다.
- ✓ x의 값을 구하기 위한 가장 간단한 정수의 비율을 찾는다.

문제

오른쪽 자료를 사용하여 $CuSO_4 \cdot xH_2O$에서 x의 값과 황산 구리 수화물의 식을 구하시오.

화학식량(M_r):

$CuSO_4 = 159.6$, $H_2O = 18$

증발 접시 질량(g)	30.25
증발 접시 + 황산 구리 수화물 질량(g)	45.22
증발 접시 + 황산 구리 무수물 질량(g)	39.82

풀이

x의 값을 계산하기 위해 황산 구리 무수물의 질량과 손실된 물의 질량을 계산한다.

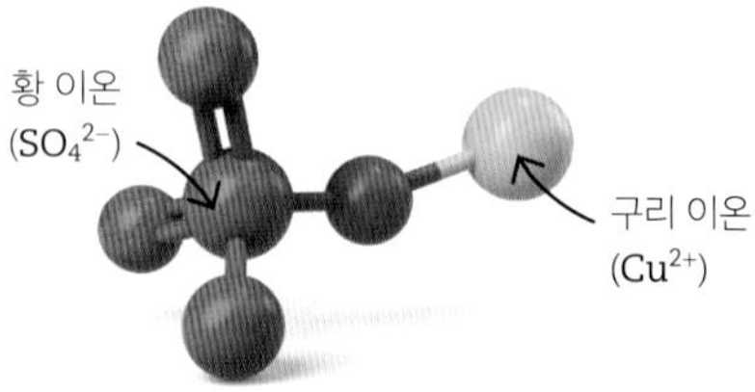

황산 구리 무수물

황산 구리 무수물 질량 = 39.82 − 30.25 = 9.57 g

물 질량 = 45.22 − 39.82 = 5.40 g

1. 화학식을 쓴다.	$CuSO_4$	H_2O
2. 화합물의 질량을 쓴다.	9.57 g	5.40 g
3. 화학식량을 쓴다.	159.6	18

4. 2단계의 숫자를 3단계의 숫자로 나눈다.

$\frac{9.57}{159.6} = 0.06$ $\quad$ $\frac{5.40}{18} = 0.3$

5. 4단계의 숫자를 가장 작은 수로 나눈다.

$\frac{0.06}{0.06} = 1$ $\quad$ $\frac{0.3}{0.06} = 5$

6. 필요한 경우 비율을 단순화한 다음 x 값을 쓴다.

1 : 5이므로 $x = 5$

답

$x = 5$이므로 황산 구리 수화물의 화학식은 $CuSO_4.5H_2O$이다.

농도

용질은 용매에 용해되어 용액을 형성할 수 있다. 주어진 부피에 용해된 용질의 질량이 많을수록 농도가 커진다. 질량을 기준으로 한 농도는 g/L 단위로 나타내고, 물질의 양을 기준으로 한 농도는 mol/L로 표현한다.

핵심 요약

- ✓ 용질은 용매에 용해되어 용액이 된다.
- ✓ 용액의 농도는 용질 입자가 얼마나 밀집되어 있는지를 나타내는 척도이다.
- ✓ 농도는 g/L 또는 mol/L 단위로 표현한다.

cm^3를 L로 변환

농도 계산에 사용되는 부피는 L 단위이다. 농도 계산에서는 먼저 cm^3에서 L로 변환한다.
$1\ L = 1000\ cm^3$

1000으로 나누면 cm^3에서 L로 변환된다.

1000을 곱하면 L에서 cm^3로 변환된다.

예를 들어 $125\ cm^3 = \frac{125}{1000} = 0.125\ L$

농도 계산

농도를 계산하려면 용질의 질량과 용액의 부피가 필요하다.

$$\text{농도(g/L)} = \frac{\text{용질의 질량(g)}}{\text{용액의 부피(L)}}$$

$$\text{농도(mol/L)} = \frac{\text{용질의 몰 수(mol)}}{\text{용액의 부피(L)}}$$

예제

문제

수산화 소듐 10 g을 물에 녹여 250 cm^3의 용액을 만든다. 이 용액의 농도를 계산하시오.

풀이

1. 부피를 L로 변환한다.

$$\text{용액의 부피} = \frac{250}{1000} = 0.25\ L$$

2. 방정식에 값을 대입한다.

$$\text{농도} = \frac{10\ g}{0.25\ L} = 40\ g/L$$

답

40 g/L

적정 계산

적정은 알려지지 않는 농도를 찾는 데 사용되는 기술이다 (136쪽 참조). 적정 실험을 통해 미지 용액의 농도를 계산할 수 있다. 산과 염기가 중화되는 지점을 찾으면 농도를 알고 있는 용액으로부터 미지 용액의 농도를 계산할 수 있다.

핵심 요약

- ✓ 적정을 통해 산과 알칼리의 양을 측정할 수 있다.
- ✓ 적정 결과를 사용하여 미지의 산과 염기의 농도를 계산할 수 있다.
- ✓ 적정 부피와 적정하는 용액의 농도로 미지 용액의 농도를 계산할 수 있다.

적정

적정을 할 때 한 용액의 농도를 알아야 미지 용액의 농도를 구할 수 있다. 농도를 아는 용액의 부피를 알면 미지 용액의 농도를 계산할 수 있다.

$$\text{농도(mol/L)} = \frac{\text{용질의 몰 수(mol)}}{\text{용액의 부피(L)}}$$

예제

문제

2.0 mol/L 염산 15 cm^3가 수산화 소듐 용액 25 cm^3를 중화시킬 때 수산화 소듐 용액의 농도를 계산하시오.

$HCl + NaOH \longrightarrow NaCl + H_2O$

풀이

1. 부피를 L로 변환한다.

$$15\ cm^3 = \frac{15}{1000} = 0.015\ L$$

$$25\ cm^3 = \frac{25}{1000} = 0.025\ L$$

2. 염산의 부피를 공식에 대입한다.

$$2.0\ mol/L = \frac{\text{HCl의 부피}}{0.015\ L}$$

3. 위의 공식을 푼다.

염산의 부피 = $2.0 \times 0.015 = 0.03$ mol

4. 화학 반응식의 몰 비율을 활용하여 수산화 소듐의 몰 수를 구한다. 1몰의 HCl은 1몰의 NaOH와 반응하므로, 0.30몰의 HCl은 0.30몰의 NaOH와 반응한다.

$$\text{NaOH 농도} = \frac{0.03\ mol}{0.025\ L} = 1.2\ mol/L$$

답

수산화 소듐 용액의 농도는 1.2 mol/L이다.

원자 경제성

화학 공정을 평가하는 방법 중 하나는 원자 경제성을 계산하는 것이다. 이는 반응물을 원하는 생성물로 전환하는 효율을 측정하는 척도이다. 대부분의 화학 공정에서는 원하는 생성물만 만들어지는 것이 아니라, 부산물이라고 부르는 다른 생성물도 만들어진다.

핵심 요약

✓ 화학 반응은 하나 이상의 생성물을 만들어낸다. 일부는 원하는 물질이고, 일부는 부산물이다.

✓ 원자 경제성은 반응물이 얼마나 효율적으로 생성물을 형성하는지를 나타내는 척도이다.

✓ 원자 경제성이 높을수록 낭비가 적다.

공식

원자 경제성은 반응물과 원하는 생성물의 비율을 뜻한다. 오른쪽 공식을 사용하여 계산한다.

$$\text{원자 경제성} = \frac{\text{원하는 생성물의 총 화학식량}}{\text{모든 반응물의 총 화학식량}} \times 100$$

원자 경제성 계산하기

메테인 (반응물)   수증기 (반응물)   이산화 탄소 (부산물)   수소 (원하는 생성물)

$$CH_4(g) + 2H_2O(g) \longrightarrow CO_2(g) + 4H_2(g)$$

문제

메테인과 수증기는 반응하여 수소 기체가 된다. 이 과정의 원자 경제성을 계산하시오.

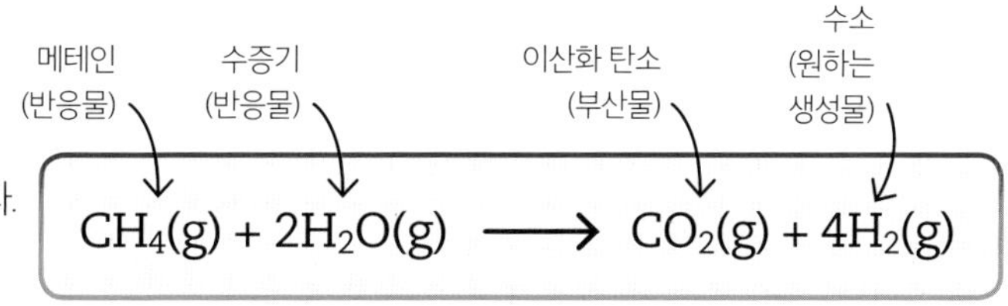

풀이

1. 반응물과 원하는 생성물의 화학식량을 계산한다. 여기서 이산화 탄소(CO_2)는 부산물이므로 생성물에 포함하지 않는다.

화학식량(M_r): $CH_4 = 12 + (4 \times 1) = 16$
화학식량(M_r): $H_2O = (2 \times 1) + 16 = 18$
화학식량(M_r): $H_2 = 2 \times 1 = 2$

2. 원하는 생성물의 총 화학식량을 계산한다.

화학식량(M_r): $4H_2 = 4 \times (2 \times 1) = 8$

3. 반응물의 총 화학식량을 계산한다.

$CH_4 + 2H_2O$
$= 16 + (2 \times 18) = 52$

4. 2단계와 3단계의 값을 공식에 대입하여 원자 경제성을 계산한다.

$$\text{원자 경제성} = \frac{8}{52} \times 100 = 15.4\%$$

답
15.4%

원자 경제성의 장점

원자 경제성이 높은 공정은 원자 경제성이 낮은 공정보다 더 효율적이다. 원자 경제성이 높은 공정은 원자재 사용을 줄일 수 있고, 환경에 대한 피해를 최소화할 수 있다. 원자 경제성은 지속 가능한 개발(263쪽 참조)에 중요하다.

핵심 요약

- ✓ 원자 경제성이 높은 공정은 원자재 사용이 적다.
- ✓ 높은 원자 경제성은 지속 가능한 개발과 수익성을 위해 중요하다.
- ✓ 부산물의 다른 활용 방법이 있다면 원자 경제성을 높일 수 있다.

자원

원자 경제성이 낮은 화학 공정에서는 낭비되는 자원이 많으며, 따라서 이 공정은 지속 가능하지 않다. 수소를 만드는 한 가지 방법은 석탄을 수증기와 반응시키는 것인데, 이 공정의 원자 경제성은 8.3%로 낮기 때문에 많은 양의 석탄이 낭비된다.

$$C(s) + 2H_2O(g) \longrightarrow CO_2(g) + 2H_2(g)$$

수증기

수소

석탄은 주로 탄소로 구성되어 있는 재생 불가능한 자원으로, 계속 사용하면 고갈된다.

이산화 탄소는 부산물이다.

수익

폐기물이 많이 발생하거나 폐기물이 유해한 경우 그 화학 공정은 수익성이 적을 가능성이 높다. 이황화 탄소는 유용한 산업용 용매로, 메테인과 황을 반응시켜 만들 수 있다. 이 반응의 원자 경제성은 52.8%이므로 생성물의 절반 정도가 폐기물이다.

$$CH_4(g) + 4S(g) \longrightarrow CS_2(g) + 2H_2S(g)$$

황

이황화 탄소

메테인은 비싸다.

황화 수소는 매우 유독하고 부식성이 강한 기체이다. 이를 제거하고 폐기하는 데 많은 비용이 든다.

부산물

부산물을 버리지 않고 다른 용도를 찾아 활용하면 공정의 원자 경제성을 높일 수 있다. 에탄올은 유용한 바이오 연료이며, 에탄올을 만드는 공정의 원자 경제성은 51.1%이다.

$$C_6H_{12}O_6(aq) \longrightarrow 2C_2H_5OH(aq) + 2CO_2(g)$$

에탄올

포도당

부산물인 이산화 탄소는 탄산음료를 만드는 데 사용할 수 있다. 이렇게 하면 폐기물이 발생하지 않으므로 원자 경제성이 100%가 된다.

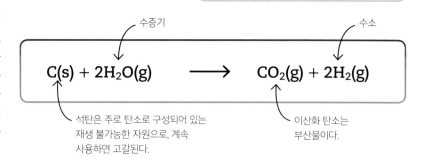

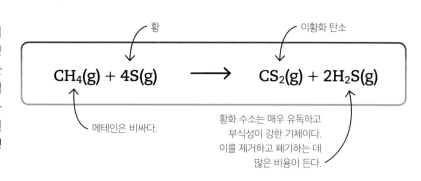

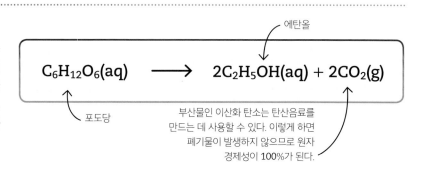

수득률

화학 반응에서는 원자가 생성되거나 사라지지 않으므로 총 질량은 일정하게 유지된다. 생성물의 이론적 수득량은 주어진 반응물로부터 만들 수 있는 생성물의 최대 질량이다. 하지만 대부분 예상한 질량을 얻지 못하는데, 이때 수득률은 생성물의 이론적인 최대 질량과 비교하여 실제로 만들어진 생성물의 질량으로 계산한다.

핵심 요약

- ✓ 수득률은 실제로 만들어진 생성물의 질량으로 계산한다.
- ✓ 이론적 수득량은 생성물이 생성될 수 있는 최대 질량을 뜻한다.
- ✓ 수득률은 0%(생성물 없음)에서 100%(생성물의 최대 질량)까지 다양하다.

이론적 수득량

한계 반응물(115쪽 참조)의 질량을 알고 있는 경우 이론적 수득량을 계산할 수 있다. 질량을 계산하는 방법은 116쪽을 참조한다.

산화 구리 분말과 탄소를 섞어 가열하면 적갈색 구리 조각이 형성된다.

$$\text{수득률} = \frac{\text{실제로 만들어진 생성물의 질량}}{\text{생성물의 이론적 최대 질량}} \times 100$$

예제

문제

산화구리가 탄소와 반응하면 구리와 이산화 탄소가 생성된다. 실험에서 얻은 구리의 질량은 0.90 g이지만 구리의 이론적 수득률은 1.2 g이었다. 구리의 수득률을 계산하시오.

풀이

수득률은 100%(손실된 생성물이 없음)에서 0%(생성물이 만들어지거나 수거되지 않음)까지 다양하다.

$$\text{수득률} = \frac{0.9\text{ g}}{1.2\text{ g}} \times 100 = 75\%$$

답

75%

100% 수득률

수득률은 항상 100% 미만인데, 그 이유로 크게 두 가지가 있다. 가역 반응(191쪽 참조)에서 일부 생성물은 반응물로 되돌아갈 수 있으며, 부반응이 부산물을 형성할 수도 있다. 또한 분리 및 정제 과정에서 일부 생성물을 잃기도 한다.

핵심 요약

- ✓ 수득률은 항상 100% 미만이다.
- ✓ 가역 반응은 완료되지 않으므로 수득률이 100% 미만이다.
- ✓ 부반응으로 부산물이 발생한다.
- ✓ 생성물을 정제하는 동안 일부 생성물을 잃는다.

가역 반응

가역 반응은 완료되지 않는다. 일부 반응물이 남게 되므로 수득률이 100% 미만이다. 예를 들어 질소는 수소와 반응하여 암모니아를 형성하고, 암모니아는 분해되어 질소와 수소를 형성한다.

$$N_2 + 3H_2 \rightleftharpoons 2NH_3$$

질소 / 수소 / 이 기호는 반응이 가역적임을 의미한다. / 암모니아

부반응

반응물은 의도하지 않은 생성물을 형성할 수 있다. 예를 들어 마그네슘은 공기 중에서 연소하여 산소와 반응해 산화 마그네슘을 만드는 동시에, 공기 중의 질소와 반응하여 질화 마그네슘을 만들기도 한다.

다음 반응은 일어나기 원하는 반응이다.

$$2Mg + O_2 \longrightarrow 2MgO$$

마그네슘 / 산소 / 원하는 생성물

부반응이 동시에 발생한다.

$$3Mg + N_2 \longrightarrow Mg_3N_2$$

마그네슘 / 질소 / 부산물

생성물 손실

액체를 여과하여 고체를 제거할 때 항상 일부 액체 또는 고체가 손실된다.

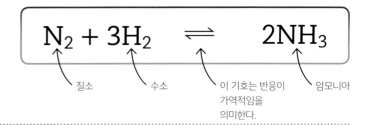

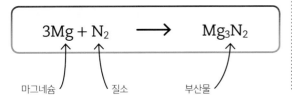

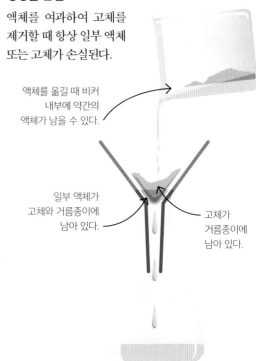

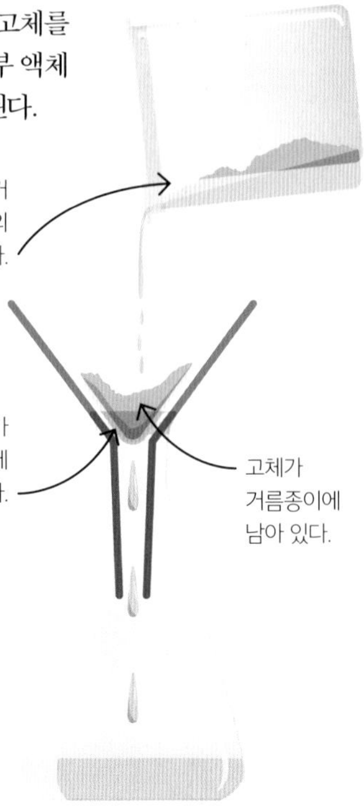

액체를 옮길 때 비커 내부에 약간의 액체가 남을 수 있다.
일부 액체가 고체와 거름종이에 남아 있다.
고체가 거름종이에 남아 있다.

산의 화학

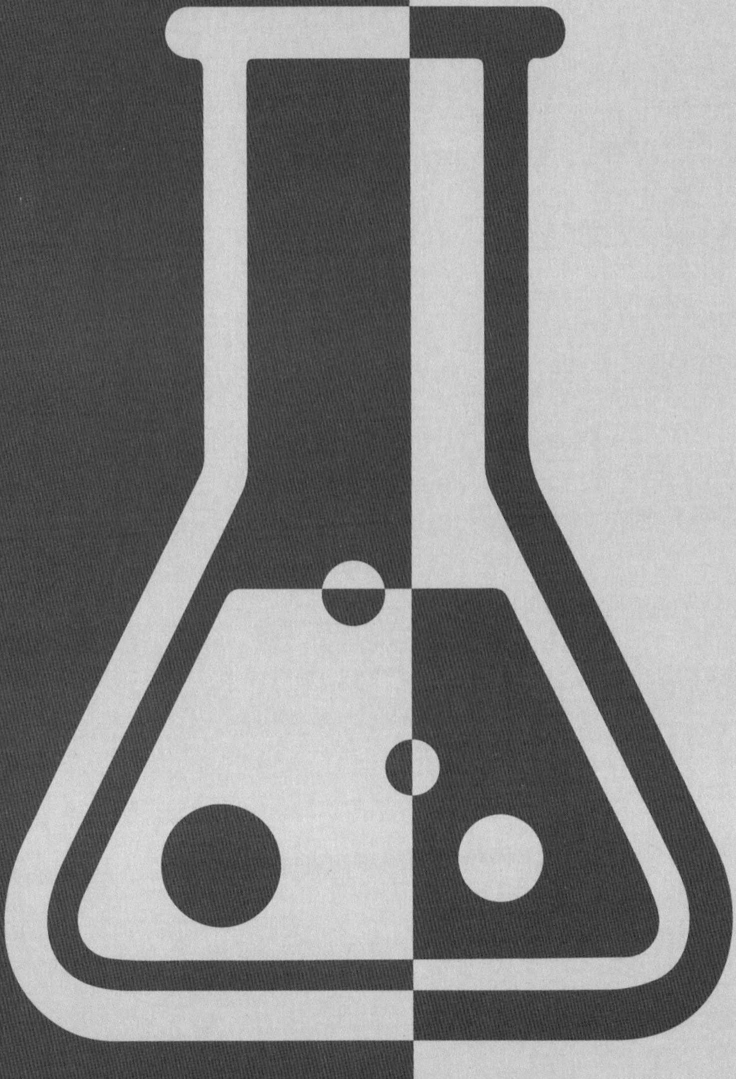

pH 척도

pH 척도는 물질의 산성 또는 알칼리성을 나타내는 방법이다. 이 척도에서 pH 7은 알칼리성도 산성도 아닌 중성이며, 7 미만의 값은 산성, 7을 초과한 값은 알칼리성이다. 용액의 pH는 pH 지시약(아래 및 134쪽 참조)을 사용하여 추정할 수 있으며, pH에 따라 지시약의 색이 달라진다.

핵심 요약

- ✓ pH 척도는 물질의 산성 또는 알칼리성을 나타내는 방법으로, 대부분의 물질은 0~14 범위 내에 속한다.
- ✓ 산성 물질의 pH는 7보다 작다.
- ✓ 알칼리성 물질의 pH는 7보다 크다.
- ✓ pH가 7인 물질은 산성도 알칼리성도 아닌 중성이다.

만능 지시약

용액에 만능 지시약 몇 방울을 떨어뜨리면 색이 변하는데, 그 색을 색 도표와 비교하면 대략적인 pH를 측정할 수 있다. 만능 지시약의 색 도표는 아래와 같다.

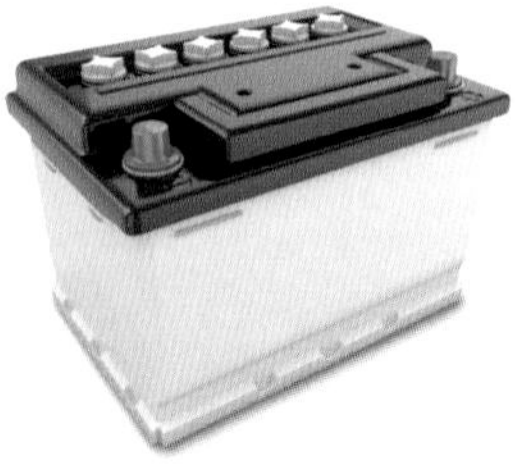

황산
자동차 배터리에는 pH가 약 1인 황산이 들어 있다.

식초
식초는 아세트산을 함유하고 있으며, pH는 일반적으로 약 2이다.

레몬주스
레몬주스의 pH는 약 2.5이다.

빗물
빗물에는 이산화 탄소가 용해되어 있어 약산성이며, pH는 일반적으로 약 5.5이다.

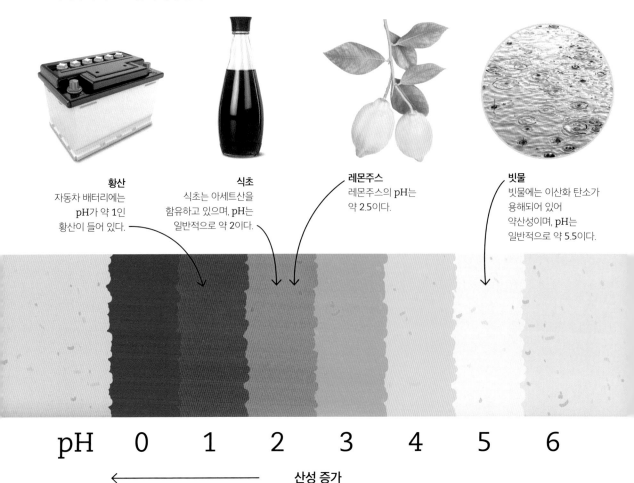

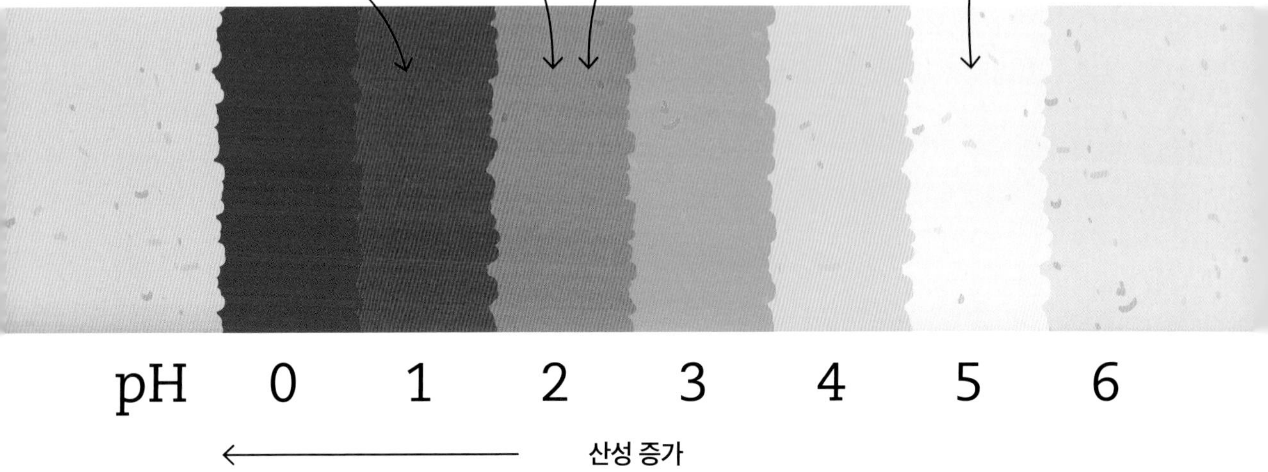

디지털 pH 측정기

물질의 pH는 용액 내 수소 이온(H^+)의 농도를 감지하는 센서를 사용하여 측정할 수 있다. 수소 이온이 많을수록 용액은 더 산성이고 pH는 낮아진다.

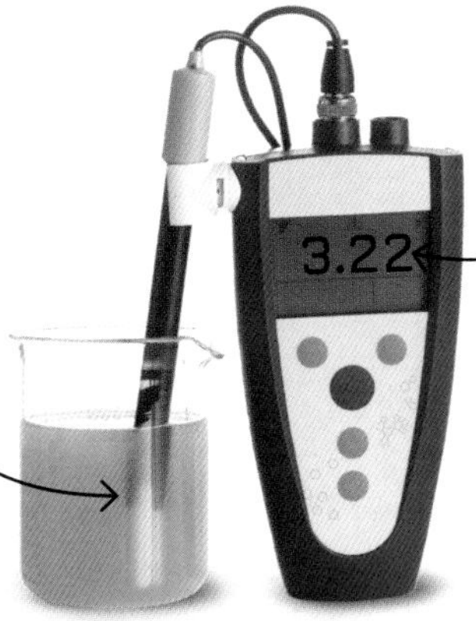

pH 센서를 용액에 넣는다.

pH는 일반적으로 소수점 이하 두 자리까지 표시한다.

오렌지주스에 담근 pH 측정기

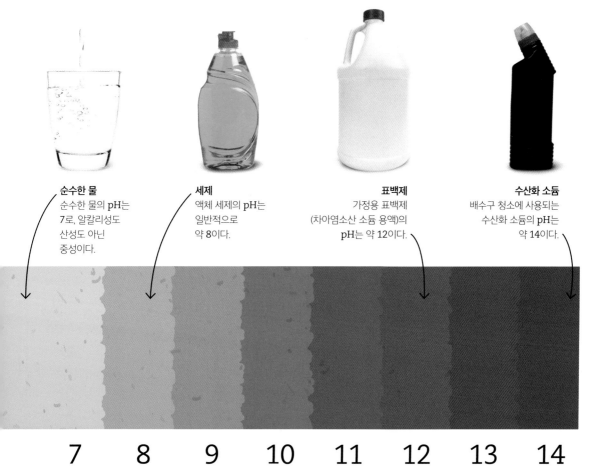

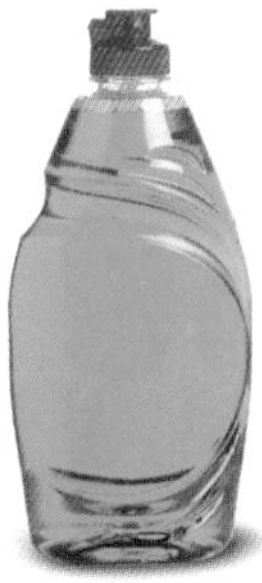

순수한 물
순수한 물의 pH는 7로, 알칼리성도 산성도 아닌 중성이다.

세제
액체 세제의 pH는 일반적으로 약 8이다.

표백제
가정용 표백제 (차아염소산 소듐 용액)의 pH는 약 12이다.

수산화 소듐
배수구 청소에 사용되는 수산화 소듐의 pH는 약 14이다.

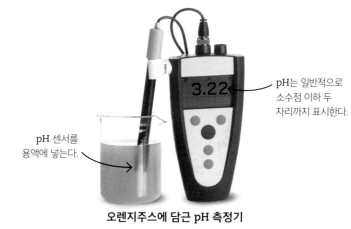

7 8 9 10 11 12 13 14

중성 **알칼리성 증가** →

산

산은 물에 녹아 수소 이온(H^+)을 방출하는 물질이다. 용액의 pH가 7 미만인 경우 산성이라고 한다. 강산은 부식성이 있는 반면, 구연산(레몬주스) 및 아세트산(식초)과 같은 약산은 식품에서 흔히 사용된다.

핵심 요약

- 산은 물에 녹으면 수소 이온(H^+)을 방출한다.
- 산성 용액은 pH가 7 미만이다.
- 산은 일반적으로 음식에서 신맛을 내는 성분이다.

산 제조하기

염화 아세틸을 물에 넣으면 빠르게 반응하여 염화 수소와 아세트산을 생성한다. 염화 수소 중 일부는 비커에서 기체로 빠져나가고, 일부는 물에 용해되어 염산을 형성한다.

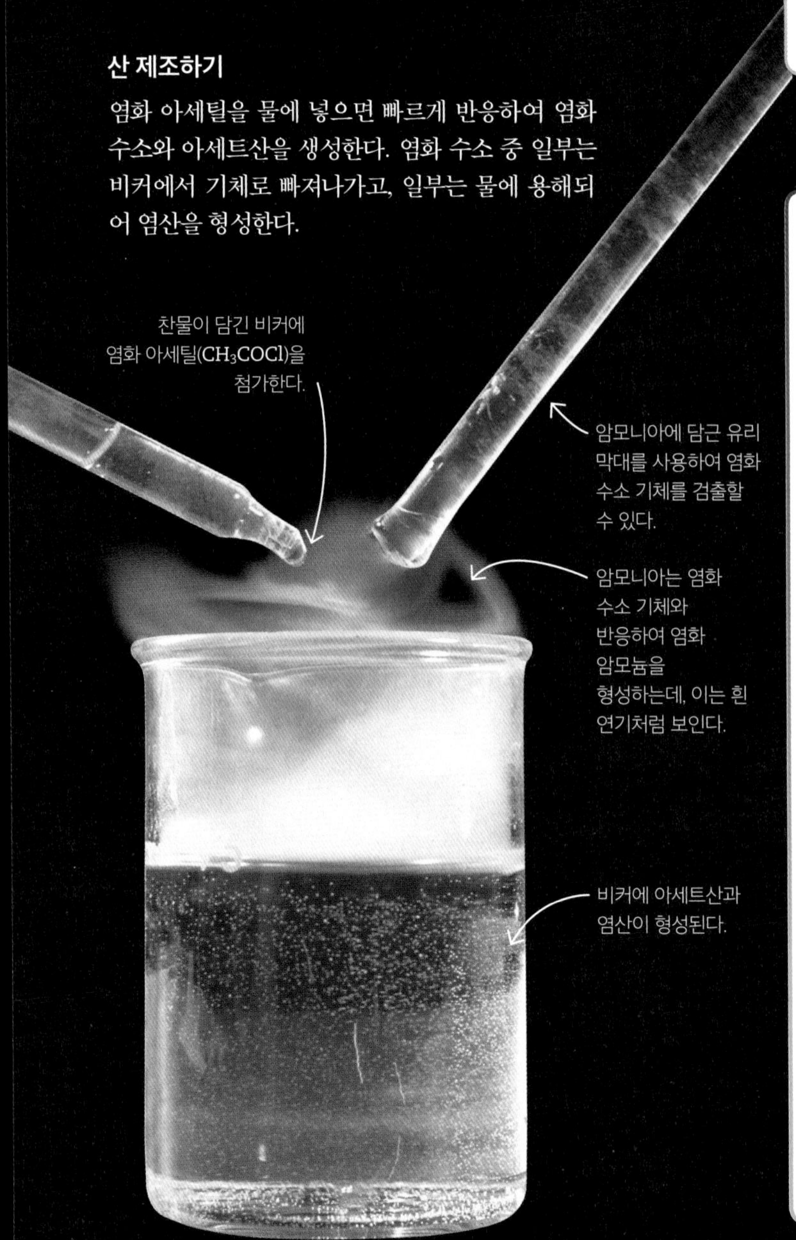
찬물이 담긴 비커에 염화 아세틸(CH_3COCl)을 첨가한다.
암모니아에 담근 유리 막대를 사용하여 염화 수소 기체를 검출할 수 있다.
암모니아는 염화 수소 기체와 반응하여 염화 암모늄을 형성하는데, 이는 흰 연기처럼 보인다.
비커에 아세트산과 염산이 형성된다.

산이 물에 녹으면 어떻게 되나?

산은 물에서 이온화되어 양이온(H^+)과 음이온을 형성한다. 예를 들어 공유 화합물인 염화 수소(HCl) 기체가 물에 녹으면 다음과 같이 이온화된다.

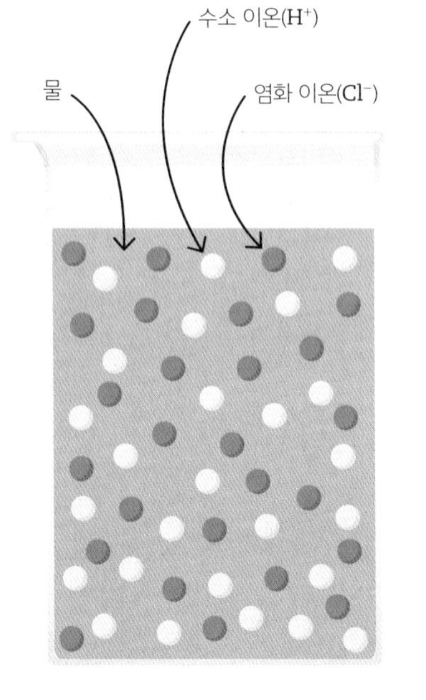
수소 이온(H^+)
물
염화 이온(Cl^-)

물에 용해된 염화 수소 기체

염기

염기는 산을 중화시킬 수 있는 모든 물질을 뜻한다. 염기 중 물에 녹아 수산화 이온(OH^-)을 내놓는 것을 알칼리라고 부른다. 염기의 pH는 7보다 높다. 일반적으로 가정에서 사용하는 염기는 중탄산 소듐으로, 이 물질은 제빵을 할 때나 비누에 사용된다.

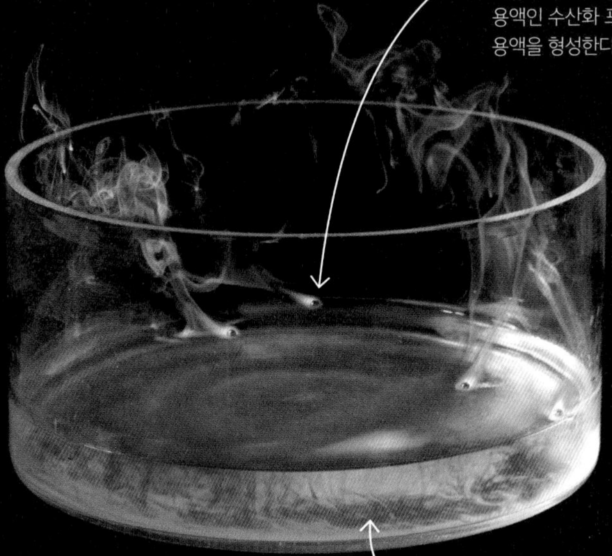
포타슘은 물과 반응하여 알칼리성 용액인 수산화 포타슘 용액을 형성한다.
물속에 알칼리가 있으면 페놀프탈레인 지시약이 분홍색으로 바뀐다.

알칼리 제조하기

포타슘과 같은 1족 금속을 물에 첨가하면 수소 기체와 수산화 금속이 형성된다. 수산화 금속은 알칼리성 물질이기 때문에 1족 금속을 알칼리 금속이라고 부른다.

알칼리와 염기

모든 알칼리는 염기이지만, 대부분의 염기는 물에 녹지 않으므로 알칼리가 아니다.

염기
알칼리 (물에 잘 녹는 염기)

핵심 요약

- 염기는 산을 중화시킬 수 있는 물질이다.
- 알칼리라고 부르는 수용성 염기는 물에 녹아 수산화 이온(OH^-)을 내놓는다.
- 염기는 pH가 7보다 높다.

염기가 물에 녹으면 어떻게 되나?

알칼리는 물에서 이온화되는데, 예를 들어 수산화 포타슘을 물에 첨가하면 수산화 이온(OH^-)과 포타슘 이온으로 이온화된다.

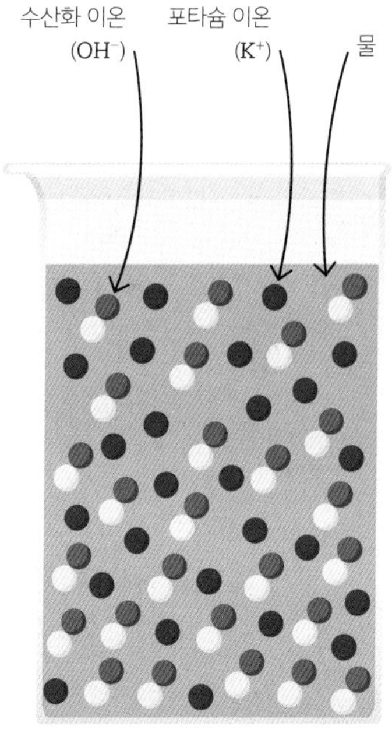
수산화 이온 (OH^-)
포타슘 이온 (K^+)
물

물에 녹은 수산화 포타슘

지시약

지시약은 용액의 액성에 따라 색이 변하는 물질이다. 지시약은 pH에 따라 색이 달라지며, 많은 종류의 지시약이 있다. 만능 지시약(130쪽 참조)은 여러 가지 지시약이 혼합된 것으로, 용액의 대략적인 pH를 측정하는 데 사용할 수 있다.

핵심 요약

- ✓ 지시약은 용액의 액성에 따라 색이 변하는 물질이다.
- ✓ pH에 따라 지시약의 색이 다르다.
- ✓ 만능 지시약은 여러 가지 지시약이 혼합된 것이다.

리트머스

리트머스는 이끼로 만든 지시약이다. 리트머스의 색은 용액의 액성에 따라 빨간색(산성)에서 보라색(중성), 파란색(알칼리성)으로 변한다. 산성 용액은 파란색 리트머스 종이로, 염기성 용액은 빨간색 리트머스 종이로 확인할 수 있다.

빨간색 리트머스 종이를 알칼리에 담그면 파란색으로 변한다.
파란색 리트머스 종이를 산에 담그면 빨간색으로 변한다.

페놀프탈레인

페놀프탈레인은 산성 용액에서는 무색이지만 알칼리성 용액에서는 분홍색으로 변한다. 색 변화가 뚜렷하여 수산화 소듐과 같은 강알칼리를 사용하는 적정(136쪽 참조)에 많이 사용한다.

pH가 8 이상이면 용액이 분홍색으로 변한다.
페놀프탈레인 지시약은 pH 8 이하에서 무색이다.

메틸 오렌지

메틸 오렌지는 용액의 액성에 따라 빨간색(산성)에서 주황색을 거쳐 노란색(더 알칼리성)으로 변한다. 메틸 오렌지는 pH 값에 따라 색이 다양하므로 페놀프탈레인을 사용할 수 없는 적정에 메틸 오렌지를 사용한다.

pH 4.5 이상의 용액에서 메틸 오렌지는 노란색으로 변한다.
pH 3 이하의 용액에서 메틸 오렌지는 빨간색이다.

중화

중화는 산과 염기 사이의 화학 반응이다. 산과 염기의 양이 서로 같으면 반응 후 생성된 용액은 pH 7의 중성이 된다. 산과 염기가 서로 반응할 때 생성물은 항상 물과 염이다. 사용한 산과 염기에 따라 염의 종류가 다르다.

핵심 요약

- ✓ 중화는 산과 염기 사이의 반응이다.
- ✓ 산이 내놓은 수소 이온(H^+)과 염기가 내놓은 수산화 이온(OH^-)이 결합하여 물(H_2O)과 염을 형성한다.
- ✓ 반응한 산과 염기에 따라 염의 종류가 다르다.

염산에
수산화 소듐을
첨가한다.
만능 지시약 몇
방울이 첨가된 염산

염산과 수산화 소듐 반응

수산화 소듐을 염산에 첨가할 때 반응을 시각적으로 관찰하기 위해 만능 지시약 몇 방울을 첨가했다. 반응 초기 pH가 7 미만일 때 용액은 빨간색으로 유지된다. 그러나 염기가 더 많이 첨가되면 용액이 녹색으로 변하고, pH가 7을 초과하면 파란색으로 변한다.

산성이 염기성으로
변하면 용액이
파란색으로 변한다.

산 + **염기** ⟶ **소금** + **물**

염산		수산화 소듐		염화 소듐		물
HCl	+	NaOH	⟶	NaCl	+	H_2O

중화 반응의 원리

산성 용액에는 수소 이온이 포함되어 있고, 알칼리성 용액에는 수산화 이온이 포함되어 있다. 두 용액은 반응하여 염과 물을 형성한다.

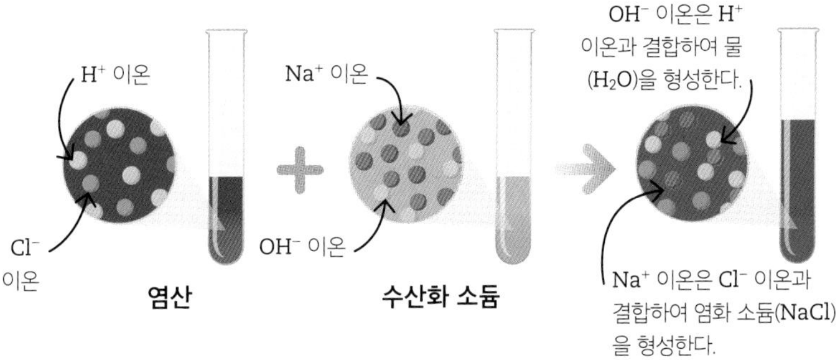
H⁺ 이온
Cl⁻ 이온
염산
Na⁺ 이온
OH⁻ 이온
수산화 소듐
OH⁻ 이온은 H⁺ 이온과 결합하여 물 (H₂O)을 형성한다.
Na⁺ 이온은 Cl⁻ 이온과 결합하여 염화 소듐(NaCl)을 형성한다.

적정

적정은 농도를 모르는 용액(미지 시료)을 농도를 알고 있는 용액과 반응시켜 미지 시료의 농도를 찾는 데 사용하는 기술이다. 지시약을 몇 방울 추가하여 적정 시 색 변화를 관찰한다. 적정 계산에 대한 자세한 내용은 124쪽을 참조한다.

핵심 요약

- ✓ 적정은 미지 용액의 농도를 찾는 데 사용하는 기술이다.
- ✓ 산 또는 알칼리의 농도는 적정을 통해 계산할 수 있다.

뷰렛

뷰렛은 액체의 부피를 측정하는 데 사용하는 유리 기구이다. 대부분의 뷰렛은 0 cm^3(상단)에서 50 cm^3(하단)까지 표시되어 있다. 여기서 뷰렛은 산으로 채워져 있다.

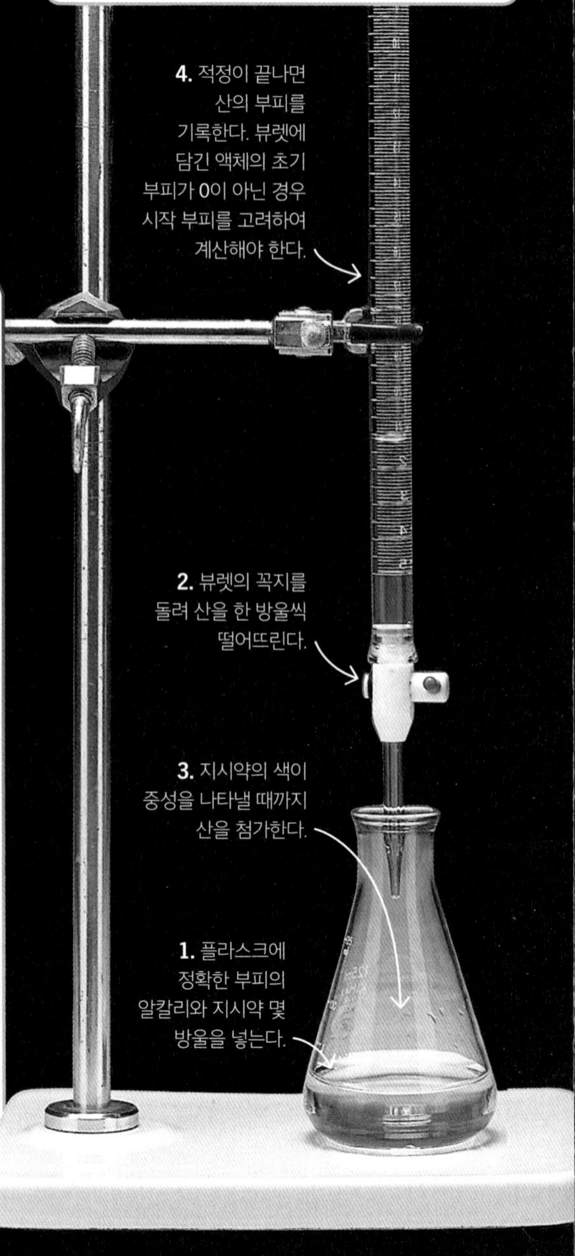

4. 적정이 끝나면 산의 부피를 기록한다. 뷰렛에 담긴 액체의 초기 부피가 0이 아닌 경우 시작 부피를 고려하여 계산해야 한다.
2. 뷰렛의 꼭지를 돌려 산을 한 방울씩 떨어뜨린다.
3. 지시약의 색이 중성을 나타낼 때까지 산을 첨가한다.
1. 플라스크에 정확한 부피의 알칼리와 지시약 몇 방울을 넣는다.

사용한 액체의 평균 부피 계산하기

문제

다음 표의 실험 결과에서 가장 근접한 2개의 결과를 사용하여 적정에 사용한 액체의 평균 부피를 구하시오. 결과의 정확성을 위해 적정은 최소 두 번 이상 반복한다.

처음 부피 (cm^3)	0.00	12.00	23.20	5.50
나중 부피 (cm^3)	12.00	23.20	34.35	17.00
사용한 액체의 부피 (cm^3)	12.00	11.20	11.15	11.50

풀이

1. 가장 근접한 결과는 11.20 cm^3 및 11.15 cm^3이다.

2. 가장 가까운 결과의 평균(소수점 둘째 자리까지)을 낸다.

$$\frac{11.20 + 11.15}{2} = 11.18\ cm^3$$

답

사용한 액체의 평균 부피는 11.18 cm^3이다.

강산과 약산

물에서 산은 수소 이온(H^+)과 음이온으로 이온화된다. 강산의 경우 모든 분자가 물에서 이온화되는 반면, 약산에서는 일부 분자만 물에서 이온화된다.

핵심 요약

- ✓ 강산은 물에서 완전히 이온화되어 모든 분자가 이온으로 나누어진다.
- ✓ 약산은 물에서 거의 이온화되지 않으며, 일부 분자만이 물에서 이온으로 나누어진다.
- ✓ 같은 농도의 강산은 약산보다 H^+ 이온이 더 많기 때문에 pH가 낮다.

강산과 약산 비교

2개의 플라스크에 동일한 농도의 강산과 약산 용액이 들어 있다. pH를 나타내는 만능 지시약을 각각 몇 방울 추가한다.

붉은색은 이 용액의 pH가 약 2임을 나타낸다.
주황색은 이 용액의 pH가 약 4임을 나타낸다.
강산
약산

산의 이온화

강산에서는 분자가 H^+ 이온과 음이온으로 완전히 이온화된다. 약산에서는 분자의 일부만 이온화되므로 용액으로 방출되는 H^+ 이온의 수가 적다.

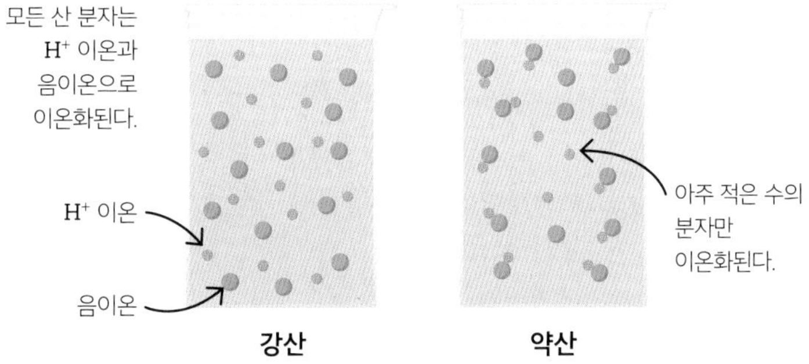

묽은 산과 진한 산

묽은 산은 산의 농도가 낮고, 진한 산은 산의 농도가 높은 용액이다. '강산'과 '약산'은 산이 얼마나 이온화할 수 있는지와 관련이 있으며(137쪽 참조), '묽은 산'과 '진한 산'은 용액 내 산의 농도와 관련이 있다.

핵심 요약

- ✓ 묽은 산은 산의 농도가 낮은 것을 뜻한다.
- ✓ 진한 산은 산의 농도가 높은 것을 뜻한다.
- ✓ '강산'과 '약산'은 산이 물에 얼마나 이온화되는지를 나타내며, '묽은 산'과 '진한 산'은 용액에 포함된 산의 농도를 표현하는 것이다.

묽은 산과 진한 산 비교

진한 산 용액에는 더 많은 H^+ 이온이 존재하기 때문에 묽은 산 용액보다 pH가 낮다.

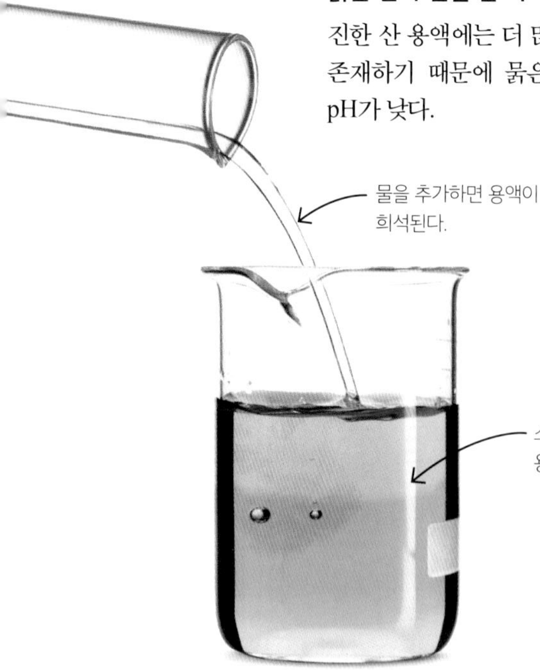

물을 추가하면 용액이 희석된다.
소량의 산이 용액에 용해되어 있다.

묽은 산

산을 첨가하면 용액이 더 진해진다.
진한 산에는 많은 산이 용해되어 있다.

진한 산

농도의 원리

강산과 약산 모두 용액의 농도가 높거나 낮을 수 있다. 산의 위험성은 산의 농도와 강도에 따라 달라진다.

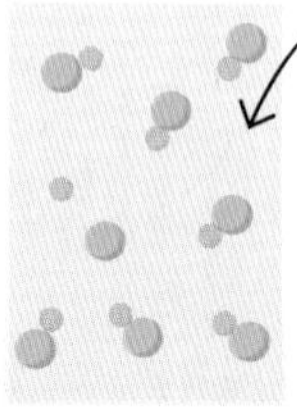

낮은 농도의 약산

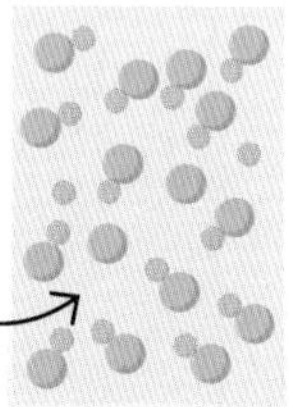

물의 양에 대한 산의 비율이 높다.

높은 농도의 약산

산과 염기의 반응

산은 염기와 반응하여 염과 물을 생성한다. 염기의 종류로는 금속 수산화물, 금속 산화물, 금속 탄산염 등이 있다. 보통 염기의 금속 이온과 산의 음이온이 결합하여 염이 생성된다.

핵심 요약

- 금속 산화물과 금속 수산화물은 산과 반응하여 염과 물을 형성한다.
- 이 반응은 중화 반응이다.
- 반응물인 산과 염기의 금속 이온으로부터 염의 종류를 예측할 수 있다.

산과 금속 산화물의 반응

산 + 금속 산화물 ⟶ 염 + 물

염산	+	산화 소듐	⟶	염화 소듐	+	물
2HCl	+	Na_2O	⟶	2NaCl	+	H_2O

황산	+	산화 구리(Ⅱ)	⟶	황산 구리(Ⅱ)	+	물
H_2SO_4	+	CuO	⟶	$CuSO_4$	+	H_2O

산과 금속 수산화물의 반응

산 + 금속 수산화물 ⟶ 염 + 물

염산	+	수산화 소듐	⟶	염화 소듐	+	물
HCl	+	NaOH	⟶	NaCl	+	H_2O

황산	+	수산화 칼슘	⟶	황산 칼슘	+	물
H_2SO_4	+	$Ca(OH)_2$	⟶	$CaSO_4$	+	$2H_2O$

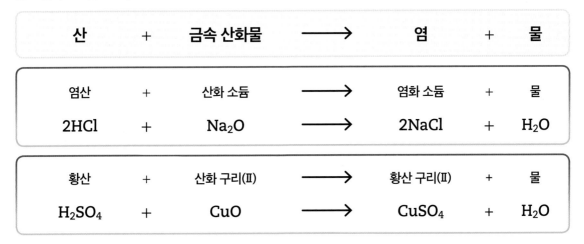

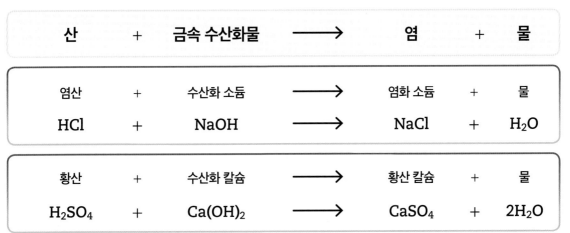

금속 탄산염과 산의 반응

산은 금속 탄산염과 반응하여 염, 물, 이산화 탄소를 형성한다. 산과 금속 탄산염 사이의 반응은 중화 반응이다(135쪽 참조).

핵심 요약

- 산은 금속 탄산염과 반응하여 염, 물, 이산화 탄소를 형성한다.
- 이 반응은 중화 반응이다.
- 산과 탄산염의 금속 이온으로부터 염의 종류를 예측할 수 있다.

석회암과 염산

석회암은 대부분 탄산 칼슘($CaCO_3$)으로 이루어져 있으며, 염산과 반응하여 이산화 탄소, 물, 염화 칼슘 염을 형성한다.

석회암에 염산을 첨가한다.
석회암
이산화 탄소가 생성될 때 거품이 생긴다.

일반적인 반응

금속 탄산염은 산과 반응하여 염, 물, 이산화 탄소를 형성한다.
금속 탄산염의 금속 이온과 산으로부터 염의 종류를 예측할 수 있다.
다음은 몇 가지 예시이다.

산 + 금속 탄산염 ⟶ 염 + 물 + 이산화 탄소

염산	+	탄산 소듐	⟶	염화 소듐	+	물	+	이산화 탄소
$2HCl$	+	Na_2CO_3	⟶	$2NaCl$	+	H_2O	+	CO_2
황산	+	탄산 칼슘	⟶	황산 칼슘	+	물	+	이산화 탄소
H_2SO_4	+	$CaCO_3$	⟶	$CaSO_4$	+	H_2O	+	CO_2

불용성 염 만들기

수용성 염이 포함된 두 용액을 혼합하면 불용성 염이 형성될 수 있다. 이러한 경우 불용성 염(침전물이라고도 함)은 여과를 통해 분리할 수 있다. 그 후 시료를 건조시키면 순수한 염만 남는다.

핵심 요약

- 물에 녹지 않는 염을 불용성 염이라고 한다.
- 수용성 염이 포함된 두 용액을 혼합하면 불용성 염이 형성될 수 있다.
- 불용성 염은 여과를 통해 용액에서 분리하고 건조시켜 순수한 시료를 얻을 수 있다.

아이오딘화 납 만들기

아이오딘화 납은 물에 녹지 않는 노란색 화합물이다. 이 물질은 질산납 용액과 아이오딘화 포타슘 용액을 혼합하여 만들 수 있으며, 두 물질 모두 수용성 염이다.

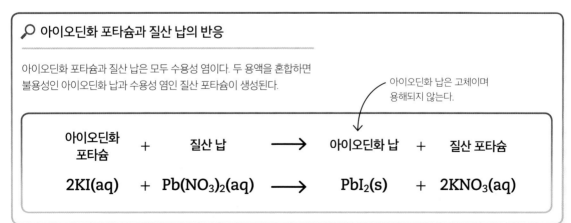

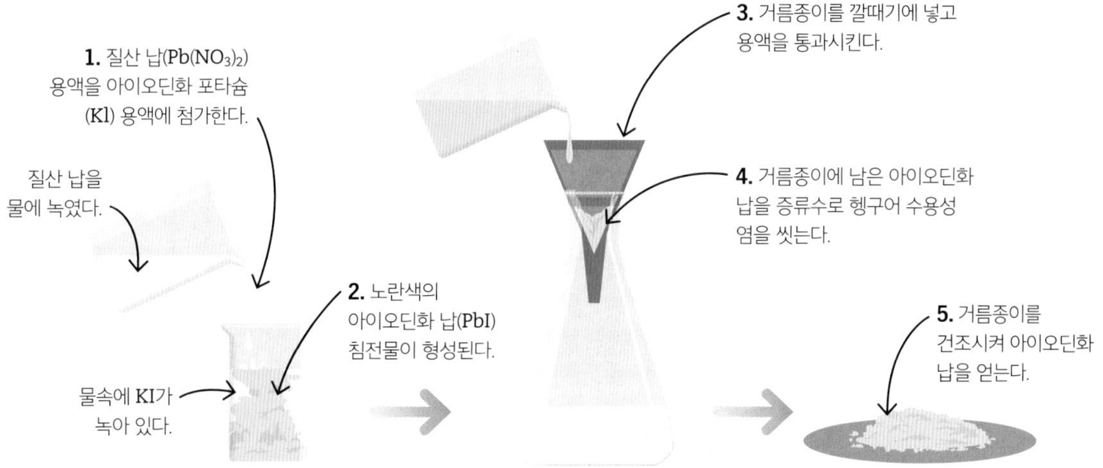
1. 질산 납($Pb(NO_3)_2$) 용액을 아이오딘화 포타슘 (KI) 용액에 첨가한다.
질산 납을 물에 녹였다.
물속에 KI가 녹아 있다.
2. 노란색의 아이오딘화 납(PbI) 침전물이 형성된다.
3. 거름종이를 깔때기에 넣고 용액을 통과시킨다.
4. 거름종이에 남은 아이오딘화 납을 증류수로 헹구어 수용성 염을 씻는다.
5. 거름종이를 건조시켜 아이오딘화 납을 얻는다.

아이오딘화 포타슘과 질산 납의 반응

아이오딘화 포타슘과 질산 납은 모두 수용성 염이다. 두 용액을 혼합하면 불용성인 아이오딘화 납과 수용성 염인 질산 포타슘이 생성된다.

아이오딘화 납은 고체이며 용해되지 않는다.

아이오딘화 포타슘	+	질산 납	⟶	아이오딘화 납	+	질산 포타슘
$2KI(aq)$	+	$Pb(NO_3)_2(aq)$	⟶	$PbI_2(s)$	+	$2KNO_3(aq)$

가용성 염 만들기

산은 염기와 반응하여 염과 물을 형성하지만, 정확히 같은 양을 사용하지 않으면 최종 생성물에는 반응물 중 하나가 포함될 수 있다. 이 문제를 해결하기 위해 과량의 불용성 염기를 사용하고 반응 후 남은 것을 거르는 방법을 사용할 수 있다.

핵심 요약

- 순수한 가용성 염을 얻기 위해서 산과 알칼리가 완전히 반응할 수 있도록 정확한 양의 산과 알칼리를 사용해야 한다. 또는 불용성 염기를 과량으로 사용하는 방법도 있다.
- 불용성 염기를 사용하는 경우 침전물을 걸러 수용성 염 수용액을 얻을 수 있다.
- 물이 증발하면 순수한 염만 남는다.

순수한 황산 구리 만들기

황산 구리(Ⅱ)는 수용성의 밝은 파란색 염이다. 다음 실험에서는 과량의 불용성 구리(Ⅱ) 산화물을 황산 용액과 반응시켜 준비한다.

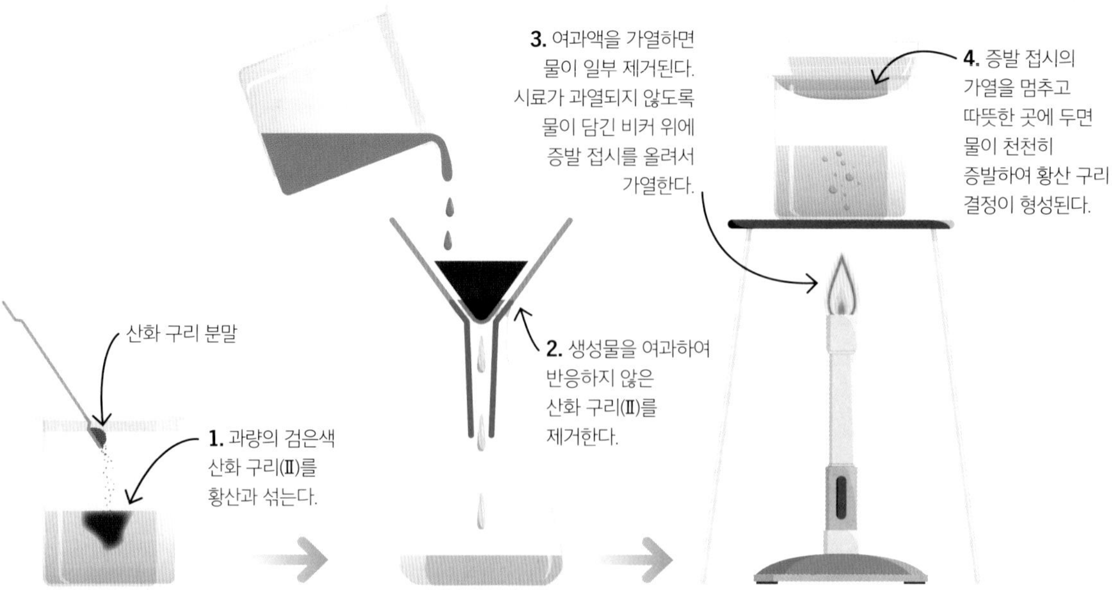
산화 구리 분말
1. 과량의 검은색 산화 구리(Ⅱ)를 황산과 섞는다.
2. 생성물을 여과하여 반응하지 않은 산화 구리(Ⅱ)를 제거한다.
3. 여과액을 가열하면 물이 일부 제거된다. 시료가 과열되지 않도록 물이 담긴 비커 위에 증발 접시를 올려서 가열한다.
4. 증발 접시의 가열을 멈추고 따뜻한 곳에 두면 물이 천천히 증발하여 황산 구리 결정이 형성된다.

산화 구리(Ⅱ)와 황산으로 염 만들기

산화 구리(Ⅱ)와 황산의 반응을 통해 황산 구리(Ⅱ)라는 수용성 염이 생성된다. 황산을 모두 반응시키기 위해 과량의 산화 구리(Ⅱ)가 사용된다. 이 반응의 화학 반응식은 다음과 같다.

산화 구리(Ⅱ) + 황산 ⟶ 황산 구리(Ⅱ) + 물

$$CuO(s) + H_2SO_4(aq) \longrightarrow CuSO_4(aq) + H_2O(l)$$

금속과 반응성

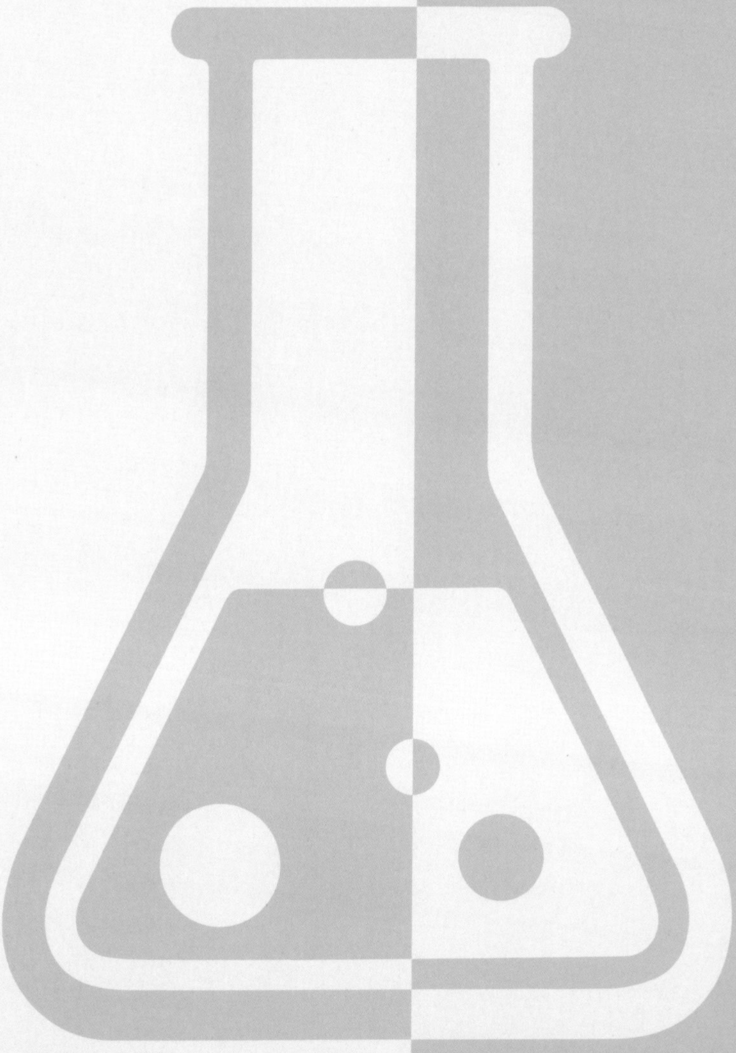

금속의 반응성 순서

금속의 반응성 순서는 반응성이 높은 금속부터 낮은 금속까지 순차적으로 나열한 것이다. 반응성은 원소가 다른 물질과 얼마나 쉽게 반응하는지를 의미하기도 하지만, 이 순서에서는 원소가 얼마나 쉽게 전자를 잃는지를 나타낸다.

핵심 요약

- ✓ 금속 원소들이 화학적으로 반응하는 정도는 모두 다르다.
- ✓ 금속의 반응성 순서는 원소들이 전자를 얼마나 쉽게 잃어 반응하는지에 따라 순서대로 나열한 것이다.
- ✓ 전자를 잃기 쉬운 원소는 반응성 순서의 위쪽에 있고, 전자를 잃기 어려운 원소는 아래쪽에 있다.
- ✓ 이 순서에 포함되는 원소들은 일반적으로 금속이지만, 비금속이 일부 포함되는 경우도 있다.

대표적 원소

다음은 금속의 반응성 순서에 일반적으로 포함되는 원소들이다. 경우에 따라 이 원소들 중 일부만 포함될 수도 있다.

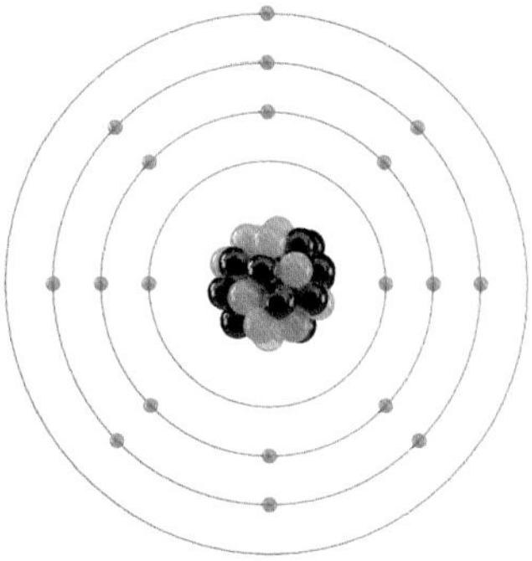

포타슘
포타슘은 가장 바깥 껍질의 전자를 쉽게 잃기 때문에 반응성이 매우 높다.

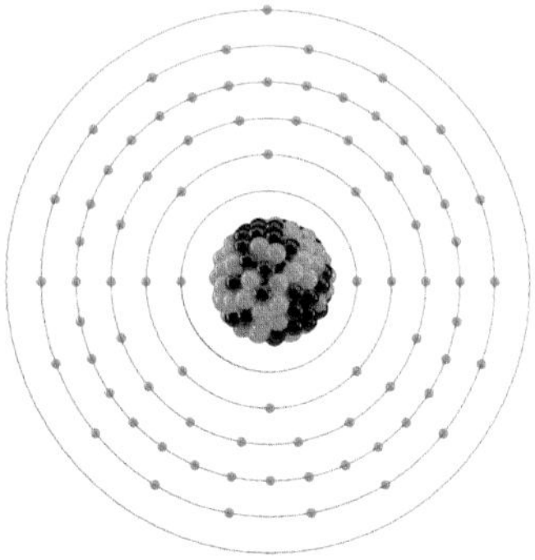

금
금은 가장 바깥 껍질의 전자를 잃기 어렵기 때문에 반응성이 매우 낮다.

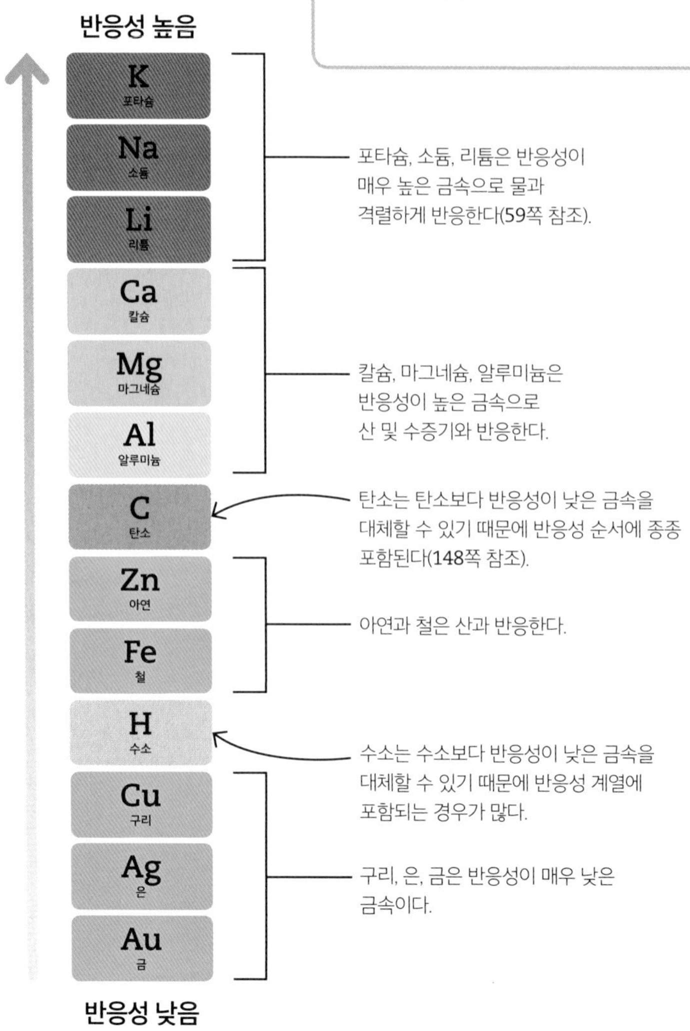
반응성 높음
K
포타슘
Na
소듐
Li
리튬
Ca
칼슘
Mg
마그네슘
Al
알루미늄
C
탄소
Zn
아연
Fe
철
H
수소
Cu
구리
Ag
은
Au
금
반응성 낮음
포타슘, 소듐, 리튬은 반응성이 매우 높은 금속으로 물과 격렬하게 반응한다(59쪽 참조).
칼슘, 마그네슘, 알루미늄은 반응성이 높은 금속으로 산 및 수증기와 반응한다.
탄소는 탄소보다 반응성이 낮은 금속을 대체할 수 있기 때문에 반응성 순서에 종종 포함된다(148쪽 참조).
아연과 철은 산과 반응한다.
수소는 수소보다 반응성이 낮은 금속을 대체할 수 있기 때문에 반응성 계열에 포함되는 경우가 많다.
구리, 은, 금은 반응성이 매우 낮은 금속이다.

금속과 산의 반응

일부 금속은 산과 격렬하게 반응한다. 실온에서 산과 자발적으로 반응하는 금속은 반응성 순서의 위쪽에 있다(144쪽 참조). 금속이 산과 반응하면 금속 원자는 전자를 잃는다. 이 반응을 통해 금속염과 수소 기체가 생성된다.

핵심 요약

- ✓ 일부 금속은 산과 격렬하게 반응한다.
- ✓ 금속이 산과 반응하면 수소 기체와 금속염을 생성한다.

염산과 반응하는 금속

마그네슘, 아연, 철, 납은 반응성이 서로 다르다. 마그네슘을 염산에 넣으면 격렬하게 반응하여 많은 양의 수소 기체가 발생한다. 그러나 염산에 납을 넣으면 거의 반응하지 않는다.

염산에 철을 넣으면 약간의 수소 기체가 발생한다.
마그네슘이 염산과 반응하면 많은 양의 수소 기체가 발생한다.
마그네슘
아연
철
납

화학 반응식

금속과 산이 반응하면 금속염과 수소 기체가 생성된다.

금속 + 산 → 금속염 + 수소

금속과 물의 반응

대부분의 금속은 물과 느리게 반응하거나 아예 반응하지 않는다. 그러나 1족과 2족 금속은 예외적이다. 상온의 물과 격렬하게 반응하여 금속 수산화물과 수소 기체를 생성한다. 이때 용액은 금속 수산화물로 인해 알칼리성을 띤다.

핵심 요약

- ✓ 1족 및 2족 금속은 반응성이 매우 높아 물과 자발적으로 반응한다.
- ✓ 금속을 물에 떨어뜨리면 기포 방울이 생긴다.
- ✓ 1족 및 2족 금속은 물과 반응하여 금속 수산화물과 수소 기체를 생성한다.

물과 격렬하게 반응하는 금속

포타슘은 물과 폭발적으로 반응하여 열을 방출하고 수소 기체를 생성한다. 소듐, 리튬, 칼슘도 물과 격렬하게 반응한다.

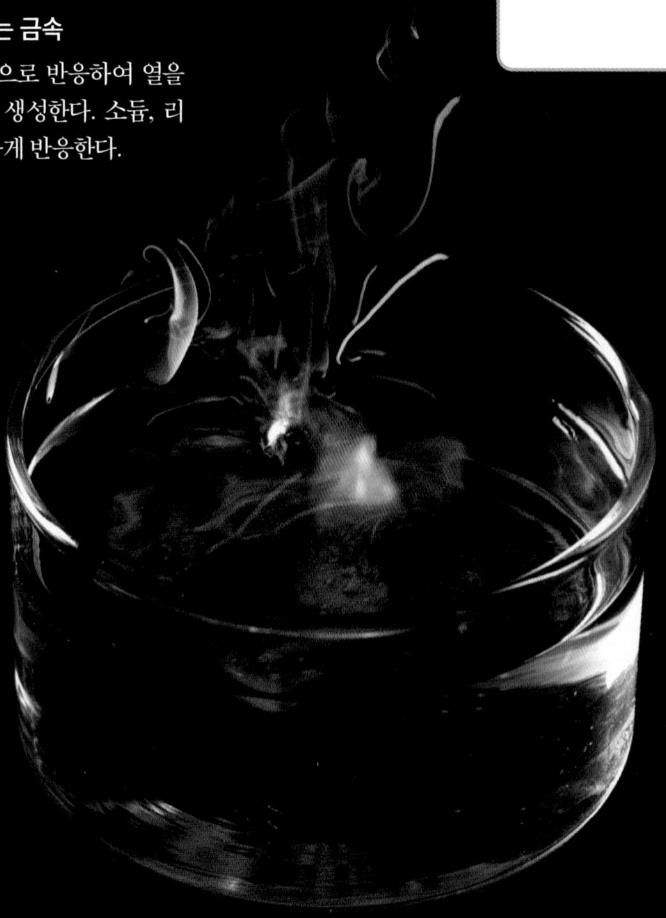

화학 반응식

금속과 물이 반응하여 금속 수산화물과 수소 기체를 생성한다.

금속 + 물 → 금속 수산화물 + 수소

금속과 수증기의 반응

일부 금속은 고온에서 수증기와 반응한다. 이를 통해 금속 산화물과 수소 기체가 생성된다.

핵심 요약

- ✓ 일부 금속은 물과 반응하지 않지만 고온에서 수증기와 반응한다.
- ✓ 이를 통해 금속 산화물과 수소 기체가 생성된다.

마그네슘 산화

마그네슘 리본이 고온의 수증기와 반응하여 산화 마그네슘과 수소 기체를 생성한다.

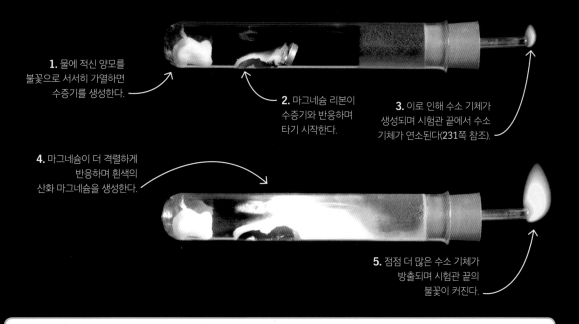

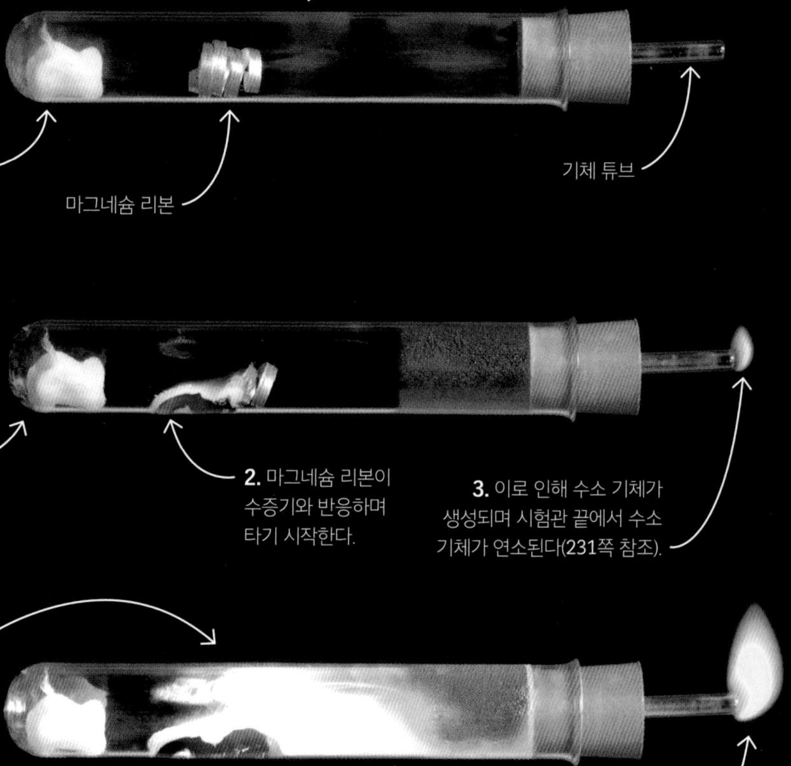
시험관
물에 적신 양모
마그네슘 리본
기체 튜브
1. 물에 적신 양모를 불꽃으로 서서히 가열하면 수증기를 생성한다.
2. 마그네슘 리본이 수증기와 반응하며 타기 시작한다.
3. 이로 인해 수소 기체가 생성되며 시험관 끝에서 수소 기체가 연소된다(231쪽 참조).
4. 마그네슘이 더 격렬하게 반응하며 흰색의 산화 마그네슘을 생성한다.
5. 점점 더 많은 수소 기체가 방출되며 시험관 끝의 불꽃이 커진다.

금속 + 물 → 금속 산화물 + 수소

탄소를 이용한 금속 추출

탄소보다 반응성이 낮은 금속(144쪽 참조)은 탄소를 사용하여 광석에서 추출할 수 있다. 이 방법을 통해 구리와 철을 추출할 수 있지만, 금속의 순도가 높지는 않다.

핵심 요약

- ✓ 탄소를 사용하여 탄소보다 반응성이 낮은 금속을 광석에서 추출할 수 있다.
- ✓ 철은 탄소를 사용하여 광석에서 추출할 수 있다.
- ✓ 이 공정은 용광로 내부에서 수행된다.

용광로

매우 높은 온도에서 철을 추출해야 하기 때문에 거대한 용광로 내부에서 철광석과 코크스를 가열한다. 철을 추출하는 과정에 대한 화학 반응식은 맨 아래에 있다.

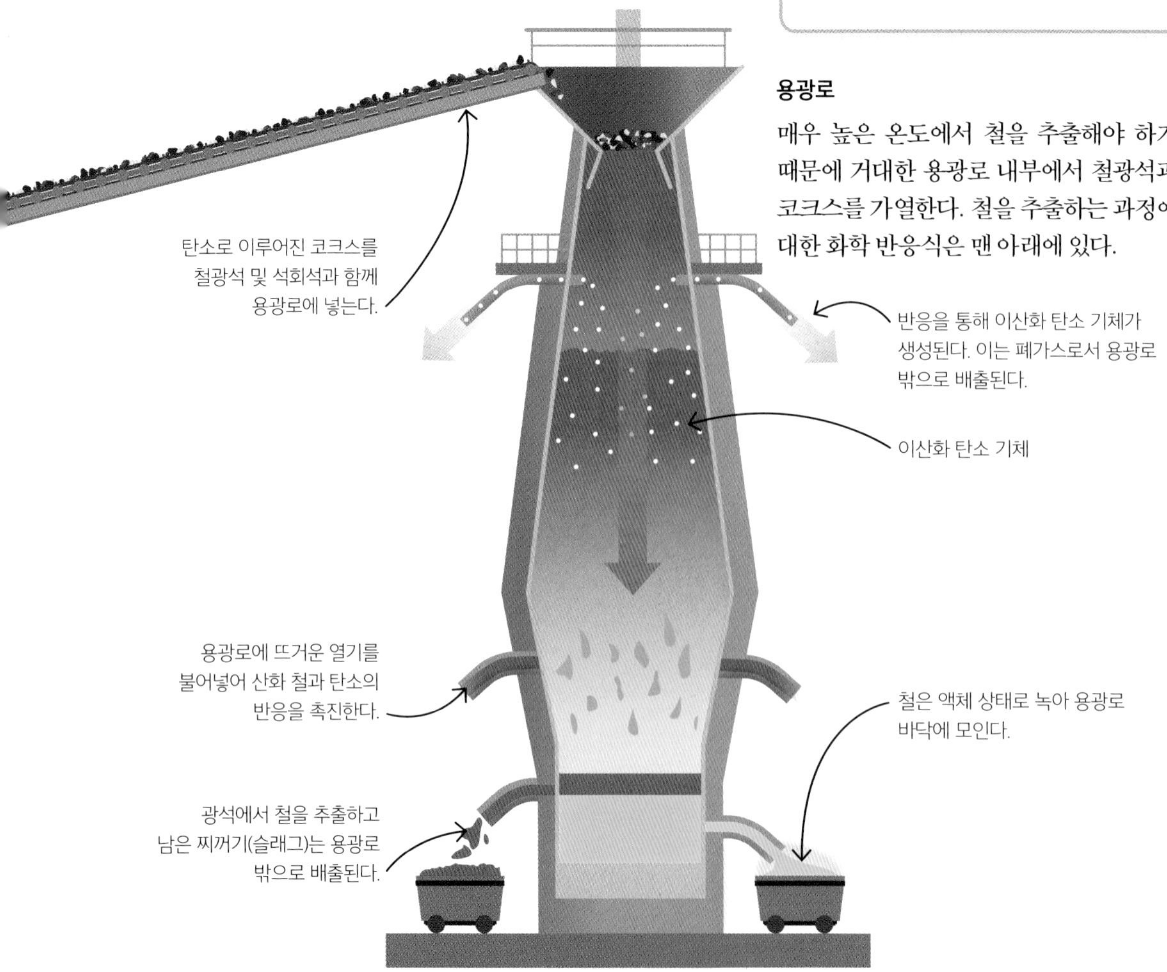
탄소로 이루어진 코크스를 철광석 및 석회석과 함께 용광로에 넣는다.
반응을 통해 이산화 탄소 기체가 생성된다. 이는 폐가스로서 용광로 밖으로 배출된다.
이산화 탄소 기체
용광로에 뜨거운 열기를 불어넣어 산화 철과 탄소의 반응을 촉진한다.
철은 액체 상태로 녹아 용광로 바닥에 모인다.
광석에서 철을 추출하고 남은 찌꺼기(슬래그)는 용광로 밖으로 배출된다.

산화 철	+	탄소	⟶	철	+	이산화 탄소
$2Fe_2O_3$	+	$3C$	⟶	$4Fe$	+	$3CO_2$

산화 환원 반응

'산화 환원 반응'은 '산화 반응'과 '환원 반응'을 합친 단어이다. 산화 환원 반응을 통해 한 물질에서 다른 물질로 전자가 이동한다. 한 물질은 전자를 잃고(산화), 다른 물질은 전자를 얻는다(환원). 테르밋 반응은 산화 환원 반응의 예이다.

핵심 요약

- ✓ '산화 환원 반응'은 '산화 반응'과 '환원 반응'을 합친 단어이다.
- ✓ 산화 환원 반응을 통해 어떤 물질에서 다른 물질로 전자가 이동한다.
- ✓ 테르밋 반응은 산화 환원 반응의 대표적 예로, 알루미늄은 전자를 잃고 철은 전자를 얻는다.

테르밋 반응

알루미늄 분말이 산화 철과 반응하여 산화 알루미늄과 철을 형성한다. 이때 알루미늄은 산화되고 철은 환원된다.

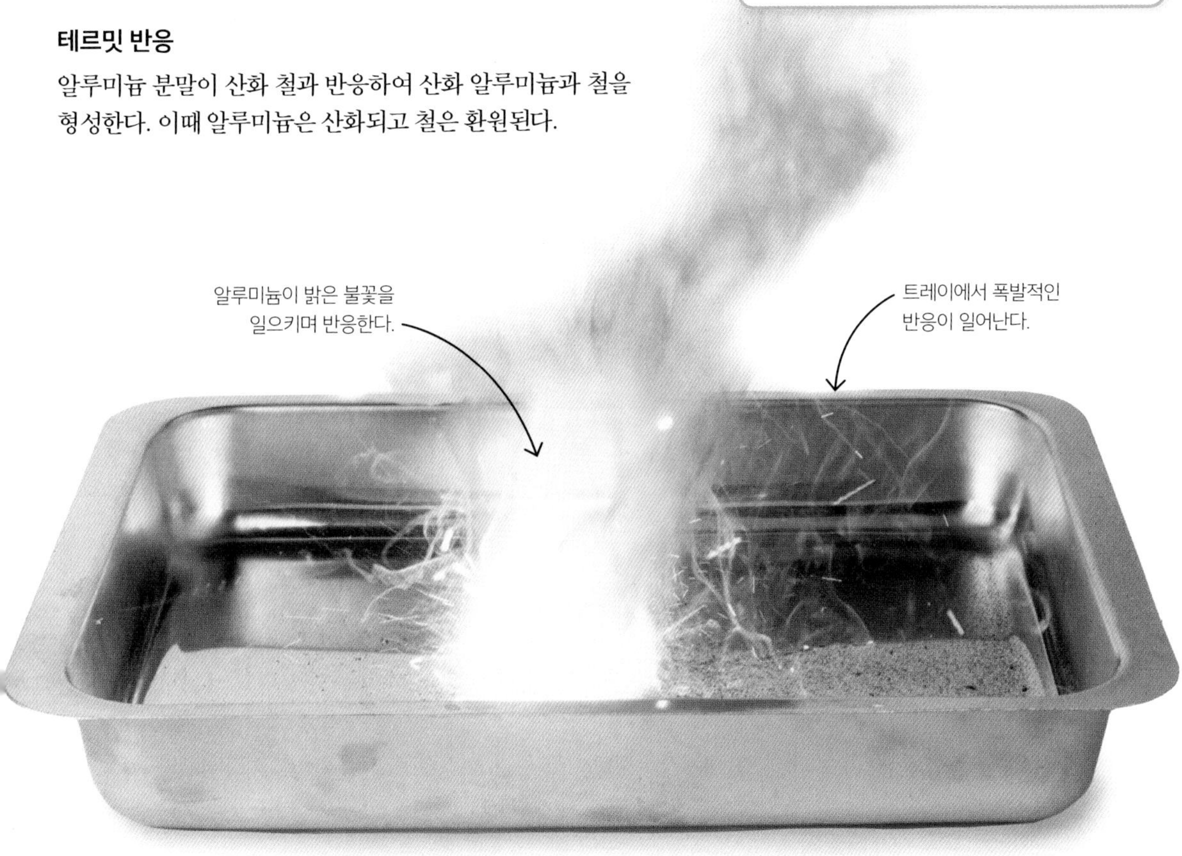

알루미늄이 밝은 불꽃을 일으키며 반응한다.
트레이에서 폭발적인 반응이 일어난다.

테르밋 반응의 화학 반응식

알루미늄	+	산화 철	⟶	산화 알루미늄	+	철
$2Al$	+	Fe_2O_3	⟶	Al_2O_3	+	$2Fe$

17족 치환 반응

반응성이 높은 원소는 반응성이 낮은 원소를 치환할 수 있다. 17족 원소는 이러한 치환 반응을 한다. 주기가 커질수록 17족 원소의 반응성이 감소하므로(70쪽 참조) 주기율표 위쪽에 있는 원소가 아래쪽 원소를 치환할 수 있다.

핵심 요약

- ✓ 반응성이 높은 원소는 반응성이 낮은 원소를 치환한다.
- ✓ 17족 원소의 반응성은 주기가 커질수록 감소한다
- ✓ 염소는 화합물 내의 브로민과 아이오딘을 모두 치환할 수 있다.

염소의 치환 반응

염소는 브로민과 아이오딘보다 반응성이 높기 때문에 포타슘 화합물에서 각각의 원소를 치환한다.

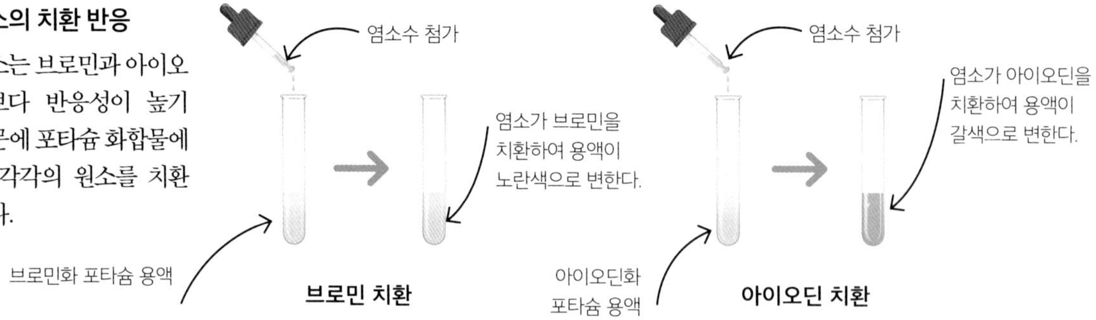
염소수 첨가
염소가 브로민을 치환하여 용액이 노란색으로 변한다.
브로민화 포타슘 용액
브로민 치환
염소수 첨가
염소가 아이오딘을 치환하여 용액이 갈색으로 변한다.
아이오딘화 포타슘 용액
아이오딘 치환

브로민의 치환 반응

브로민은 아이오딘보다는 반응성이 높지만 염소보다는 반응성이 낮기 때문에 포타슘 화합물에서 아이오딘만을 치환할 수 있다.

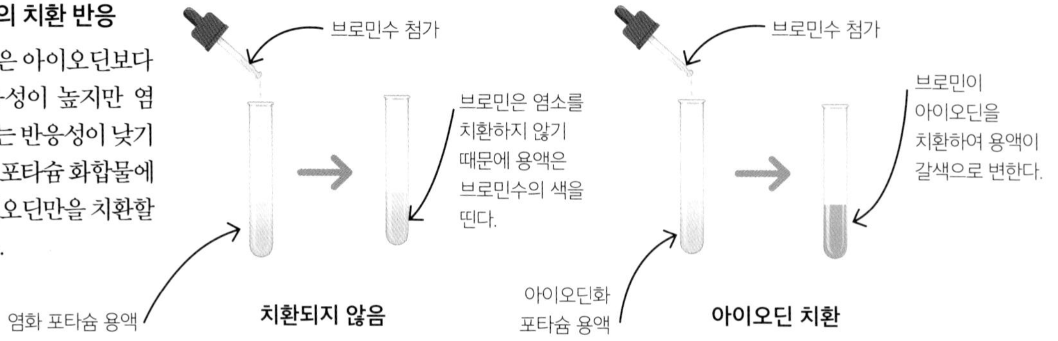
브로민수 첨가
브로민은 염소를 치환하지 않기 때문에 용액은 브로민수의 색을 띤다.
염화 포타슘 용액
치환되지 않음
브로민수 첨가
브로민이 아이오딘을 치환하여 용액이 갈색으로 변한다.
아이오딘화 포타슘 용액
아이오딘 치환

아이오딘의 치환 반응

아이오딘은 염소나 브로민보다 반응성이 낮기 때문에 포타슘 화합물에서 치환 반응이 일어나지 않는다.

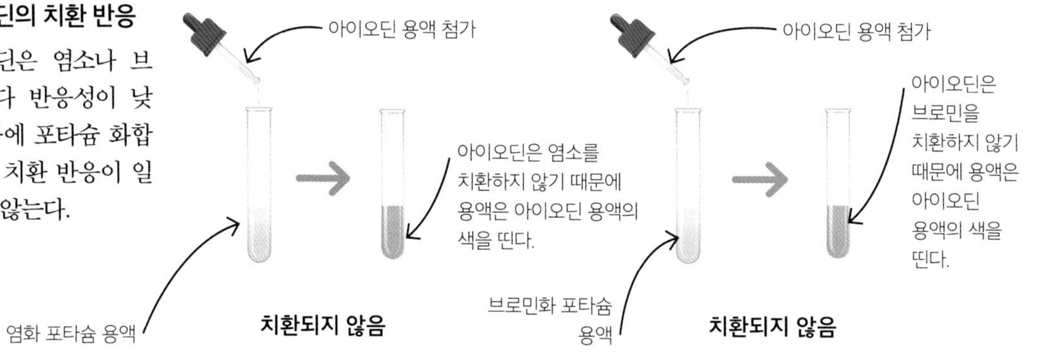
아이오딘 용액 첨가
아이오딘은 염소를 치환하지 않기 때문에 용액은 아이오딘 용액의 색을 띤다.
염화 포타슘 용액
치환되지 않음
아이오딘 용액 첨가
아이오딘은 브로민을 치환하지 않기 때문에 용액은 아이오딘 용액의 색을 띤다.
브로민화 포타슘 용액
치환되지 않음

이온 반응식

화학 반응식은 화학 반응을 통해 일어나는 물질의 변화를 화학식과 기호를 사용하여 나타낸 것이다(36쪽 참조). 이온 반응식은 화학 반응에 관련된 물질의 종류에 따라 이온으로 존재하는 물질은 이온식으로, 분자로 존재하는 물질은 분자식으로 나타낸 반응식이다. 이온 반응식에서는 반응 전후의 원자 수(37쪽 참조)와 전하가 균형을 이루어야 한다.

핵심 요약

- ✓ 이온 반응식은 화학 반응에 관여하는 이온과 그 전하를 나타낸 화학 반응식이다.
- ✓ 이온의 전하량은 원소 옆에 더하기 위첨자($^+$) 또는 빼기 위첨자($^-$) 기호로 표시한다.
- ✓ 이온 반응식의 반응 전후 원자 수와 전하는 균형을 이루어야 한다.

이온 반응식

브로민화 포타슘 용액(KBr)에 염소를 첨가하면 브로민이 형성된다. 브로민화 포타슘을 이온식으로 나타낸 이온 반응식은 다음과 같다. 반응식 양쪽의 전체 전하량은 중성이다.

이 이온은 양전하를 띤다. (→ K^+)
이 이온은 음전하를 띤다. (→ Br^-)
이 이온은 양전하를 띤다. (→ K^+)
이 이온은 음전하를 띤다. (→ Cl^-)

$$Cl_2 + 2K^+ + 2Br^- \rightarrow 2K^+ + 2Cl^- + Br_2$$

염소 분자 하나에는 염소 원자 2개가 들어 있다.
브로민 분자 하나에는 브로민화 이온 2개가 들어 있다.
브로민 분자 하나에는 브로민 원자 2개가 들어 있다.

이온의 전자 배치

위 반응식의 이온들은 다음과 같은 전자 배치를 갖는다(76-77쪽 참조).

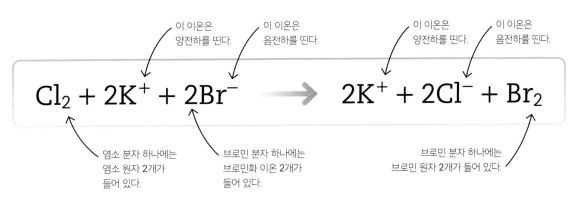

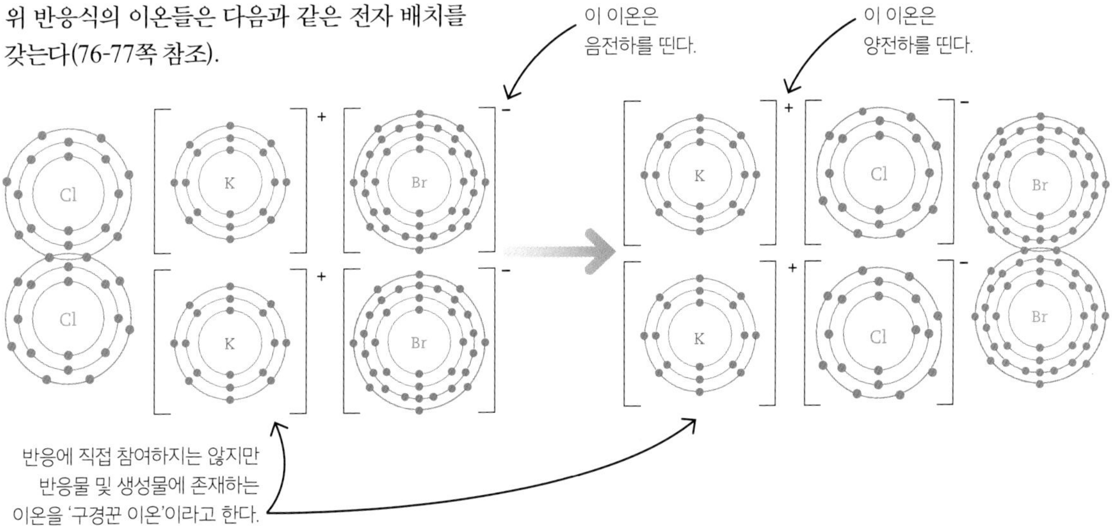
이 이온은
음전하를 띤다.
이 이온은
양전하를 띤다.
Cl
K
+
Br
-
Cl
K
+
Br
-
K
+
Cl
-
Br
K
+
Cl
-
Br
반응에 직접 참여하지는 않지만
반응물 및 생성물에 존재하는
이온을 '구경꾼 이온'이라고 한다.

금속 치환 반응

반응성이 높은 금속은 반응성이 낮은 금속을 치환할 수 있다(144쪽 참조). 테르밋 반응(149쪽 참조)은 이러한 금속 치환 반응의 예이다.

핵심 요약

- 금속과 금속 화합물은 치환 반응을 일으킬 수 있다.
- 반응성이 높은 금속은 반응성이 낮은 금속을 화합물로부터 치환할 수 있다.
- 테르밋 반응과 용광로 내부의 철의 추출 반응은 치환 반응의 예이다.

구리 치환

구리는 반응성이 매우 낮은 금속이다. 푸른색의 황산 구리 수용액에서 구리를 석출하기 위해서는 반응성이 더 높은 금속을 첨가하여 구리를 치환하면 된다. 마그네슘, 알루미늄, 아연과 같이 구리보다 반응성이 높은 금속을 황산 구리 수용액에 첨가하면 구리가 용액에서 석출된다. 구리 이온이 구리 금속으로 석출되는 동안 첨가한 금속은 이온이 되어 수용액으로 녹아 들어간다.

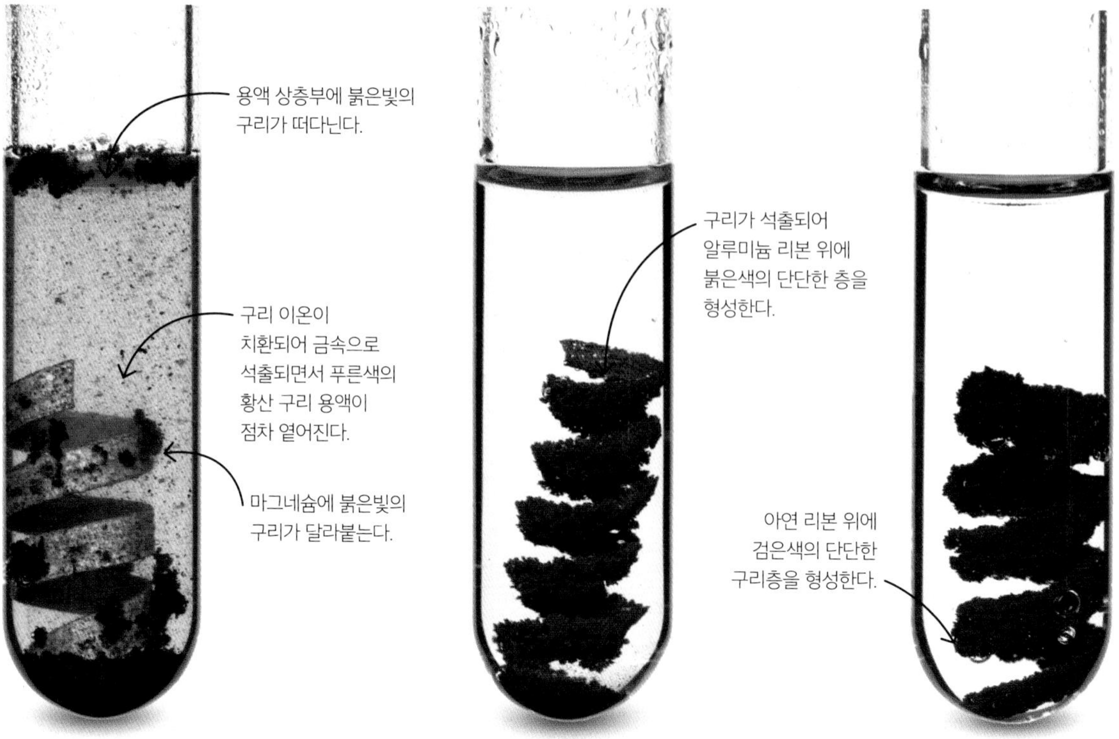

용액 상층부에 붉은빛의 구리가 떠다닌다.
구리 이온이 치환되어 금속으로 석출되면서 푸른색의 황산 구리 용액이 점차 옅어진다.
마그네슘에 붉은빛의 구리가 달라붙는다.
구리가 석출되어 알루미늄 리본 위에 붉은색의 단단한 층을 형성한다.
아연 리본 위에 검은색의 단단한 구리층을 형성한다.

황산 구리 용액에 담긴 마그네슘 리본

황산 구리 용액에 담긴 알루미늄 리본

황산 구리 용액에 담긴 아연 리본

전기 분해

전기 분해는 전류를 사용하여 화합물을 원소로 분리하는 과정이다. 산업 현장에서는 전기 분해를 통해 순수한 금속을 생산한다. 전기 분해를 위해서는 이온(73쪽 참조)이 자유롭게 움직여 전하가 흐를 수 있도록 해야 한다. 즉 이온 결합 물질이 녹아 있는 수용액이나 용융액과 같이 이온을 포함하고 있는 액체가 필요하며, 이를 전해질이라고 한다.

핵심 요약

- ✓ 전기 분해는 전류를 사용하여 화합물을 분리하는 것이다.
- ✓ 산업 현장에서 순수한 금속을 생산하기 위해 전기 분해를 이용한다.
- ✓ 전기 분해를 위해서는 물질을 녹이거나 용해시켜 이온이 자유롭게 움직일 수 있는 액체 상태로 만들어야 한다.

전기 분해 장치

전기 분해에는 배터리와 같은 전원 공급 장치가 필요하다. 이는 전해질에 담긴 2개의 전극에 연결된다.

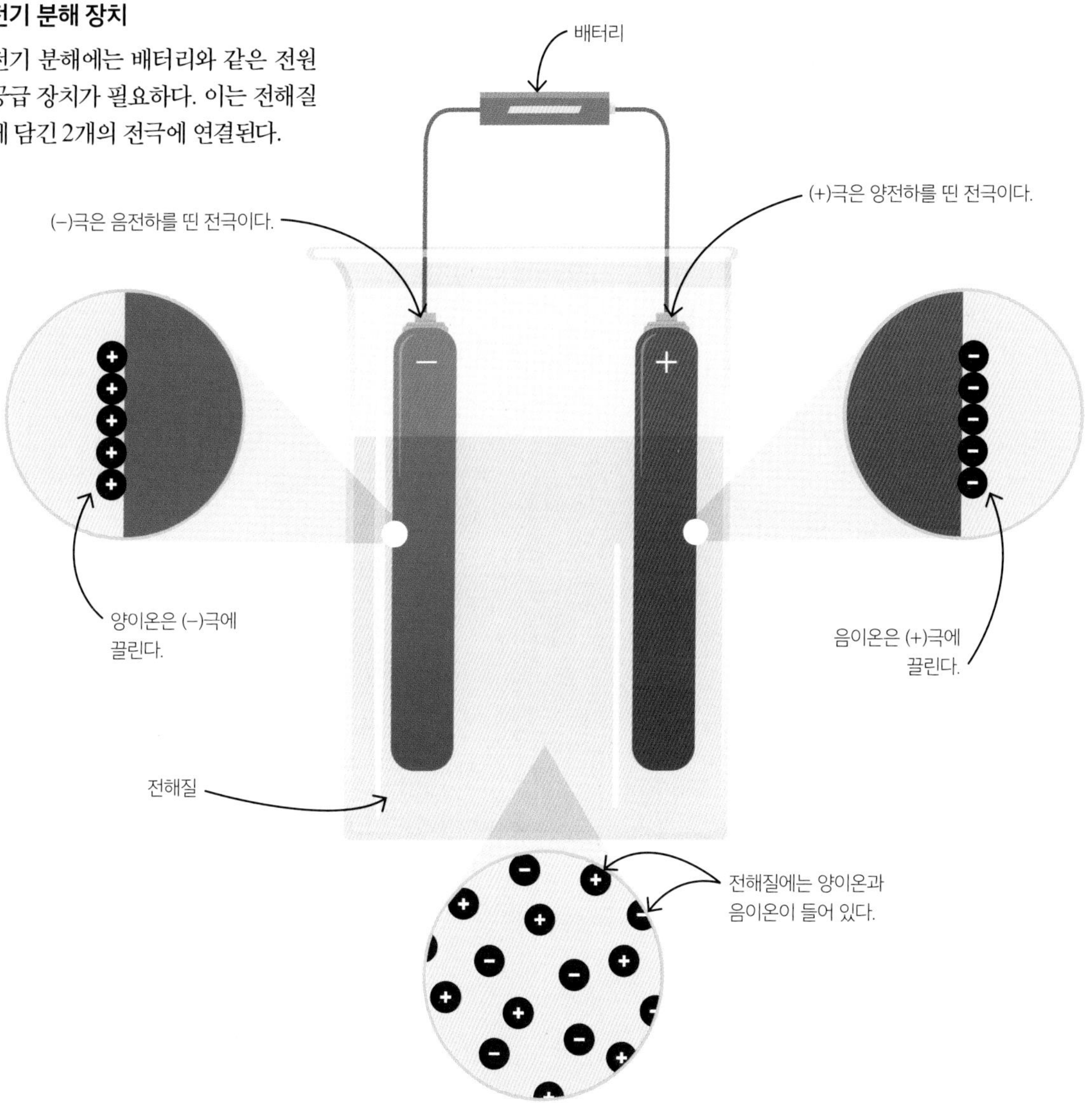

배터리
(−)극은 음전하를 띤 전극이다.
(+)극은 양전하를 띤 전극이다.
−
+
양이온은 (−)극에 끌린다.
음이온은 (+)극에 끌린다.
전해질
전해질에는 양이온과 음이온이 들어 있다.

전기 분해를 이용한 금속 추출

전기 분해를 이용해 금속이 포함된 화합물에서 순수한 금속을 추출할 수 있다. 전기 분해를 하기 위해서는 이온이 자유롭게 움직일 수 있어야 하므로 광석을 녹여야 한다. 전기 분해로 생산된 금속은 순수하다.

핵심 요약

- 전기 분해를 이용하여 광석에서 금속을 추출할 수 있다.
- 광석은 이온이 자유롭게 움직일 수 있도록 용융되어야 한다.
- 전기 분해로 생산된 금속은 순수하다.

전기 분해를 이용한 납 추출

실험실에서는 전원 공급 장치, 전극, 도가니, 분젠 버너를 사용하여 브로민화 납을 금속 납과 브로민으로 전기 분해할 수 있다.

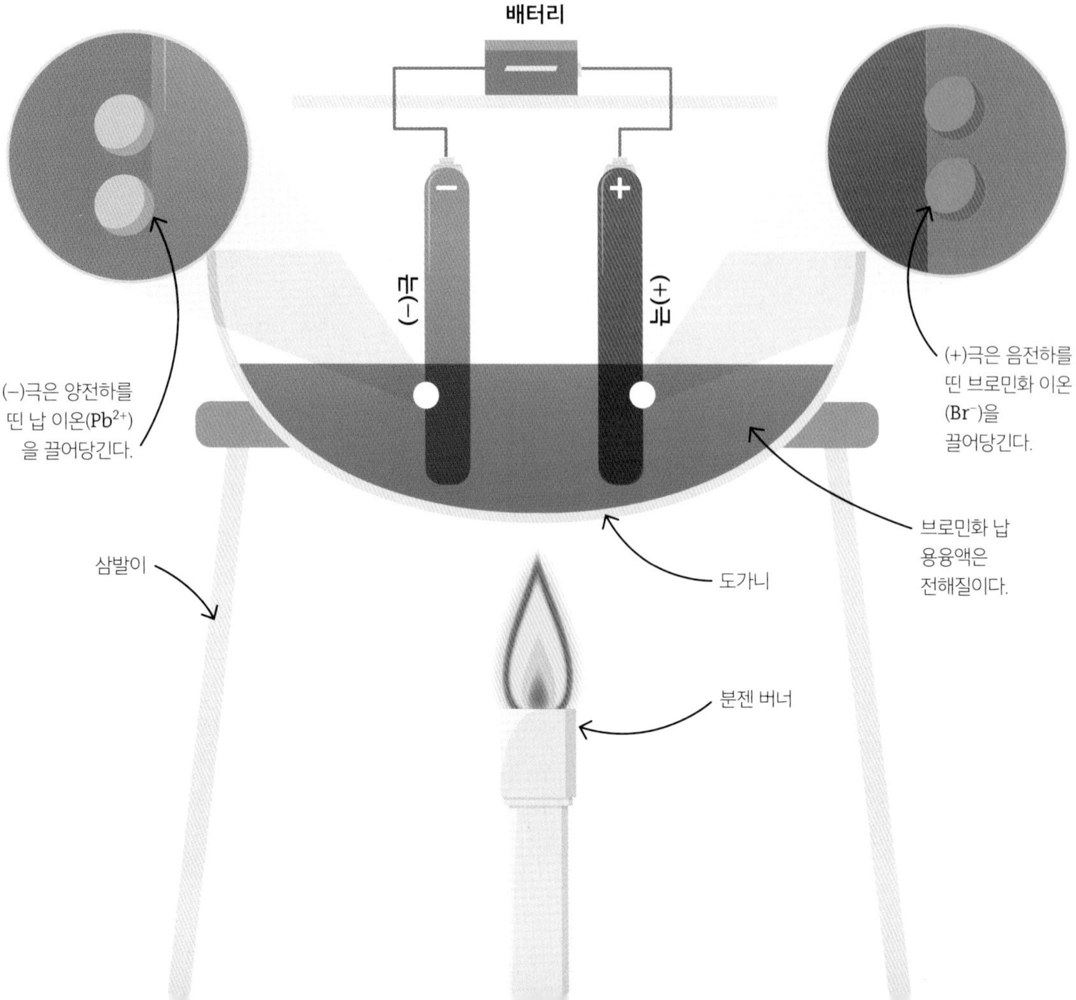
배터리
(−)극
(+)극
(−)극은 양전하를 띤 납 이온(Pb^{2+})을 끌어당긴다.
(+)극은 음전하를 띤 브로민화 이온(Br^-)을 끌어당긴다.
브로민화 납 용융액은 전해질이다.
삼발이
도가니
분젠 버너

반쪽 반응식

전기 분해(153쪽 참조) 과정에서 (+)극에서는 전자를 잃고 (−)극에서는 전자를 얻는다. 두 전극에서 일어나는 각각의 반응에 대한 반쪽 반응식을 쓸 수 있으며, 이 반응식에는 전자도 포함된다. 두 반쪽 반응식을 결합하면 이온 반응식이 된다.

핵심 요약

- ✓ 전기 분해 장치의 각 전극에서 일어나는 반응은 반쪽 반응식으로 표현할 수 있다.
- ✓ 반쪽 반응식에는 전자가 포함된다.
- ✓ 2개의 반쪽 반응식을 결합하여 이온 반응식을 만들 수 있다.

이온 반응식

브로민화 납의 전기 분해는 오른쪽과 같은 이온 반응식으로 나타낼 수 있다.

$$Pb^{2+} + 2Br^{-} \longrightarrow Pb + Br_2$$

(+)극에서의 반응

2개의 브로민화 이온은 전자를 하나씩 잃어 브로민을 형성한다.

(+)극

$$2Br^{-} \longrightarrow Br_2 + 2e^{-}$$

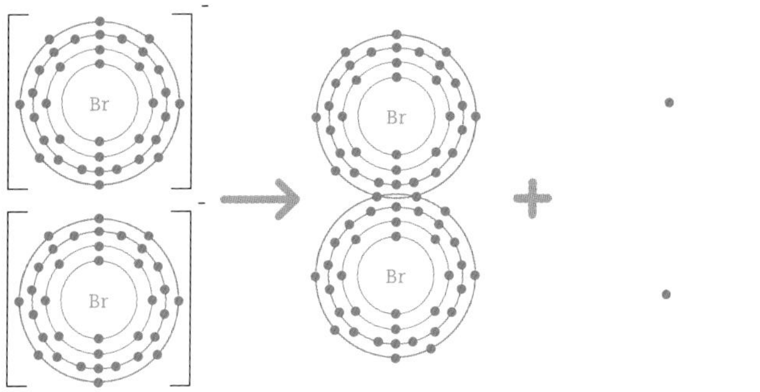

브로민화 이온　　브로민 원자　　전자

(−)극에서의 반응

납 이온은 전자를 2개 얻어 납을 형성한다.

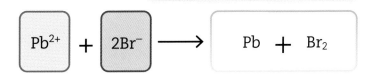

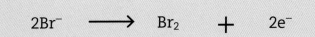

(−)극

$$Pb^{2+} + 2e^{-} \longrightarrow Pb$$

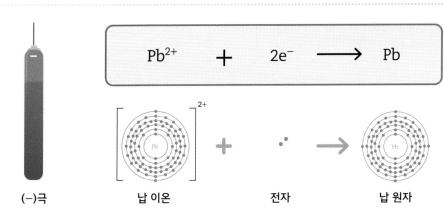

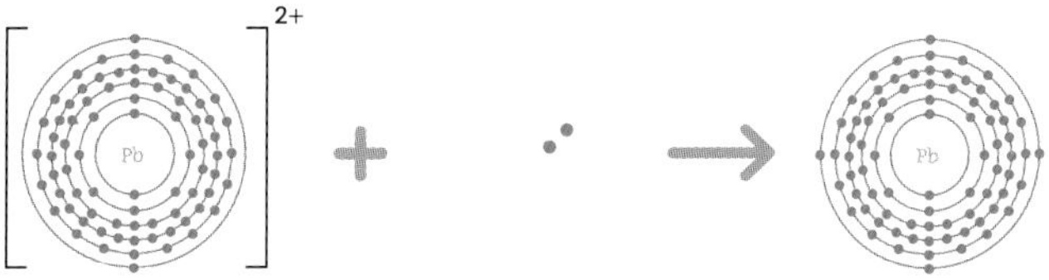

납 이온　　전자　　납 원자

산업 현장에서의 알루미늄 추출

알루미늄 광석은 보크사이트라고 불리며 산화 알루미늄(Al_2O_3)을 함유하고 있다. 알루미늄은 탄소보다 반응성이 높기 때문에 철을 광석에서 추출하는 것과 같은 방식으로는 추출할 수 없다(148쪽 참조). 대신 전기 분해를 이용하여 추출한다.

핵심 요약

- ✓ 전기 분해를 이용하여 알루미늄 광석에서 알루미늄을 추출한다.
- ✓ 알루미늄은 탄소보다 반응성이 높기 때문에 철을 광석에서 추출(148쪽 참조)하는 방법으로는 추출할 수 없다.
- ✓ 보크사이트의 녹는점을 낮추기 위해 다른 알루미늄 화합물인 빙정석과 혼합한다.

산업용 전기 분해

산업 현장에서 금속 광석의 전기 분해는 고온을 견딜 수 있는 커다란 강철 용기에서 수행된다. 보크사이트는 빙정석이라는 물질과 혼합되어 녹는점이 낮아진다. 이를 녹여 광석을 액체 상태로 만들어 전기 분해를 수행한다.

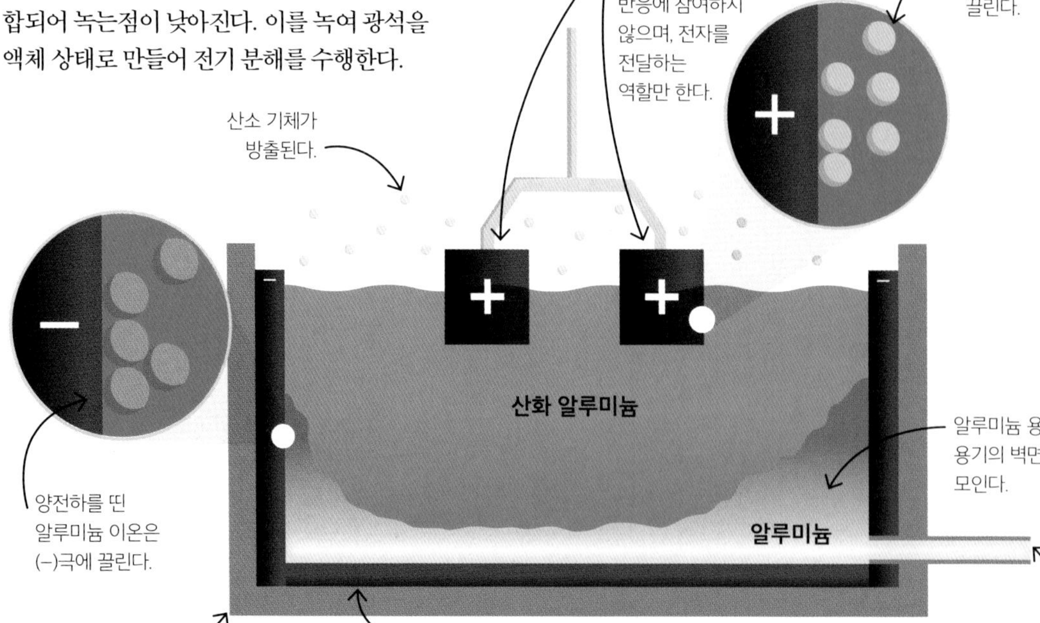

(+)극은 흑연 전극이다. 흑연은 알루미늄보다 반응성이 낮아 반응에 참여하지 않으며, 전자를 전달하는 역할만 한다.
음전하를 띤 산화 이온은 (+)극에 끌린다.
산소 기체가 방출된다.
+
+
+
−
−
−
산화 알루미늄
알루미늄 용융액은 용기의 벽면에 모인다.
알루미늄
양전하를 띤 알루미늄 이온은 (−)극에 끌린다.
강철 용기
(−)극은 용기의 가장자리에 이어져 있다.
알루미늄 용융액을 수거한다.

알루미늄의 용도

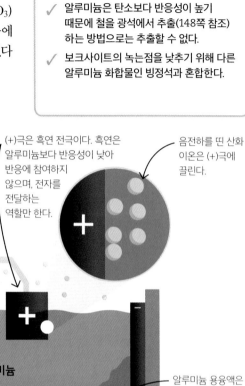

순수한 알루미늄은 밀도가 높지 않아 비행기를 만드는 데 사용된다.
산화 알루미늄 보호막(264쪽 참조)은 알루미늄 포일이 음식과 화학적으로 반응하는 것을 방지한다.

비행기

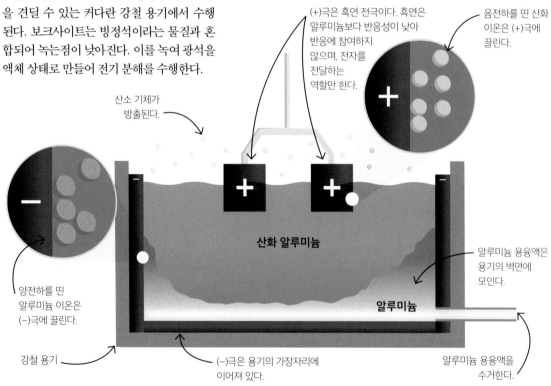

알루미늄 포일

물의 전기 분해

전기 분해를 이용하여 물을 수소 기체(H_2)와 산소 기체(O_2)로 분리할 수 있다. 역사적으로 이 실험은 물이 원소가 아니라 화합물이며 화학식이 H_2O라는 것을 증명하는 데 사용되었다. 물에는 극미량의 분자가 H^+와 OH^- 이온으로 분해되어 있기 때문에 물 자체가 전해질의 역할을 할 수 있다. 그러나 일반적으로는 별도의 전해질을 첨가하여 전기 분해를 한다.

핵심 요약

- ✓ 전기 분해 과정에서 물은 수소 이온(H^+)과 수산화 이온(OH^-)으로 분해된다.
- ✓ 전기 분해를 통해 물은 수소 기체(H_2)와 산소 기체(O_2)로 분리된다.

물 분해 실험

배터리와 비활성 전극(반응에 직접 참여하지 않고 전자만 전달하는 전극)을 사용하여 물 분자를 분해할 수 있다.

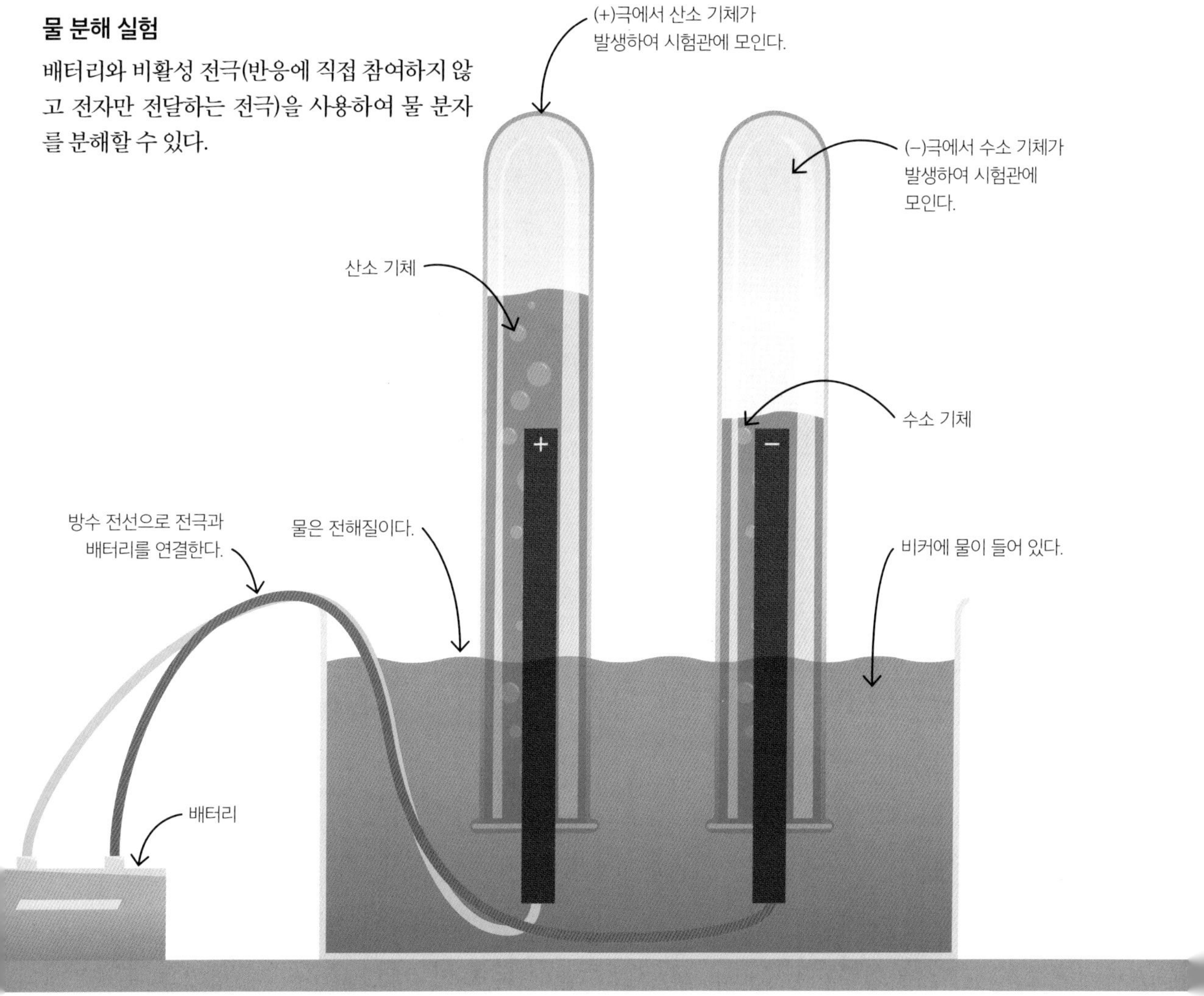

(+)극에서 산소 기체가 발생하여 시험관에 모인다.
(−)극에서 수소 기체가 발생하여 시험관에 모인다.
산소 기체
수소 기체
+
−
방수 전선으로 전극과 배터리를 연결한다.
물은 전해질이다.
비커에 물이 들어 있다.
배터리

전기 분해 실험

전원 공급 장치를 이용하여 실험실에서 전기 분해 실험을 수행할 수 있다. 분해할 물질에 따라 장치의 (+)극과 (−)극에서 무엇이 생성될지 예측하고(10쪽 참조), 이러한 실험 상황을 간단한 그림으로 그려볼 수 있다(174쪽 참조).

핵심 요약

- ✓ 몇 가지 준비물을 이용하여 전기 분해 실험을 설계하고 수행할 수 있다.
- ✓ 전기 분해 실험 장치를 단순화하여 모식도를 그릴 수 있다.
- ✓ (+)극과 (−)극에서 어떤 생성물이 생성될지 예측할 수 있다.

물의 전기 분해

전원 공급 장치, 전극, 시험관, 비커를 이용한 물의 전기 분해를 통해 수소와 산소를 얻을 수 있다. 실험이 끝난 후 시험관에 수소와 산소가 제대로 포집되었는지 확인할 수 있다(229쪽 및 231쪽 참조).

전기 분해 생성물 예측하기

순수한 용융액을 전기 분해하면 (+)극에 비금속이, (−)극에 금속이 형성된다. 그러나 전해질 수용액을 전기 분해하면 (+)극과 (−)극에서 여러 생성물이 생성될 수 있다.

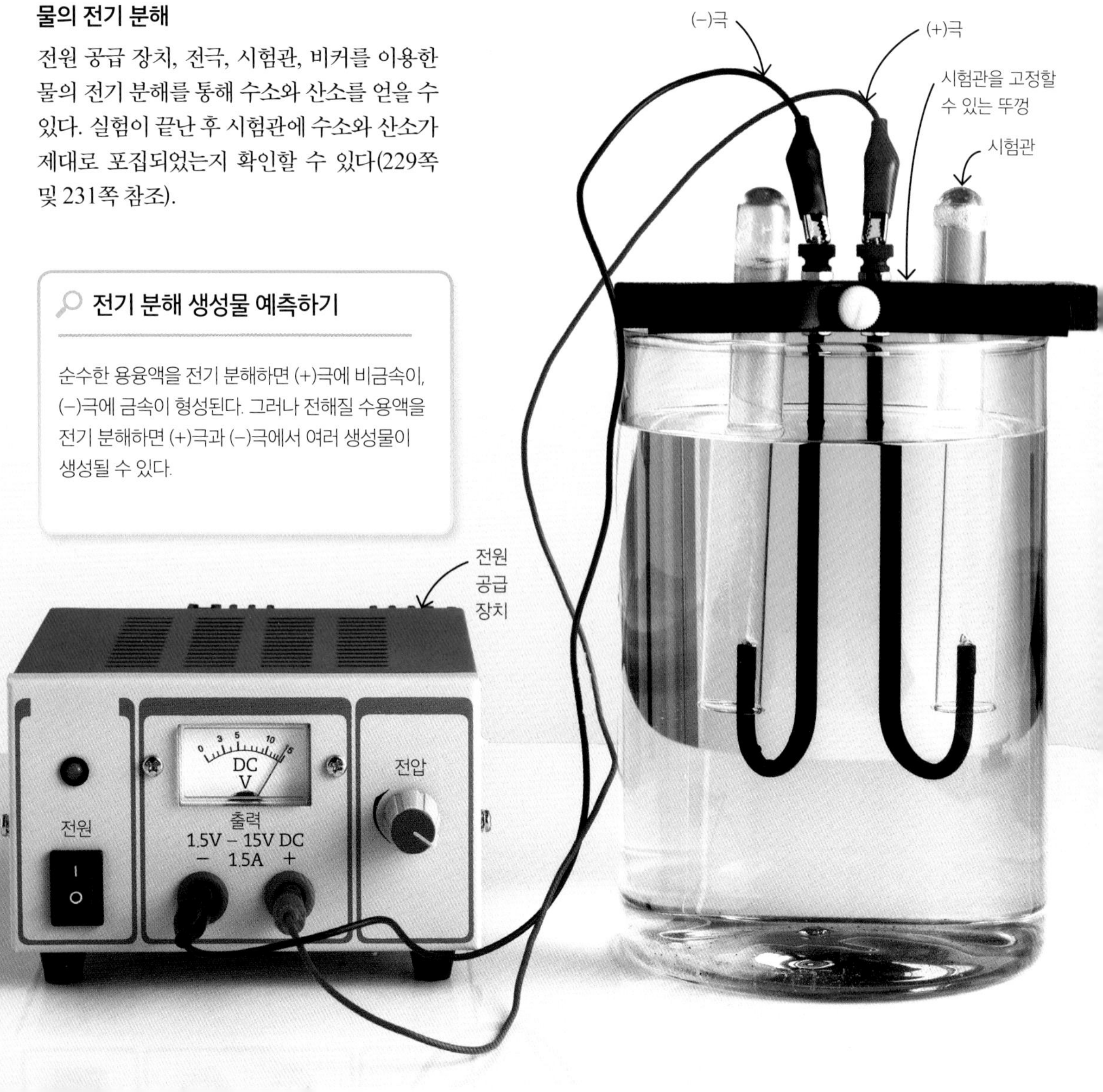

수용액의 전기 분해

전해질 수용액은 전기 분해로 분리할 수 있다. 수용액 내에서는 수소 이온(H^+)과 수산화 이온(OH^-)을 포함하여 전해질을 이루는 이온들이 각 전극(157쪽 참조) 쪽으로 끌려간다.

핵심 요약

- ✓ 전해질 수용액을 전기 분해할 수 있다.
- ✓ 수용액에는 용해된 전해질 이온뿐만 아니라 수소 이온과 수산화 이온이 포함되어 있다.
- ✓ 경우에 따라 (+)극에서는 산소 기체가, (–)극에서는 수소 기체가 형성될 수 있다

전기 분해의 예

산업 현장에서 전기 분해를 통해 원하는 물질을 얻어낼 수 있다.

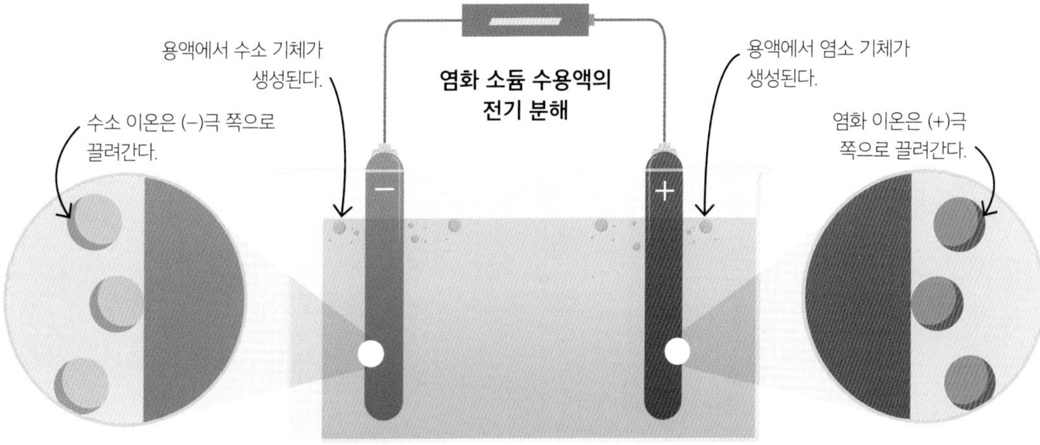
용액에서 수소 기체가 생성된다.
염화 소듐 수용액의 전기 분해
용액에서 염소 기체가 생성된다.
수소 이온은 (–)극 쪽으로 끌려간다.
염화 이온은 (+)극 쪽으로 끌려간다.
–
+

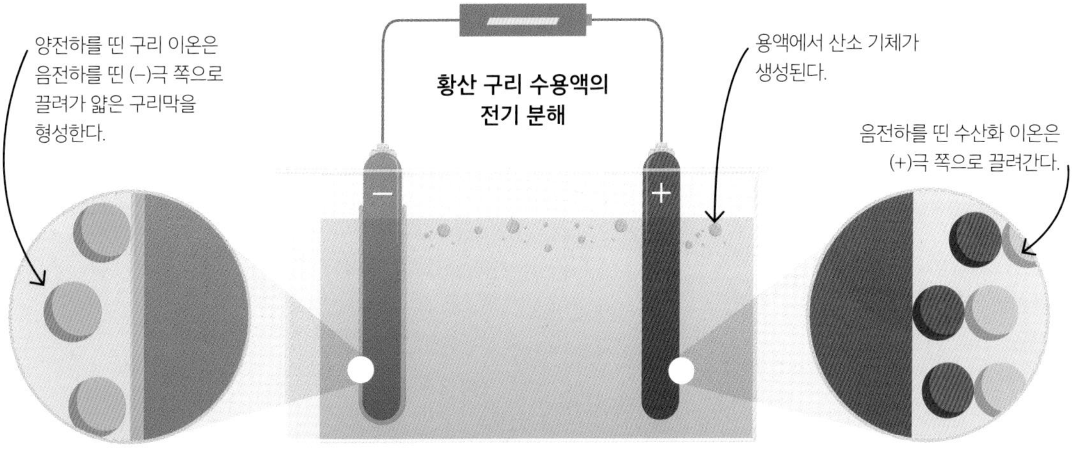
양전하를 띤 구리 이온은 음전하를 띤 (–)극 쪽으로 끌려가 얇은 구리막을 형성한다.
황산 구리 수용액의 전기 분해
용액에서 산소 기체가 생성된다.
음전하를 띤 수산화 이온은 (+)극 쪽으로 끌려간다.
–
+

전기 도금

전기 도금은 전기 분해(153쪽 참조)를 이용하여 물체 표면을 금속으로 코팅하는 방법이다. 도금은 물체 외관의 색을 바꾸거나 녹이 스는 것을 방지해 준다(264쪽 참조). 예를 들어 니켈 합금으로 만든 숟가락을 은으로 도금할 수 있다. 은은 반응성이 낮기 때문에 숟가락이 빨리 녹슬지 않아 더 오래 사용할 수 있다.

핵심 요약

- ✓ 전기 도금은 물체를 금속으로 코팅하는 데 사용된다.
- ✓ 전기 도금은 금속의 외관을 바꾸고 금속을 보호한다.
- ✓ 대표적인 예로 니켈 합금으로 만들어진 물체를 은으로 도금하는 경우가 있다.

은도금 숟가락

전기 분해를 통해 숟가락 표면을 은으로 코팅할 수 있다.

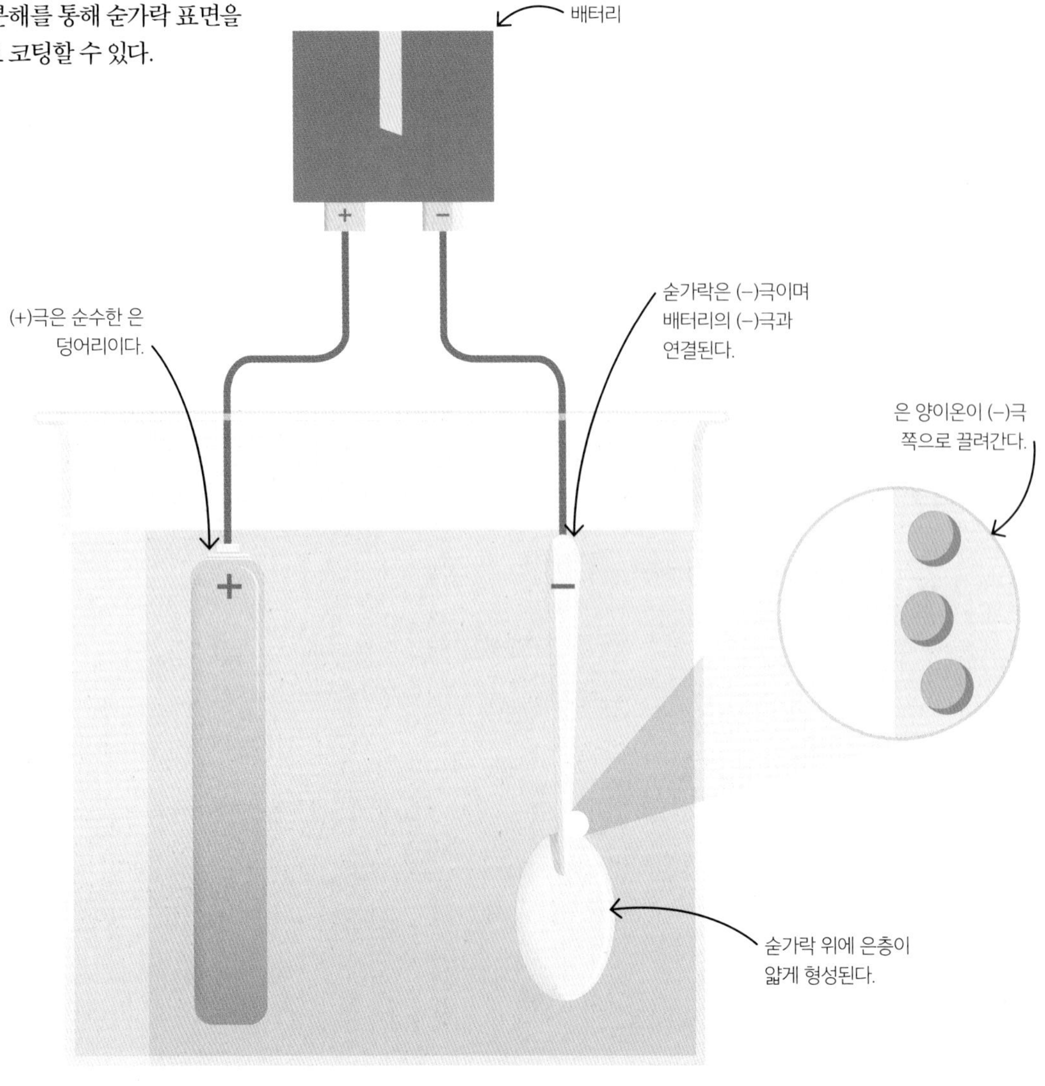

배터리
+
−
(+)극은 순수한 은 덩어리이다.
숟가락은 (−)극이며 배터리의 (−)극과 연결된다.
은 양이온이 (−)극 쪽으로 끌려간다.
+
−
숟가락 위에 은층이 얇게 형성된다.

에너지 변화

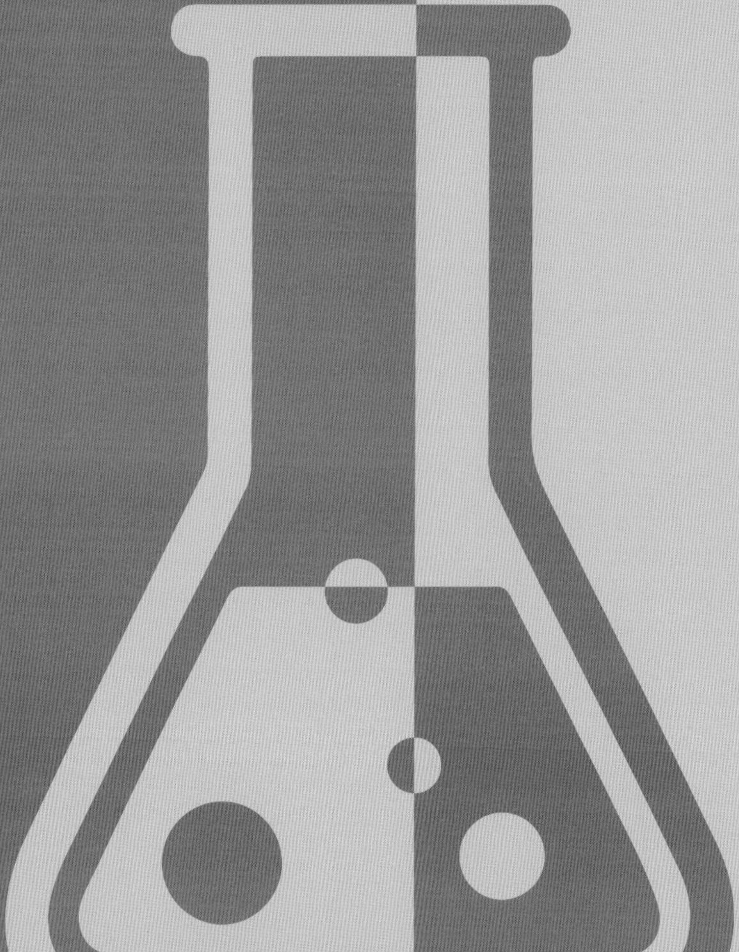

화학 반응

화학 반응은 에너지 변화를 수반한다. 화학 반응에서 반응을 시작하는 물질을 '반응물'이라고 한다. 이들은 반응하여 '생성물'이라는 새로운 물질을 형성한다. 반응 물질이 두 가지일 때 일반적으로 한두 가지의 생성물이 형성된다. 그러나 한 가지 반응물이 세 가지 이상의 생성물을 만드는 경우도 있다.

반응을 통한 변화

화학 반응에는 다음과 같은 공통점이 있다.

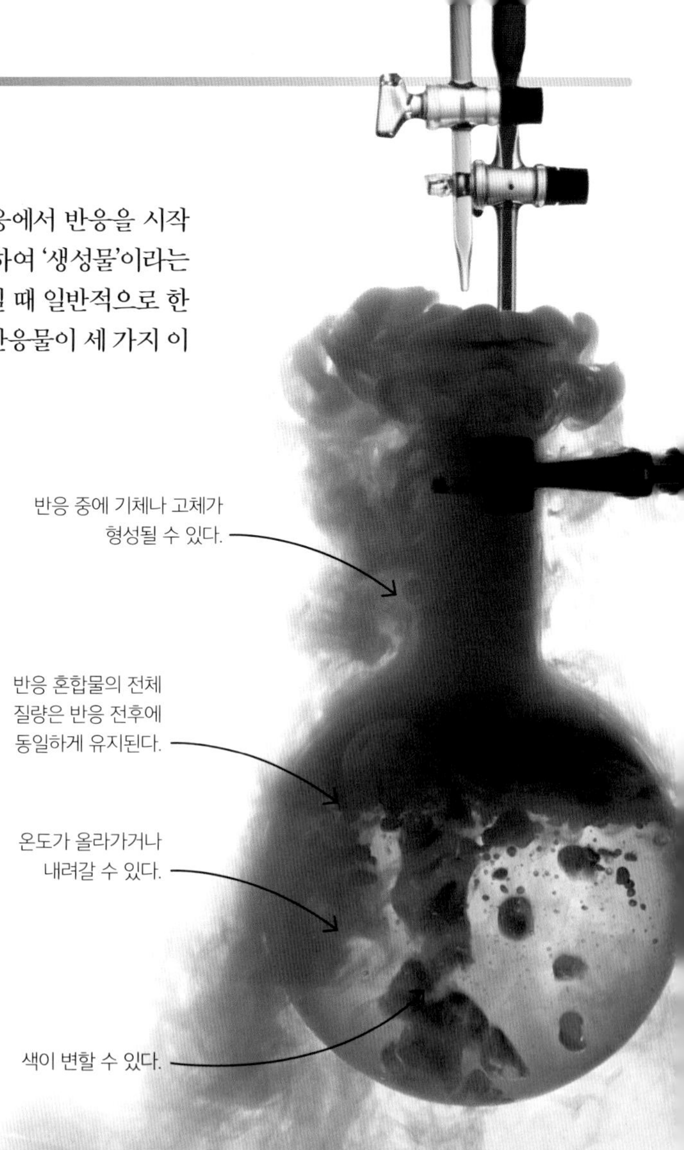

반응 중에 기체나 고체가 형성될 수 있다.
반응 혼합물의 전체 질량은 반응 전후에 동일하게 유지된다.
온도가 올라가거나 내려갈 수 있다.
색이 변할 수 있다.

핵심 요약

- ✓ 반응 중에 원자는 새로 생기거나 사라지지 않고 단지 재배열되는 것뿐이므로 전체 질량은 유지된다.
- ✓ 에너지는 주변으로 방출되거나 주변으로부터 흡수된다.
- ✓ 반응 혼합물의 에너지 변화는 주변의 에너지 변화와 크기가 같고 부호는 반대이다.
- ✓ 반응 혼합물의 온도나 색이 변하거나 기체나 고체가 생성되는 것은 반응이 진행되었다는 증거이다.

화학 반응의 원리

화학 반응을 통해 반응물의 결합이 끊어진다. 원자는 새로 생기거나 사라지지 않고 새로운 결합이 형성되어 생성물이 만들어진다. 예를 들어 오른쪽과 같이 수소는 산소와 반응하여 물을 만든다.

수소 + 산소 ⟶ 물

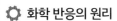

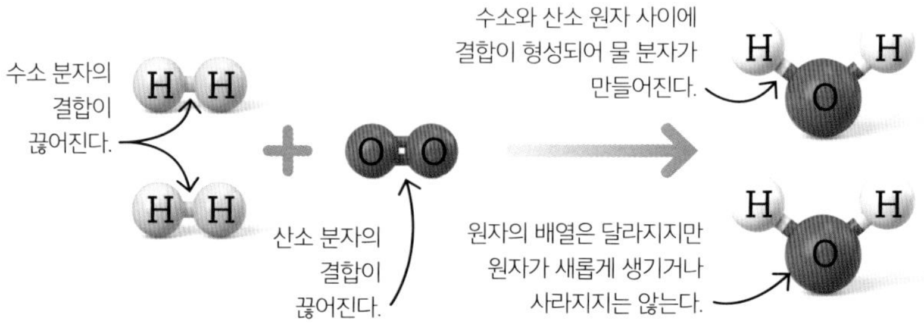

연소

연소는 물질이 산소와 반응하여 열과 빛을 방출하는 과정이다. 빠르게 진행되는 산화 반응이며, 일반적으로 '탄다'라고 표현할 수 있다. 연소 반응이 시작되기 위해서는 열이 필요하며, 급격히 냉각되거나 산소가 소진되면 연소 반응이 멈춘다.

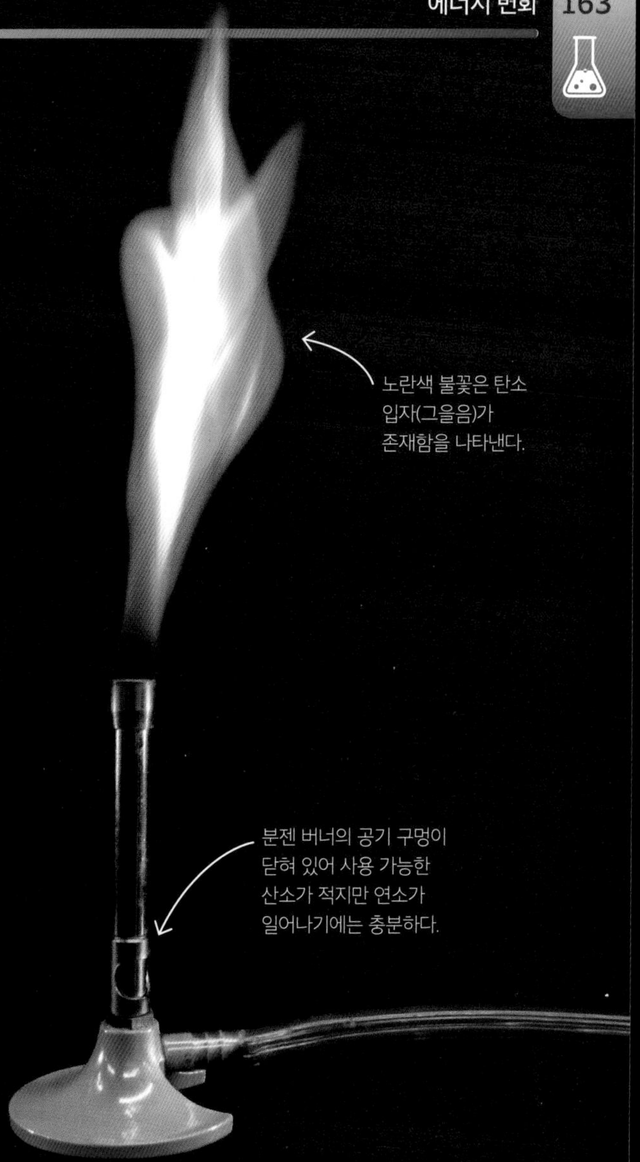

메테인 연소

분젠 버너에 사용되는 가스는 대부분 메테인으로, 공기 중의 산소와 반응한다. 반응을 시작하려면 불꽃이 필요하지만, 반응을 시작하고 나면 그 후에는 가스 공급이 끊어질 때까지 연소가 계속된다.

핵심 요약

- ✓ 연소는 물질이 산소와 빠르게 반응하여 열과 빛을 내는 과정이다.
- ✓ 연소는 흔히 '탄다'고 표현된다.
- ✓ 연소 반응을 위해서는 연소할 물질(연료), 산소 및 열이 필요하다.

연소의 3요소

오른쪽 삼각형은 연소를 시작하고 유지하는 데 필요한 세 가지를 보여준다. 하나라도 만족하지 않으면 반응이 멈춘다. 이는 화재 진압에 사용되는 개념이며, 이를 이용하여 적합한 방식으로 화재를 진압할 수 있다.

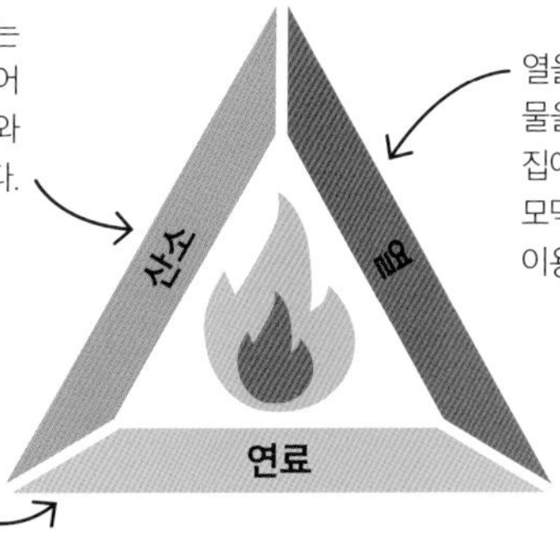

모래, 이산화 탄소 또는 방화 담요로 불을 덮어 공기 중의 산소가 연료와 접촉하지 못하게 막는다.
가스 공급을 멈추거나, 산불이 나면 나무 일부를 제거하여 방화벽을 만든다. 연료를 제거하는 것이 쉽지 않은 경우도 있다.
열을 잘 흡수하는 물을 뿌린다. 이는 집에서의 작은 화재나 모닥불을 끄는 데 이용할 수 있다.
산소
열
연료

산화

산소는 반응성이 매우 강해 많은 금속 및 비금속과 결합하여 산화물을 형성한다. 물질이 산소를 얻는 반응을 산화라고 한다. 일반적으로 산화는 전자를 잃는다는 것을 의미하며(149쪽 참조), 연소(163쪽 참조)는 산화 반응의 한 예이다.

핵심 요약

- ✓ 물질이 산소를 얻거나 전자를 잃는 반응을 산화 반응이라고 한다.
- ✓ 금속과 비금속은 산소와 반응하여 산화물을 형성할 수 있다.
- ✓ 물질이 연소할 때 산화 반응이 일어난다.

마그네슘 연소

마그네슘은 공기 중의 산소와 연소 반응을 하여 산화 마그네슘을 형성한다. 연소 반응 중 밝고 흰 불꽃이 형성되며, 이는 비상 조명탄, 플래시 전구, 불꽃놀이에 이용된다.

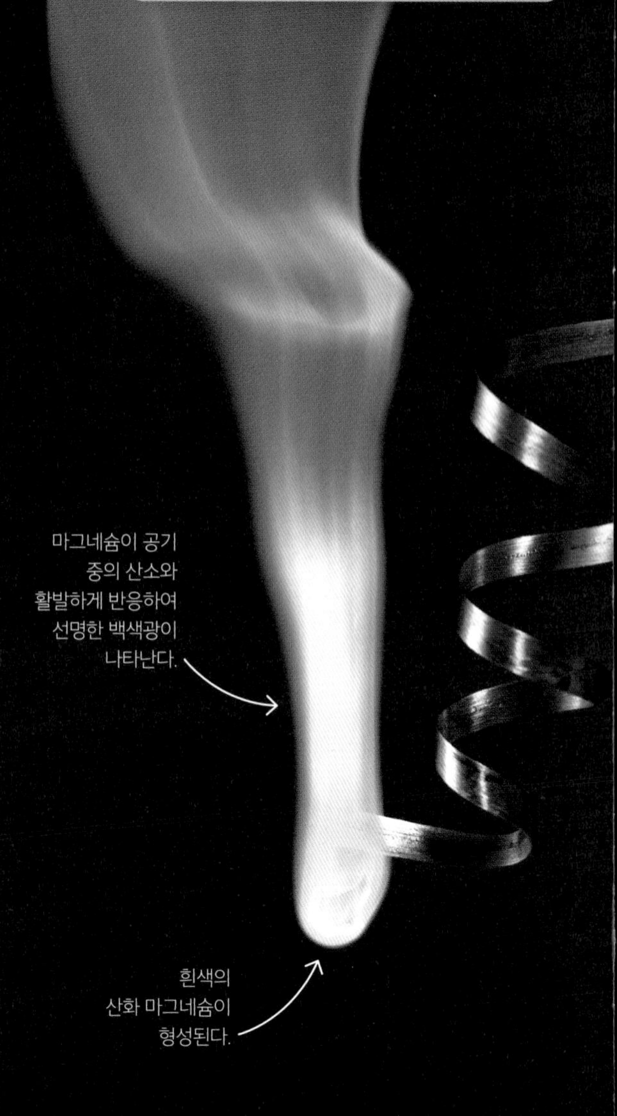
마그네슘이 공기 중의 산소와 활발하게 반응하여 선명한 백색광이 나타난다.
흰색의 산화 마그네슘이 형성된다.

금속 산화물과 비금속 산화물

금속은 산소와 반응하여 금속 산화물을 형성한다.

마그네슘 + 산소 ⟶ 산화 마그네슘

$$2Mg + O_2 \longrightarrow 2MgO$$

비금속도 산소와 반응할 수 있으며, 비금속 산화물을 형성한다. 예를 들어 탄소는 산소와 반응하여 이산화 탄소를 형성한다.

탄소 + 산소 ⟶ 이산화 탄소

$$C + O_2 \longrightarrow CO_2$$

열분해

일부 물질은 열을 가하면 화학적으로 분해된다. 이를 열분해라고 하며, 열을 흡수하여 반응이 일어나기 때문에 흡열 과정(167쪽 참조)이다.

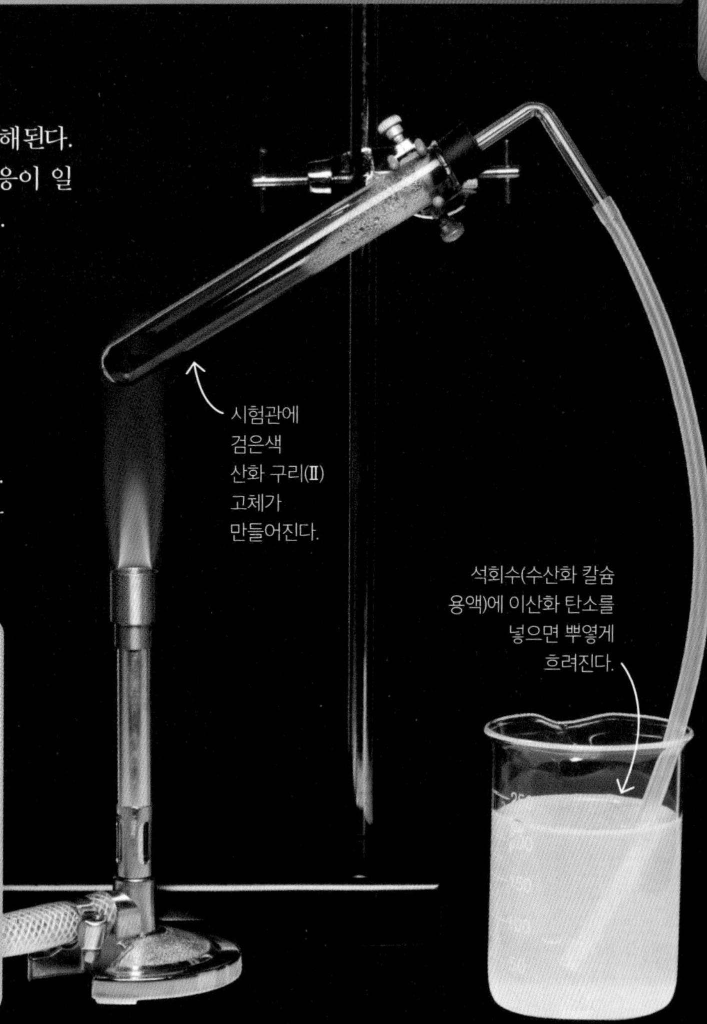
시험관에 검은색 산화 구리(Ⅱ) 고체가 만들어진다.
석회수(수산화 칼슘 용액)에 이산화 탄소를 넣으면 뿌옇게 흐려진다.

구리(Ⅱ) 탄산염의 가열

탄산 구리($CuCO_3$)는 밝은 녹색의 고체이다. 열을 가하면 열분해되어 이산화 탄소 기체와 산화 구리(Ⅱ) 고체를 형성한다.

핵심 요약

- ✓ 열분해는 하나의 물질이 가열되면서 2개 이상의 생성물로 분해되는 반응이다.
- ✓ 금속 탄산염은 일반적으로 열분해를 한다.
- ✓ 열분해는 흡열 반응이다(주변에서 열을 흡수한다).

금속 탄산염의 열분해

탄산 구리(Ⅱ)와 같은 일부 금속 탄산염은 열을 가하면 분해되어 금속 산화물과 이산화 탄소를 형성한다.

금속 탄산염 ⟶ 금속 산화물 + 이산화 탄소

탄산 구리(Ⅱ) ⟶ **산화 구리(Ⅱ)** + **이산화 탄소**

$$CuCO_3(s) \longrightarrow CuO(s) + CO_2(g)$$

(s)는 이 물질이 고체(solid) 상태임을 나타낸다.

(g)는 이 물질이 기체(gas) 상태임을 나타낸다.

발열 반응

화학 반응은 발열 반응이거나 흡열 반응이다. 발열 반응에서는 반응 혼합물에서 주변으로 에너지가 방출된다. 에너지는 일반적으로 열의 형태로 방출되어 주변의 온도가 상승한다. 연소 반응은 발열 반응의 대표적인 예이다.

핵심 요약

- ✓ 일반적인 발열 반응은 연소, 중화 및 치환 반응이다.
- ✓ 발열 반응은 에너지를 주변으로 방출한다.
- ✓ 에너지는 대부분 열의 형태로 전달된다.
- ✓ 방출된 열은 주변 온도를 상승시킨다.

연소

폭발은 물질이 산소와 빠르게 반응하며 타는 연소 반응(163쪽 참조)이 급격하게 일어나는 것이다. 고온에서 발생하며 소리, 열, 빛을 통해 주변으로 에너지를 방출한다.

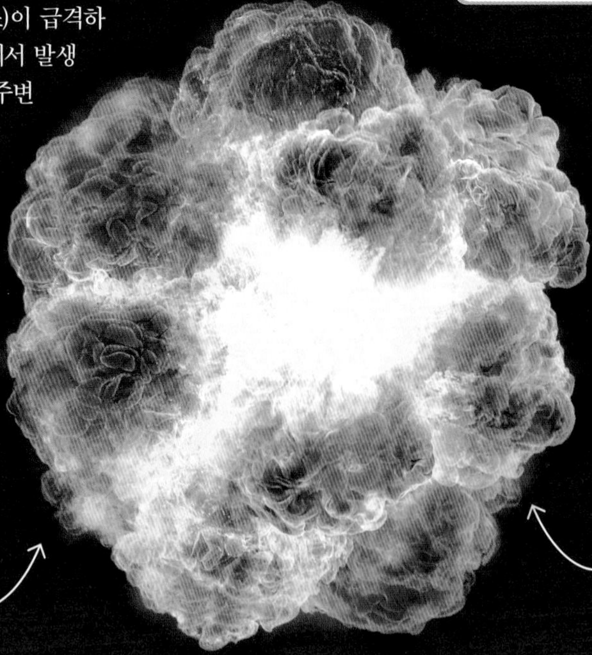

연소 반응 중에는 화염이 발생한다.

에너지가 빛의 형태로 전달되기 때문에 폭발은 매우 밝다.

발열 반응의 원리

발열 반응은 화학 결합에 저장된 에너지를 주변으로 방출한다. 오른쪽 그림과 같이 포타슘을 물에 넣으면 발열 반응을 하며 수산화 포타슘과 수소 기체를 생성한다.

1. 포타슘은 물과 반응하여 수산화 포타슘과 수소 기체를 생성한다.

2. 열이 점점 많이 발생하며 수소 기체가 점화되어 보라색 불꽃이 나타난다.

3. 반응이 끝날 때 뜨겁게 가열된 불꽃은 작은 폭발과 함께 사라진다.

흡열 반응

흡열 반응에서는 주변으로부터 반응 혼합물로 에너지가 흡수된다. 용액에서 흡열 반응이 일어나는 경우 용액의 온도가 낮아진다. 화학 반응은 발열 반응과 흡열 반응 둘 중 하나이지만, 흡열 반응이 더 적다. 광합성, 열분해 반응은 흡열 반응이다.

탄산수소 소듐

탄산수소 소듐(중탄산 소듐)과 묽은 산의 반응은 흡열 반응이다.

탄산수소 소듐 가루를
용액에 첨가한다.
반응을 통해
이산화 탄소 기체가
발생한다.
탄산수소 소듐에
구연산과 같은 묽은
산을 첨가한다.
반응 혼합물의
온도가 내려간다.

핵심 요약

- 흡열 반응에서는 주변으로부터 반응 혼합물로 에너지가 흡수된다.
- 에너지가 공급되어야 흡열 반응이 지속된다.
- 용액상 반응의 경우 용액의 온도가 감소한다.
- 열분해, 얼음의 융해는 흡열 반응이다.

흡열 반응의 원리

용해되는 물질에 따라 용해 과정은 발열 반응일 수도, 흡열 반응일 수도 있다. 염화 암모늄을 물에 녹이는 것은 흡열 반응이며, 쿨팩에 사용된다.

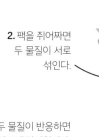

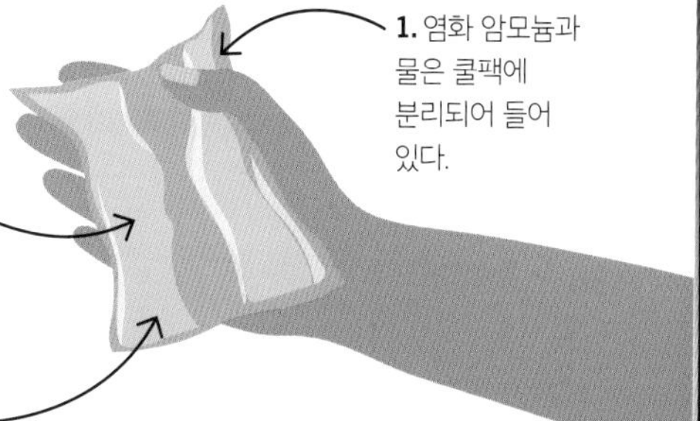
1. 염화 암모늄과
물은 쿨팩에
분리되어 들어
있다.
2. 팩을 쥐어짜면
두 물질이 서로
섞인다.
3. 두 물질이 반응하면
빠르게 차가워진다.

용액에서의 열전달

용액에서 발열 반응이 일어나면 용액의 온도가 올라가고, 흡열 반응 시에는 용액의 온도가 내려간다. 온도 변화를 측정하여 반응이 발열 반응인지 흡열 반응인지 알 수 있는데, 이를 열량 측정법이라고 한다. 중화 반응(135쪽 참조)은 일반적으로 발열 반응이다.

핵심 요약

- ✓ 발열 반응에서는 용액의 온도가 올라간다.
- ✓ 흡열 반응에서는 용액의 온도가 내려간다.
- ✓ 반응을 통한 에너지 변화량을 측정할 수 있으며, 이를 열량 측정법이라고 한다.
- ✓ 이때 에너지가 손실될 수 있으므로 용액은 잘 단열되어야 한다.

중화 반응에서의 열전달

염산과 수산화 소듐의 반응에서 온도 변화를 측정하여 열이 얼마나 흡수되거나 방출되는지 알아낼 수 있다. 오른쪽 예제를 통해 전달된 에너지의 양을 계산하는 방법을 알아보자.

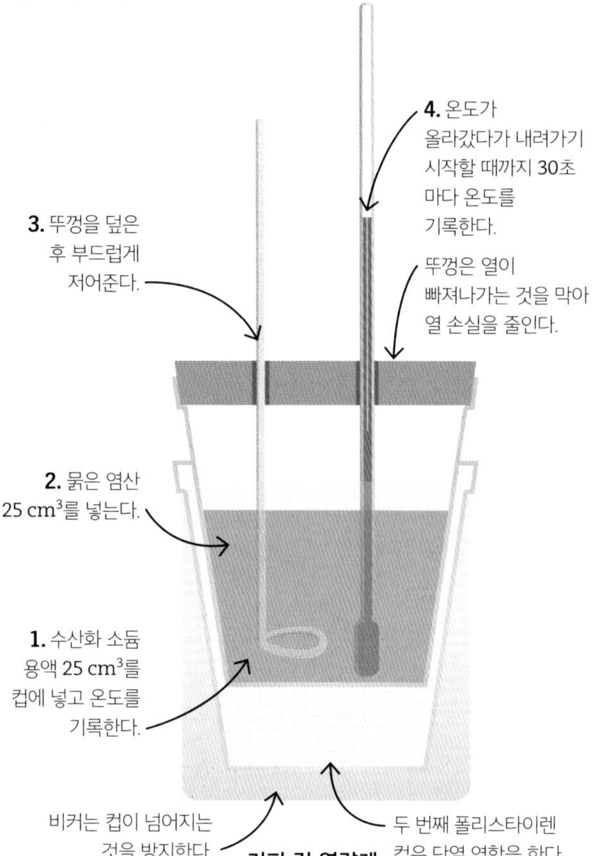

4. 온도가 올라갔다가 내려가기 시작할 때까지 30초마다 온도를 기록한다.
3. 뚜껑을 덮은 후 부드럽게 저어준다.
뚜껑은 열이 빠져나가는 것을 막아 열 손실을 줄인다.
2. 묽은 염산 25 cm³를 넣는다.
1. 수산화 소듐 용액 25 cm³를 컵에 넣고 온도를 기록한다.
비커는 컵이 넘어지는 것을 방지한다.
두 번째 폴리스타이렌 컵은 단열 역할을 한다.

커피 컵 열량계

예제

문제

25 cm^3의 염산이 25 cm^3의 수산화 소듐 용액과 반응하여 온도가 20°C 상승했다. 에너지 변화를 계산하시오. (c = 4.2 J/g/°C)

풀이

1. 물의 질량을 계산한다.
전체 부피 = 25 cm^3 + 25 cm^3 = 50 cm^3
1 cm^3 = 1 g이므로 질량은 50 g이다.

2. 다음 공식을 이용하여 에너지 변화를 계산한다. 비열은 물 1 g의 온도를 1°C 올리는 데 필요한 열에너지이다.

$$Q = mc\Delta T$$

Q = 에너지 변화(J)
m = 물의 질량(g)
c = 물의 비열
ΔT = 온도 변화(°C)

$$\begin{aligned} Q &= mc\Delta T \\ &= 50 \times 4.2 \times 20 \\ &= 4200\ J \end{aligned}$$

3. 온도가 증가하므로 발열 반응이다(Q는 음수가 된다).

답

에너지 변화 = −4200 J

연소 반응에서의 열전달

모든 연소 반응은 발열 반응이다(166쪽 참조). 연소 반응은 주로 열을 통해 주변으로 에너지를 전달한다. 알코올램프를 사용하여 물이 담긴 용기를 가열하고, 이때 물로 전달되는 에너지를 계산할 수 있다.

연소를 통한 열전달

연료를 연소시켜 물을 가열하고 연소된 물질의 질량과 물의 온도 변화를 측정하여 에너지 전달량을 계산할 수 있다. 이를 계산하는 방법을 오른쪽 예제를 통해 알아보자.

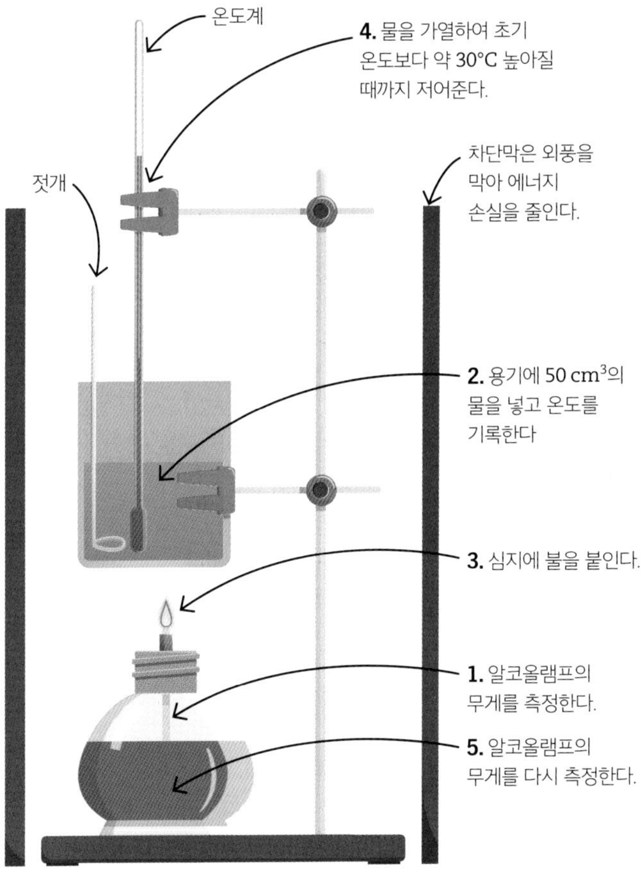

온도계
4. 물을 가열하여 초기 온도보다 약 30°C 높아질 때까지 저어준다.
젓개
차단막은 외풍을 막아 에너지 손실을 줄인다.
2. 용기에 50 cm³의 물을 넣고 온도를 기록한다
3. 심지에 불을 붙인다.
1. 알코올램프의 무게를 측정한다.
5. 알코올램프의 무게를 다시 측정한다.

간이 열량계

핵심 요약

- ✓ 연료를 연소시켜 물을 가열하고 온도 변화를 측정하여 방출되는 열량을 측정할 수 있다.
- ✓ 물로 전달되는 열에너지를 측정하는 것을 열량 측정법이라고 한다.
- ✓ 사용된 연료의 질량과 온도 변화를 측정하면 연료의 질량당 에너지 전달량을 계산할 수 있다.

예제

문제

0.59 g의 연료가 연소되어 물 50 cm^3의 온도가 31°C 상승했다. 사용된 연료의 에너지 변화를 kJ/g 단위로 계산하시오. (c = 4.2 J/g/°C)

풀이

1. 물의 질량을 계산한다.
1 cm^3 = 1 g이므로 질량은 50 cm^3 = 50 g이다.

2. 다음 화학 반응식을 사용하여 에너지 변화를 J 단위로 계산한다.

$$Q = mc\Delta T$$

Q = 에너지 변화(J)
m = 물의 질량(g)
c = 물의 비열
ΔT = 온도 변화(°C)
Q = 50 × 4.2 × 31 = 6510 J

3. J를 kJ로 변환한다.
6510 J = 6510 J/1000 J/kJ = 6.51 kJ

4. 3단계에서 구한 값을 사용된 연료의 질량으로 나누어 에너지 변화를 kJ/g 단위로 구한다.
6.51 kJ /0.59 g = 11 kJ/g

답

에너지 변화 = 11 kJ/g

발열 반응 에너지 도표

결합을 형성하는 것은 에너지를 방출하기 때문에 발열 과정이다. 반대로 결합을 끊는 것은 에너지가 필요하기 때문에 흡열 과정이다. 발열 반응에서는 반응물의 결합을 끊는 데 필요한 에너지보다 생성물의 결합이 형성될 때 방출되는 에너지가 더 크다.

핵심 요약

- 발열 반응에서는 반응물의 에너지 준위가 생성물의 에너지 준위보다 높다.
- 활성화 에너지는 반응물보다 높이 올라가는 위쪽 화살표로 표시된다.
- 전체 에너지 변화는 아래쪽 화살표로 표시된다.

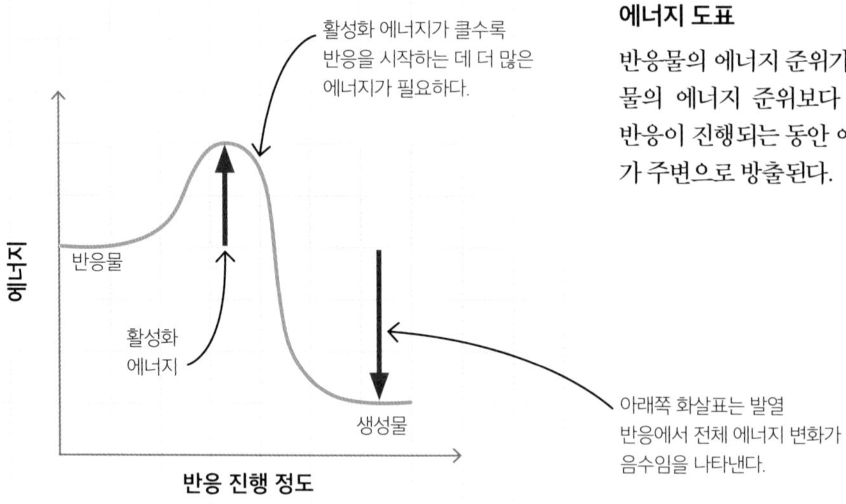
활성화 에너지가 클수록 반응을 시작하는 데 더 많은 에너지가 필요하다.
에너지
반응물
활성화 에너지
생성물
아래쪽 화살표는 발열 반응에서 전체 에너지 변화가 음수임을 나타낸다.
반응 진행 정도

발열 반응에 대한 에너지 도표

반응물의 에너지 준위가 생성물의 에너지 준위보다 높다. 반응이 진행되는 동안 에너지가 주변으로 방출된다.

결합 형성의 원리

화학 결합이 형성되면 에너지가 방출된다. 물질에 따라 금속 결합, 이온 결합(74쪽 참조) 또는 오른쪽 그림과 같이 공유 결합이 형성된다.

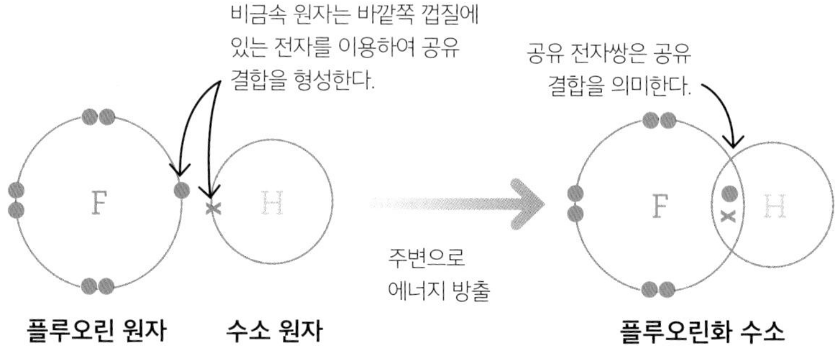
비금속 원자는 바깥쪽 껍질에 있는 전자를 이용하여 공유 결합을 형성한다.
공유 전자쌍은 공유 결합을 의미한다.
F
H
주변으로 에너지 방출
플루오린 원자
수소 원자
플루오린화 수소

흡열 반응 에너지 도표

결합을 끊는 것은 에너지가 필요하기 때문에 흡열 과정이다. 흡열 반응에서는 생성물의 결합이 형성될 때 방출되는 에너지보다 반응물의 결합을 끊는 데 더 많은 에너지가 필요하다.

핵심 요약

- ✓ 흡열 반응에서는 생성물의 에너지 준위가 반응물보다 높다.
- ✓ 활성화 에너지는 생성물보다 높이 올라가는 위쪽 화살표로 표시된다.
- ✓ 전체 에너지 변화는 위쪽 화살표로 표시된다.

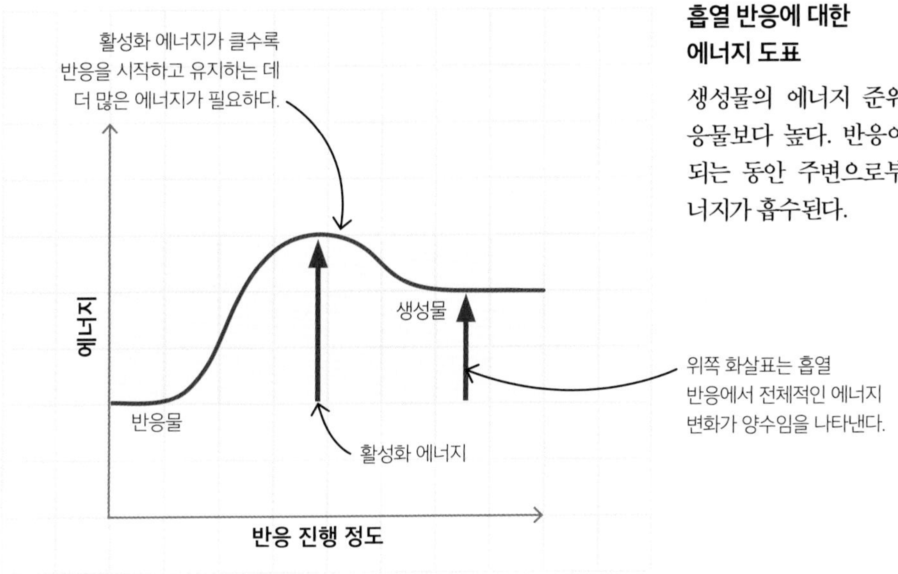
활성화 에너지가 클수록 반응을 시작하고 유지하는 데 더 많은 에너지가 필요하다.
에너지
생성물
반응물
활성화 에너지
반응 진행 정도
위쪽 화살표는 흡열 반응에서 전체적인 에너지 변화가 양수임을 나타낸다.

흡열 반응에 대한 에너지 도표

생성물의 에너지 준위가 반응물보다 높다. 반응이 진행되는 동안 주변으로부터 에너지가 흡수된다.

결합 해리의 원리

화학 결합을 끊으려면 에너지가 필요하다. 물질에 따라 금속 결합, 이온 결합(74쪽 참조) 또는 오른쪽 그림과 같이 공유 결합이 해리될 수 있다.

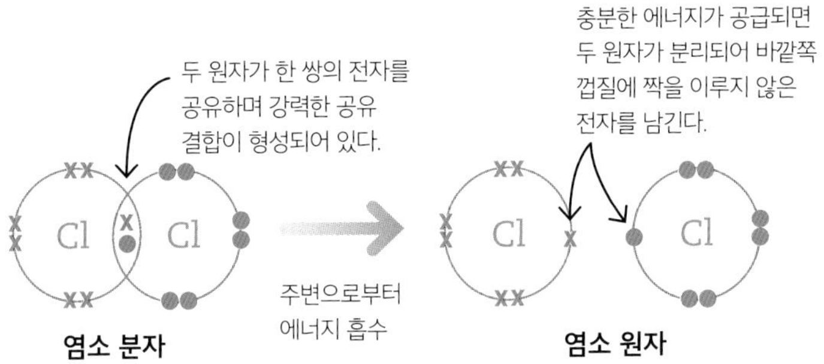
두 원자가 한 쌍의 전자를 공유하며 강력한 공유 결합이 형성되어 있다.
충분한 에너지가 공급되면 두 원자가 분리되어 바깥쪽 껍질에 짝을 이루지 않은 전자를 남긴다.
Cl
Cl
Cl
Cl
주변으로부터 에너지 흡수
염소 분자
염소 원자

에너지 변화 계산

결합을 끊는 데는 에너지가 필요하며, 결합이 형성되면 에너지가 방출된다. 결합을 끊는 데 필요한 에너지를 결합 에너지라고 한다. 반응물과 생성물의 결합 에너지를 이용하여 반응의 에너지 변화를 계산할 수 있다.

핵심 요약

- ✓ 결합 에너지는 1몰의 결합을 끊는 데 필요한 에너지이다.
- ✓ 반응의 에너지 변화는 반응물의 결합 에너지에서 생성물의 결합 에너지를 뺀 것과 같다.
- ✓ 에너지 변화는 발열 반응에서 음수, 흡열 반응에서 양수이다.

결합 에너지

결합 에너지는 1몰의 결합을 끊을 때 필요한 에너지를 나타낸 것이다. 결합 에너지가 클수록 결합이 더 강하다는 것을 의미한다.

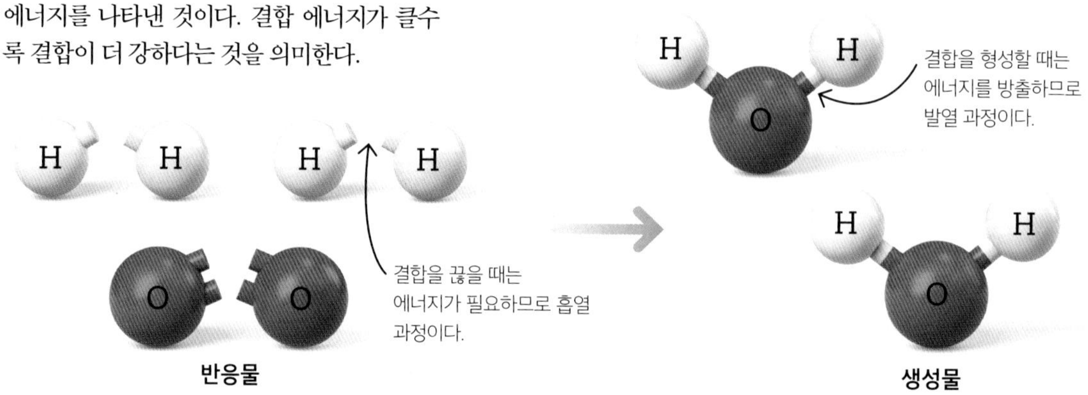
H
H
H
H
O
O
결합을 끊을 때는 에너지가 필요하므로 흡열 과정이다.
반응물
H
H
O
결합을 형성할 때는 에너지를 방출하므로 발열 과정이다.
H
H
O
생성물

반응의 에너지 변화

에너지 변화 = 반응물의 결합 에너지 − 생성물의 결합 에너지

문제

위의 공식과 오른쪽 표를 이용하여 수소와 염소가 반응할 때의 에너지 변화를 구하시오.

결합	결합 에너지(kJ/mol)
H–H	436
Cl–Cl	242
H–Cl	431

풀이

1. 균형 화학 반응식: $H_2 + Cl_2 \longrightarrow 2HCl$
2. 결합 표시: H-H + Cl-Cl $\longrightarrow$ 2(H-Cl)
3. 반응물의 결합 에너지: 436 + 242 = 678 kJ/mol
4. 생성물의 결합 에너지: 2 × 431 = 862 kJ/mol
5. 에너지 변화 = 678 − 862 = −184 kJ/mol

답

에너지 변화는 −184 kJ/mol로 음의 값을 갖는다. 이는 발열 반응임을 나타낸다.

간이 볼타 전지

전지에는 화학 반응을 통해 전기를 생성하는 물질이 들어 있다. 반응성이 다른 2개의 금속 조각(144쪽 참조)을 레몬에 넣고 전압계에 연결하여 간단한 볼타 전지를 만들 수 있다. 두 전극에서 전위차(전압)가 발생함에 따라 전류가 흐른다.

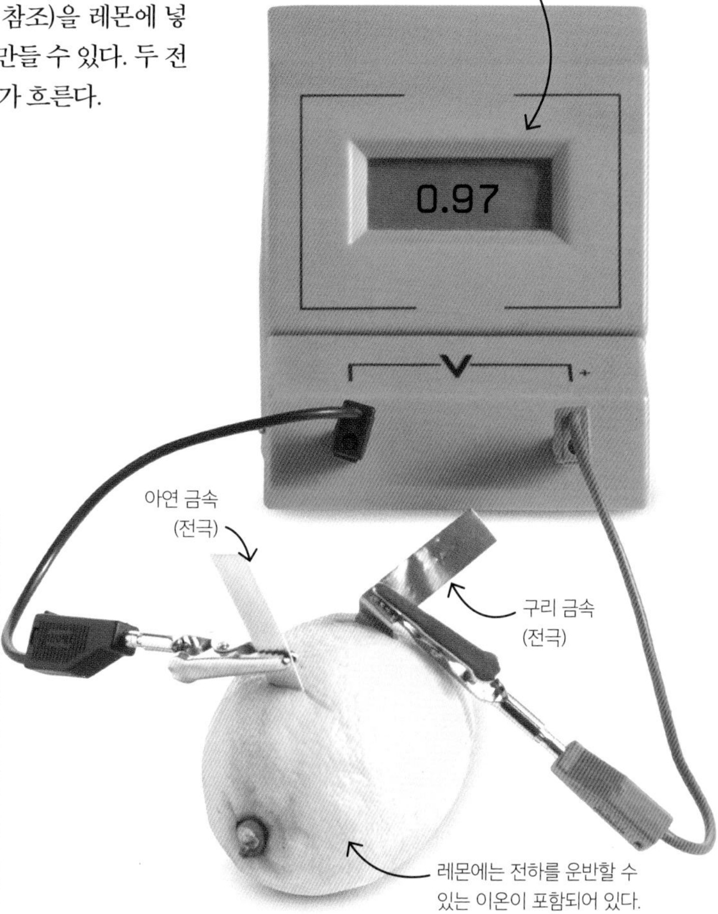
전압계는 전위차(전압)를
측정하여 나타낸다.
0.97
V
아연 금속
(전극)
구리 금속
(전극)
레몬에는 전하를 운반할 수
있는 이온이 포함되어 있다.

간이 전지

간이 볼타 전지('갈바니 전지'라고도 함)는 2개의 서로 다른 금속을 전해질에 담가 고저항의 전압계에 연결하여 만들 수 있다. 전극으로 사용되는 금속 중 하나는 다른 금속보다 반응성이 높아야 한다.

핵심 요약

- ✓ 반응성이 다른 2개의 금속 조각과 과일을 이용하여 전위차(전압)를 생성할 수 있다.
- ✓ 금속은 전극 역할을 하고 과일은 전해질(전하를 띤 입자가 들어 있는 액체) 역할을 한다.
- ✓ 각 전극에서 일어나는 서로 다른 화학 반응으로 인해 전위차가 발생한다.

전해질

전해질은 전하를 운반할 수 있는 이온이 포함된 액체이다. 과일과 채소(주스)는 전해질 역할을 할 수 있다.

감귤류
오렌지, 레몬, 자몽에는 수소 이온의 공급원인 구연산이 포함되어 있다.

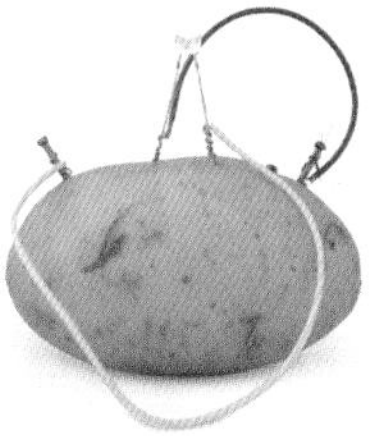

감자
감자에는 전해질로 작용할 수 있는 인산이 포함되어 있다.

몇 가지 용액
식초와 같이 산을 희석한 용액이나 염분을 희석한 용액은 전해질로 잘 작용한다.

볼타 전지

과일과 채소를 이용하여 전압을 생성하는 것(173쪽 참조)은 효율적이지 않다. 특정 화학 물질과 전극을 선택하여 더 실용적인 볼타 전지를 만들 수 있다. 볼타 전지는 2개의 전극과 전해질 용액(보통 같은 금속의 염), 전선, 전압계, 염다리로 구성된다.

핵심 요약

- 볼타 전지는 반응성이 다른 두 금속 조각을 전해질 용액에 넣고 전압계로 연결하여 만들 수 있다.
- 아연은 구리보다 반응성이 높기 때문에 전위차(전압)가 발생한다.
- 두 금속의 반응성 차이가 클수록 전위차가 커진다.
- 이처럼 염다리를 포함하는 볼타 전지를 다니엘 전지라고도 한다.

아연-구리 볼타 전지

황산 아연 용액이 들어 있는 비커에 아연 금속을, 황산 구리 용액이 들어 있는 용액에 구리 금속을 넣는다. 이때 용액의 농도는 전압에 영향을 미친다.

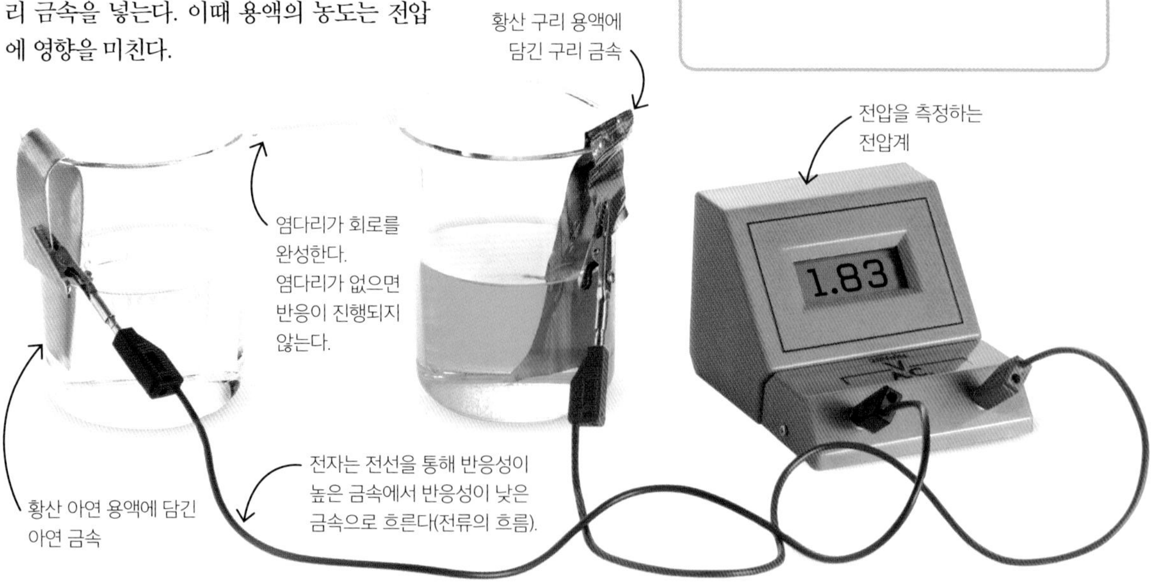
황산 구리 용액에
담긴 구리 금속
전압을 측정하는
전압계
1.83
염다리가 회로를
완성한다.
염다리가 없으면
반응이 진행되지
않는다.
황산 아연 용액에 담긴
아연 금속
전자는 전선을 통해 반응성이
높은 금속에서 반응성이 낮은
금속으로 흐른다(전류의 흐름).

볼타 전지의 원리

볼타 전지는 전자의 이동이 있는 반응을 통해 에너지를 생산한다. 금속의 반응성 차이로 인해 한쪽 전극에서는 전자가 방출되고, 다른 쪽 전극에서는 전자를 얻는다. 이로 인해 회로에서 전자가 흐르게 된다.

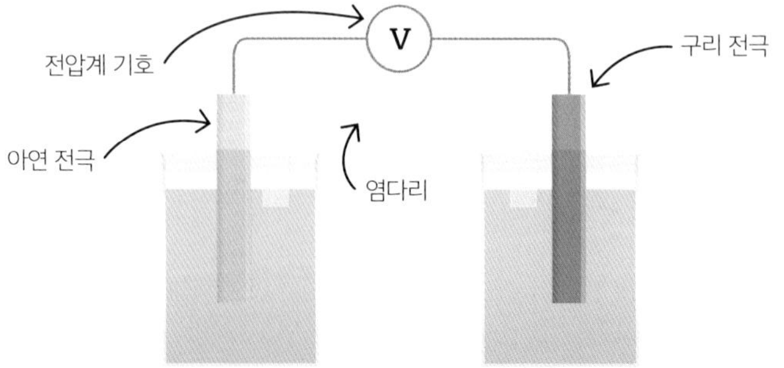
전압계 기호
V
구리 전극
아연 전극
염다리

아연은 구리보다 반응성이 높기 때문에 전자를 더 쉽게 내놓는다. 아연은 전지의 (-)극이 된다.

구리 금속은 아연보다 반응성이 낮기 때문에 구리 이온은 전자를 얻는다. 구리는 (+)극이 된다.

배터리

배터리 내부에는 하나 이상의 화학 전지가 들어 있다(174쪽 참조). 대부분의 배터리는 금속이나 플라스틱으로 된 외부 용기와, 회로로 연결할 수 있는 2개의 단자가 있다. 배터리 내부에서는 화학 에너지가 전기 에너지로 변환되어 며칠 또는 몇 년까지도 장치에 전원을 공급할 수 있다.

핵심 요약

- ✓ 배터리에는 하나 이상의 화학 전지가 들어 있다.
- ✓ 비충전식 배터리의 경우 화학 물질이 소진되면 배터리를 교체해야 한다.
- ✓ 충전식 배터리의 경우 배터리를 외부 전원에 연결하면 역반응이 진행되어, 화학 물질이 다시 형성됨에 따라 재사용할 수 있다.

알칼리 배터리

알칼리 배터리는 일반적으로 토치, 장난감, 리모컨 등 전기 장치에 전원을 공급하는 데 사용된다. 알칼리 배터리는 일회용도 있고 재사용이 가능한 충전식도 있다.

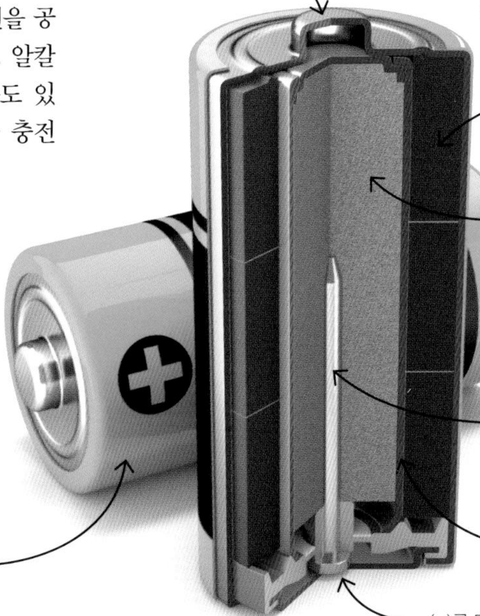
(+)극 단자
이산화 망가니즈 분말이 탄소 분말과 혼합되어 있으며, 이는 (+)극이다.
아연 분말이 수산화 포타슘과 혼합되어 있으며, 이는 (−)극이다.
금속 핀(일반적으로 황동)이 전하를 모아 장치에 흐르도록 하여 전원을 공급한다.
분리막은 서로 다른 화학 물질을 분리한다.
(−)극 단자
배터리의 강철 용기는 절연 플라스틱으로 코팅되어 있다.

배터리의 종류

시중에서 판매되는 배터리에는 여러 가지 유형이 있으며 각기 다른 화학 물질이 포함되어 있다. 배터리의 명칭을 통해 어떤 성분이 들어 있는지 알 수 있다.

배터리 유형	내용물	용도
알칼리	아연, 이산화 망가니즈, 수산화 포타슘	장난감, 리모컨 등 소형 전기 장치
납축	이산화 납, 납, 황산	자동차
리튬 이온	흑연, 리튬 코발트 산화물, 유기 리튬 용액	휴대폰, 노트북

연료 전지

연료 전지는 연료와 산소의 반응을 이용하여 전위차를 생성한다. 이때 연료는 산화되지만 연소(163쪽 참조)와는 다른 전기 화학 반응이다. 전위차는 전류를 흐르게 하여 전기 모터에 전력을 공급할 수 있다.

핵심 요약

- ✓ 연료는 산소와의 전기 화학 반응에 의해 산화된다.
- ✓ 수소와 메탄올은 연료 전지의 일반적인 연료이다.
- ✓ 반응에 의해 전위차가 발생하여 전류가 흐른다.

연료 전지 자동차 모형

이 자동차 모형의 전기 모터는 작은 수소-산소 연료 전지로 구동된다.

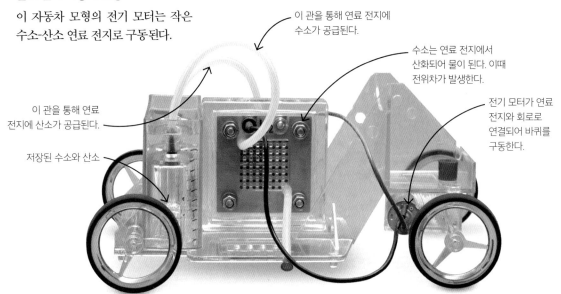

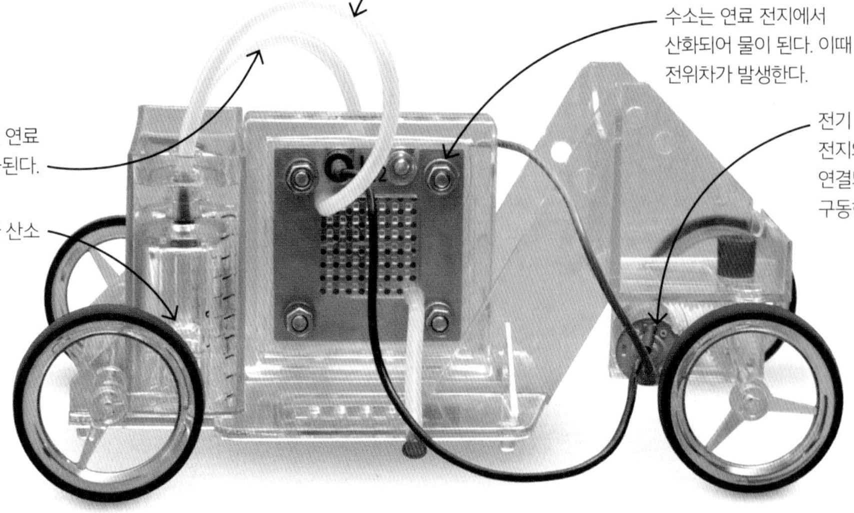

이 관을 통해 연료 전지에 수소가 공급된다.
수소는 연료 전지에서 산화되어 물이 된다. 이때 전위차가 발생한다.
이 관을 통해 연료 전지에 산소가 공급된다.
전기 모터가 연료 전지와 회로로 연결되어 바퀴를 구동한다.
저장된 수소와 산소

연료 전지와 일반 배터리 비교

연료 전지와 일반 배터리는 모두 전기 화학 반응을 이용하여 전위차를 생성한다. 하지만 연료 전지는 연료가 필요한 반면, 일반 배터리는 연료가 필요 없다. 또 다른 차이점은 다음과 같다.

연료 전지	일반 배터리
연료 전지가 작동하는 동안 전위차는 동일하게 유지된다.	시간이 지남에 따라 전위차가 점차 감소한다.
연료 저장량이 많아 오래 사용할 수 있다.	전지 안에 적은 양의 화학 물질을 가지고 있기 때문에 재충전하거나 폐기해야 한다.
충전할 수 없다.	일부 유형은 충전식이지만 대부분은 일회용이다.
제작 비용이 많이 든다.	제작 비용이 저렴하다.

연료 전지의 내부

수소-산소 연료 전지의 (+)극에서는 수소가 전자를 내놓으며 수소 이온으로 산화된다. 수소 이온은 막을 통해 전지의 반대편으로 향하며, 전자는 외부 회로를 통해 흐른다. (–)극에서는 산소가 수소 이온 및 전자와 반응하여 물로 환원된다.

핵심 요약

- 수소-산소 연료 전지에서는 수소가 산소와 반응하여 물을 생성한다.
- 수소는 전자를 잃고 수소 이온으로 산화된다.
- 산소는 수소 이온 및 전자와 반응하여 물로 환원된다.

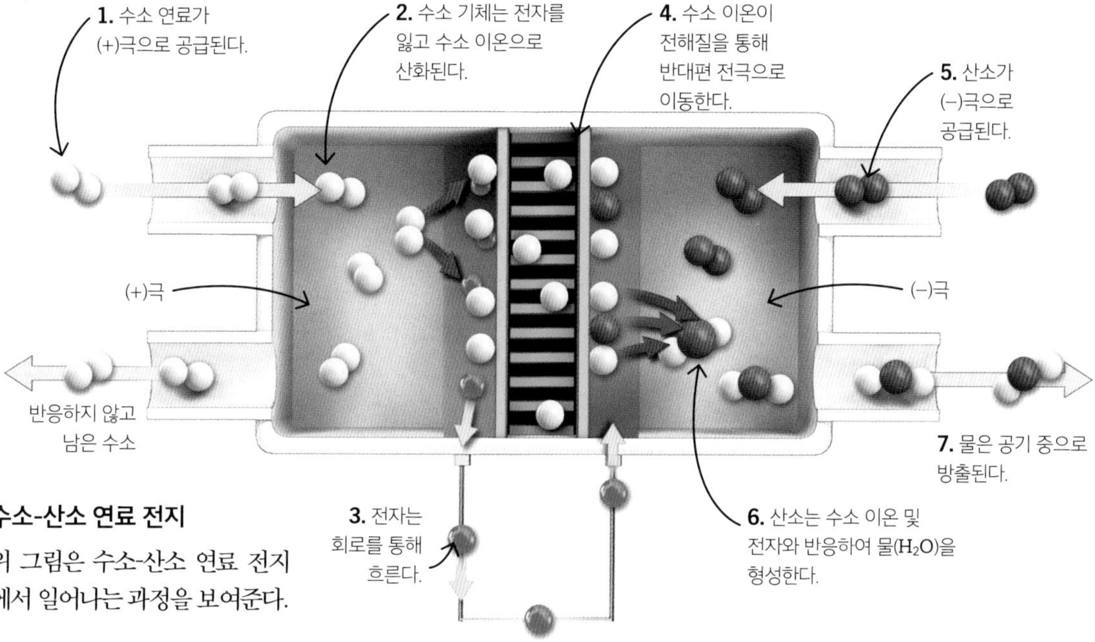
1. 수소 연료가 (+)극으로 공급된다.
2. 수소 기체는 전자를 잃고 수소 이온으로 산화된다.
4. 수소 이온이 전해질을 통해 반대편 전극으로 이동한다.
5. 산소가 (–)극으로 공급된다.
(+)극
(–)극
반응하지 않고 남은 수소
7. 물은 공기 중으로 방출된다.
3. 전자는 회로를 통해 흐른다.
6. 산소는 수소 이온 및 전자와 반응하여 물(H_2O)을 형성한다.

수소-산소 연료 전지

위 그림은 수소-산소 연료 전지에서 일어나는 과정을 보여준다.

수소-산소 연료 전지에서 일어나는 반응

수소-산소 연료 전지의 전체 반응은 다음과 같다.

수소	+	산소	⟶	물
$2H_2$	+	O_2	⟶	$2H_2O$

위의 전체 반응식은 전지 양쪽에서 일어나는 두 가지 반쪽 반응식(155쪽 참조)으로 분리할 수 있다.

(+)극에서의 반응 수소 기체는 전자를 잃고 수소 이온으로 산화된다. 이에 대한 반쪽 반응식은 다음과 같다.

$$2H_2 \longrightarrow 4H^+ + 4e^-$$

(–)극에서의 반응 산소는 수소 이온 및 전자와 반응하여 물로 환원된다. 이에 대한 반쪽 반응식은 다음과 같다.

$$O_2 + 4H^+ + 4e^- \longrightarrow 2H_2O$$

반응 속도와 화학 평형

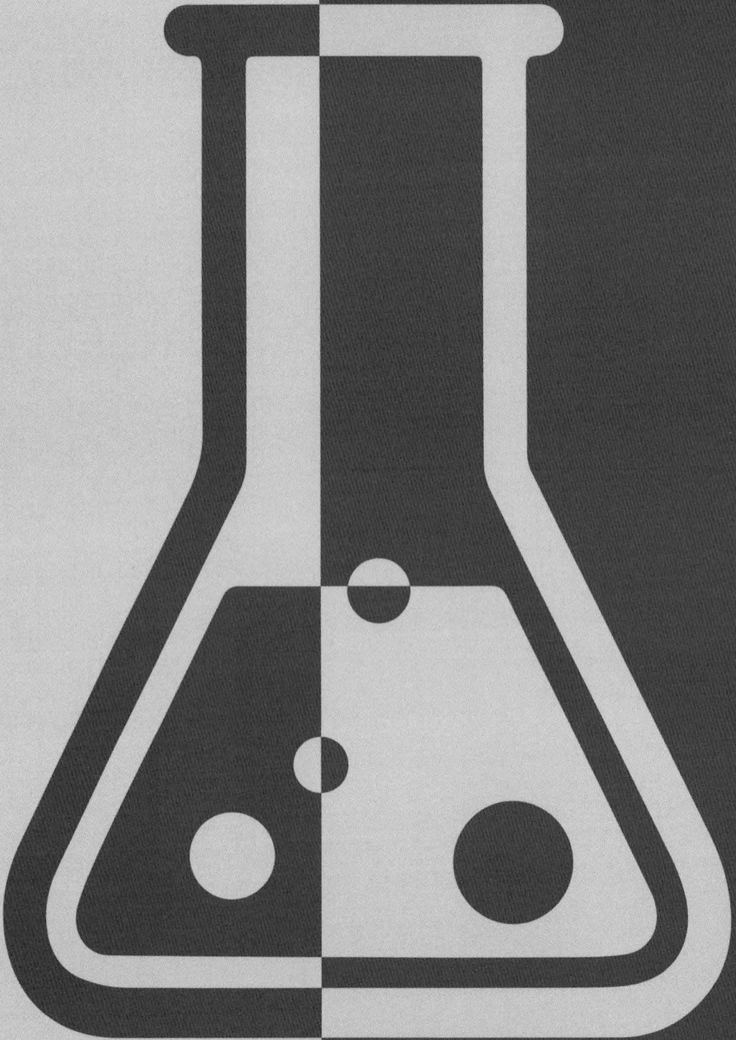

반응 속도

화학 반응 속도는 반응이 얼마나 빨리 일어나는지를 나타내는 척도이다. 반응 속도는 반응물이 얼마나 빨리 소모되는지 또는 생성물이 얼마나 빨리 형성되는지로 나타낼 수 있다. 반응 유형에 따라 반응 속도가 다르며, 반응 조건이 변하면 반응 속도도 달라진다.

핵심 요약

- ✓ 화학 반응 속도는 반응물이 소모되거나 생성물이 형성되는 속도이다.
- ✓ 어떤 반응은 천천히 일어나는 반면, 어떤 반응은 빠르게 일어난다.
- ✓ 녹이 스는 반응은 느린 반응이며, 폭발은 매우 빠른 반응이다.

녹이 스는 철

철이 대기 중의 물질과 반응하면 녹이 슨다(264쪽 참조). 이는 며칠에서 몇 년까지도 걸릴 수 있는 느린 반응이다.

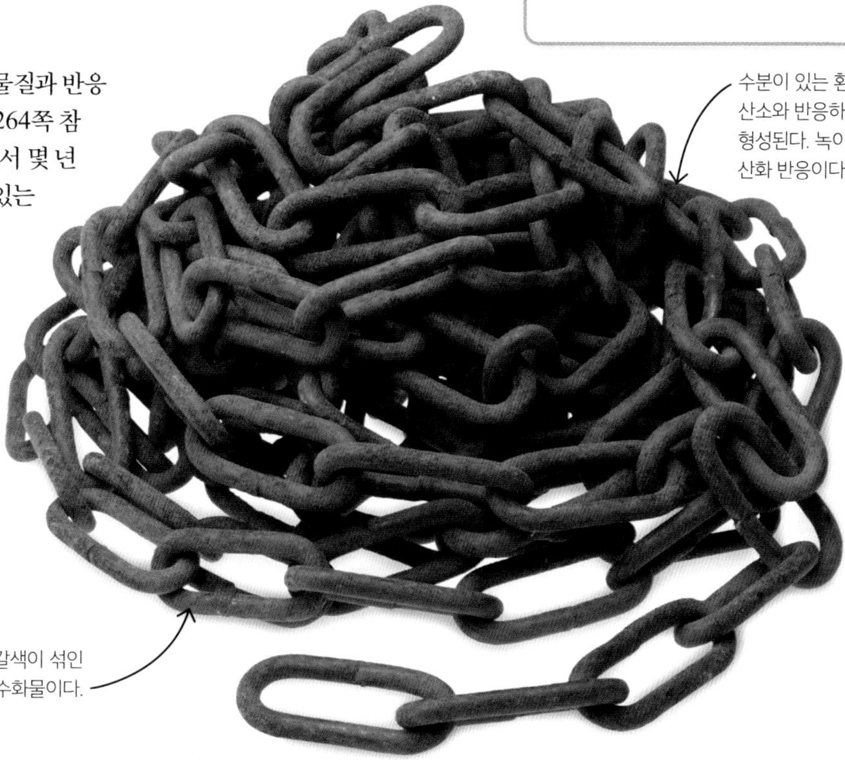

수분이 있는 환경에서 철이 산소와 반응하면 녹이 형성된다. 녹이 스는 과정은 산화 반응이다.

녹은 주황색과 갈색이 섞인 산화 철 수화물이다.

반응 속도

화학 반응들은 서로 다른 속도로 일어난다. 어떤 반응은 매우 느리게 일어나는 반면, 어떤 반응은 매우 빠르게 일어난다.

느린 반응
죽은 유기체의 잔해에서 원유가 형성되는 데는 수백만 년이 걸린다.

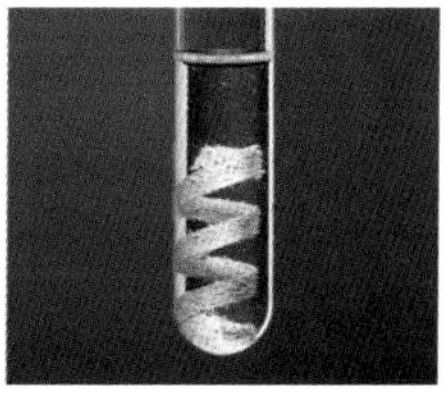

보통 반응
마그네슘과 묽은 산의 반응은 몇 초에서 길어야 몇 분이 걸린다.

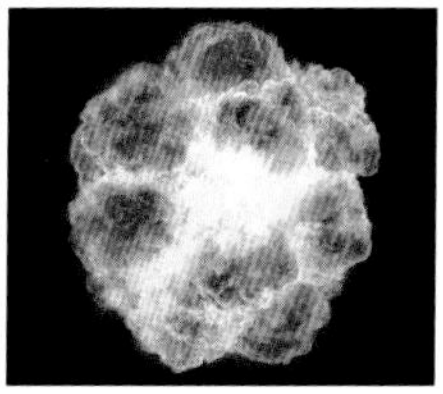

빠른 반응
연료와 산소의 연소 반응은 거의 즉각적으로 일어난다(163쪽 참조).

충돌 이론

충돌 이론은 화학 반응에 대한 본질과 반응 속도에 대해 설명해 준다. 두 물질 사이에서 반응이 일어나기 위해서는 입자들이 충돌해야 하며, 충분한 에너지를 가져야 한다. 주어진 시간 동안 유효한 충돌이 더 많이 일어날수록 반응이 더 빨라진다.

유효 충돌

움직이는 입자는 서로 충돌한다. 이때 충분한 에너지가 있으면 반응이 일어날 수 있다. 반응을 일으키는 충돌을 유효 충돌이라고 한다.

핵심 요약

- ✓ 화학 반응은 반응물 입자들이 충분한 에너지로 충돌할 때만 일어난다.
- ✓ 화학 반응을 일으키는 충돌을 유효 충돌이라고 한다.
- ✓ 유효 충돌의 비율이 높을수록 반응 속도가 빨라진다.
- ✓ 원자, 분자 및 이온은 이러한 충돌을 통해 화학 반응을 한다.

유효하지 않은 충돌

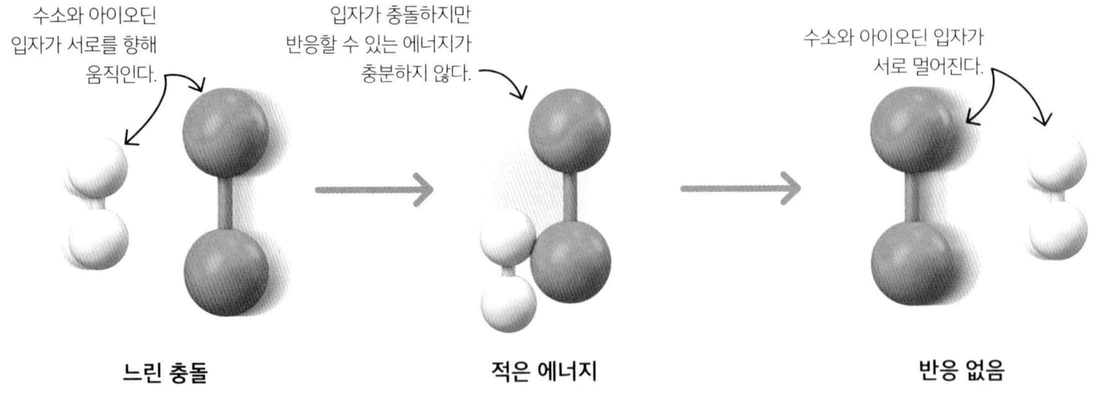

수소와 아이오딘 입자가 서로를 향해 움직인다.
입자가 충돌하지만 반응할 수 있는 에너지가 충분하지 않다.
수소와 아이오딘 입자가 서로 멀어진다.
느린 충돌
적은 에너지
반응 없음

유효 충돌

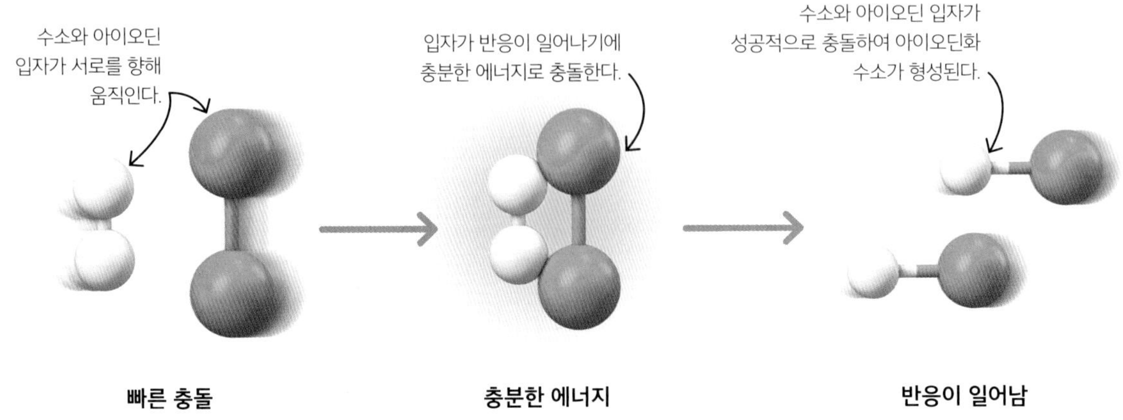

수소와 아이오딘 입자가 서로를 향해 움직인다.
입자가 반응이 일어나기에 충분한 에너지로 충돌한다.
수소와 아이오딘 입자가 성공적으로 충돌하여 아이오딘화 수소가 형성된다.
빠른 충돌
충분한 에너지
반응이 일어남

온도와 반응 속도

온도가 높을수록 반응 속도가 빨라진다. 반응물 입자가 에너지를 얻으면 더 빨리 움직이고 더 자주 충돌한다. 즉 유효 충돌의 빈도가 더 높아진다.

핵심 요약

- ✓ 화학 반응은 온도가 높아질수록 더 빠르게 진행된다.
- ✓ 반응물 입자는 더 빨리 움직이고 더 자주 충돌한다.
- ✓ 더 많은 입자가 활성화 에너지 이상의 에너지를 갖는다.
- ✓ 주어진 시간 동안 더 많은 유효 충돌이 일어난다.

산화 구리의 환원

산화 구리를 가열하면 수소와 반응하여 구리와 물을 생성한다.

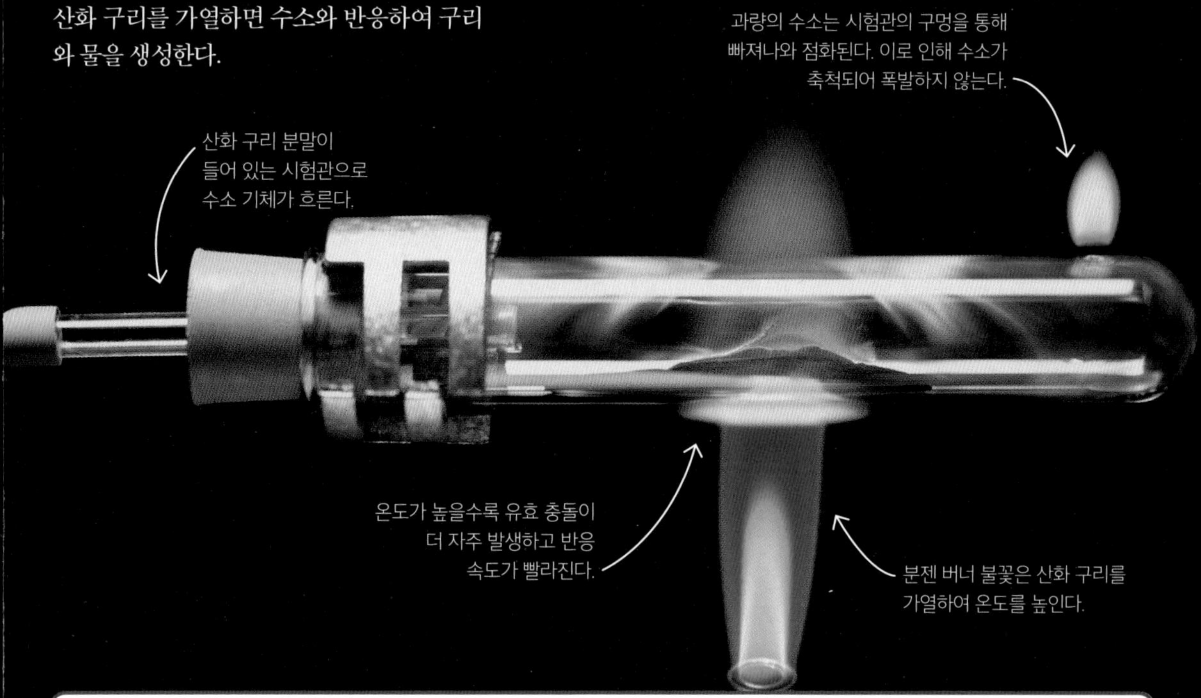
과량의 수소는 시험관의 구멍을 통해 빠져나와 점화된다. 이로 인해 수소가 축적되어 폭발하지 않는다.
산화 구리 분말이 들어 있는 시험관으로 수소 기체가 흐른다.
온도가 높을수록 유효 충돌이 더 자주 발생하고 반응 속도가 빨라진다.
분젠 버너 불꽃은 산화 구리를 가열하여 온도를 높인다.

입자가 움직이는 방식

활성화 에너지는 입자가 반응하기 위해 필요한 최소한의 에너지이다. 온도가 높아질수록 입자의 운동 속도와 에너지가 증가한다. 즉 입자 간의 충돌이 더 빈번하게 발생하고, 충돌하는 입자들은 더 높은 에너지를 갖는다. 즉 유효 충돌의 비율이 더 높아진다.

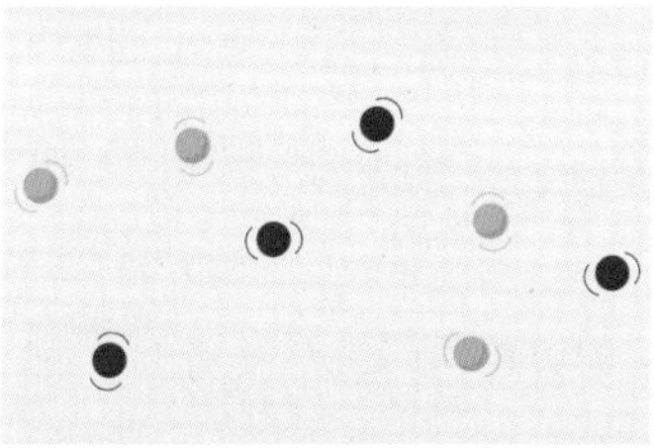

낮은 온도와 낮은 반응 속도
충돌이 자주 발생하지 않고 입자들의 에너지가 충분하지 않아 유효 충돌의 비율이 낮다.

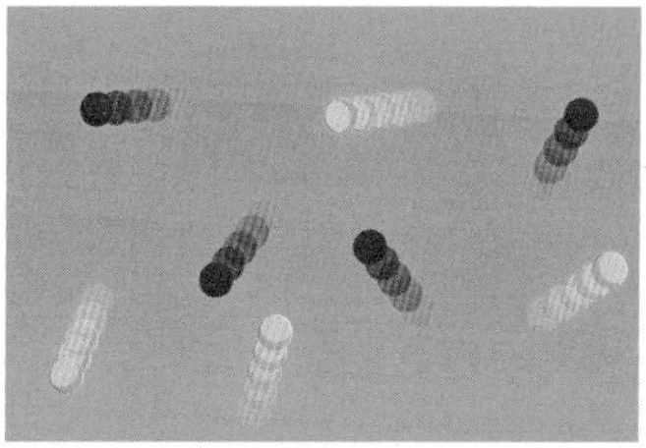

높은 온도와 높은 반응 속도
충돌이 더 자주 발생하고 입자들이 더 높은 에너지를 가져 유효 충돌의 비율이 높다.

농도와 반응 속도

용액 내 반응물의 농도가 높을수록 반응 속도가 빨라진다. 용액에 입자가 많다는 것은 입자들이 더 밀집되고 더 자주 충돌한다는 것을 의미한다. 마찬가지로 기체에서 압력이 증가하면 입자들이 서로 더 가까워지고 더 자주 충돌한다.

핵심 요약

- ✓ 화학 반응은 농도나 압력이 증가함에 따라 더 빠르게 진행된다.
- ✓ 동일한 부피에 더 많은 반응물 입자가 존재하면 더 밀집된다.
- ✓ 입자가 밀집되면 더 자주 충돌한다.

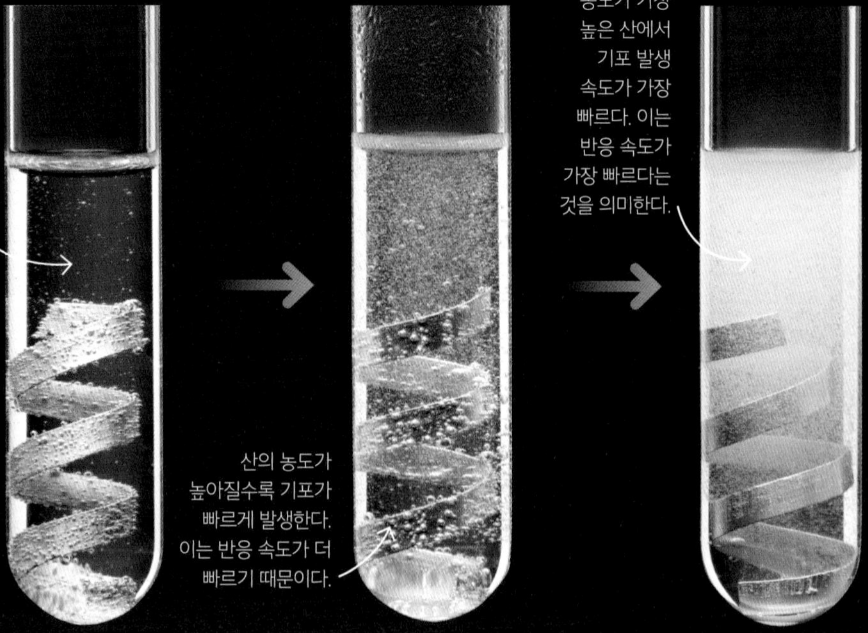

농도가 가장 낮은 산에서 기포 발생 속도가 가장 느리다. 이는 반응 속도가 가장 느리다는 것을 의미한다.
산의 농도가 높아질수록 기포가 빠르게 발생한다. 이는 반응 속도가 더 빠르기 때문이다.
농도가 가장 높은 산에서 기포 발생 속도가 가장 빠르다. 이는 반응 속도가 가장 빠르다는 것을 의미한다.

마그네슘과 산의 반응

마그네슘은 다양한 농도의 염산과 반응하여 염화 마그네슘과 수소를 생성한다.

입자의 충돌

농도는 주어진 부피에 얼마나 많은 입자가 들어 있는지를 나타내는 척도이다. 기체의 압력은 입자가 용기 벽과 충돌하는 힘에 의해 발생한다. 충돌 빈도가 높을수록 기체의 압력은 커진다.

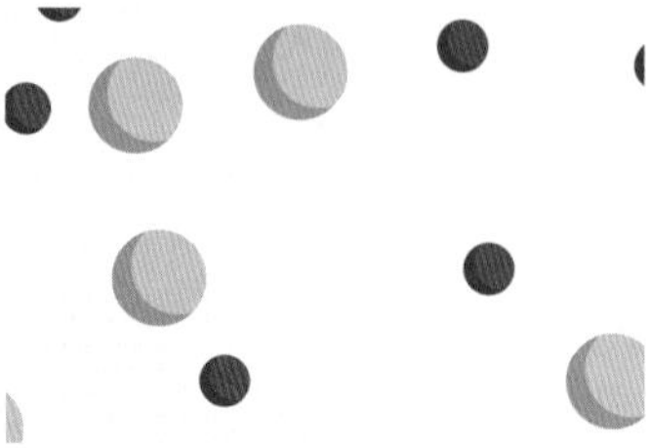

낮은 농도 또는 낮은 압력
입자들이 밀집되어 있지 않으므로 자주 충돌하지 않는다.

높은 농도 또는 높은 압력
입자들이 더 밀집되어 있어 충돌이 더 자주 발생한다.

표면적과 반응 속도

반응하는 물질의 표면적이 클수록 반응 속도가 빨라진다. 고체 반응물 조각이 작을수록 같은 부피당 표면적이 더 크다. 즉 더 많은 입자들이 표면에 노출되고 더 자주 충돌한다는 것을 의미한다.

핵심 요약

- ✓ 고체 반응물의 크기가 작아질수록 같은 부피당 표면적이 증가한다.
- ✓ 분말은 덩어리보다 같은 부피당 표면적이 훨씬 크다.
- ✓ 분말은 표면에 더 많은 입자가 노출되어 충돌이 더 자주 일어나기 때문에 반응이 더 빠르다.

탄산 칼슘과 염산

분필(탄산 칼슘) 한 덩어리를 작은 조각으로 쪼개면 염산과의 반응 속도가 눈에 띄게 빨라진다.

묽은 염산이 탄산 칼슘과 반응하면 기포가 발생한다.
이 큰 분필 덩어리는 부피 대비 표면적의 비율이 상대적으로 작다. 분필 덩어리의 입자는 대부분 표면이 아닌 내부에 있기 때문에 반응을 하기 어렵다.
이 작은 탄산 칼슘 조각은 큰 덩어리와 질량은 같지만 표면에 더 많은 입자가 있어 빠르게 반응할 수 있다.

고체 반응물 분쇄

고체 반응물의 입자들은 표면에 노출되어 있을 때만 반응할 수 있다. 고체를 쪼개거나 분쇄하면 표면에 더 많은 입자가 노출되므로 충돌이 더 자주 일어나고 반응 속도가 빨라진다.

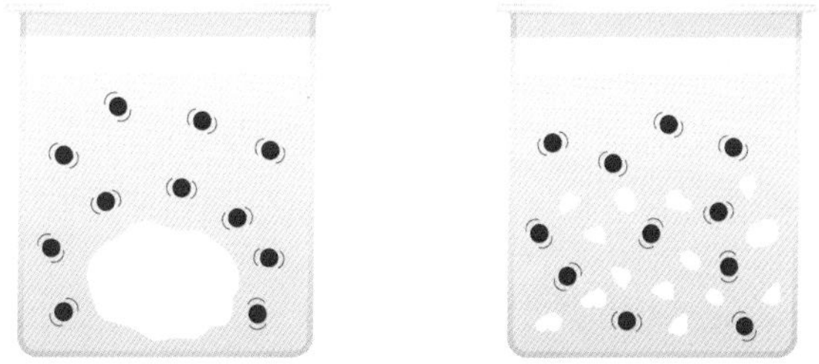

큰 덩어리
충돌 속도가 느리기 때문에 반응 속도도 느리다.

작은 조각
충돌 속도가 빠르기 때문에 반응 속도도 빠르다.

촉매와 반응 속도

촉매는 반응의 활성화 에너지를 낮추어 반응 속도를 증가시킨다. 촉매는 반응하는 동안 화학적으로 변하거나 질량이 감소하지 않으며, 생성물을 바꾸지도 않는다. 효소는 생물학적 촉매 역할을 하는 단백질이다.

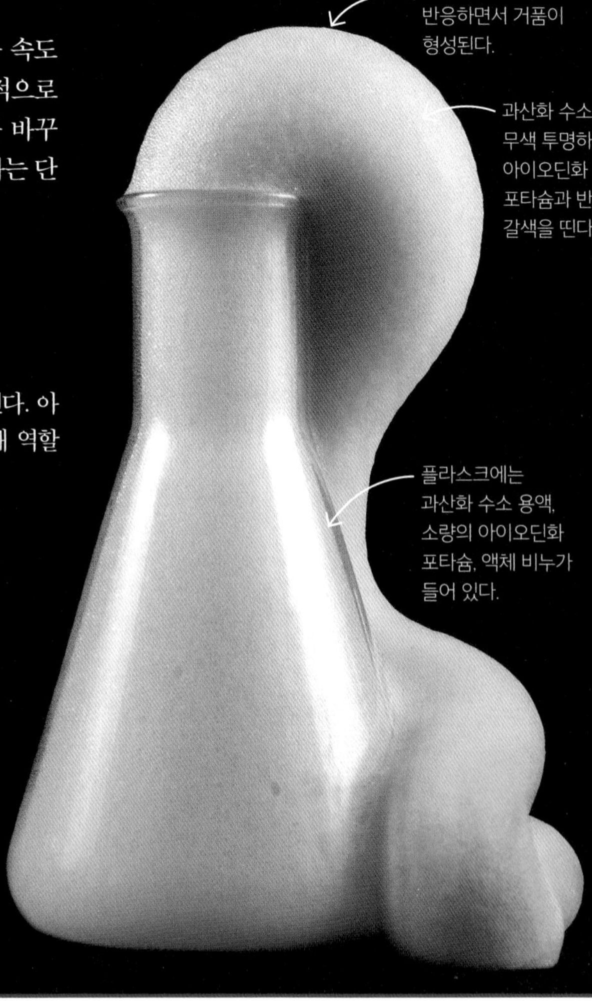

비누가 산소와 반응하면서 거품이 형성된다.

과산화 수소 용액은 무색 투명하며, 아이오딘화 포타슘과 반응하면 갈색을 띤다.

플라스크에는 과산화 수소 용액, 소량의 아이오딘화 포타슘, 액체 비누가 들어 있다.

과산화 수소

과산화 수소는 매우 느리게 물과 산소로 분해된다. 아이오딘화 포타슘은 이 반응을 빠르게 하는 촉매 역할을 한다.

핵심 요약

- ✓ 촉매는 소모되지 않고 반응 속도를 높인다.
- ✓ 촉매는 촉매를 사용하지 않은 반응보다 활성화 에너지가 낮은 경로를 통해 반응하도록 한다.
- ✓ 반응마다 서로 다른 촉매가 필요하다.
- ✓ 효소는 생물학적 촉매이다.

촉매 작용의 원리

활성화 에너지는 반응이 일어나는 데 필요한 최소한의 에너지이다. 촉매는 더 낮은 활성화 에너지를 갖는 반응 경로를 통해 반응할 수 있도록 한다. 이로 인해 충돌에 필요한 에너지의 양이 줄어들어 유효 충돌의 비율이 높아진다.

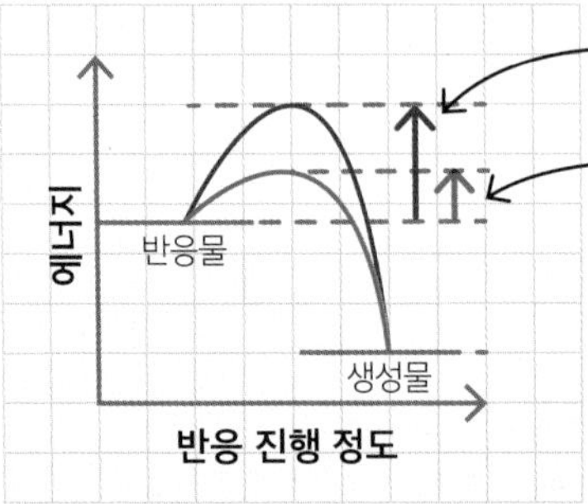

촉매를 첨가하지 않았을 때 더 높은 활성화 에너지를 갖는다.

촉매를 첨가하면 활성화 에너지가 낮아진다.

발열 반응 에너지 도표

발열 반응 에너지 도표에 대한 자세한 내용은 170쪽을 참조한다.

반응 속도 그래프

반응이 일어나면 반응물의 양은 감소하고 생성물의 양은 증가한다. 물질의 양이 얼마나 변하는지는 시간에 대한 그래프로 나타낼 수 있다. 이러한 그래프에서 선의 기울기로 반응 속도를 알 수 있다.

핵심 요약

- 시간에 따른 반응물의 양 또는 생성물의 양을 그래프로 나타내면 반응 속도를 알 수 있다.
- 기울기가 클수록 반응 속도가 빠르다.
- 평균 반응 속도는 생성물의 증가량 또는 반응물의 감소량을 소요 시간으로 나눈 값이다.

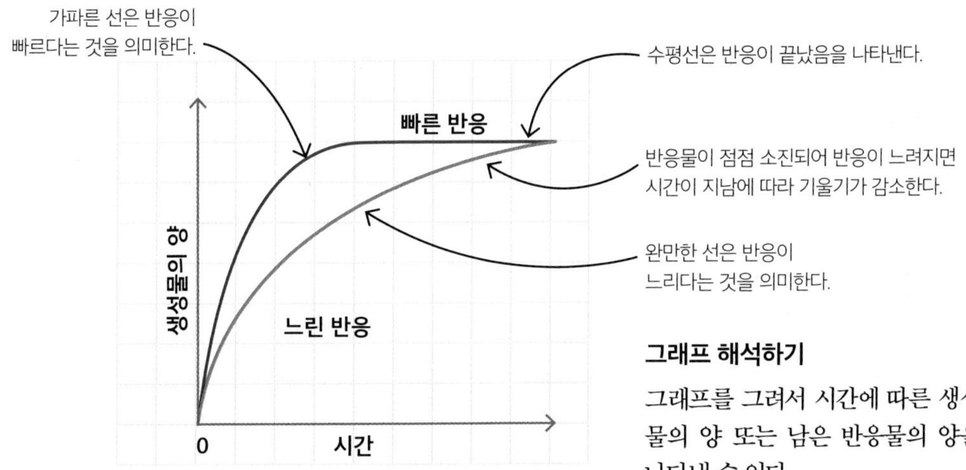
가파른 선은 반응이 빠르다는 것을 의미한다.
수평선은 반응이 끝났음을 나타낸다.
빠른 반응
반응물이 점점 소진되어 반응이 느려지면 시간이 지남에 따라 기울기가 감소한다.
완만한 선은 반응이 느리다는 것을 의미한다.
생성물의 양
느린 반응
0
시간

그래프 해석하기

그래프를 그려서 시간에 따른 생성물의 양 또는 남은 반응물의 양을 나타낼 수 있다.

평균 반응 속도

특정 시간 동안 생성물의 증가량이나 반응물의 감소량을 측정하면 평균 반응 속도를 계산할 수 있다. 물질의 양은 질량, 부피 또는 몰 수로 측정할 수 있다.

문제

8초 동안 14.4 cm^3의 기체가 생성되는 경우 평균 반응 속도는 얼마인가?

풀이

$$\text{평균 반응 속도} = \frac{\text{생성물의 증가량 또는 반응물의 감소량}}{\text{소요 시간}}$$

$$\text{평균 반응 속도} = \frac{14.4\ cm^3}{8\text{초}} = 1.8\ cm^3/\text{초}$$

답

평균 반응 속도는 1.8 cm^3/초이다.

기체 부피와 반응 속도

기체의 부피는 기체 주사기를 이용하여 편리하게 측정할 수 있다. 기체 주사기는 유리로 만들며, 일반적으로 1 cm^3 부피 간격으로 100 cm^3까지 측정한다. 이는 수조에 눈금 실린더를 뒤집어 넣고 기체 부피를 측정하는 방법보다 더 편리하다.

핵심 요약

- ✓ 기체 주사기는 기체의 부피를 측정하는 데 사용된다.
- ✓ 반응 속도는 생성된 기체의 양과 시간을 측정하여 계산할 수 있다.
- ✓ 시간에 대한 부피 그래프의 기울기로 반응 속도를 알 수 있다.

탄산 칼슘과 염산

탄산 칼슘이 묽은 염산과 반응하면 이산화 탄소 기체가 발생한다.

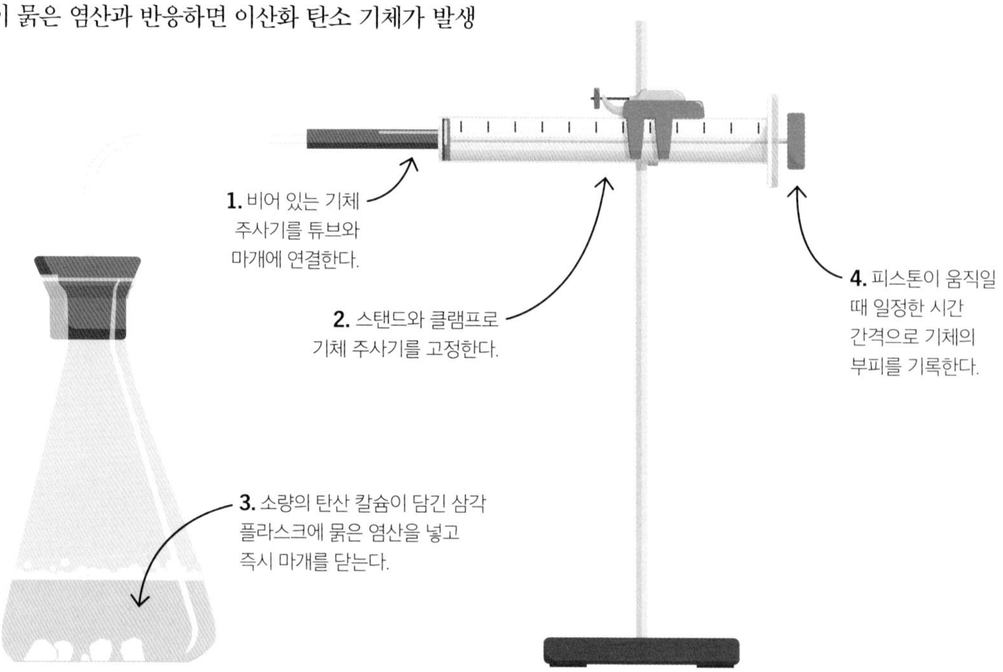
1. 비어 있는 기체 주사기를 튜브와 마개에 연결한다.
2. 스탠드와 클램프로 기체 주사기를 고정한다.
3. 소량의 탄산 칼슘이 담긴 삼각 플라스크에 묽은 염산을 넣고 즉시 마개를 닫는다.
4. 피스톤이 움직일 때 일정한 시간 간격으로 기체의 부피를 기록한다.

반응 속도를 계산하는 방법

반응 속도를 계산하기 위해 일정한 시간 간격으로 부피를 측정하거나, 일정한 부피 간격으로 시간을 측정한다. 이를 통해 시간에 대한 기체의 부피 그래프를 그릴 수 있다. 반응 속도 그래프에 대한 자세한 내용은 185쪽을 참조한다.

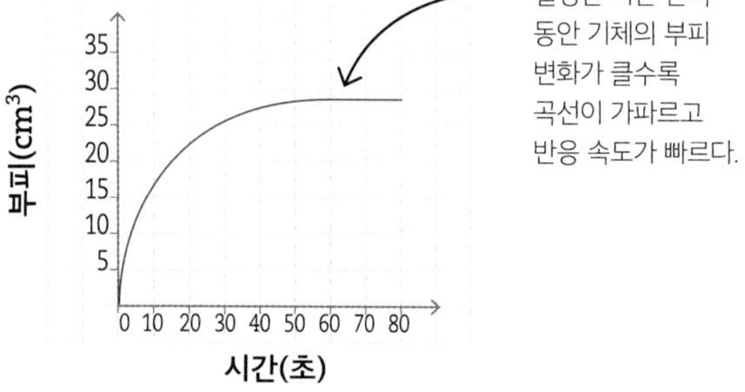
부피(cm^3)
35
30
25
20
15
10
5
0 10 20 30 40 50 60 70 80
시간(초)
일정한 시간 간격 동안 기체의 부피 변화가 클수록 곡선이 가파르고 반응 속도가 빠르다.

질량 변화와 반응 속도

전자저울을 사용하여 질량을 측정할 수 있다. 이산화 탄소는 밀도가 높은 기체이므로 반응 혼합물에서 이산화 탄소의 손실량을 측정할 수 있다. 반응물과 생성물의 전체 질량은 반응 전후에 동일하게 유지되지만, 기체가 주변으로 빠져나가면서 플라스크 안의 반응 혼합물의 질량은 감소한다.

핵심 요약

- ✓ 저울로 질량을 측정한다.
- ✓ 시간에 따른 반응 혼합물의 질량을 측정하여 반응 속도를 계산할 수 있다.
- ✓ 시간에 따라 손실되는 질량을 그래프로 그려 기울기를 이용해 반응 속도를 알 수 있다.

1. 묽은 염산과 탄산 칼슘이 담긴 플라스크를 저울 위에 놓는다.

2. 초기 질량을 기록하고 일정한 시간 간격으로 질량을 측정한다.

탄산 칼슘과 염산

탄산 칼슘이 묽은 염산과 반응하면 이산화 탄소가 빠져나간다. 이로 인해 플라스크 내부의 반응 혼합물의 질량이 감소한다.

반응 속도를 계산하는 방법

반응 속도를 계산하기 위해 일정한 시간 간격으로 질량을 측정한다. 일정한 시간 간격마다 초기 질량보다 감소한 질량을 계산하여 그래프를 그린다. 큰 고체 덩어리는 분말보다 동일 부피당 표면적이 작기 때문에 느리게 반응한다(183쪽 참조).

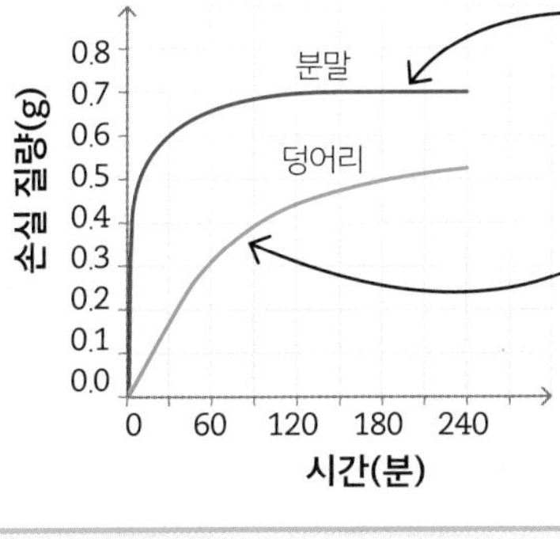

일정한 시간 간격 동안 질량 손실이 클수록 곡선은 더 가파르고 반응 속도는 더 빠르다.

큰 고체 덩어리는 분말보다 훨씬 느리게 반응한다.

침전과 반응 속도

침전은 두 용액이 반응할 때 형성되는 불용성 물질이다. 두 용액은 투명하지만 침전물이 형성되며 흐릿해진다. 결국에는 반응 혼합물이 불투명해지며, 이 과정이 얼마나 오래 걸리는지 측정하여 반응 속도를 계산할 수 있다.

핵심 요약

- ✓ 침전이 생성되면 반응 혼합물이 탁해진다.
- ✓ 시간이 지나면 용액을 통해 물체를 볼 수 없을 정도로 흐려진다.
- ✓ 반응 시간이 오래 걸릴수록 반응 속도가 느리다.

사라지는 십자 표시 실험

싸이오황산 소듐 용액은 묽은 염산과 반응하여 노란색의 황 침전물을 형성한다. 스톱워치를 이용하여 반응 시간을 측정한다.

1. 종이에 십자 표시를 하고 그 위에 싸이오황산 소듐 용액이 담긴 비커를 놓는다.

2. 묽은 염산을 넣고 스톱워치로 시간을 측정한다. 반응 혼합물이 흐려지기 시작한다.

3. 십자 표시가 시야에서 사라지면 스톱워치를 멈춘다. 초 단위로 측정값을 기록한다.

반응 속도 계산하기

이 실험을 통해 반응 시간을 측정할 수 있다. 반응 시간은 반응 속도에 반비례하며, 시간이 짧을수록 반응 속도가 빠르다. 그래프를 간단히 그리기 위해서 1000을 반응 시간으로 나눈다.

$$\text{반응 속도} = \frac{1000}{\text{반응 시간}}$$

문제

사라지는 십자 표시 실험에서 반응 시간은 20초이다. 반응 속도를 계산하시오.

풀이

$$\text{반응 속도} = \frac{1000}{20\text{초}} = 50\text{초}$$

답

반응 속도는 50초이다.

산의 농도와 반응 속도

용액의 농도가 진할수록 충돌이 더 자주 일어나고 반응 속도도 빨라진다. 반응물 중 한 물질의 농도만 바꾸어 반응 속도를 반복 측정하면 물질의 농도가 반응 속도에 미치는 영향을 알아낼 수 있다.

핵심 요약

- ✓ 반응물의 농도가 증가함에 따라 반응 속도가 빨라진다.
- ✓ 반응 속도는 반응물이 얼마나 빨리 소진되는지 또는 생성물이 얼마나 빨리 형성되는지를 통해 측정할 수 있다.
- ✓ 농도에 따른 반응 속도를 측정할 때는 다른 조건은 일정하게 유지하고 농도만 바꾸어 실험해야 한다.

탄산 칼슘과 염산

186쪽에서 탄산 칼슘이 묽은 염산과 반응할 때 발생하는 이산화 탄소 기체의 양을 측정했다. 이 반응은 다양한 농도의 염산을 이용하여 반복 실험할 수 있다. 이때 탄산 칼슘 조각의 질량과 크기는 동일하게 유지해야 하며, 산의 부피와 온도도 동일하게 유지해야 한다.

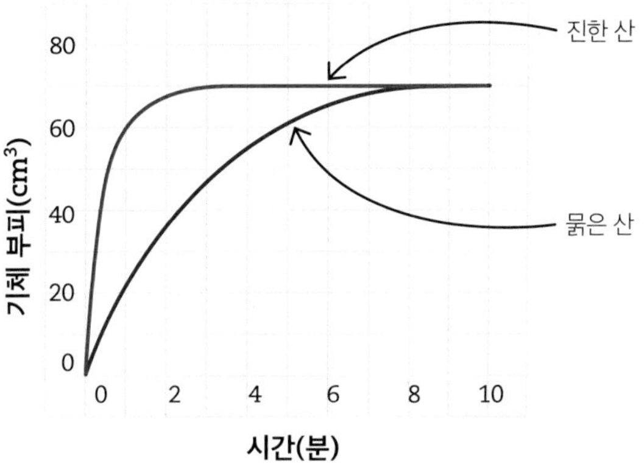

결과 해석하기

문제

시간에 대한 기체의 부피 그래프(185쪽 참조)를 그리고, 산의 농도에 따른 평균 반응 속도를 구한다. 산의 농도가 증가하면 반응 속도에 어떤 영향을 미칠까?

풀이

1. 위의 그래프를 통해 반응이 언제 끝나는지 확인한다(곡선이 평평해짐).

진한 산: 3분　　묽은 산: 8분

2. 평균 반응 속도를 계산하고 속도를 비교한다.

$$\text{평균 반응 속도} = \frac{\text{기체 부피(cm}^3\text{)}}{\text{반응 시간(min)}}$$

$$\text{진한 산} = \frac{70}{3} = 23.33\ \text{cm}^3/\text{min}$$

$$\text{묽은 산} = \frac{70}{8} = 8.75\ \text{cm}^3/\text{min}$$

답

산의 농도가 높아지면 반응 속도가 빨라진다.

반응 속도 계산하기

시간에 따른 반응물이나 생성물의 양을 측정하여 그래프를 그릴 수 있다. 이 그래프를 이용하여 평균 반응 속도와 특정 시점의 순간 반응 속도를 계산할 수 있다.

핵심 요약

- 그래프를 이용하여 두 시점 사이의 평균 반응 속도를 계산할 수 있다.
- 특정 시점의 순간 반응 속도는 접선의 기울기와 같다.
- 그래프의 선이 평평해지면 반응이 완료된 것이다.

평균 반응 속도 계산하기

20~80초 사이의 평균 반응 속도를 계산할 수 있다. 이 두 시점을 가로지르는 선을 그리고 부피 차이를 계산한 다음 계산을 수행한다.

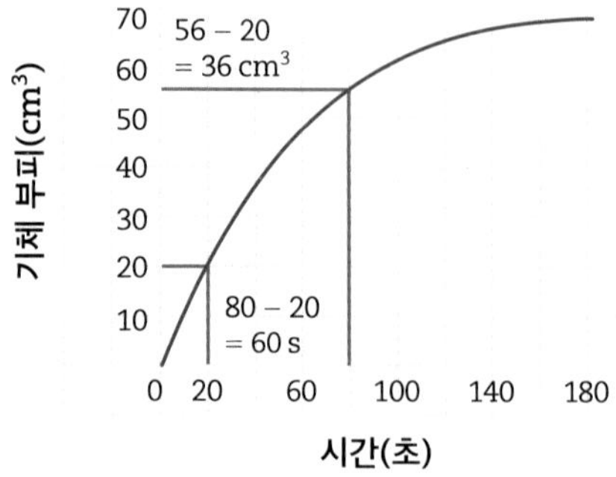

문제

20~80초 사이의 평균 반응 속도를 계산하시오.

풀이

$$\frac{\text{부피 변화}}{\text{시간 변화}} = \frac{(56\ \text{cm}^3 - 20\ \text{cm}^3)}{(80\ \text{s} - 20\ \text{s})}$$

$$= \frac{36\ \text{cm}^3}{60\ \text{s}} = 0.6\ \text{cm}^3/\text{s}$$

답

평균 반응 속도는 0.6 cm^3/s이다.

순간 반응 속도 계산하기

80초에서 그래프의 접선을 그려서 순간 반응 속도를 계산할 수 있다. 눈금을 쉽게 읽을 수 있는 두 점을 찾은 다음 계산을 수행한다.

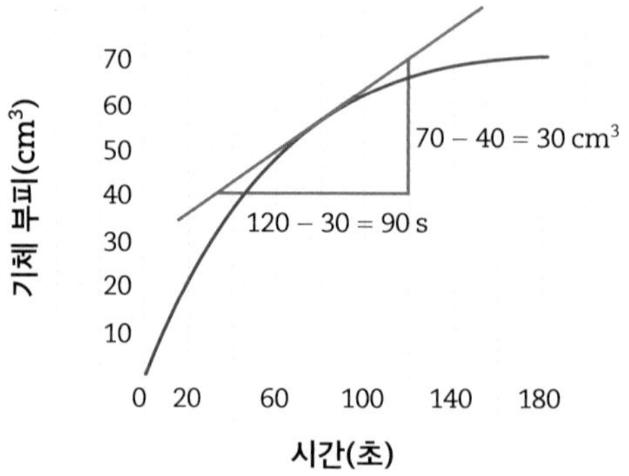

문제

80초에서의 반응 속도를 계산하시오.

풀이

$$\frac{\text{부피 변화}}{\text{시간 변화}} = \frac{30\ \text{cm}^3}{90\ \text{s}} = 0.33\ \text{cm}^3/\text{s}$$

답

80초에서의 반응 속도는 0.33 cm^3/s이다.

가역 반응

많은 화학 반응은 가역적이다. 온도, 압력, 농도 등의 반응 조건을 변경하면 쉽게 반응의 방향을 바꿀 수 있다. 이러한 가역 반응은 화학 반응식에서 → 대신 ⇌ 화살표를 이용하여 표시한다.

핵심 요약

- ✓ 가역 반응은 정반응과 역반응이 모두 가능한 반응이다.
- ✓ 화살표 ⇌ 는 가역 반응을 표시하는 데 사용된다.
- ✓ 파란색 황산 구리 수화물의 탈수 반응은 쉽게 되돌릴 수 있다.

황산 구리 수화물의 탈수 및 재수화

황산 구리 수화물에는 수분이 포함되어 있으며, 가열하면 수분이 빠져나간다. 이 변화는 가역적이다.

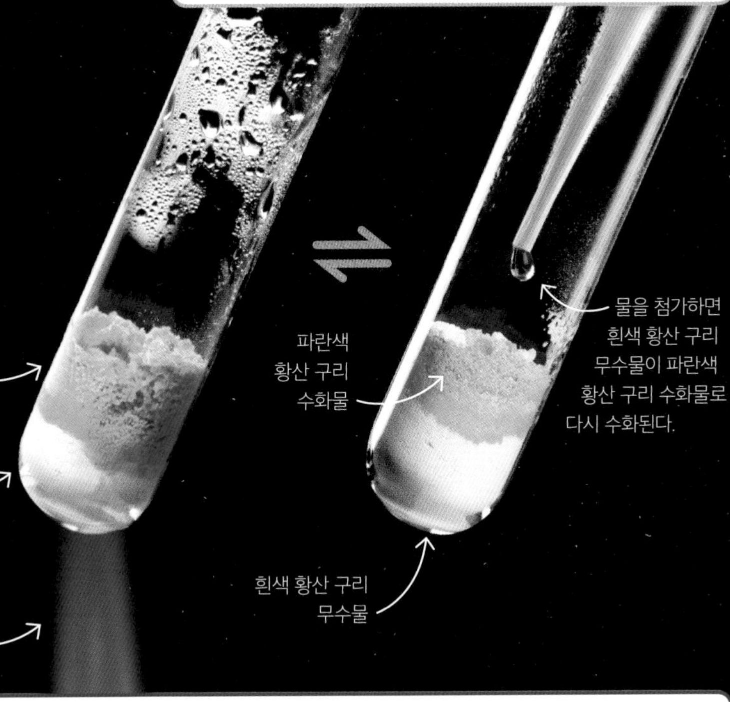
황산 구리 수화물은 파란색이다.
황산 구리 무수물은 흰색이다.
황산 구리 수화물을 가열하면 수분이 제거되어 황산 구리 무수물이 형성된다.
파란색 황산 구리 수화물
물을 첨가하면 흰색 황산 구리 무수물이 파란색 황산 구리 수화물로 다시 수화된다.
흰색 황산 구리 무수물

가역 반응의 화학 반응식

가역 반응은 화학 반응식의 화살표로 → 대신 ⇌를 사용한다. 이는 반응이 양쪽 방향으로 진행될 수 있음을 나타낸다. 즉 생성물은 반응하여 다시 반응물을 형성할 수 있다. 위 가역 반응의 화학 반응식은 아래와 같으며, 점(·)은 화학식의 두 부분을 구분한다.

반응물 / 정반응

$$A + B \rightleftharpoons C + D$$

역반응 / 생성물

황산 구리 수화물	⇌	황산 구리 무수물	+	물
$CuSO_4 \cdot 5H_2O(s)$	⇌	$CuSO_4(s)$	+	$5H_2O(l)$

화학 평형

닫힌계(물질의 출입이 불가능한 밀폐된 공간)에서 가역 반응은 평형 상태에 도달한다. 평형 상태에서는 정반응과 역반응이 계속 일어나지만 그 속도는 동일하다. 즉 반응물과 생성물의 농도가 서로 같지는 않더라도 일정하게 유지된다.

핵심 요약

- 외부와 물질 출입이 없는 닫힌계에서 가역 반응은 평형 상태에 도달한다.
- 평형 상태에서는 정반응과 역반응이 같은 속도로 일어난다.
- 반응물과 생성물의 농도는 일정하다.

평형 상태의 두 기체

갈색의 이산화 질소(NO_2)와 무색의 사산화 이질소(N_2O_4)가 밀폐된 용기에서 평형을 이룬다.

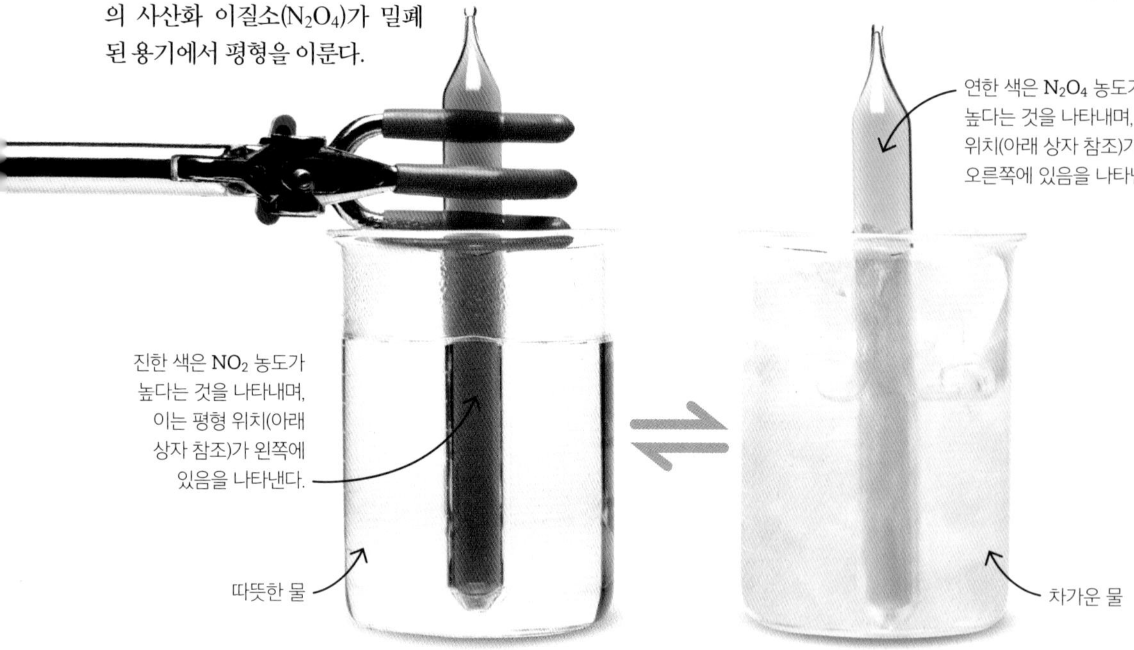
연한 색은 N_2O_4 농도가 높다는 것을 나타내며, 평형 위치(아래 상자 참조)가 오른쪽에 있음을 나타낸다.
진한 색은 NO_2 농도가 높다는 것을 나타내며, 이는 평형 위치(아래 상자 참조)가 왼쪽에 있음을 나타낸다.
따뜻한 물
차가운 물

평형의 위치

정반응과 역반응이 같은 속도로 일어날 때 평형에 도달한다. 평형의 위치는 평형 상태에서 반응물과 생성물의 농도를 나타내는 척도이다. 평형이 오른쪽에 있으면 반응물보다 생성물이 더 많고, 왼쪽에 있으면 생성물보다 반응물이 더 많다.

반응물이 소진됨에 따라 정반응 속도가 느려진다.

$$\text{반응물} \rightleftharpoons \text{생성물}$$

생성물이 형성됨에 따라 역반응 속도가 빨라진다.

이산화 질소 $2NO_2$	$\rightleftharpoons$	사산화 이질소 N_2O_4

가역 반응에서의 에너지 전달

화학 반응이 일어나면 주변으로 에너지가 방출되거나 주변에서 에너지가 흡수된다. 가역 반응에서 정반응이 발열 반응이면(166쪽 참조) 역반응은 흡열 반응이다(167쪽 참조). 그 반대도 마찬가지로 정반응이 흡열 반응이면 역반응은 발열 반응이다.

핵심 요약

- ✓ 가역 반응에서 한 방향이 발열 반응이면 그 역방향은 흡열 반응이다.
- ✓ 정반응과 역반응에서는 동일한 양의 에너지가 주변으로 방출되거나 주변으로부터 흡수된다.
- ✓ 황산 구리(Ⅱ) 무수물과 물 사이의 반응은 가역적이다.

황산 구리(Ⅱ)와 물

황산 구리(Ⅱ) 무수물과 물 사이의 반응은 가역적이다.

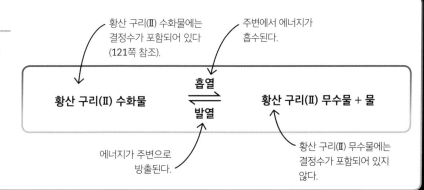

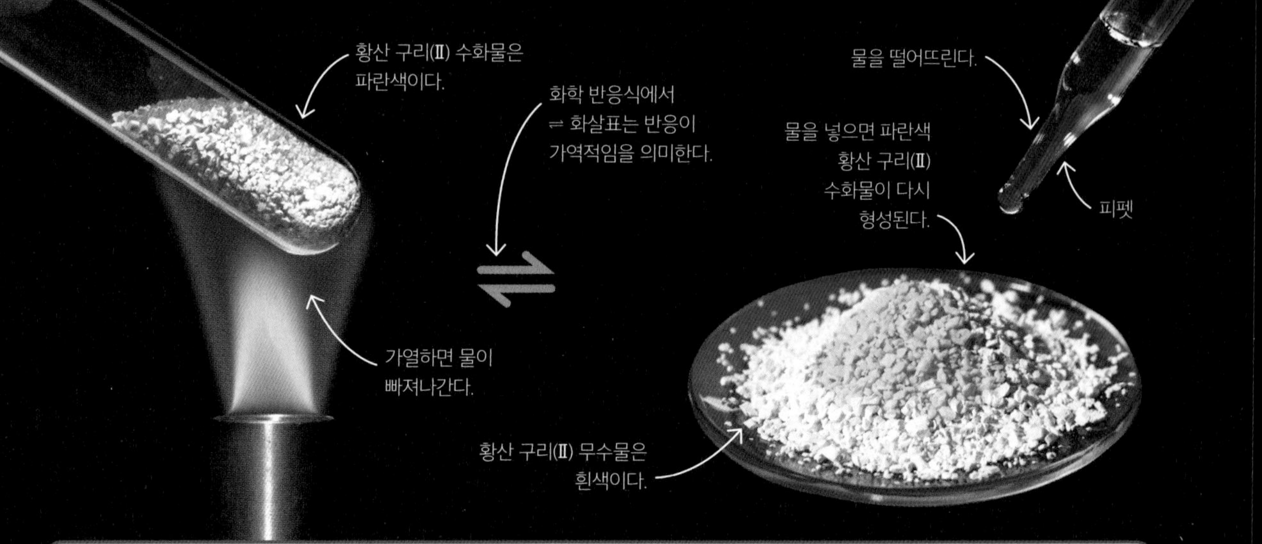
황산 구리(Ⅱ) 수화물은 파란색이다.
화학 반응식에서 ⇌ 화살표는 반응이 가역적임을 의미한다.
물을 떨어뜨린다.
물을 넣으면 파란색 황산 구리(Ⅱ) 수화물이 다시 형성된다.
피펫
가열하면 물이 빠져나간다.
황산 구리(Ⅱ) 무수물은 흰색이다.

에너지 변화

가역 반응에서 한 방향이 발열 반응이면 그 역방향은 흡열 반응이다. 이때 정반응과 역반응을 통해 전달되는 에너지의 양은 같지만, 주변으로 방출되는지 또는 주변에서 흡수되는지는 다르다.

황산 구리(Ⅱ) 수화물에는 결정수가 포함되어 있다(121쪽 참조).

주변에서 에너지가 흡수된다.

$$\text{황산 구리(Ⅱ) 수화물} \underset{\text{발열}}{\overset{\text{흡열}}{\rightleftharpoons}} \text{황산 구리(Ⅱ) 무수물} + \text{물}$$

에너지가 주변으로 방출된다.

황산 구리(Ⅱ) 무수물에는 결정수가 포함되어 있지 않다.

온도와 화학 평형

가역 반응은 한 방향으로는 발열 반응이 일어나고 반대 방향으로는 흡열 반응이 일어난다. 온도가 상승하면 평형의 위치(192쪽 참조)가 흡열 반응 방향으로 이동한다. 반대로 온도가 낮아지면 평형 위치가 발열 반응 방향으로 이동한다.

핵심 요약

- ✓ 가역 반응에서 온도가 상승하면 평형 위치가 흡열 방향으로 이동한다.
- ✓ 온도가 낮아지면 평형 위치가 발열 방향으로 이동한다.
- ✓ 평형 위치가 바뀌면 물질들의 농도가 달라진다.

이산화 질소 기체

밀폐된 플라스크에서 갈색의 이산화 질소(NO_2)와 무색의 사산화 이질소(N_2O_4) 사이의 반응이 평형에 도달한다. 온도가 낮아지면 평형이 발열 반응 방향으로 이동하여 갈색의 NO_2의 농도가 감소한다. 반대로 온도가 상승하면 평형이 흡열 방향으로 이동한다.

무색의 사산화 이질소 (N_2O_4)의 농도가 높다.
얼음물에 담긴 플라스크
갈색의 이산화 질소 (NO_2)의 농도가 높다.
상온의 플라스크

$$\underset{\text{이산화 질소}}{2NO_2} \underset{\text{흡열}}{\overset{\text{발열}}{\rightleftharpoons}} \underset{\text{사산화 이질소}}{N_2O_4}$$

압력과 화학 평형

가역 반응에서 반응의 조건이 변하면 평형의 위치는 그 변화를 상쇄하는 방향으로 이동한다(192쪽 참조). 기체를 포함하는 반응에서 압력이 증가하면 압력을 줄이는 방향으로, 즉 기체 분자 수가 적어지는 방향으로 이동한다.

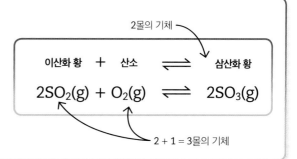

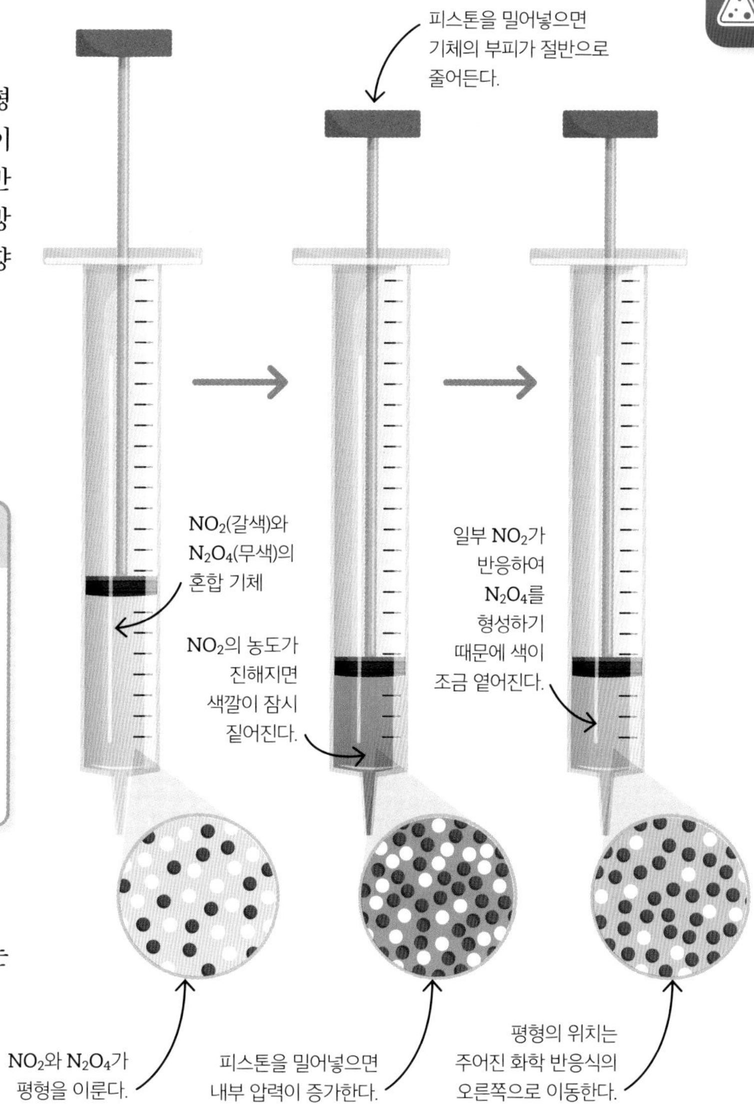

피스톤을 밀어넣으면 기체의 부피가 절반으로 줄어든다.
NO_2(갈색)와 N_2O_4(무색)의 혼합 기체
NO_2의 농도가 진해지면 색깔이 잠시 짙어진다.
일부 NO_2가 반응하여 N_2O_4를 형성하기 때문에 색이 조금 옅어진다.
NO_2와 N_2O_4가 평형을 이룬다.
피스톤을 밀어넣으면 내부 압력이 증가한다.
평형의 위치는 주어진 화학 반응식의 오른쪽으로 이동한다.

핵심 요약

- ✓ 압력이 변하면 평형의 위치가 바뀔 수 있다.
- ✓ 압력이 증가하면 기체 분자 수가 적어지는 방향으로 평형의 위치가 이동한다.

이산화 질소와 사산화 이질소의 반응

이산화 질소(NO_2)와 사산화 이질소(N_2O_4)는 밀폐된 주사기 안에서 평형을 이룬다.

$$2NO_2(g) \rightleftharpoons N_2O_4(g)$$

압력 변화와 화학 평형

압력 변화가 평형의 위치에 어떤 영향을 미치는지 예측할 수 있다. 압력이 증가하면 평형 위치는 기체의 분자 수가 적어지는 방향으로 이동한다. 여기서는 오른쪽(생성물) 분자가 더 적으므로 압력이 증가하면 평형 위치가 화학 반응식의 오른쪽으로 이동하여 삼산화 황의 양이 증가한다.

2몰의 기체

이산화 황 + 산소 ⇌ 삼산화 황

$$2SO_2(g) + O_2(g) \rightleftharpoons 2SO_3(g)$$

2 + 1 = 3몰의 기체

농도와 화학 평형

가역 반응에서 반응의 조건이 변하면 평형의 위치는 그 변화를 상쇄하는 방향으로 이동한다(192쪽 참조). 반응물의 농도가 증가하면 평형의 위치는 더 많은 생성물을 생성하여 반응물의 농도를 낮추는 방향으로 이동한다. 생성물의 농도가 감소하면 평형의 위치가 이동하여 생성물을 더 많이 만든다.

코발트 화합물

분홍색 코발트 화합물은 염산과 반응하여 파란색 코발트 화합물과 물을 형성한다. 물이나 염산을 더 추가하면 농도가 변하고 평형 위치에 영향을 미친다.

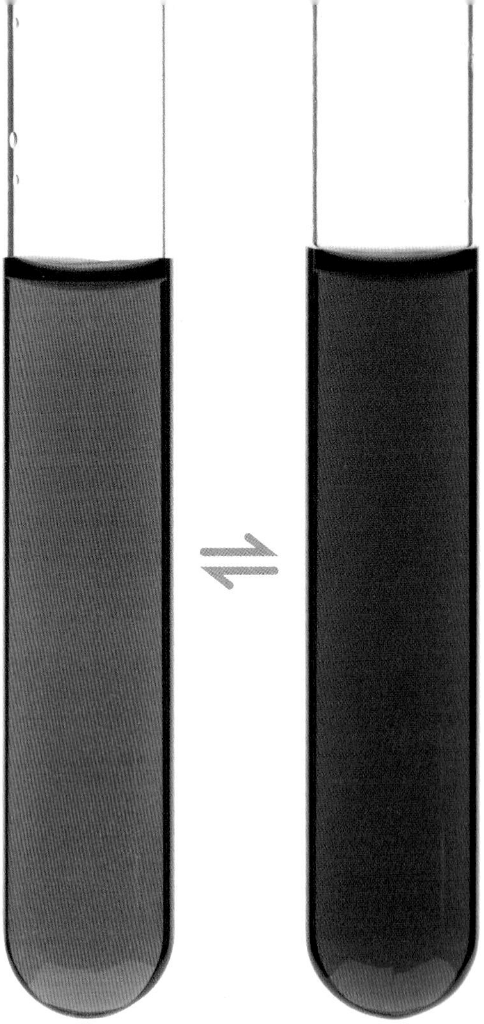

이 붉은 용액은 분홍색 화합물의 농도가 높고, 파란색 화합물의 농도가 낮다.

이 보라색 용액은 파란색 화합물의 농도가 높고, 분홍색 화합물의 농도가 낮다.

핵심 요약

- ✓ 용액의 농도가 변하면 평형의 위치가 바뀐다.
- ✓ 반응물의 농도가 증가하면 평형의 위치는 반응물의 농도를 감소시키는 방향으로 이동한다.
- ✓ 생성물의 농도가 감소하면 평형의 위치는 생성물을 더 많이 만드는 방향으로 이동한다.

농도가 화학 평형에 미치는 영향

반응물의 농도가 증가하면 평형의 위치는 변화를 상쇄시키는 방향, 즉 반응물을 소모하고 생성물을 만들어내는 방향으로 이동한다. 생성물의 농도가 감소하면 평형의 위치는 생성물을 만들어내고 반응물의 농도를 낮추는 방향으로 이동한다.

분홍색 코발트 화합물 + **염화 이온** $\rightleftharpoons$ **파란색 코발트 화합물** + **물**

염산을 추가하면 염화 이온의 농도가 증가하고 평형의 위치가 화학 반응식의 오른쪽으로 이동한다.

물을 추가하면 염화 이온의 농도가 감소하고 평형의 위치가 화학 반응식의 왼쪽으로 이동한다.

유기 화학

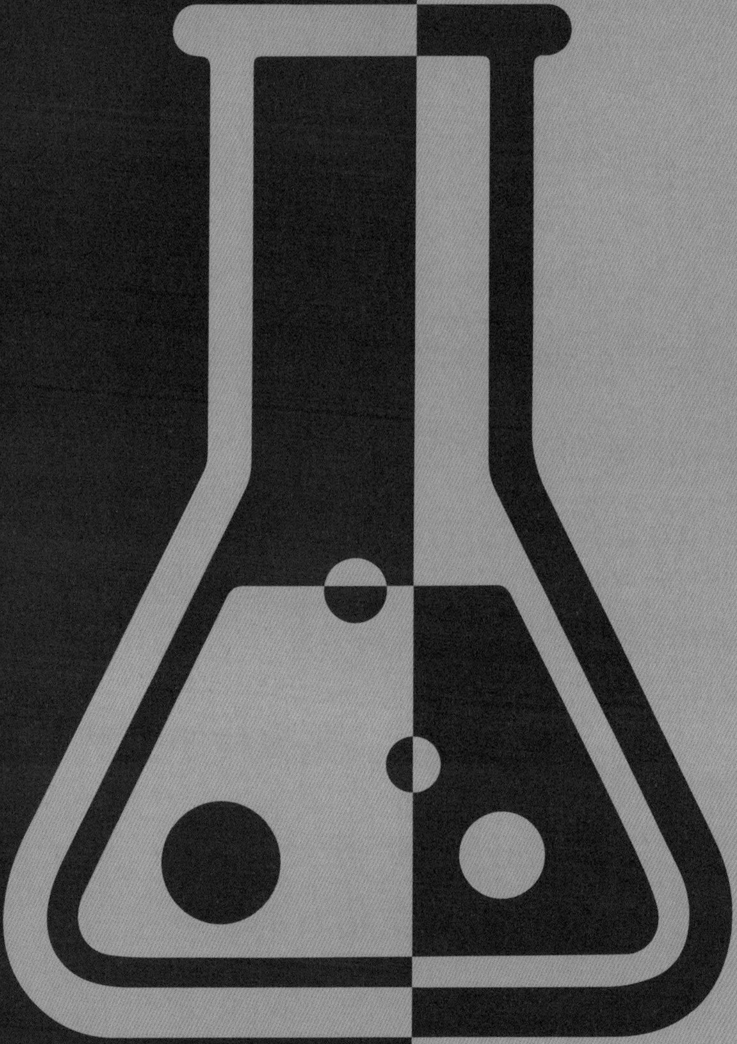

유기 화합물

유기 화합물에는 탄소 원자가 포함되어 있으며, 탄소 이 외에도 수소, 산소 등의 원자가 한 종류 이상 포함되어 있 다. 유기 화합물의 화학적 특성은 구성 원자, 화학 결합 및 작용기에 의해 결정된다. 작용기는 유기 화합물에서 반응을 일으키는 주요 부분을 의미한다. 동족 계열은 동 일한 작용기와 일반식을 가진 유기 화합물의 그룹을 의 미하며, 예로 알케인, 알켄, 알코올, 카복실산 및 에스터 는 각각의 동족 계열을 형성한다.

📌 핵심 요약

✓ 작용기는 유기 화합물에서 반응을 일으키는 원자 또는 원자 그룹이다.

✓ 작용기에는 알켄 C=C, 알코올 –OH, 카복실산 –COOH, 에스터 –COO– 등이 있다.

✓ 동족 계열의 화합물들은 동일한 작용기와 일반식을 가진다.

작용기

동족 계열의 구조는 문자 R 에 작용기를 붙인 형태로 간 단히 표현할 수 있다. R은 유 기 화합물에서 작용기를 제 외한 나머지 원자나 원자 그 룹을 나타낸다.

알케인에서 R은 수소 원자 또는 수소 원자가 결합된 탄소 원자를 나타낸다.

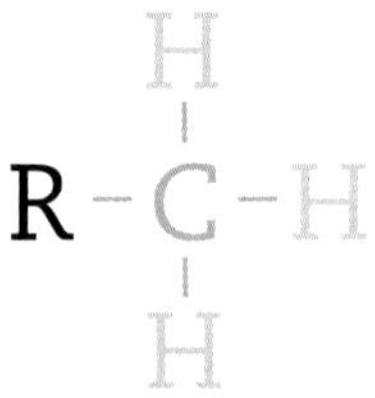

$$R-\overset{\overset{H}{|}}{\underset{\underset{H}{|}}{C}}-H$$

알케인

$$\overset{R}{\underset{H}{|}}C=\overset{H}{\underset{R}{|}}C$$

알켄은 작용기 C=C를 가지고 있다.

$$R-O-H$$

알코올은 작용기 –OH 를 가지고 있다.

$$R-\overset{\overset{O}{\|}}{C}-O-H$$

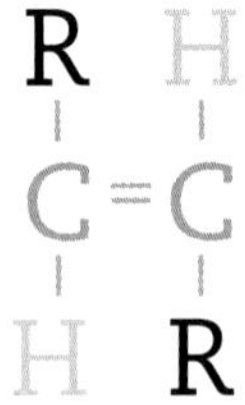

카복실산은 작용기 –COOH를 가지고 있다.

$$R-\overset{\overset{O}{\|}}{C}-O-R$$

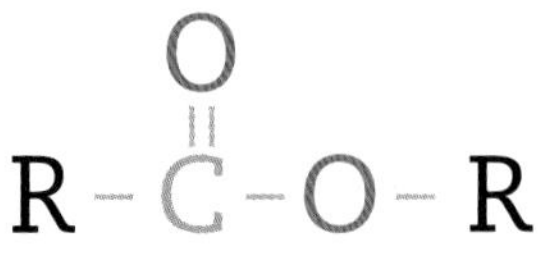

에스터의 작용기는 –COO–이다.

🔍 동족 계열 화학식

일반식에서 탄소 원자의 수는 n으로 표시되며, 이는 수소 원자 수를 계산하는 데 이용된다. 알케인의 일반식은 C_nH_{2n+2}이다.

데케인 분자는 탄소 원자가 10개이므로 $n = 10$이다.

수소 원자의 수는 $(2 \times 10) + 2 = 22$ 이다.

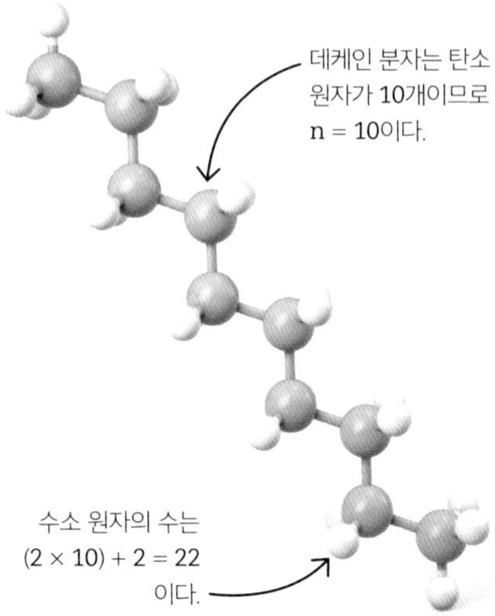

데케인의 공-막대 모형

데케인의 분자식은 $C_{10}H_{22}$이다.

유기 화합물 명명법

유기 화합물의 이름은 어간과 접미사의 조합으로 이루어진다. 어간은 탄소 원자의 수를 나타내며, 접미사는 화합물의 작용기나 동족 계열을 나타낸다.

핵심 요약

- ✓ 유기 화합물의 이름은 탄소 원자 수와 작용기에 따라 결정된다.
- ✓ 탄소 원자의 수는 이름의 어간으로 표시된다.
- ✓ 동족 계열과 작용기는 이름의 접미사로 표시된다.

탄소 원자 수

어간(이름의 시작 부분)은 화합물의 탄소 원자 수를 기준으로 한다.

탄소 원자 수	1	2	3	4	5	6
어간	meth(a)	eth(a)	prop(a)	but(a)	pent(a)	hex(a)

접미사

접미사는 이름의 끝에 쓰이며, 해당 물질이 어느 동족 계열과 작용기에 속하는지 알려준다.

동족 계열	접미사	예	
알케인	-ane	메테인	CH_4
알켄	-ene	에텐	$CH_2{=}CH_2$
알코올	-ol	프로판올	$CH_3CH_2CH_2OH$
카복실산	-oic acid	뷰탄산	$CH_3CH_2CH_2COOH$
에스터	접두사: -yl 접미사: -ate	에틸 에타노에이트 (에틸 아세테이트)	$CH_3COOCH_2CH_3$

알켄 이성질체 명명

탄소 원자가 4개 이상인 알켄에는 이성질체가 있다(210쪽 참조). 분자식은 동일하지만 작용기가 다른 위치에 있다.

$CH_2{=}CHCH_2CH_3$ ↔ $CH_3CH{=}CHCH_3$ (둘 다 C_4H_8)

but-1-ene

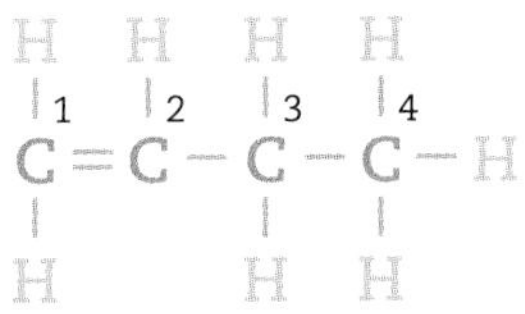

but-2-ene

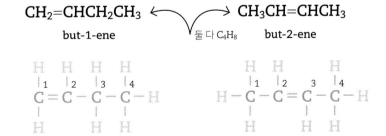

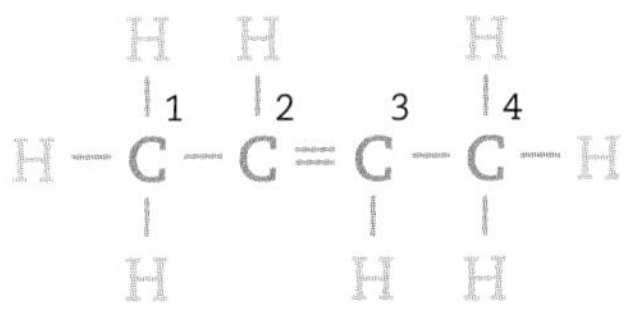

탄화수소

탄화수소는 수소와 탄소 원자만으로 이루어진 화합물이다. 탄화수소의 원자는 공유 결합으로 서로 연결되어 있으며, 단일 결합뿐만 아니라 이중 이상의 결합을 포함할 수 있다. 알케인과 알켄은 탄화수소의 유형으로, 알케인은 C−C 단일 결합만 포함하고, 알켄은 C=C 이중 결합을 포함한다. 이중 이상의 결합을 포함하지 않으면 첨가 반응 등의 추가 반응이 불가능하므로 포화 상태라고 표현한다.

핵심 요약

- ✓ 탄화수소는 유기 화합물의 가장 단순한 형태이다.
- ✓ 탄화수소 분자는 탄소와 수소 원자로만 이루어져 있다.
- ✓ 탄소와 수소 원자는 공유 결합으로 연결되어 있다.
- ✓ 알케인은 C=C 결합이 없기 때문에 포화 탄화수소이다.

알케인 네 가지

탄소 원자 수가 1개부터 4개까지의 알케인은 메테인, 에테인, 프로페인, 뷰테인이다. 알케인의 일반적인 화학식은 C_nH_{2n+2}이며, 여기서 n은 분자에 포함된 탄소 원자 수이다.

		분자식	축약 구조식	구조식
	메테인	CH_4	CH_4	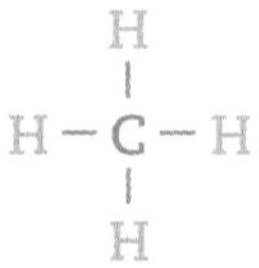
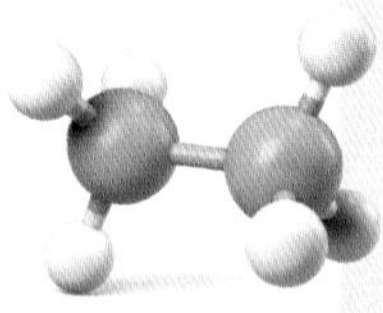	에테인	C_2H_6	CH_3CH_3	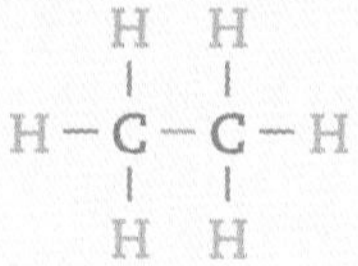
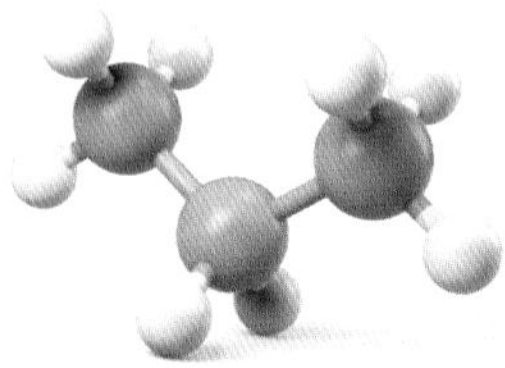	프로페인	C_3H_8	$CH_3CH_2CH_3$	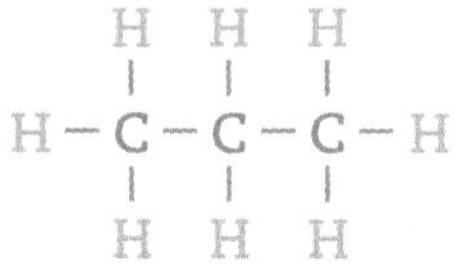
	뷰테인	C_4H_{10}	$CH_3CH_2CH_2CH_3$	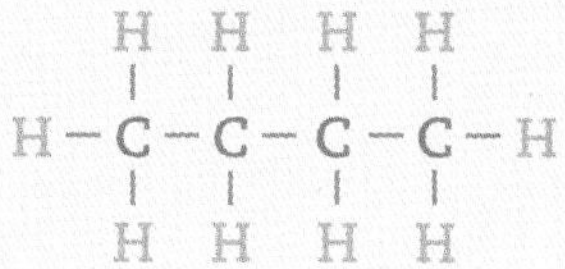

알케인의 특성

원유는 탄화수소로 구성되어 있다. 이때 대부분의 탄화수소는 알케인이며, 이는 단일 결합으로만 이루어져 있다. 알케인 분자의 탄소 원자 수가 증가함에 따라 물리적 특성이 변화한다.

핵심 요약

- ✓ 알케인은 분자 내에 탄소-탄소 이중 결합이 없는 탄화수소이다.
- ✓ 알케인의 탄소 원자 수가 증가하면 점도가 높아진다.
- ✓ 알케인의 탄소 원자 수가 증가하면 휘발성 및 인화성이 감소한다.

점성도

물질의 점성도는 물질이 얼마나 느리게 흐르는지에 대한 척도이다. 알케인 분자의 탄소 원자 수가 많을수록 물질의 점성도가 높아진다.

원유는 점성도가 높기 때문에 빨리 흐르지 않는다.

휘발성

물질의 휘발성은 물질이 얼마나 쉽게 증발하고 끓는지를 나타내는 척도이다. 알케인 분자에 탄소 원자가 많을수록 물질의 휘발성이 낮아지고 끓는점이 높아진다. 프로페인은 탄소 원자가 3개만 있어서 비교적 높은 휘발성을 가진 알케인이다.

프로판가스는 병에 담겨 사용된다. 끓는점이 낮기 때문에 상온에서 기체이다.

인화성

물질의 인화성은 물질이 얼마나 쉽게 불이 붙는지를 나타내는 척도이다. 알케인 분자에 탄소 원자가 많을수록 물질의 인화성이 낮아지고 발화하기 어렵다.

분젠 버너는 천연가스(주로 메테인)를 사용한다. 메테인에는 탄소 원자가 하나만 포함되어 있기 때문에 쉽게 점화된다.

탄화수소의 연소 반응

연료가 타는 것을 연소라고 한다. 연소는 산소와 결합하는 산화 반응이며, 주변으로 에너지가 방출되는 발열 반응이다. 탄화수소가 완전히 연소되면 이산화 탄소와 물을 생성한다.

핵심 요약

- 산소가 충분히 공급되면 완전 연소가 일어난다.
- 탄화수소가 완전 연소하면 이산화 탄소와 물을 생성한다.
- 좋은 연료는 연소 반응을 통해 많은 에너지를 방출한다.

완전 연소

로켓의 연료로 액체 메테인을 사용하는 경우가 있다. 이때 메테인의 탄소는 산소와 결합하여 이산화 탄소를 만들고, 수소는 산소와 결합하여 물을 만든다. 메테인이 완전히 연소할 때 최대의 에너지가 방출된다.

이 불꽃은 연소 반응에 의해 가열된 배기 입자로 인해 나타난다.

탄화수소 + 산소 ⟶ 이산화 탄소 + 물

메테인의 완전 연소

메테인(CH_4)은 천연가스를 이루는 주된 탄화수소이다. 오른쪽은 완전 연소에 대한 균형 화학 반응식을 완성하는 방법이다.

1. 반응물과 생성물을 적고, 더하기와 화살표 기호를 이용하여 반응식을 나타낸다.

$$CH_4 + O_2 \longrightarrow CO_2 + H_2O$$

2. 1개의 메테인에는 수소 원자가 4개 포함되어 있으므로, 반응식 오른쪽에 물 분자 2개가 있어야 양쪽의 수소 원자 개수가 동일하다.

$$CH_4 + O_2 \longrightarrow CO_2 + 2H_2O$$

3. 반응식 오른쪽에 산소 원자가 4개 있으므로, 반응식 왼쪽에 산소 분자 2개가 있어야 양쪽의 산소 원자 개수가 동일하다.

$$CH_4 + 2O_2 \longrightarrow CO_2 + 2H_2O$$

원유

원유는 고대 해양 생물의 유적으로부터 수백만 년에 걸쳐 형성되었다. 잔해는 진흙층으로 덮여 공기가 없는 상태로 압력을 받아 가열되었으며, 수백만 년에 걸쳐 원유로 바뀌었다. 그 위의 진흙층은 퇴적암으로 변했다.

핵심 요약

- ✓ 원유는 화석 연료이다.
- ✓ 원유는 고대 해양 생물의 유적으로부터 수백만 년에 걸쳐 만들어졌다.
- ✓ 원유는 매우 느리게 생성되거나 현재는 전혀 생성되지 않기 때문에 유한한 자원이다.
- ✓ 원유는 재생 불가능한 자원이므로 계속 사용하면 언젠가는 고갈된다.

원유 추출

원유가 암석 아래에 매장되어 있는 지역을 유전이라고 한다. 원유를 추출하기 위해 원유 시추기로 암반을 통과하는 구멍을 뚫는다. 원유가 압력을 받고 있던 경우에는 표면으로 분출되어 나오지만, 펌프를 이용해야 하는 경우도 있다.

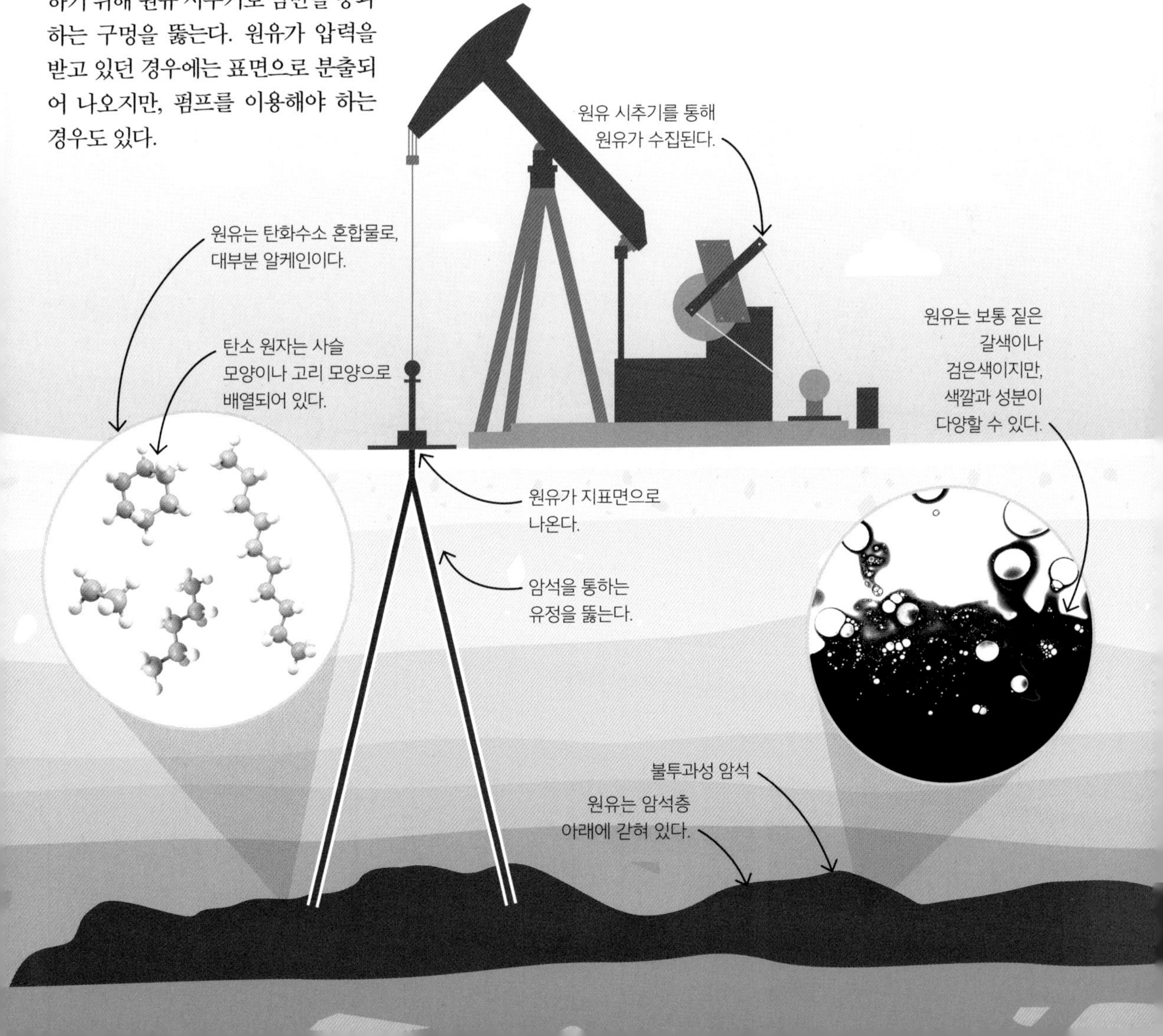

원유 시추기를 통해 원유가 수집된다.
원유는 탄화수소 혼합물로, 대부분 알케인이다.
탄소 원자는 사슬 모양이나 고리 모양으로 배열되어 있다.
원유는 보통 짙은 갈색이나 검은색이지만, 색깔과 성분이 다양할 수 있다.
원유가 지표면으로 나온다.
암석을 통하는 유정을 뚫는다.
불투과성 암석
원유는 암석층 아래에 갇혀 있다.

분별 증류

분별 증류는 액체 혼합물을 분리하는 데 사용되는 공정이다. 이는 혼합물에 포함된 물질의 끓는점이 서로 다르다는 점을 이용한 방법이다. 혼합물을 가열하면 일부 물질이 증기로 방출되고, 이 증기는 냉각되어 다시 액체 상태로 응축된다. 혼합물에 포함된 각 물질은 서로 다른 온도에서 기화 및 액화되어 분리된다.

원유의 분별 증류

원유에 포함된 탄화수소는 분자의 크기에 따라 상온에서 고체 상태로 존재할 수도 있고, 액체나 기체 상태일 수도 있다. 원유는 분별 증류를 통해 몇 종류의 '유분'으로 분리된다. 유분은 끓는점이 비슷한 분자들의 혼합물이다.

핵심 요약

- ✓ 분별 증류는 원유를 유용한 물질들로 분리한다.
- ✓ '유분'은 원유를 몇 개의 부분으로 나눈 것이다.
- ✓ 동일한 유분에 포함된 탄화수소 분자들은 끓는점과 탄소 원자 수가 비슷하다.
- ✓ 증류탑 위쪽으로 갈수록 유분의 끓는점과 점성이 낮아지고 인화되기 쉽다.

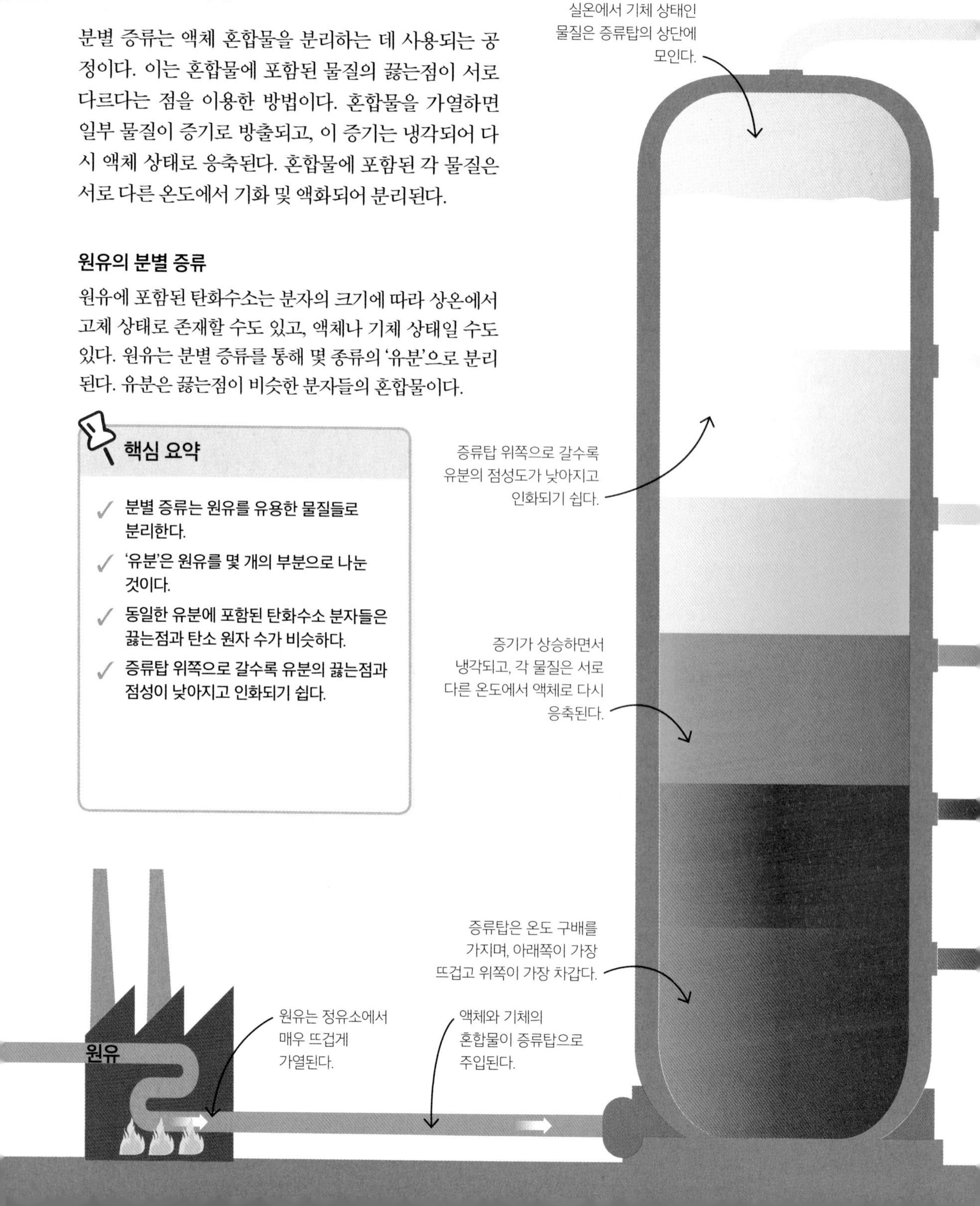
실온에서 기체 상태인 물질은 증류탑의 상단에 모인다.
증류탑 위쪽으로 갈수록 유분의 점성도가 낮아지고 인화되기 쉽다.
증기가 상승하면서 냉각되고, 각 물질은 서로 다른 온도에서 액체로 다시 응축된다.
증류탑은 온도 구배를 가지며, 아래쪽이 가장 뜨겁고 위쪽이 가장 차갑다.
원유
원유는 정유소에서 매우 뜨겁게 가열된다.
액체와 기체의 혼합물이 증류탑으로 주입된다.

탄소 원자 1~4개

인화성이 매우 높은 기체

정유 가스

난방 및 조리

탄소 원자 4~12개

점도가 매우 낮고 인화성이 매우 높은 액체

휘발유

차량용 연료

탄소 원자 7~14개

점도가 낮고 인화성이 높은 액체

나프타

석유화학 산업을 위한 원료

탄소 원자 11~15개

점도가 낮은 인화성 액체

등유

항공기 연료

탄소 원자 14~19개

인화성이 있고 점성이 있는 액체

디젤 오일

일부 열차 및 차량용 연료

탄소 원자 18~30개

점성이 매우 높은 액체로 발화하기 어려움

중유

대형 선박 및 일부 발전소 연료

탄소 원자 30개 이상

실온에서 고체 상태

아스팔트

지붕 방수 및 도로 포장

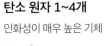

크래킹

긴 탄소 사슬을 갖는 알케인 분자는 촉매와 함께 가열하여 분해할 수 있으며, 이 과정을 크래킹이라고 한다. 이 과정은 연료로 더 유용한 짧은 사슬 알케인을 생산하기 위해 이용된다. 크래킹은 또한 첨가 중합체(213쪽 참조)를 만드는 데 사용되는 알켄을 생성한다.

핵심 요약

- ✓ 사슬 길이가 짧아질수록 탄화수소는 가연성이 높아지고 더 쉽게 흐른다.
- ✓ 사슬이 짧은 탄화수소는 사슬이 긴 탄화수소보다 연료로서 더 유용하다.
- ✓ 크래킹은 긴 알케인 분자를 짧은 알케인과 알켄으로 변환한다.

원유의 유분

분별 증류는 원유를 몇 개의 '유분'으로 분리한다(204쪽 참조). 아래에 나와 있는 유분들은 탄소 사슬 길이가 감소하는 순서대로 나열한 것이다. 탄소 사슬이 짧은 유분의 수요량은 공급량보다 많다.

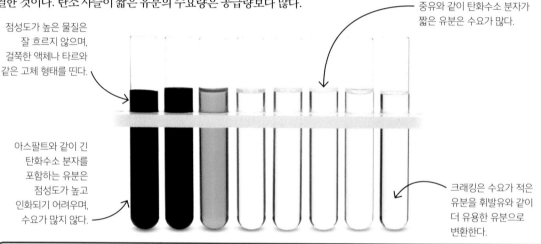

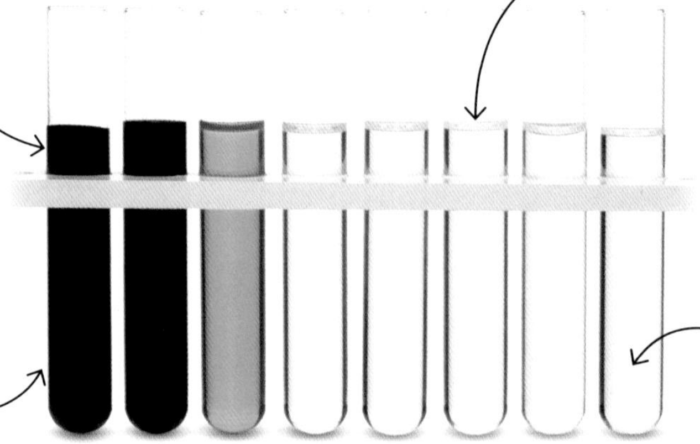

점성도가 높은 물질은 잘 흐르지 않으며, 걸쭉한 액체나 타르와 같은 고체 형태를 띤다.
아스팔트와 같이 긴 탄화수소 분자를 포함하는 유분은 점성도가 높고 인화되기 어려우며, 수요가 많지 않다.
중유와 같이 탄화수소 분자가 짧은 유분은 수요가 많다.
크래킹은 수요가 적은 유분을 휘발유와 같이 더 유용한 유분으로 변환한다.

크래킹을 통한 연료 변환

짧은 사슬을 가진 알케인은 긴 사슬을 가진 알케인보다 가연성이 더 높기 때문에 연료로 더 유용하다.
크래킹은 긴 알케인을 짧은 알케인과 알켄으로 변환한다.

긴 사슬의 탄화수소 분자 ⟶ 짧은 사슬의 알케인 분자 + 알켄

$$C_8H_{18} \rightarrow C_6H_{14} + C_2H_4$$

옥테인(8개의 C 원자) → 헥세인(6개의 C 원자) + 에텐(2개의 C 원자)

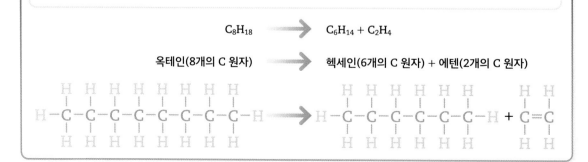

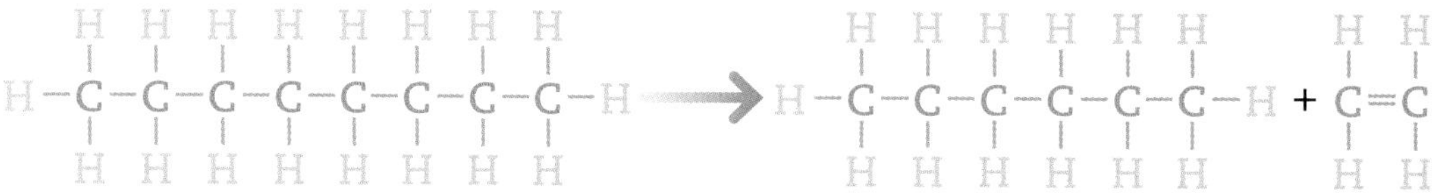

파라핀 크래킹

파라핀유는 무색의 액체로, 크래킹(206쪽 참조) 실험을 시연하는 데 사용할 수 있다. 파라핀유의 증기가 뜨거운 촉매를 통과하면 더 짧은 알케인과 알켄으로 분해된다. 이를 통해 생성된 물질 중 일부는 액체 상태이며, 일부는 기체 상태이다.

핵심 요약

- 크래킹은 긴 알케인을 분해하여 더 유용한 연료인 짧은 알케인으로 만드는 과정이다.
- 이때 첨가 중합체를 만드는 알켄도 함께 생산된다.
- 크래킹을 통해 정유소는 짧은 사슬 알케인을 산업 수요량에 맞게 공급할 수 있다.
- 파라핀유는 촉매와 함께 가열하면 분해된다.

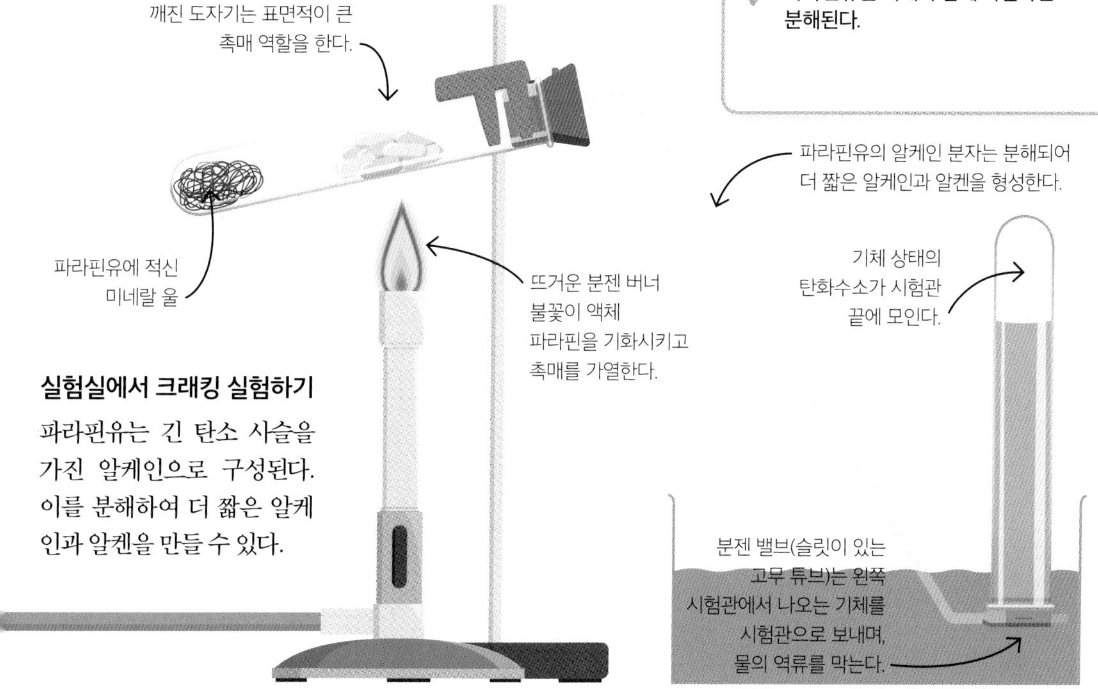

깨진 도자기는 표면적이 큰 촉매 역할을 한다.
파라핀유에 적신 미네랄 울
뜨거운 분젠 버너 불꽃이 액체 파라핀을 기화시키고 촉매를 가열한다.
파라핀유의 알케인 분자는 분해되어 더 짧은 알케인과 알켄을 형성한다.
기체 상태의 탄화수소가 시험관 끝에 모인다.
분젠 밸브(슬릿이 있는 고무 튜브)는 왼쪽 시험관에서 나오는 기체를 시험관으로 보내며, 물의 역류를 막는다.

실험실에서 크래킹 실험하기

파라핀유는 긴 탄소 사슬을 가진 알케인으로 구성된다. 이를 분해하여 더 짧은 알케인과 알켄을 만들 수 있다.

수요와 공급

분별 증류를 통해 긴 탄화수소 유분이 수요보다 더 많이 공급된다. 크래킹은 이러한 덜 유용한 '무거운' 유분을 더 유용한 '가벼운' 유분으로 변환하여 이를 통해 정유소가 수요와 공급을 맞출 수 있도록 해준다.

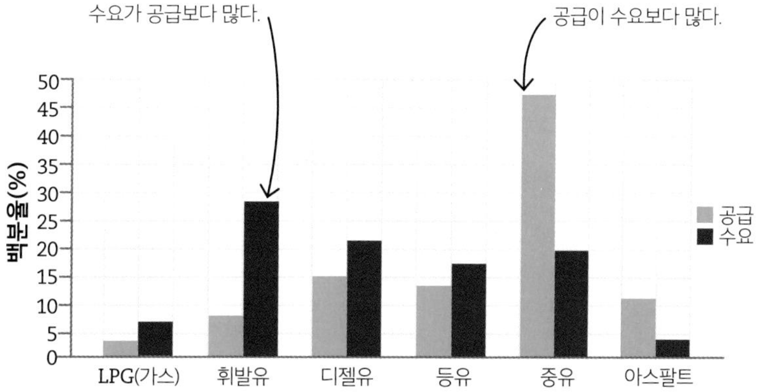

수요가 공급보다 많다.
공급이 수요보다 많다.
백분율(%)
0
5
10
15
20
25
30
35
40
45
50
공급
수요
LPG(가스)
휘발유
디젤유
등유
중유
아스팔트

알켄

알켄은 작용기 C=C를 갖는 탄화수소 동족 계열이다(198쪽 참조). 일반식은 C_nH_{2n}이며, CH_2의 개수에 따라 구조식이 다르지만 모든 알켄은 서로 유사한 화학적 성질을 갖는다. C=C 결합으로 인해 알켄은 첨가 반응에 참여할 수 있으며, 따라서 알케인보다는 반응성이 더 높다.

핵심 요약

- ✓ 알켄은 탄화수소 동족 계열의 일종이다.
- ✓ 알켄 분자는 탄소-탄소 이중 결합을 포함한다.
- ✓ C=C 결합은 알켄의 반응성을 알케인보다 더 크게 만든다.
- ✓ 알켄의 일반식은 C_nH_{2n}이다.

알켄 네 가지

탄소 원자 수가 1개부터 4개까지의 알켄은 에텐, 프로펜, 뷰텐, 펜텐이다. 뷰텐과 펜텐은 모두 C=C 결합이 탄소 사슬에서 서로 다른 위치에 있는 위치 이성질체를 가지고 있다.

		분자식	축약 구조식	구조식
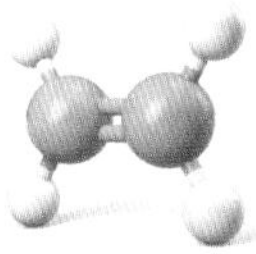	에텐	C_2H_4	$CH_2{=}CH_2$	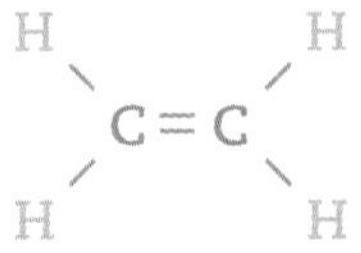
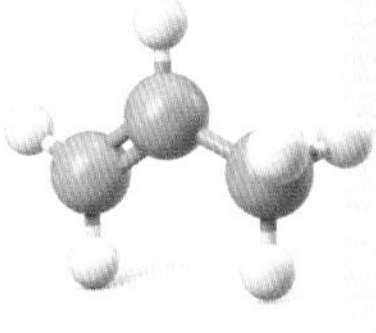	프로펜	C_3H_6	$CH_3CH{=}CH_2$	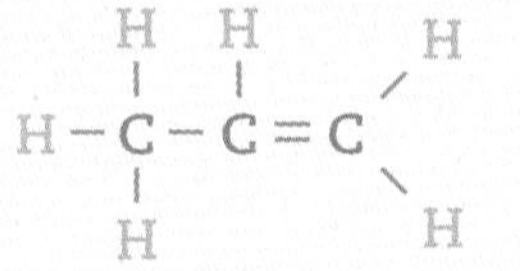
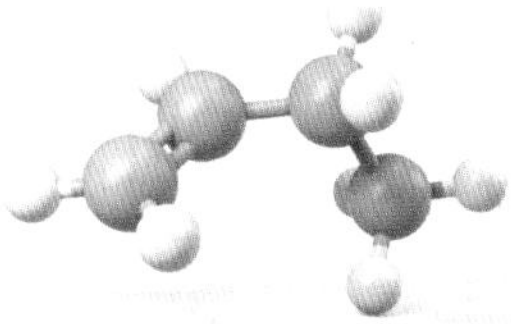	뷰텐	C_4H_8	$CH_3CH_2CH{=}CH_2$	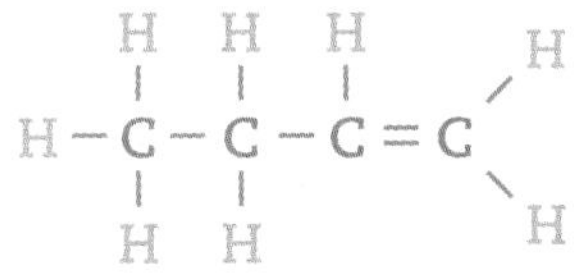
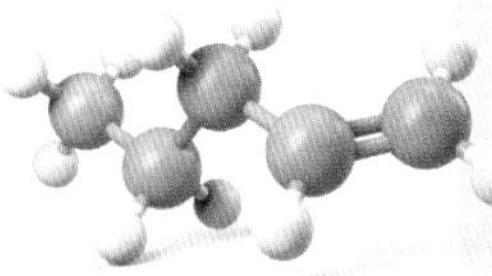	펜텐	C_5H_{10}	$CH_3CH_2CH_2CH{=}CH_2$	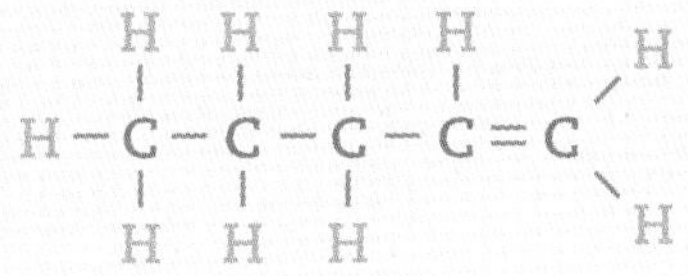

첨가 반응

첨가 반응에서는 두 물질이 반응하여 하나의 생성물을 만든다. 알켄은 C=C 결합을 가지고 있어 첨가 반응을 할 수 있다. 알켄은 수소와 반응하여 알케인을 형성하고, 브로민과 반응하여 다이브로모 화합물을 형성한다. 또한 알켄은 서로 반응하여 첨가 중합체를 형성할 수도 있다.

핵심 요약

- ✓ 알켄은 C=C 결합을 가지고 있어 첨가 반응을 할 수 있다.
- ✓ 첨가 반응이 일어나면 하나의 생성물이 형성된다.
- ✓ 수소 첨가 반응을 통해 알케인이 형성된다.
- ✓ 할로젠 첨가 반응을 통해 할로젠화물이 형성된다.

C=C 결합

알켄의 모든 첨가 반응에서 C=C 결합은 C−C 결합이 되고, 원자나 원자 그룹이 2개의 탄소 원자에 각각 결합한다.

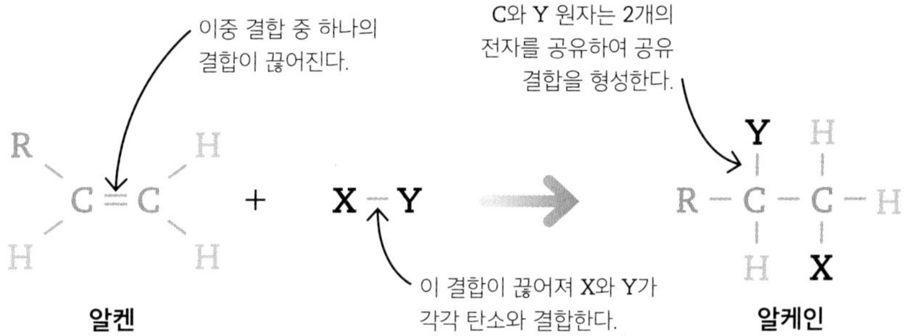

이중 결합 중 하나의 결합이 끊어진다.
C와 Y 원자는 2개의 전자를 공유하여 공유 결합을 형성한다.
이 결합이 끊어져 X와 Y가 각각 탄소와 결합한다.
알켄
알케인

수소 첨가 반응

니켈 촉매하에서 가열하면 (184쪽 참조) 알켄은 수소와 첨가 반응을 일으켜 알케인을 형성한다. 예를 들어 에텐은 수소와 반응하여 에테인을 형성한다.

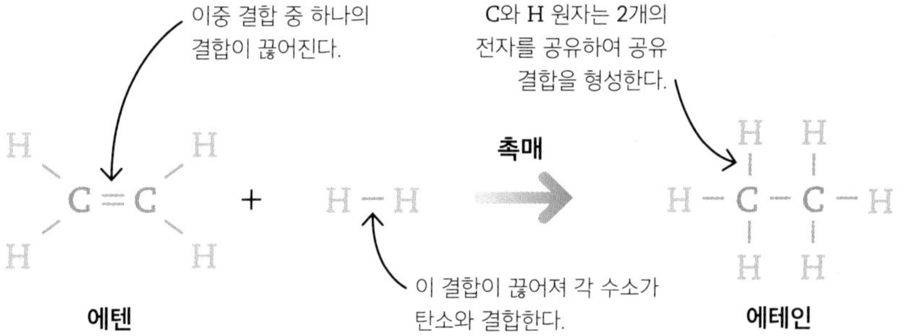

이중 결합 중 하나의 결합이 끊어진다.
C와 H 원자는 2개의 전자를 공유하여 공유 결합을 형성한다.
촉매
이 결합이 끊어져 각 수소가 탄소와 결합한다.
에텐
에테인

할로젠 첨가 반응

알켄은 염소, 브로민, 아이오딘(70쪽 참조)과 같은 할로젠과 첨가 반응을 한다. 염소와의 반응을 통해 디클로로프로판과 같은 디클로로 화합물을 형성한다.

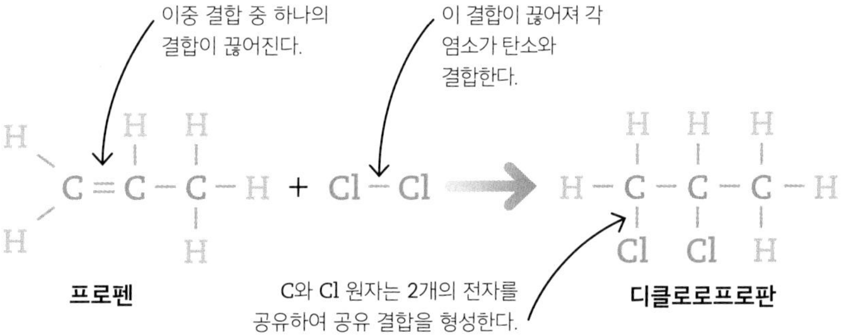

이성질체

이성질체란 분자식은 같지만 원자들의 연결 순서나 공간적 배열이 다른 화합물을 말한다. 따라서 이성질체는 서로 구조식이 다르며, 끓는점과 같은 일부 특성이 다르게 나타날 수 있다. 분자식은 화합물을 구성하는 원자의 종류와 수를 나타내며, 구조식은 원자들 간의 연결 관계와 구조를 나타낸다.

핵심 요약

- ✓ 이성질체는 분자식은 같지만 구조가 다른 화합물이다.
- ✓ 이성질체는 탄소 사슬 형태가 서로 다르거나, 작용기의 위치나 종류가 다를 수 있다.
- ✓ 알켄과 알코올은 위치 이성질체를 가질 수 있다.

알케인의 사슬 이성질체

사슬 이성질체는 탄소 원자가 서로 다른 위치에서 결합하여 형성된다. 뷰테인과 메틸프로페인은 모두 화학식이 C_4H_{10}이지만 탄소 원자의 배열이 서로 다르다.

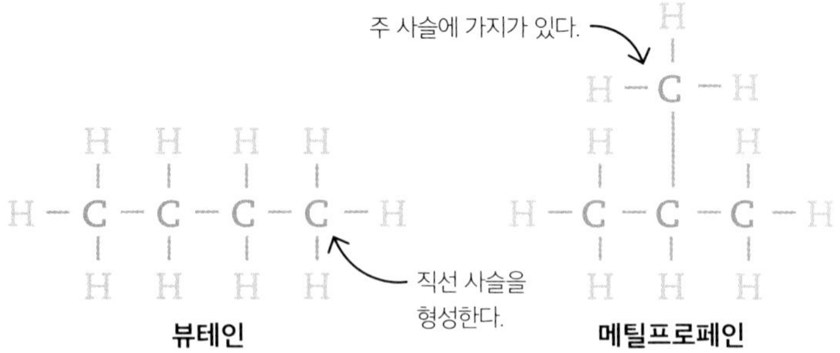

주 사슬에 가지가 있다.
직선 사슬을 형성한다.

뷰테인 메틸프로페인

알켄의 위치 이성질체

위치 이성질체는 작용기가 탄소 사슬의 서로 다른 위치를 차지하여 형성된다. 뷰트-1-엔과 뷰트-2-엔의 화학식은 모두 C_4H_8이지만 작용기가 다른 위치에 있다.

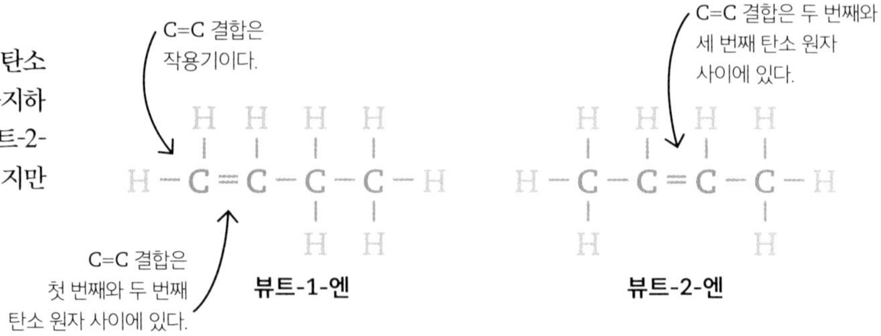

뷰트-1-엔 뷰트-2-엔

알코올의 위치 이성질체

알코올은 작용기 −OH를 가지고 있다. 이는 탄소 사슬의 서로 다른 탄소 원자에 결합될 수 있다. 프로판-1-올과 프로판-2-올의 화학식은 모두 C_3H_7OH이다.

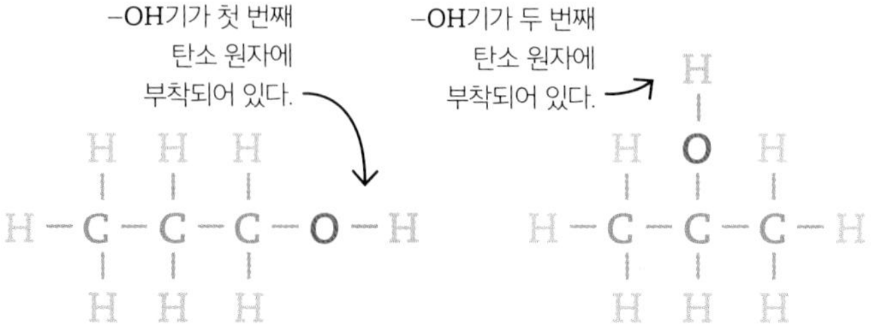

−OH기가 첫 번째 탄소 원자에 부착되어 있다.
−OH기가 두 번째 탄소 원자에 부착되어 있다.

프로판-1-올 프로판-2-올

알켄 연소 반응

알켄은 탄화수소 동족 계열의 일종이다(208쪽 참조). 산소가 충분하면 완전히 연소하여 이산화 탄소와 물을 형성한다. 그러나 산소가 부족하면 불완전 연소가 일어나며, 이 경우에도 물과 이산화 탄소가 생성되지만 탄소와 일산화 탄소(유독가스)도 함께 생성된다.

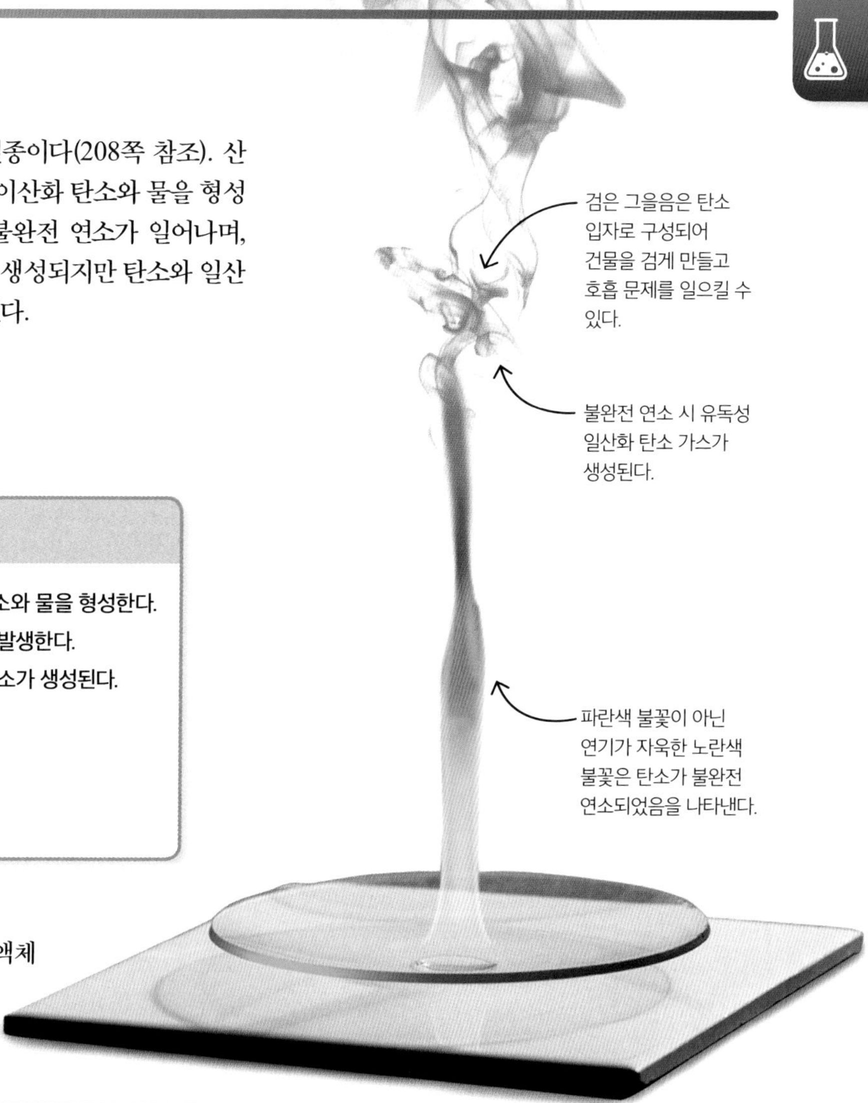
검은 그을음은 탄소 입자로 구성되어 건물을 검게 만들고 호흡 문제를 일으킬 수 있다.
불완전 연소 시 유독성 일산화 탄소 가스가 생성된다.
파란색 불꽃이 아닌 연기가 자욱한 노란색 불꽃은 탄소가 불완전 연소되었음을 나타낸다.

핵심 요약

- ✓ 알켄이 완전 연소되면 이산화 탄소와 물을 형성한다.
- ✓ 불완전 연소는 산소가 부족할 때 발생한다.
- ✓ 불완전 연소 시 일산화 탄소와 탄소가 생성된다.

사이클로헥센의 연소

사이클로헥센(C_6H_{10})은 상온에서 액체 상태인 알켄이다. 오른쪽 사진은 사이클로헥센이 불완전 연소되는 모습이다.

알켄의 불완전 연소

알켄은 알케인보다 동일한 수소 원자 수 대비 탄소 원자 수가 더 많다. 알켄은 강한 C=C 결합으로 인해 공기 중에서 불완전 연소될 가능성이 더 높다. 다음은 알켄의 불완전 연소에 대한 화학 반응식이다.

물이 생성된다.

알켄 + 산소 ⟶ 일산화 탄소 + 탄소 + 물

불완전 연소 시 유독성 일산화 탄소가 생성된다.

탄소는 검은색 입자, 즉 그을음으로 나타난다.

알켄 검출 반응

알켄 분자는 C=C 결합을 가지고 있으며, 이로 인해 첨가 반응을 할 수 있다(209쪽 참조). 반면 알케인 분자는 C=C 결합을 가지고 있지 않아 첨가 반응을 할 수 없다. 할로젠인 브로민수(70쪽 참조)는 화합물이 알켄인지 알케인인지 확인하는 데 사용된다.

핵심 요약

- ✓ 브로민수를 알켄과 혼합하면 주황색에서 무색으로 변한다.
- ✓ 브로민수를 알케인과 혼합하면 주황색으로 유지된다.
- ✓ 알켄은 첨가 반응을 한다.

브로민수

알켄 검출 반응에 브로민수가 사용된다. 브로민은 부식성과 독성이 있으므로 매우 묽은 브로민수를 사용하는 것이 안전하다.

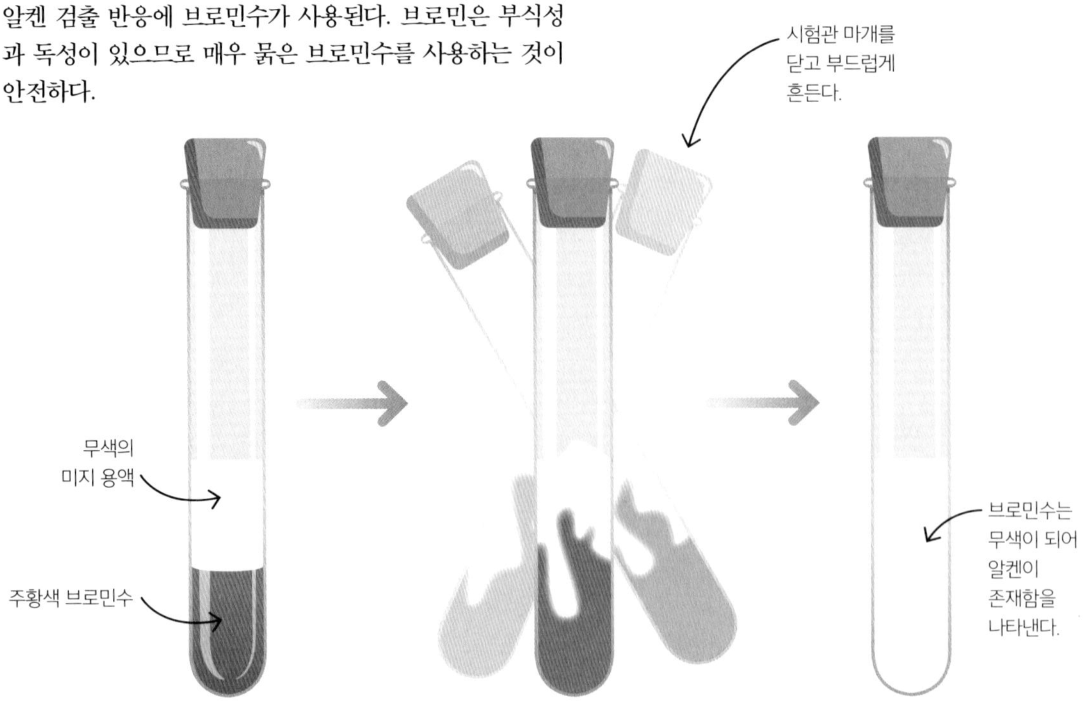

시험관 마개를 닫고 부드럽게 흔든다.
무색의 미지 용액
주황색 브로민수
브로민수는 무색이 되어 알켄이 존재함을 나타낸다.

알켄의 첨가 반응

위의 반응은 첨가 반응이다. 알켄은 C=C 결합을 가지고 있기 때문에 브로민과 반응한다. 에텐은 화학 산업에서 널리 사용되는 알켄이다.

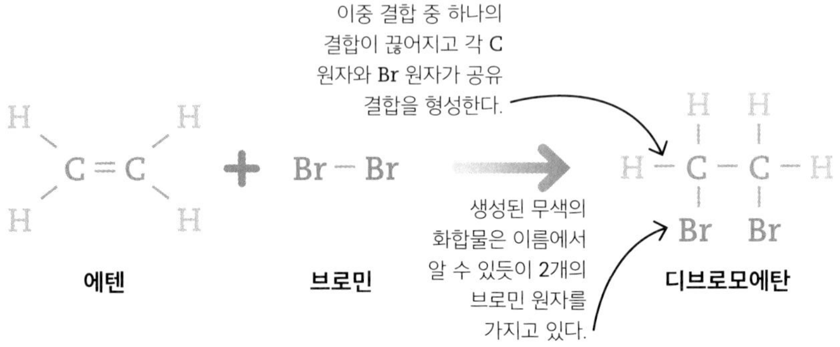

첨가 중합체

폴리에틸렌(폴리에텐)은 첨가 중합체의 한 예이다. 이는 에텐 분자가 서로 연결되는 중합 반응을 통해 만들어진다. 첨가 반응에서는 다른 부산물 없이 하나의 생성물만 형성되므로(209쪽 참조), 이 반응을 통해 중합체만이 만들어진다. 반복 구조 단위의 구조식을 사용하여 중합체 분자를 나타낼 수 있다(214쪽 참조).

핵심 요약

- ✓ 중합체는 단량체라고 하는 작은 분자로 만들어진 큰 분자이다.
- ✓ 첨가 중합 반응을 하는 단량체는 C=C 결합을 포함한다.
- ✓ 중합체는 첨가 중합을 통해 만들어지는 유일한 생성물이다.
- ✓ 중합체의 반복 구조 단위는 단량체의 구조로부터 만들어진다.

폴리에틸렌

오른쪽 공-막대 모형은 폴리에틸렌 분자의 일부를 보여준다.

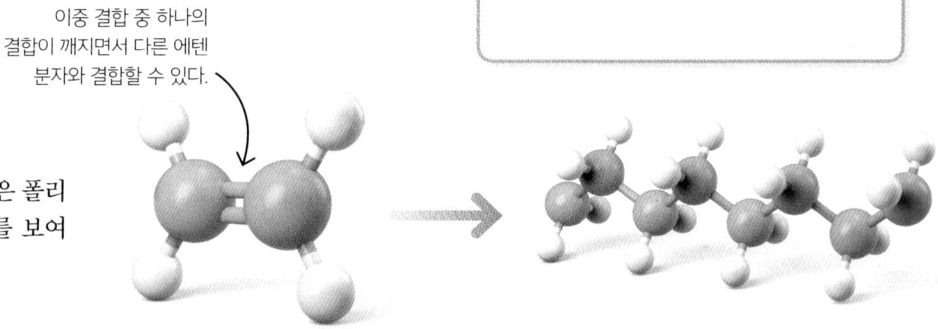

이중 결합 중 하나의 결합이 깨지면서 다른 에텐 분자와 결합할 수 있다.

첨가 중합 반응

중합 반응은 구조식을 사용하여 표시할 수 있다. 구조식에서 두 원자 사이의 선은 공유 결합을 나타낸다. 오른쪽 그림에서 3개의 에텐 단량체가 폴리에틸렌의 일부를 형성한다.

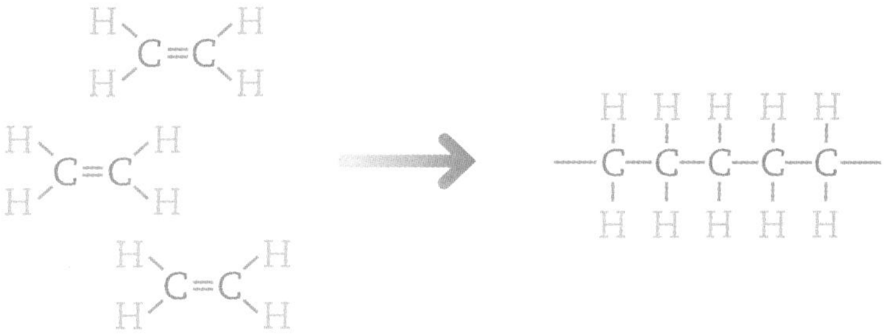

3개의 에텐 분자

폴리에틸렌

반복 구조 단위

중합체 분자는 반복 구조 단위로 구성되어 있으며, 이는 기차가 객차로 구성되어 있는 것과 유사하다. 중합체 분자에는 이러한 구조 단위가 많이 포함되어 있으므로 실제 숫자 대신 *n*이 사용된다.

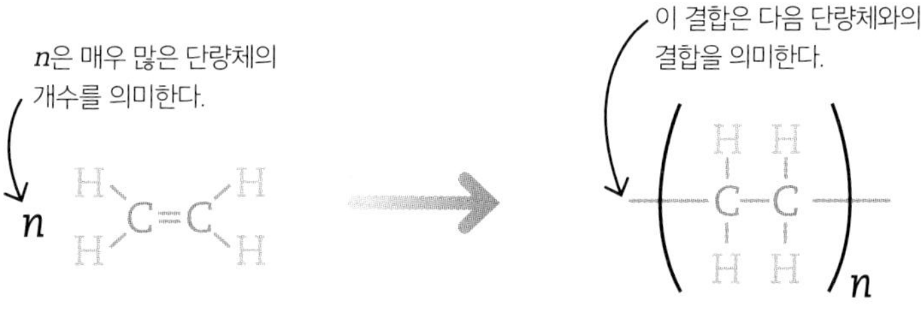

***n*개의 에텐 분자**

폴리에틸렌의 반복 구조 단위

첨가 중합체의 표현

중합체 분자에는 수천 개의 원자가 포함되어 있을 수 있기 때문에 전체 분자의 구조식을 그리기가 어렵다. 대신 중합체는 반복 구조 단위로 표시할 수 있다. 중합체의 반복 구조 단위는 단량체로부터, 단량체는 반복 구조 단위로부터 알 수 있다.

핵심 요약

- ✓ 단량체와 반복 구조 단위는 원자 수와 배열이 동일하다.
- ✓ 단량체의 C=C 결합은 반복 구조 단위에서 단일 결합이 된다.
- ✓ 중합체의 이름은 '폴리'라는 단어 뒤에 단량체 이름이 들어간다.

단량체로부터 반복 구조 단위 그리기

중합체의 단량체와 반복 구조 단위는 각 원소의 원자 수가 동일하다. 원자의 배열은 같지만 결합은 약간 다르다.

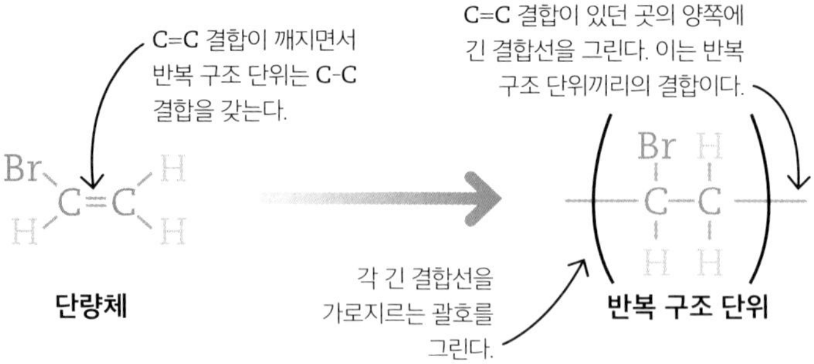
C=C 결합이 깨지면서 반복 구조 단위는 C-C 결합을 갖는다.
C=C 결합이 있던 곳의 양쪽에 긴 결합선을 그린다. 이는 반복 구조 단위끼리의 결합이다.
각 긴 결합선을 가로지르는 괄호를 그린다.
단량체
반복 구조 단위

반복 구조 단위로부터 단량체 그리기

중합체의 반복 구조 단위와 단량체는 각 원소의 원자 수가 동일하다. 원자의 배열은 같지만 결합은 약간 다르다.

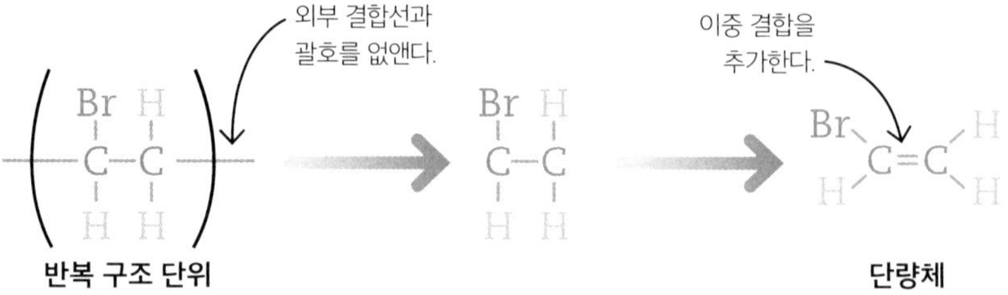
외부 결합선과 괄호를 없앤다.
이중 결합을 추가한다.
반복 구조 단위
단량체

첨가 중합 반응의 화학 반응식

중합 반응의 화학 반응식은 단량체와 반복 구조 단위를 사용하여 나타낼 수 있다.

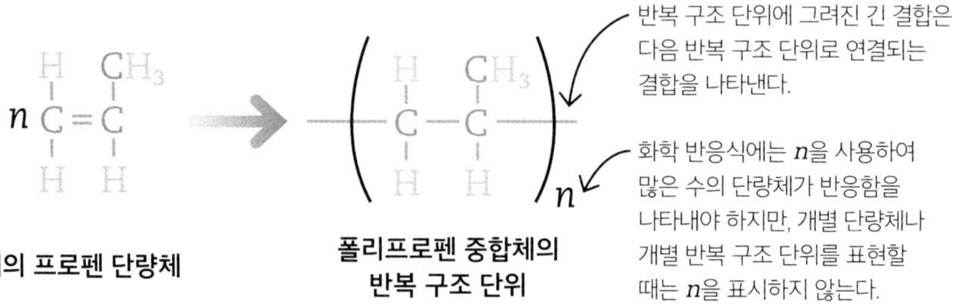
n은 매우 큰 숫자를 나타낸다.
n개의 프로펜 단량체
폴리프로펜 중합체의 반복 구조 단위
반복 구조 단위에 그려진 긴 결합은 다음 반복 구조 단위로 연결되는 결합을 나타낸다.
화학 반응식에는 n을 사용하여 많은 수의 단량체가 반응함을 나타내야 하지만, 개별 단량체나 개별 반복 구조 단위를 표현할 때는 n을 표시하지 않는다.

알코올

알코올은 유기 화합물 동족 계열의 일종이다(198쪽 참조). 모든 알코올은 –OH 작용기를 포함하며, 이로 인해 공통된 특성을 가진다. 메탄올은 가장 단순한 형태의 알코올로, 독성을 가지며 휘발유와 혼합된 형태나 메탄올 자체로 연료로 사용된다. 에탄올은 주류의 주요 성분이며, 또한 바이오 연료로도 유용하게 사용된다.

핵심 요약

- ✓ 알코올은 유기 화합물 동족 계열의 일종이다.
- ✓ 알코올은 작용기 –OH를 포함하고 있어 공통된 화학적 특성을 가진다.
- ✓ 알코올(alcohol)의 이름은 '-올(ol)'로 끝난다.
- ✓ 알코올의 일반식은 $C_nH_{2n+1}OH$이다.

알코올 네 가지

다음 표는 탄소 원자 수가 증가하는 순서대로 네 가지 알코올에 대한 정보를 나타낸다. –OH기는 탄소 사슬의 끝에 위치해 있다.

		분자식	축약 구조식	구조식
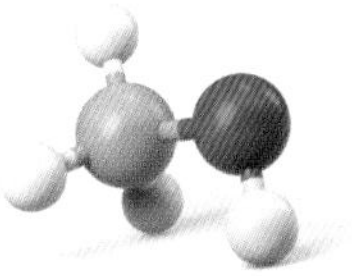	메탄올	CH_3OH	CH_3OH	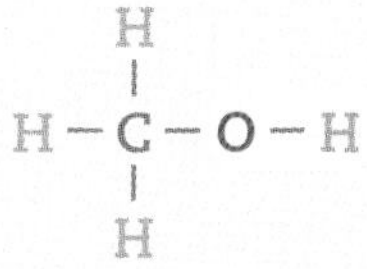
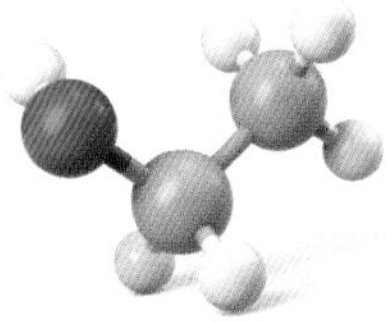	에탄올	C_2H_5OH	CH_3CH_2OH	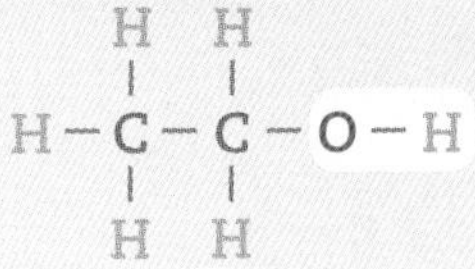
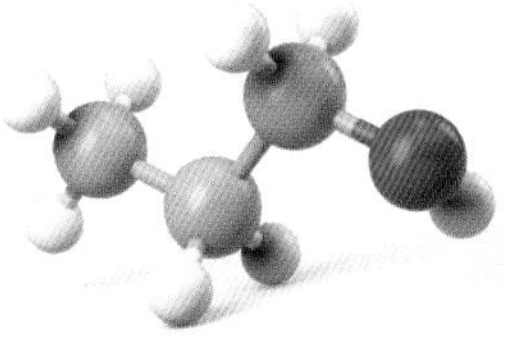	프로판올	C_3H_7OH	$CH_3CH_2CH_2OH$	
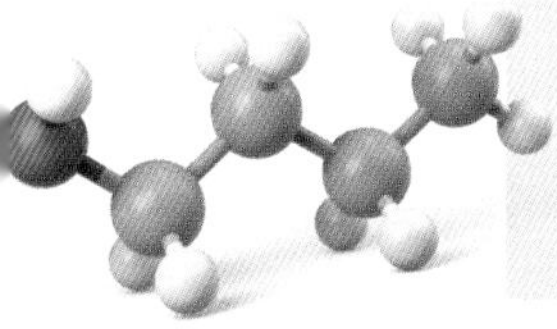	뷰탄올	C_4H_9OH	$CH_3(CH_2)_3OH$	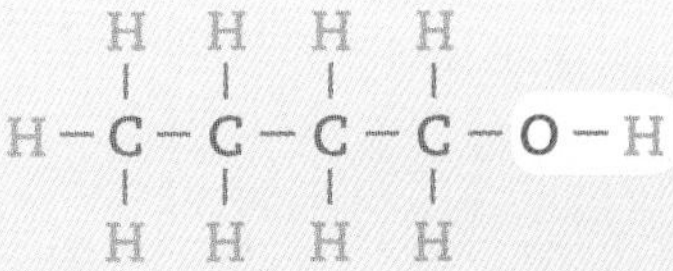

알코올의 특성

짧은 탄소 사슬을 가진 알코올은 물과 완전히 혼합되어 중성의 혼합물을 형성한다. 탄화수소와 마찬가지로 알코올은 과량의 산소 조건에서 완전히 연소하여 이산화 탄소와 물을 형성한다(200쪽 참조). 또한 산화제와 함께 가열하면 카복실산으로 산화될 수 있다.

핵심 요약

- ✓ 짧은 탄소 사슬을 가진 알코올은 물과 완전히 혼합된다.
- ✓ 알코올이 완전 연소되면 이산화 탄소와 물이 생성된다.
- ✓ 알코올은 산화될 수 있으며, 이때 카복실산이 형성된다.

물에 대한 용해도

메탄올, 에탄올, 프로판올, 뷰탄올은 물과 완전히 혼합하여 중성의 무색 투명한 용액을 형성한다.

인화성

알코올은 인화성 물질이다. 알코올은 산소가 충분히 공급되면 완전 연소(163쪽 참조)하여 이산화 탄소와 물을 생성한다. 산소나 공기가 충분하지 못한 환경에서는 불완전 연소를 하며, 이 과정에서 일산화 탄소, 탄소 및 물이 생성된다.

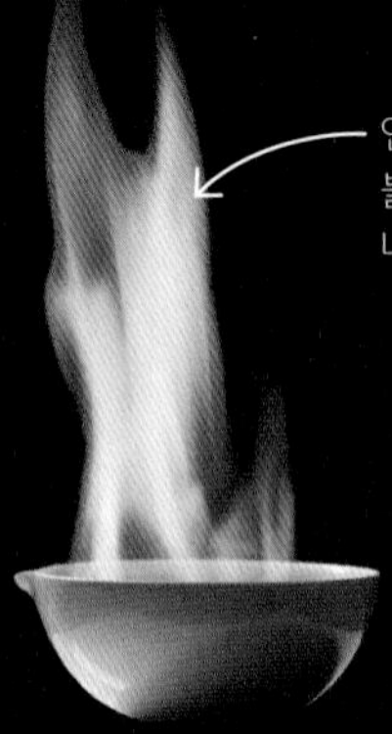

연기가 자욱한 노란색 불꽃은 불완전 연소됨을 나타낸다.

산화

물질이 산소를 얻는 것을 산화라고 한다. 알코올은 태우거나 망가니즈산 포타슘(Ⅶ)을 사용하여 산화시킬 수도 있다.

에탄올의 용도

알코올은 −OH 작용기를 가진 동족 계열의 화합물이다(198쪽 참조). 에탄올은 술에 포함된 알코올이며, 소독제나 연료로도 사용된다. 또한 에탄올은 몇몇 물에 잘 녹지 않는 물질들을 용해시키는 유용한 용매로서의 역할도 한다.

핵심 요약

- ✓ 에탄올은 다른 물질을 녹이는 유용한 용매이다.
- ✓ 에탄올은 박테리아를 죽이는 효과적인 소독제이다.
- ✓ 에탄올은 공기 중에서 연소하며, 연료로 유용하게 사용된다.

용매

에탄올은 물로는 녹일 수 없는 기름과 그리스를 녹인다. 페인트, 세정제, 향수, 광택제 등에도 유용한 용매로 사용된다.

에탄올은 페인트의
용매이다.

페인트

소독제

소독제는 박테리아를 죽이는 물질이다. 에탄올은 효과적인 소독제로, 손 소독용 젤 등에 사용된다.

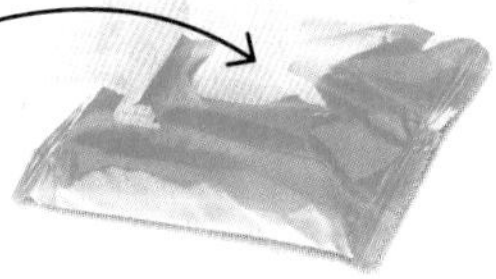
에탄올 패드는 주사를
놓기 전에 피부를
소독하는 데 사용된다.

피부 소독용 패드

연료

대부분의 에탄올은 발효 과정을 통해 제조되는 바이오 에탄올이다. 이는 단독으로 사용되거나 휘발유와 혼합하여 사용되는 유용한 연료이다.

에탄올은 알코올램프의
연료로 사용된다.

연료

주류

맥주와 와인 같은 주류에는 에탄올(각각 약 4%, 12%)이 함유되어 있으며, 보드카나 위스키 같은 주류의 경우 증류 과정을 거쳐 농도가 더 높다(약 40%).

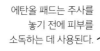

맥주는 맥아 보리와 같은
곡물을 발효시켜 만들며,
에탄올이 함유되어 있다.

맥주

에탄올의 생산

발효는 혐기성 호흡(산소가 없는 상태에서 일어나는 과정)의 일종으로, 탄수화물(226쪽 참조)로부터 에탄올과 이산화 탄소를 생성한다. 효모 세포에는 발효가 일어나는 데 필요한 효소가 들어 있다.

에어록은 이산화 탄소를 배출하지만, 또한 공기가 들어오는 것을 막는다.
물, 설탕, 효모의 혼합물을 약 20~30℃ 온도로 유지한다.
효모는 에탄올 농도가 너무 높아지면 죽어서 바닥에 가라앉는다.

직접 만든 와인

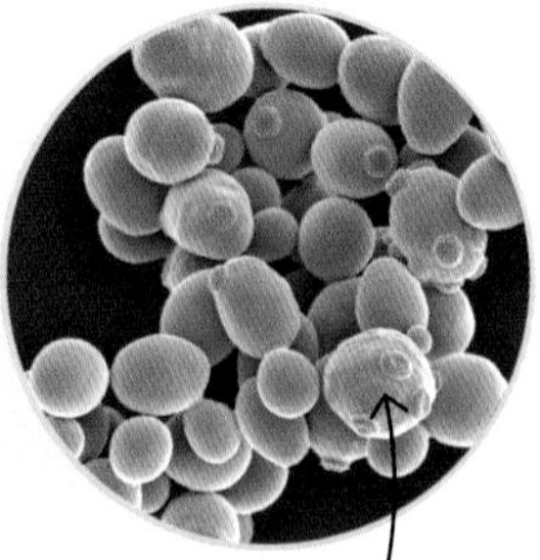

핵심 요약

- ✓ 에탄올은 적당한 온도와 압력 조건에서 당분을 발효시켜 만들 수 있다.
- ✓ 발효를 통해 이산화 탄소가 생성된다.
- ✓ 에탄올은 높은 온도와 압력 조건에서 에텐의 수화(첨가 반응)를 통해 만들 수 있다.

발효

발효는 바이오 연료로 사용되는 에탄올을 대규모로 생산하는 방법이다. 또한 맥주, 와인 및 기타 주류를 만드는 데에도 사용된다.

설탕 —(효모의 효소)→ **에탄올** + **이산화 탄소**

에텐의 수화

에텐은 수증기와 첨가 반응(209쪽 참조)을 하여 에탄올을 형성한다. 이 반응은 높은 온도와 압력에서 인산 촉매하에 진행되는 가역적인 반응이다.

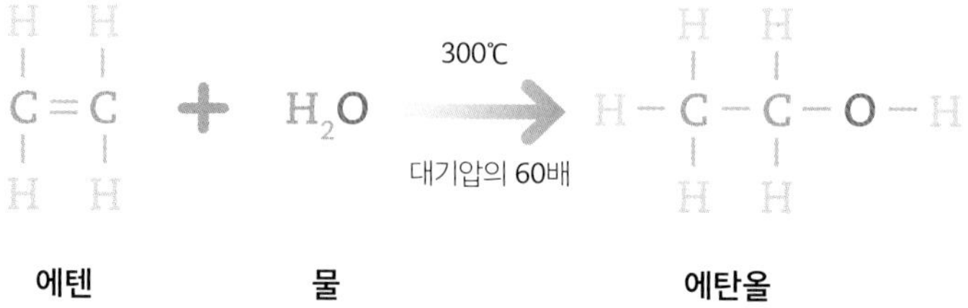

카복실산

카복실산은 −COOH 작용기를 가진 동족 계열의 유기 화합물이다(198쪽 참조). 이 화합물들은 −COOH 작용기를 포함하여 반응성이 유사하다. 각각의 카복실산은 $-CH_2-$ 그룹의 수 차이로 구분된다. 카복실산의 이름은 대체로 '-산'으로 끝난다.

핵심 요약

- 카복실산은 유기 화합물 동족 계열의 일종이다.
- 카복실산 분자는 모두 −COOH 작용기를 포함한다.
- 카복실산의 이름은 탄소 원자의 총수에서 유래하며 '-산'으로 끝난다.
- 카복실산의 일반식은 $C_nH_{2n+1}COOH$이며, n은 0 이상의 정수이다.

처음 4개의 카복실산

이 표는 처음 4개의 카복실산에 대한 정보를 보여준다. −COOH기는 항상 탄소 사슬의 끝에 위치한다.

		분자식	축약 구조식	구조식
	메탄산	HCOOH	HCOOH	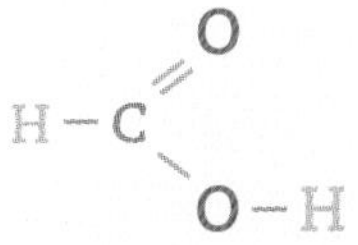
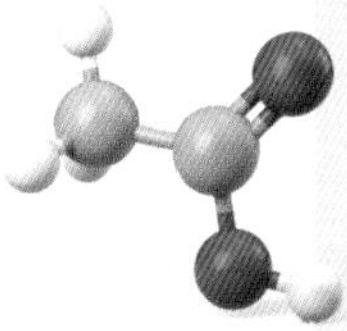	아세트산	CH_3COOH	CH_3COOH	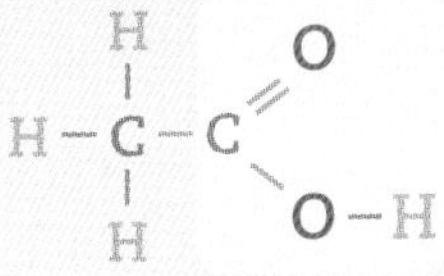
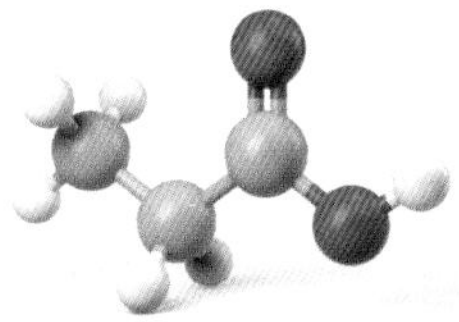	프로판산	C_2H_5COOH	CH_3CH_2COOH	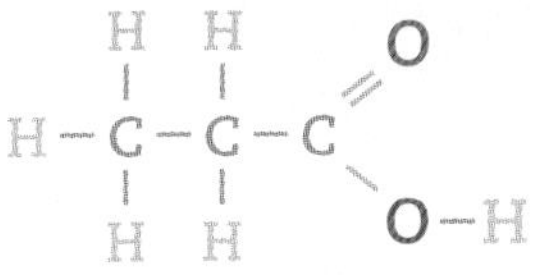
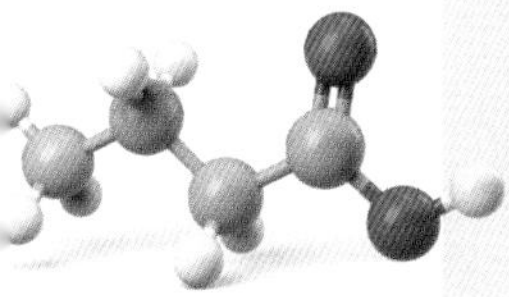	뷰탄산	C_3H_7COOH	$CH_3CH_2CH_2COOH$	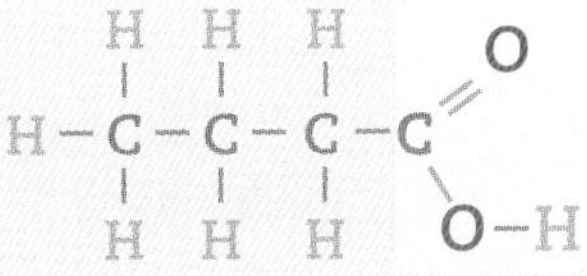

카복실산의 반응

카복실산은 약산이다. 이는 금속 및 탄산염과 산으로서의 전형적인 반응을 한다. 하지만 이러한 반응은 동일한 농도의 강산이 반응하는 경우보다 느리다(137쪽 참조). 카복실산에 의해 형성된 염의 이름은 '-에이트'로 끝난다.

핵심 요약

- ✓ 카복실산은 용액에서 부분적으로만 이온화되기 때문에 약산이다.
- ✓ 금속 탄산염과 반응하여 염, 물, 이산화 탄소를 생성한다.
- ✓ 금속과 반응하여 염과 수소 기체를 생성한다.

탄산염과의 반응

카복실산은 탄산염과 반응하여 염, 물, 이산화 탄소를 형성한다.

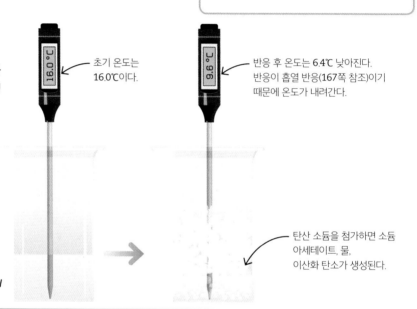

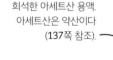

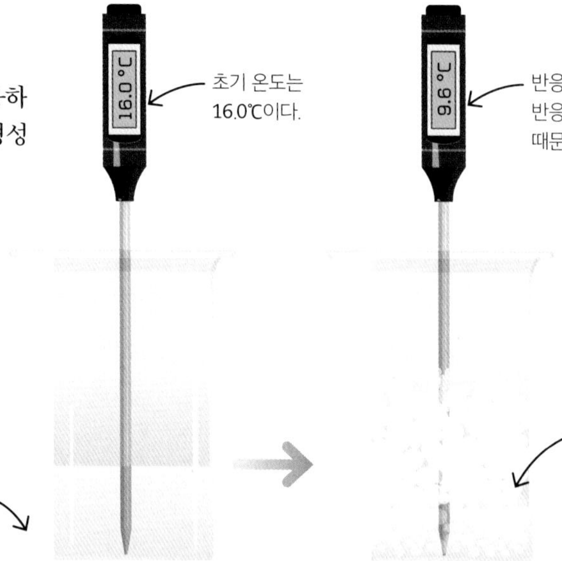
16.0°C
초기 온도는 16.0℃이다.
9.6°C
반응 후 온도는 6.4℃ 낮아진다. 반응이 흡열 반응(167쪽 참조)이기 때문에 온도가 내려간다.
희석한 아세트산 용액. 아세트산은 약산이다 (137쪽 참조).
탄산 소듐을 첨가하면 소듐 아세테이트, 물, 이산화 탄소가 생성된다.

탄산염과의 반응

다른 산과 마찬가지로 카복실산은 금속 탄산염과 반응하여 염, 물, 이산화 탄소를 생성한다(140쪽 참조).

카복실산 + 금속 탄산염 ⟶ 금속염 + 물 + 이산화 탄소

위 반응의 화학 반응식은 다음과 같다.

아세트산 + 탄산 소듐 ⟶ 소듐 아세테이트 + 물 + 이산화 탄소

$$2CH_3COOH + Na_2CO_3 \longrightarrow 2CH_3COONa + H_2O + CO_2$$

에스터

에스터는 알코올과 카복실산이 반응하여 생성되는 유기 화합물(198쪽 참조)이며, −COO− 작용기를 갖는다. 에스터는 과일 향이 나기 때문에 향수와 향료 생산에 유용하다. 에틸 아세테이트(아세트산 에틸)는 좋은 용매로 매니큐어 제거제와 접착제에 사용된다.

핵심 요약

- ✓ 에스터는 −COO− 작용기를 가진 유기 화합물이다.
- ✓ 에스터를 형성하는 알코올과 카복실산의 이름을 따서 명명된다.
- ✓ 에스터를 만들 때 촉매로 황산이 사용된다.

에스터 합성

에스터는 알코올과 카복실산을 반응시켜 만든다. 황산을 촉매로 첨가하고(184쪽 참조) 반응 혼합물을 가열한다.

$$\text{알코올} + \text{카복실산} \xrightarrow{\text{황산 촉매}} \text{에스터} + \text{물}$$

에틸 아세테이트

에틸 아세테이트는 에스터이다. 에탄올과 아세트산을 반응시켜 만든다.

$$\text{에탄올} + \text{아세트산} \longrightarrow \text{에틸 아세테이트} + \text{물}$$

$$C_2H_5OH + CH_3COOH \longrightarrow CH_3COOC_2H_5 + H_2O$$

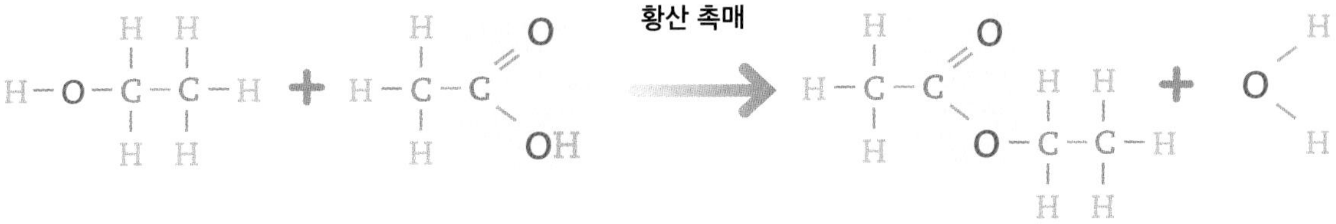

에스터의 향

에스터는 과일 향이 나기 때문에 향수에 사용된다. 식물에서 자연적으로 만들어지며, 인공적으로 제조된 에스터는 인공 향료로 사용된다. 오른쪽 표에 몇 가지 예시가 나와 있다.

알코올	카복실산	에스터	향
에탄올	아세트산	에틸 아세테이트	배
프로판올	헥산산	프로필 헥사노에이트	블랙베리
뷰탄올	아세트산	뷰틸 아세테이트	사과
뷰탄올	뷰탄산	뷰틸 뷰타노에이트	파인애플

축합 중합체

폴리에틸렌과 같은 첨가 중합체(213쪽 참조)는 한 종류의 단량체로 형성된다. 이 단량체는 C=C 결합을 가지고 있으며, 반응하여 하나의 중합체만 생성된다. 폴리에스터나 폴리아마이드(223쪽 참조)와 같은 축합 중합체는 두 종류의 단량체가 결합하여 만들어지는데, 각각의 단량체에는 2개의 작용기가 있다(198쪽 참조). 이러한 단량체들이 결합하면 부산물로 물이 생성된다.

핵심 요약

- 축합 중합체는 두 종류의 단량체로부터 형성된다.
- 이때 단량체에 C=C 결합은 필요 없으나, 2개의 작용기가 필요하다.
- 폴리에스터가 형성될 때, 각 에스터 결합을 형성할 때마다 물 분자 하나가 생성된다.

나일론

나일론은 두 종류의 단량체로 이루어진 축합 중합체이다. 첫 번째 단량체는 양쪽 끝에 $-NH_2$ 작용기를 가진 다이아민이며(223쪽 참조), 두 번째 단량체는 양쪽 끝에 $-COOH$ 작용기를 가진 다이카복실산이다(223쪽 참조).

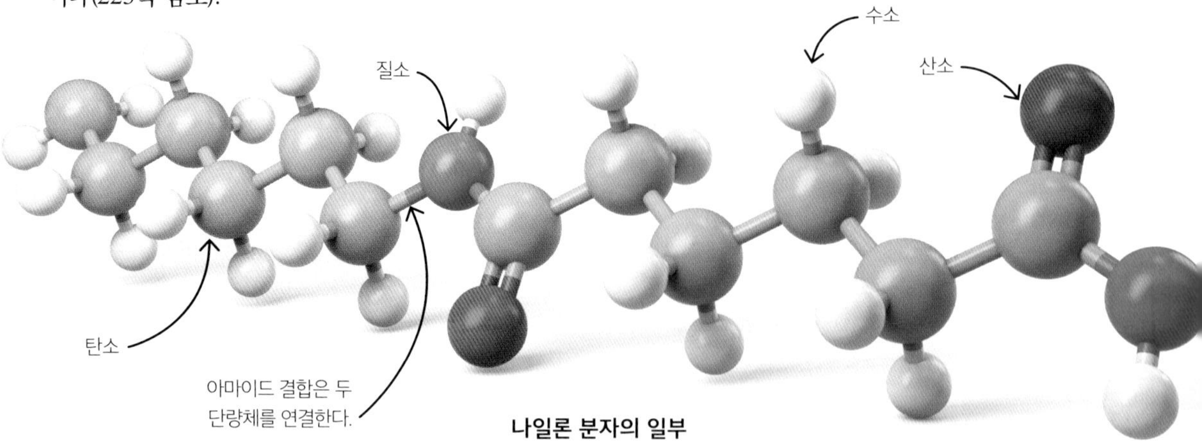

나일론 분자의 일부

축합 중합의 원리

축합 반응에서는 두 단량체가 결합해 중합체를 형성한다. 반복 구조 단위가 형성될 때마다 물 분자가 생성되기 때문에 이를 축합 반응이라 부른다. 다음 그림은 카복실산과 알코올이 결합해 에스터(221쪽 참조)와 물을 만드는 축합 반응을 나타낸다.

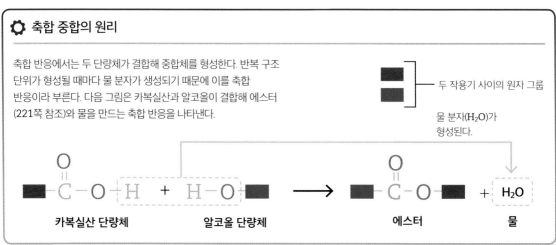

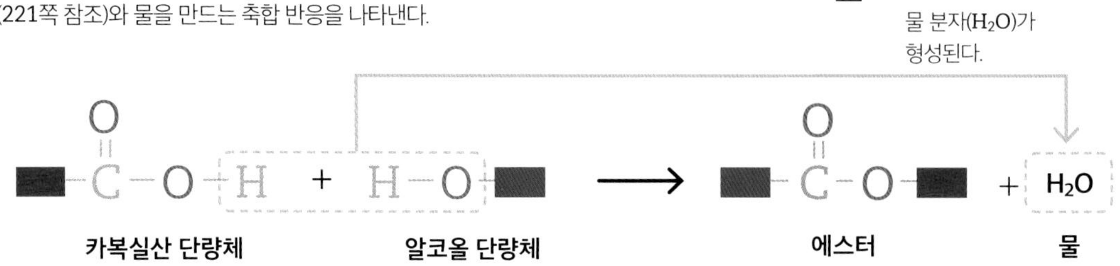

폴리에스터 및 폴리아마이드

폴리에스터와 폴리아마이드는 축합 중합체(222쪽 참조)의 대표적인 예로 꼽힌다. 중합 과정에서는 반복 구조 단위가 형성될 때마다 2개의 물 분자가 부산물로 나온다. 폴리에스터는 다이카복실산과 다이올의 반응으로 형성되며, 폴리아마이드는 다이카복실산과 다이아민의 반응으로 형성된다.

핵심 요약

- ✓ 폴리에스터와 폴리아마이드는 축합 중합체이다.
- ✓ 폴리에스터는 다이카복실산과 다이올이 반응하여 형성된다.
- ✓ 폴리아마이드는 다이카복실산과 다이아민이 반응하여 형성된다.
- ✓ 이러한 축합 중합 반응에서 물이 부산물로 나온다.

폴리에스터

폴리에스터는 양쪽 끝에 –COOH 작용기를 가진 다이카복실산 분자와, 양쪽 끝에 –OH 작용기가 있는 다이올 분자가 반응하여 만들어진다. 이 과정에서 에스터 결합(–COO)이 형성되며, 물이 생성된다. 이를 통해 아래의 반복 구조 단위가 만들어진다.

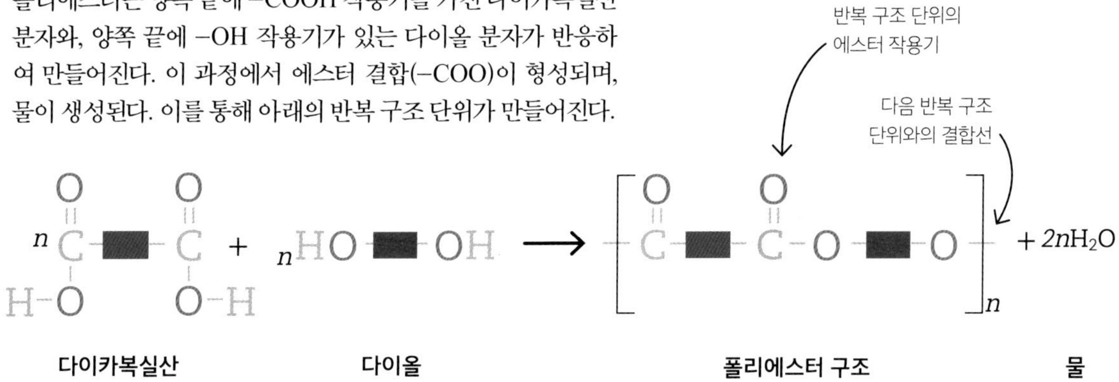

폴리아마이드

폴리아마이드는 다이카복실산 분자와 다이아민 분자가 반응하여 만들어진다. 이 과정에서 아마이드 결합(–CONH)이 형성되며, 물이 생성된다. 이를 통해 아래의 반복 구조 단위가 만들어진다.

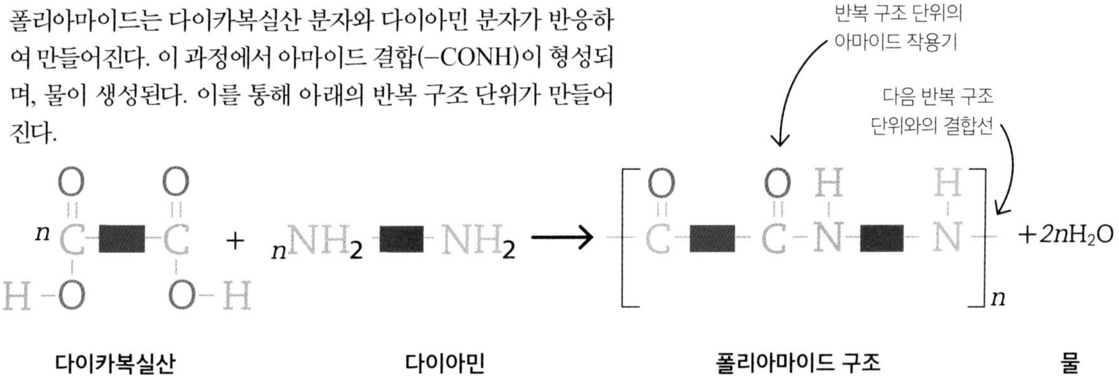

DNA

DNA는 세포의 핵 안에 위치한 유전 물질로, 네 종류의 뉴클레오티드 단량체로 만들어진 천연 축합 중합체이다. DNA는 2개의 가닥이 서로를 휘감는 이중 나선 구조를 이루고 있다.

핵심 요약

- ✓ DNA는 2개의 가닥이 서로 감싸는 이중 나선 구조를 가진다.
- ✓ 각 가닥은 뉴클레오티드로 구성된다.
- ✓ 각 뉴클레오티드는 당, 인산기, 네 가지 염기(G, C, A, T) 중 하나로 구성된다.

DNA 이중 나선 구조

DNA는 뉴클레오티드라는 단량체로 이루어진 천연 축합 중합체이다. 뉴클레오티드는 네 가지 염기(G, C, A, T) 중 하나를 포함하고 있다.

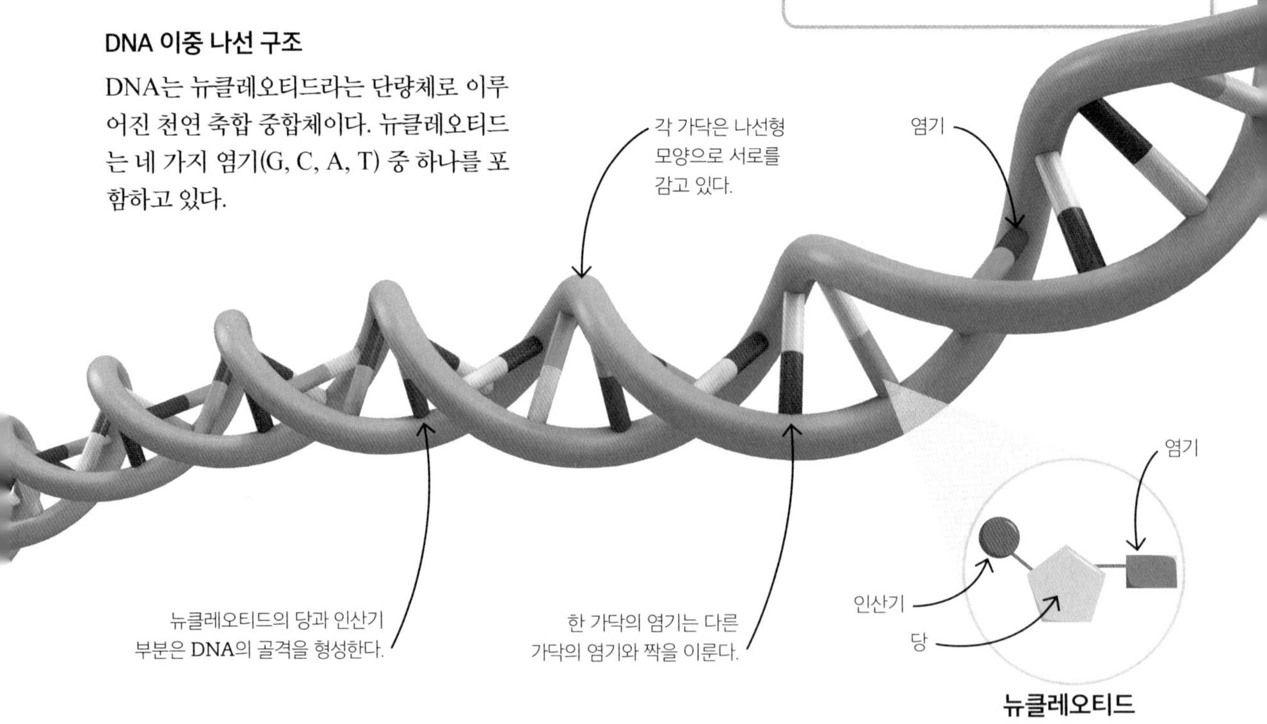
각 가닥은 나선형 모양으로 서로를 감고 있다.
염기
뉴클레오티드의 당과 인산기 부분은 DNA의 골격을 형성한다.
한 가닥의 염기는 다른 가닥의 염기와 짝을 이룬다.
염기
인산기
당
뉴클레오티드

DNA의 구조

뉴클레오티드는 당, 인산기, 염기로 구성된다. 염기에는 구아닌(G), 시토신(C), 아데닌(A), 티민(T)의 네 종류가 있다. 수소 결합(82쪽 참조)을 통해 각 DNA 가닥의 상보적인 염기가 서로 결합한다.

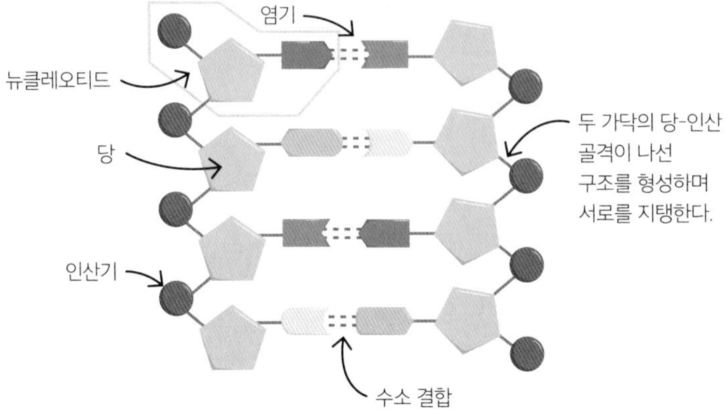
염기
뉴클레오티드
당
인산기
수소 결합
두 가닥의 당-인산 골격이 나선 구조를 형성하며 서로를 지탱한다.

단백질

단백질은 여러 아미노산 단량체들이 결합하여 형성되는 축합 중합체(222쪽 참조)이다. 각 아미노산은 한쪽 끝에 −COOH 작용기를 갖고, 반대쪽 끝에 $-NH_2$ 작용기를 갖는다. 두 작용기 간의 반응을 통해 펩티드 결합이 형성되며, 아미노산들이 연결된다. 인체에서 사용되는 표준 아미노산은 총 20가지이며, 아미노산의 다양한 조합과 순서로 효소, 모발, 수송 단백질을 비롯한 수많은 단백질들이 생성된다.

핵심 요약

- ✓ 단백질은 여러 아미노산이 연결되어 만들어진 축합 중합체이다.
- ✓ 아미노산 사이의 연결은 펩티드 결합에 의해 이루어진다.
- ✓ 단백질마다 아미노산의 순서와 개수가 다르다.
- ✓ 모든 효소는 단백질로 이루어져 있다.

인슐린

인슐린 분자는 2개의 사슬로 구성되어 있으며, 하나의 사슬은 21개의 아미노산으로, 다른 사슬은 30개의 아미노산으로 이루어져 있다.

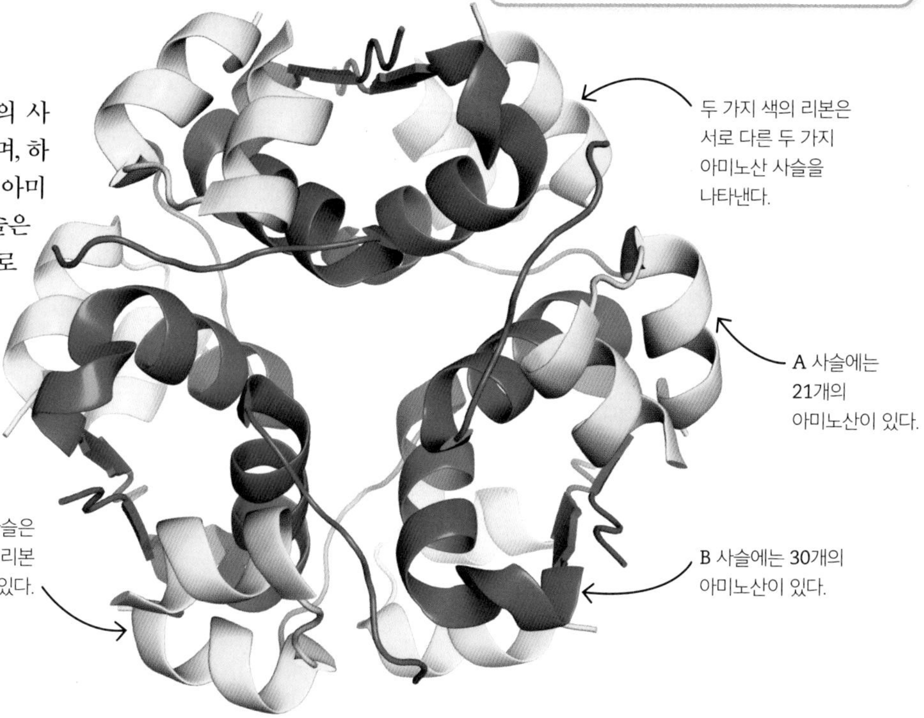

두 가지 색의 리본은 서로 다른 두 가지 아미노산 사슬을 나타낸다.
A 사슬에는 21개의 아미노산이 있다.
B 사슬에는 30개의 아미노산이 있다.
단백질의 고분자 사슬은 곱슬, 지그재그, 리본 모양으로 접혀 있다.

단백질의 구조

단백질은 아미노산 단량체들로 만들어진 축합 중합체이다. 각 아미노산 분자는 양쪽 끝에 서로 다른 2개의 작용기를 가지고 있다. 이들은 반응하여 펩티드 결합(−CONH)을 형성한다.

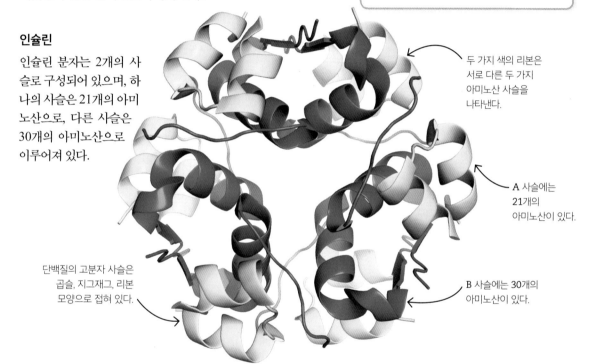

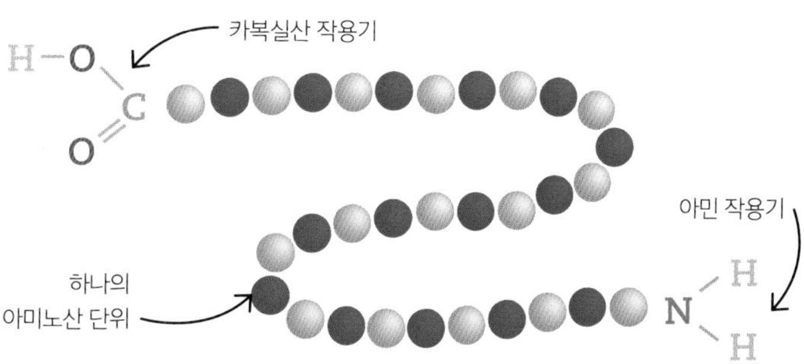

탄수화물

탄수화물은 탄소, 수소, 산소로 구성된 화합물이다. 녹말과 글리코겐은 많은 포도당 분자들이 연결되어 형성된 복합 탄수화물이다. 포도당과 과당은 단당류에 속하며, 이 두 단당류는 결합하면 설탕과 같은 이당류를 형성한다.

핵심 요약

- ✓ 탄수화물은 탄소, 수소, 산소로 구성된 화합물이다.
- ✓ 녹말은 여러 개의 포도당 분자가 서로 결합하여 만들어진 복합 탄수화물이다.
- ✓ 설탕은 2개의 단당류가 서로 결합하여 형성된다.

셀룰로오스 섬유

셀룰로오스는 식물의 세포벽에서 주로 발견되는 복합 탄수화물이다. 이는 다음과 같은 섬유 형태를 가지며, 전자 현미경을 통해 관찰할 수 있다. 섬유 가닥 내부에는 많은 셀룰로오스 분자들이 서로 꼬여 있다.

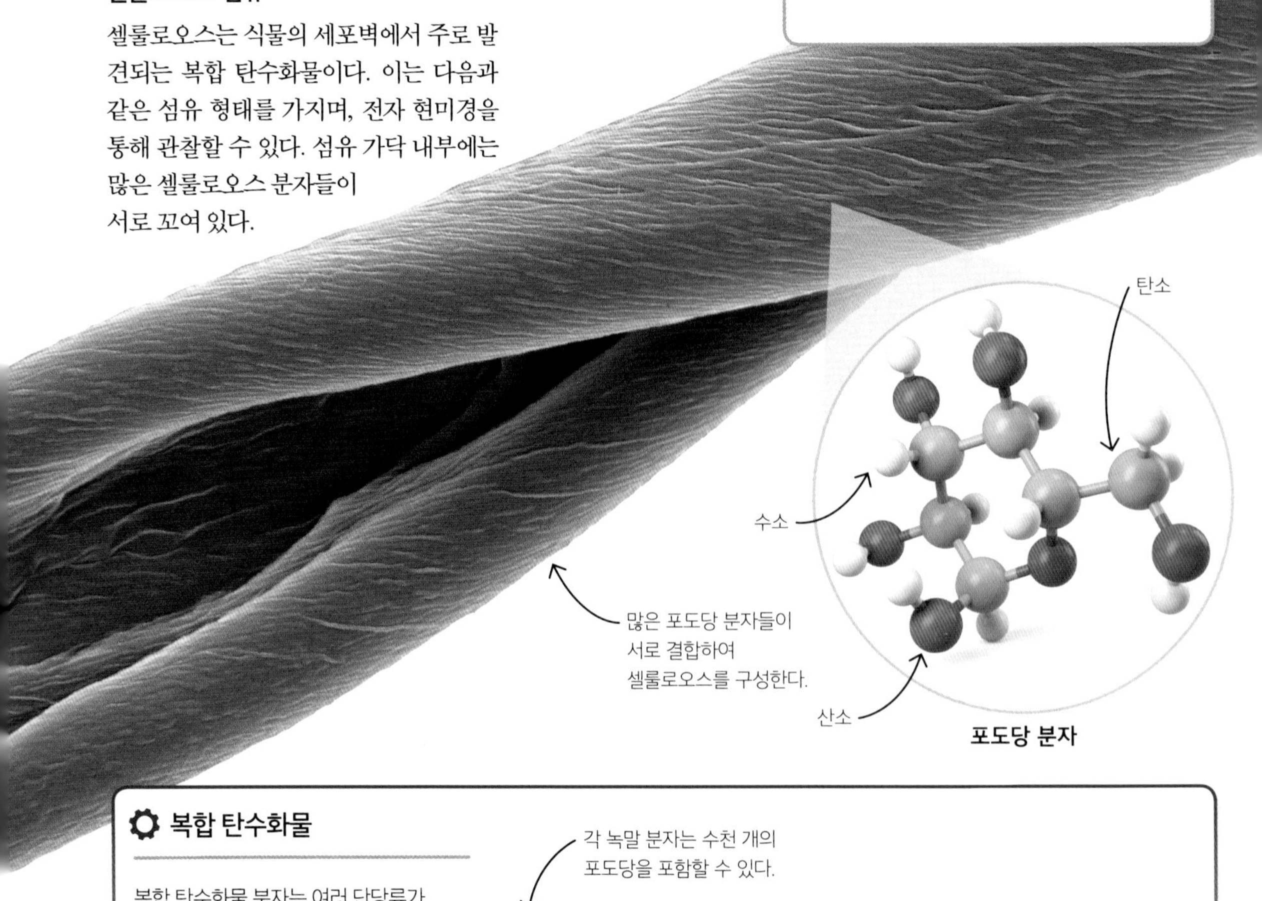
탄소
수소
많은 포도당 분자들이 서로 결합하여 셀룰로오스를 구성한다.
산소

포도당 분자

복합 탄수화물

복합 탄수화물 분자는 여러 단당류가 결합하여 형성된다. 녹말과 셀룰로오스는 포도당이 결합하여 만들어진다. 녹말은 탄수화물로서 우리 몸에서 소화되어 주요 에너지원으로 사용되지만, 셀룰로오스는 인체에서 분해되지 않는다.

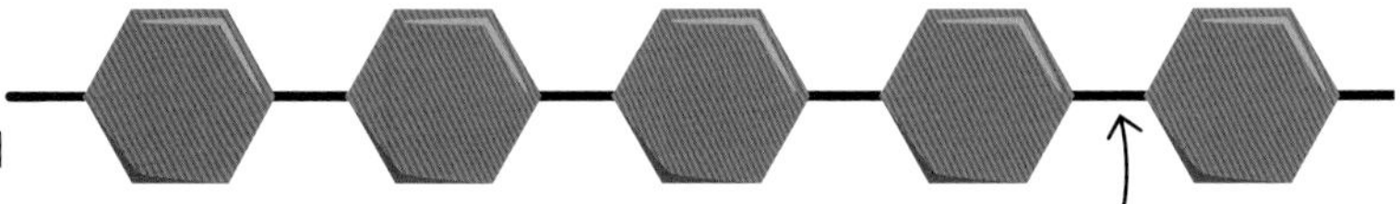
각 녹말 분자는 수천 개의 포도당을 포함할 수 있다.
두 포도당 사이의 결합

녹말의 한 부분

중합체의 가수분해

단백질(225쪽 참조) 및 녹말과 같은 복합 탄수화물은 천연 축합 중합체(222쪽 참조)의 예이다. 이들 중합체는 다수의 단량체가 서로 결합하여 형성되며, 중합 과정에서는 물이 부산물로 생성된다. 중합체를 다시 단량체로 분해하는 반대 과정을 가수분해라고 한다.

핵심 요약

- ✓ 단백질과 복합 탄수화물은 단량체로 분해될 수 있다.
- ✓ 이러한 과정을 가수분해라고 한다.
- ✓ 가수분해를 위해서는 효소나 고온의 진한 산이 필요하다.
- ✓ 크로마토그래피에 약제를 처리하여 분리된 물질을 식별할 수 있다.

단백질의 가수분해

단백질 분해 효소는 분자 사이의 결합을 끊어 단백질을 아미노산으로 가수분해할 수 있다. 고온의 진한 염산도 이러한 역할을 수행할 수 있으나, 분해 속도는 상대적으로 느리다.

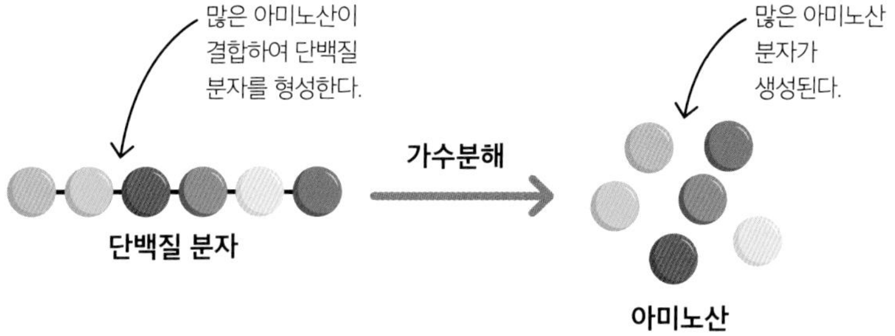

복합 탄수화물의 가수분해

탄수화물 분해 효소는 분자 사이의 결합을 끊어 복잡한 탄수화물을 단당류로 가수분해할 수 있다. 예를 들어 녹말은 포도당으로 가수분해될 수 있다.

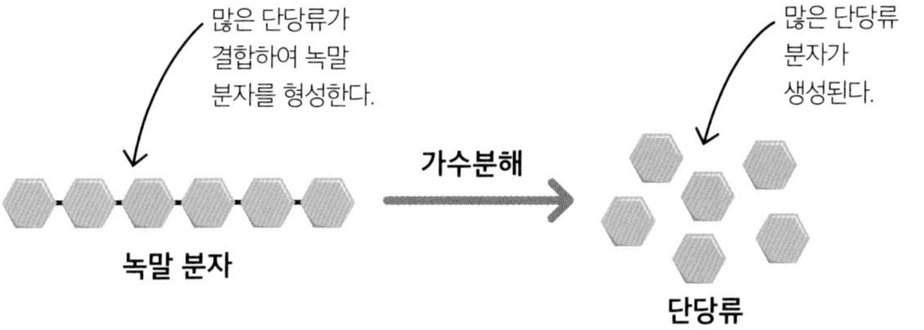

많은 단당류가 결합하여 녹말 분자를 형성한다.
많은 단당류 분자가 생성된다.
가수분해
녹말 분자
단당류

크로마토그래피에 의한 물질 분리

크로마토그래피 기법을 사용하면 혼합물로부터 서로 다른 물질을 분리할 수 있다. 크로마토그램의 R_f 값을 이용하여 아미노산과 단당류를 식별하는 데 사용할 수 있다(44-45쪽 참조). 크로마토그램상의 물질을 관찰하기 위하여 약제가 분사된다.

아미노산과 단당류는 무색이다.

약제 처리 전

크로마토그램에 약제를 뿌리면 각 지점에서 색이 나타나 눈에 잘 띄게 된다.

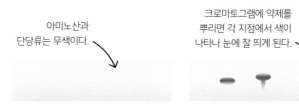

약제 처리 후

화학 분석

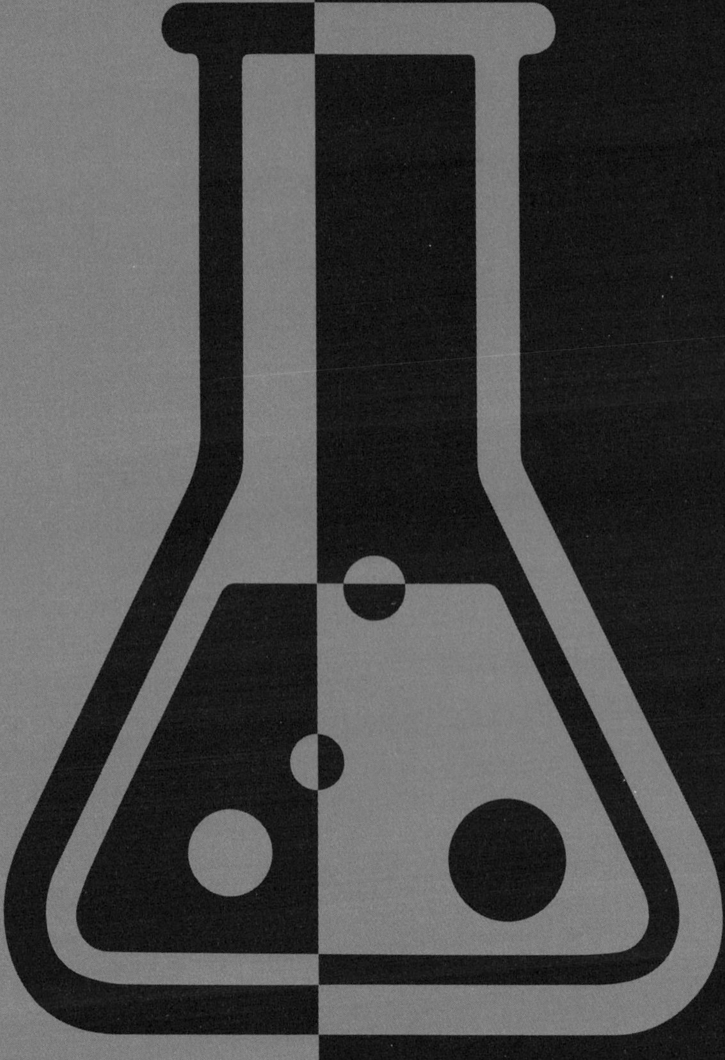

산소 검출 반응

산소는 무색 무취의 기체로 감지하기 힘들다. 물질이 연소하는 데 필요하며, 물질을 산소와 충분히 접촉시키면 더욱 밝은 빛을 내며 강하게 연소한다. 이를 이용하여 산소를 검출할 수 있다.

핵심 요약

- ✓ 산소는 무색 무취의 기체이므로 감지하기 어렵다.
- ✓ 물질이 연소하기 위해서는 산소가 필요하다.
- ✓ 향에 다시 불이 붙는지 확인함으로써 산소를 검출할 수 있다.

산소 검사를 하는 이유는?

산소가 많은 환경에서는 화재 위험이 증가하므로 산소의 존재 여부와 농도를 확인하는 것이 중요하다. 지하 금고, 터널 또는 하수구와 같은 밀폐된 공간에서는 산소 농도가 예상보다 높을 수 있다. 이러한 공간에서 작업할 때는 산소 농도를 측정하여 안전한 작업 환경인지 확인해야 한다.

실험 설계

삼각 플라스크에 이산화 망가니즈 3 g을 넣는다. 눈금 실린더로 과산화 수소 20 cm^3를 측정한다. 유리관과 실리콘 튜브를 이용하여 삼각 플라스크를 수조에 연결한다.

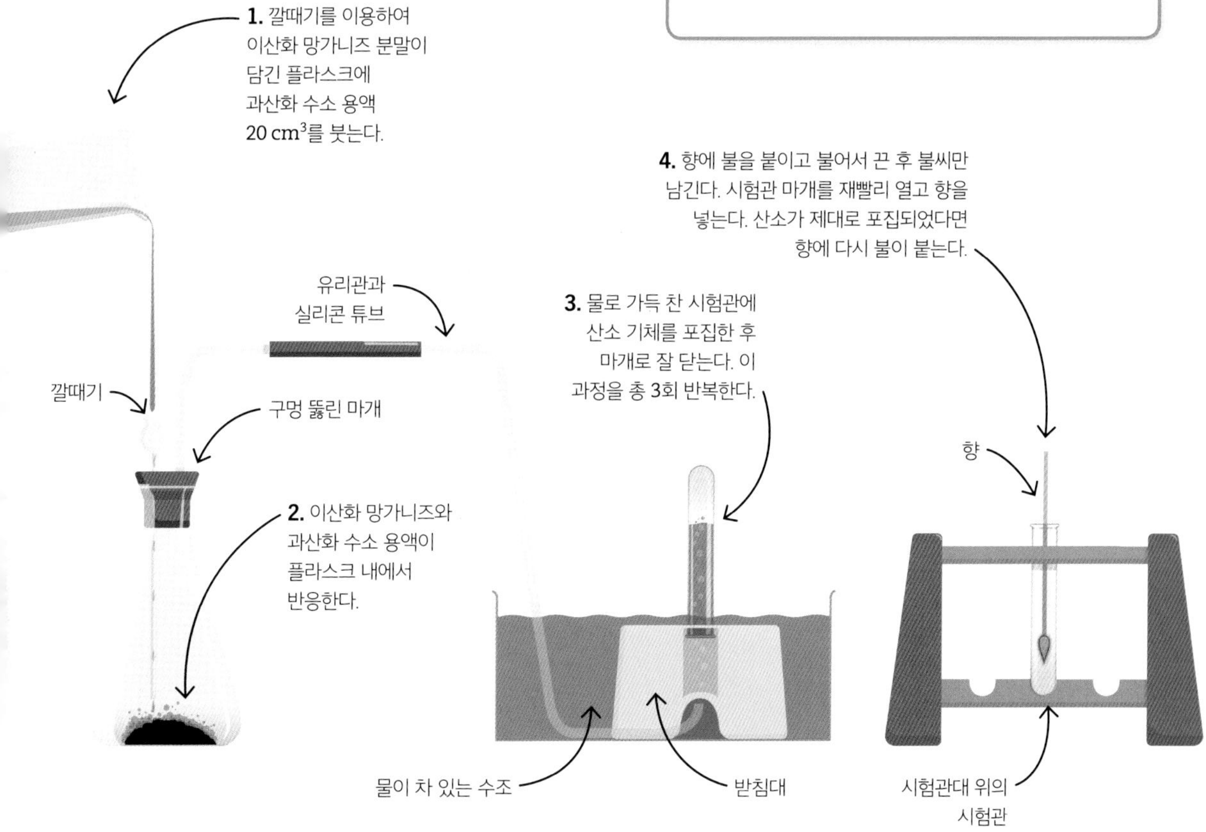
1. 깔때기를 이용하여 이산화 망가니즈 분말이 담긴 플라스크에 과산화 수소 용액 20 cm³를 붓는다.
4. 향에 불을 붙이고 불어서 끈 후 불씨만 남긴다. 시험관 마개를 재빨리 열고 향을 넣는다. 산소가 제대로 포집되었다면 향에 다시 불이 붙는다.
유리관과 실리콘 튜브
3. 물로 가득 찬 시험관에 산소 기체를 포집한 후 마개로 잘 닫는다. 이 과정을 총 3회 반복한다.
깔때기
구멍 뚫린 마개
향
2. 이산화 망가니즈와 과산화 수소 용액이 플라스크 내에서 반응한다.
물이 차 있는 수조
받침대
시험관대 위의 시험관

이산화 탄소 검출 반응

이산화 탄소는 무색 무취이며 무독성 기체이다. 반응성이 거의 없으나 물에 약간 용해되어 약산성 용액을 형성한다. 실험실에서 향, 석회수 또는 만능 지시약을 사용하여 이를 검출할 수 있다.

핵심 요약

- ✓ 이산화 탄소는 무색 무취의 무독성 기체이다.
- ✓ 이산화 탄소는 불을 끄는 성질을 가지고 있으며, 석회수를 뿌옇게 흐려지게 만들거나 만능 지시약을 빨갛게 변화시킨다.

실험 설계

삼각 플라스크에 탄산 칼슘을 넣고 50 cm^3의 염산을 미리 측정해둔다. 유리관과 실리콘 튜브를 사용하여 삼각 플라스크를 수조에 연결한다.

1. 깔때기를 이용하여 탄산 칼슘이 들어 있는 삼각 플라스크에 염산 50 cm^3를 붓는다.

2. 탄산 칼슘이 염산과 반응하여 이산화 탄소 기체를 생성한다.

3. 물로 가득 찬 시험관에 이산화 탄소 기체를 포집한 후 마개로 잘 닫는다. 이 과정을 총 3회 반복한다.

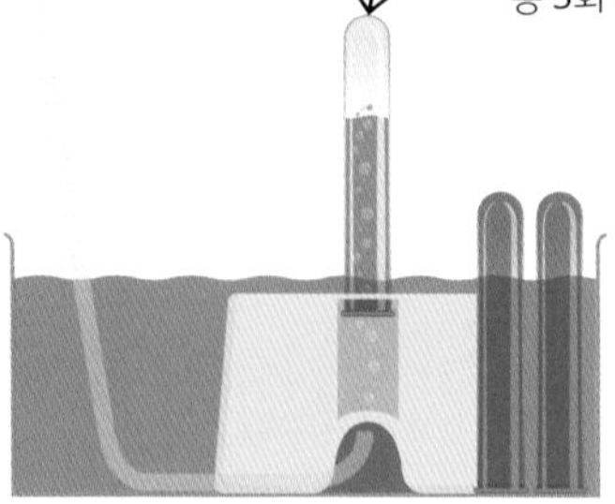

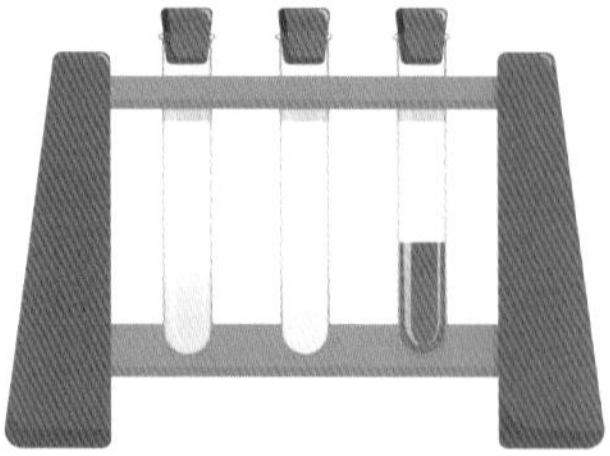

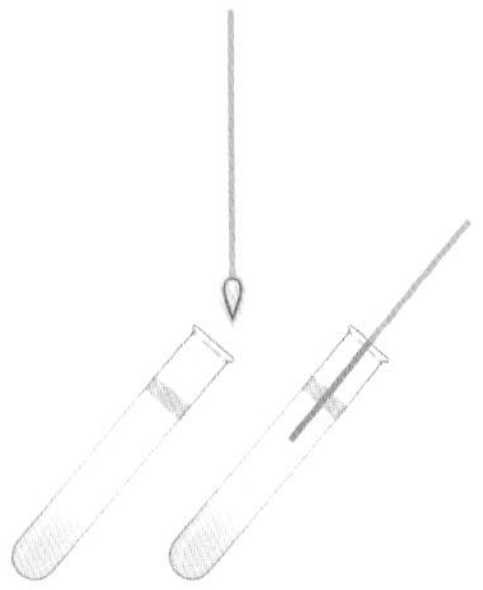

향

시험관에 불이 켜진 향을 넣으면 이산화 탄소 기체가 불을 끈다.

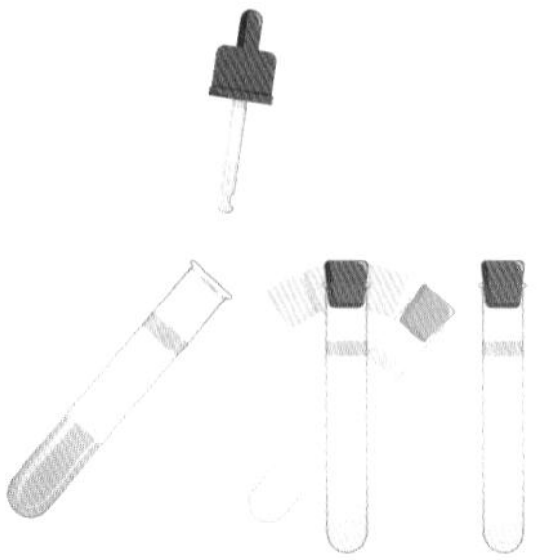

석회수

시험관에 피펫을 이용하여 석회수를 넣고 흔든다. 이산화 탄소가 석회수를 뿌옇게 만든다.

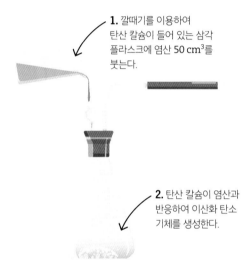

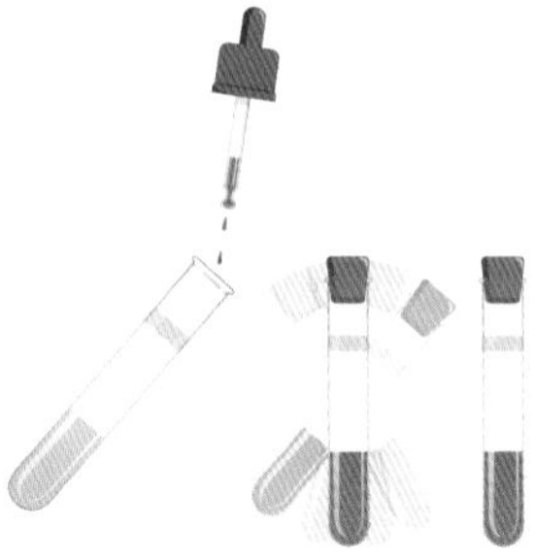

만능 지시약

시험관에 만능 지시약 5방울을 넣고 흔든다. 이산화 탄소는 약산성이므로 용액이 빨간색으로 변한다.

수소 검출 반응

수소는 무색 무취이며 무독성 기체이다(55쪽 참조). 폭발성이 강하므로 수소의 존재 여부를 확인할 때는 각별한 주의를 기울여야 하며, 정해진 안전 절차에 따라 신중히 수행해야 한다.

핵심 요약

- 수소는 무색 무취의 무독성 기체이다.
- 수소는 산소와 같은 다른 원소와 폭발적으로 반응할 수 있다.
- 불이 붙은 향을 수소 기체 부근에 가져다 댔을 때 '펑' 하는 소리가 들리면 수소의 존재를 확인할 수 있다.

암모니아 검출

암모니아 기체는 특유의 강한 냄새를 가지고 있으며 눈에 해롭다. 암모니아가 들어 있는 시험관 위에 물에 적신 빨간색 리트머스 종이를 놓으면 파란색으로 변한다. 이 실험을 할 때는 안전 절차를 철저히 지켜야 한다.

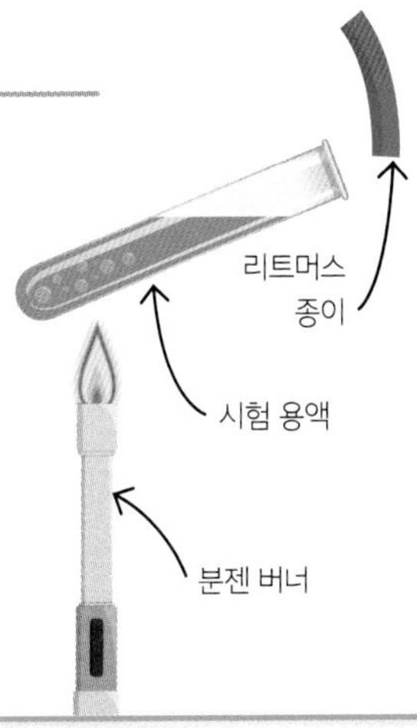
리트머스 종이
시험 용액
분젠 버너

실험 설계

삼각 플라스크에 아연을 넣는다. 또한 50 cm^3의 염산을 측정한다. 유리관과 실리콘 튜브를 이용해 삼각 플라스크를 수조에 연결한다.

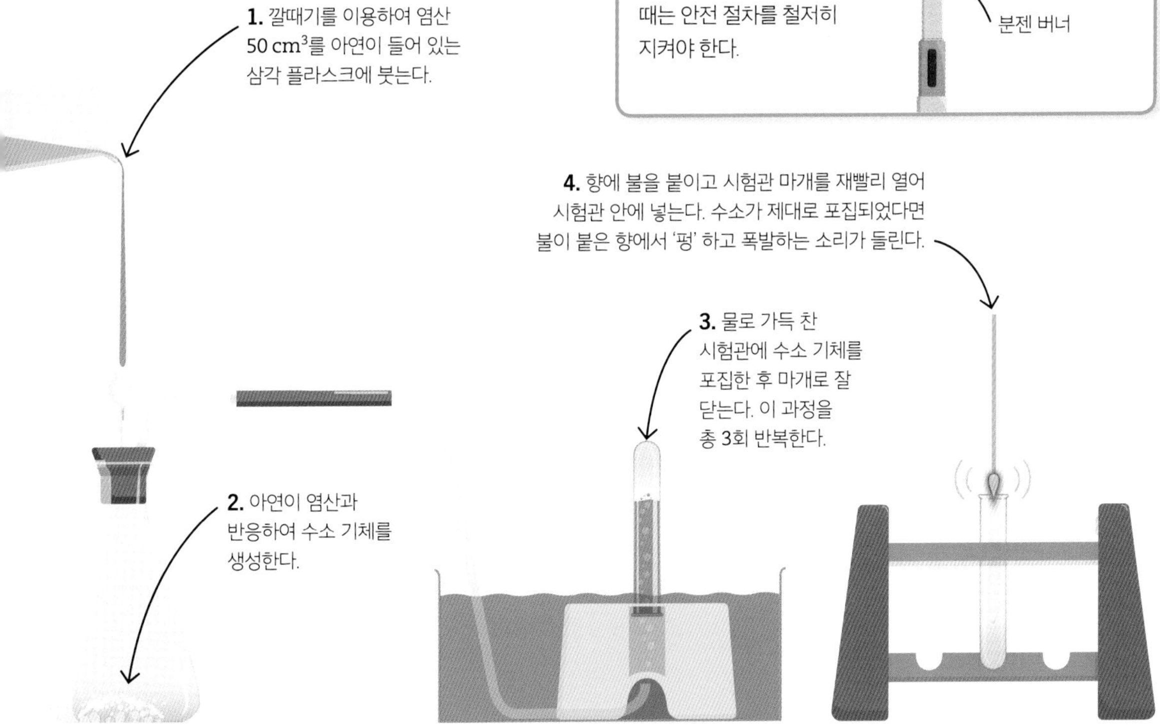
1. 깔때기를 이용하여 염산 50 cm^3를 아연이 들어 있는 삼각 플라스크에 붓는다.
2. 아연이 염산과 반응하여 수소 기체를 생성한다.
3. 물로 가득 찬 시험관에 수소 기체를 포집한 후 마개로 잘 닫는다. 이 과정을 총 3회 반복한다.
4. 향에 불을 붙이고 시험관 마개를 재빨리 열어 시험관 안에 넣는다. 수소가 제대로 포집되었다면 불이 붙은 향에서 '펑' 하고 폭발하는 소리가 들린다.

양이온 검출 반응
불꽃 반응

양이온은 원자가 하나 이상의 전자를 잃은 후 형성되는 양전하를 띤 이온(73쪽 참조)이다. 금속 원자는 양이온을 형성하려는 성질을 가지며, 이때 양이온의 전하량은 손실되는 전자 수에 따라 결정된다. 예를 들어 Na^+는 Na가 전자 하나를 잃어서 +1의 전하를 갖게 되며, Ca^{2+}는 Ca가 전자 2개를 잃어서 +2의 전하를 갖는다.

핵심 요약

- ✓ 양이온은 원자가 전자를 잃어 형성되는 이온이다.
- ✓ 대부분의 양이온은 금속 양이온이다.
- ✓ 금속 양이온은 불꽃 안에서 고유한 색을 나타낸다.
- ✓ 불꽃 반응의 색을 통해 금속의 종류를 알아낼 수 있다.

불꽃 반응 실험

고체 화합물에 포함된 금속 양이온이 다양한 불꽃 색을 나타낸다.

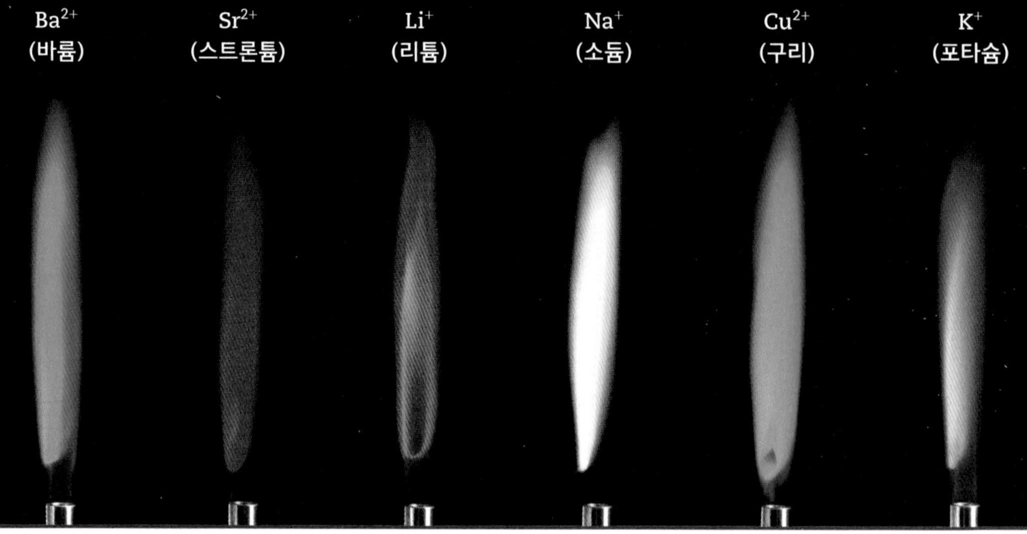

불꽃 반응 실험의 원리

불꽃 반응 실험에는 금속 와이어와 분젠 버너가 필요하다. 와이어를 깨끗하게 닦은 후 분석하고자 하는 물질에 담근다. 분젠 버너의 푸른 불꽃 부분에 와이어를 천천히 가져다 댄다. 이후 물질에 포함된 이온에 따라 불꽃의 색상이 변화한다. 어떤 이온은 불꽃에서 같은 색을 나타낼 수 있으며, 그러한 경우에는 다른 방법으로 검출해야 한다(233쪽 참조).

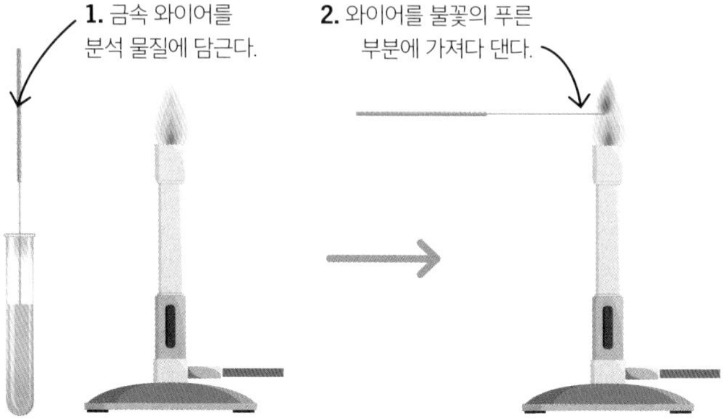

양이온 검출 반응
침전 반응

침전물은 불용성의 작은 입자로, 용액 안에서 떠다니거나 가라앉는다. 용액 속에 녹아 있는 물질이 새로 첨가된 물질과 반응하여 불용성 고체를 형성하는 현상을 침전이라고 한다.

수산화 소듐을 이용한 검출

금속이 포함된 용액에 알칼리성 수산화 소듐을 몇 방울 떨어뜨리면 금속 수산화물 침전물이 형성될 수 있다.

핵심 요약

- ✓ 양이온은 원자가 전자를 잃을 때 형성되는 양전하를 띤 이온이다.
- ✓ 일부 금속 이온은 침전 반응을 이용하여 식별할 수 있다.
- ✓ 침전물은 두 용액이 반응할 때 형성되는 불용성 고체이다.
- ✓ 침전물의 색은 금속 이온에 따라 달라진다.
- ✓ 수산화 소듐이나 암모니아 용액을 사용하여 일부 금속과 침전물을 만들 수 있다.

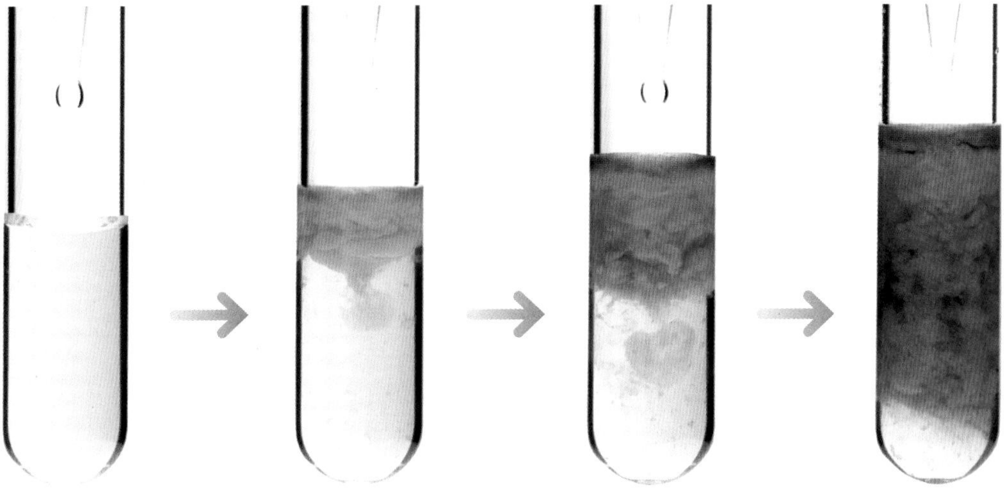

1. 수산화 소듐 1몰에 황산 철(II) 암모늄 0.2몰을 첨가한다.

2. 탁한 녹색 침전물이 천천히 형성되기 시작한다.

3. 용액에 존재하는 철(II)이 수산화물과 반응하면서 더 많은 침전물이 형성된다.

4. 산소가 용액 상층부의 철을 산화시키면서 침전물이 갈색으로 변한다.

유색 침전물

수산화 소듐이나 암모니아 용액만 있으면 침전 반응을 실험할 수 있다. 침전물의 색을 통해 어떤 금속 이온이 용액에 포함되어 있는지 판단하면 된다.

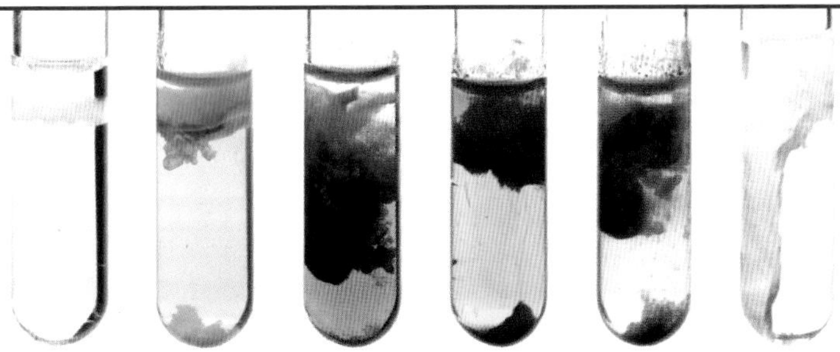

Al^{3+}	Cu^{2+}	Co^{2+}	Fe^{3+}	Fe^{2+}	Zn^{2+}
알루미늄	구리	코발트	철(III)	철(II)	아연

음이온 검출 반응
탄산 및 황산 이온

음이온은 원자가 하나 이상의 전자를 얻을 때 형성되는 음전하를 띤 이온(73쪽 참조)이다. 비금속 원자는 음이온을 형성하려는 성질을 가지며, 이때 음이온의 전하량은 얻은 전자 수에 따라 달라진다. 예를 들어 탄산 이온(CO_3^{2-})은 2개의 전자를 얻어 −2의 전하를 갖는다.

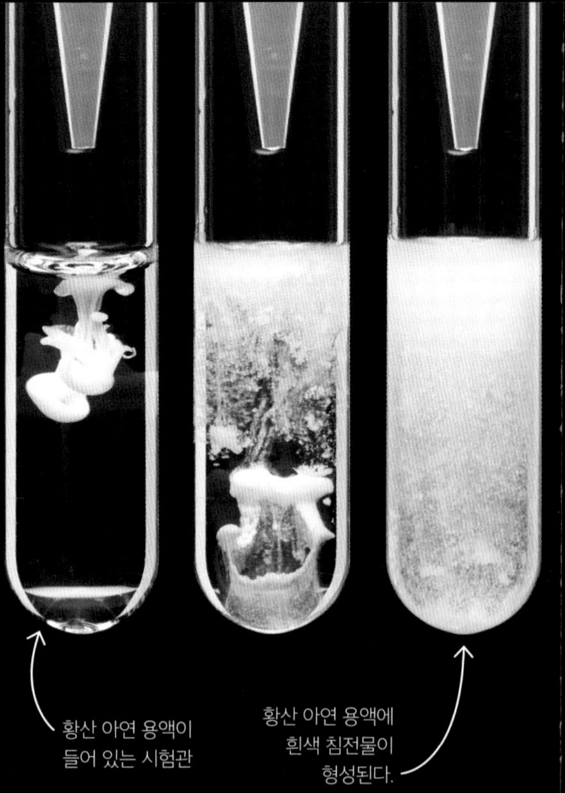
황산 아연 용액이
들어 있는 시험관
황산 아연 용액에
흰색 침전물이
형성된다.

- 음이온은 원자가 전자를 얻어 형성되는 이온이다.
- 탄산 이온은 석회석이나 대리석과 같은 암석에서 흔히 볼 수 있다.
- 용액에 탄산 이온이 포함되어 있는지 확인하기 위해 묽은 산을 첨가한다.
- 황산염 용액에 묽은 염산과 염화 바륨 용액을 첨가하면 흰색의 침전물이 생긴다.

황산 이온 검출

용액에 묽은 염산과 염화 바륨을 차례로 첨가한다. 용액에 황산 이온이 존재하면 흰색 침전물이 형성된다. 예를 들어 황산 아연에 염화 바륨을 첨가하면 용액이 뿌옇게 흐려지고 흰색 침전물이 형성된다.

탄산 이온 검출

탄산 이온은 석회석과 같은 암석에서 흔히 발견된다. 탄산 이온을 검출하기 위해 묽은 염산을 첨가해 본다. 탄산 이온이 존재하면 염산이 탄산 이온과 반응하여 이산화 탄소 기체를 생성하며, 이로 인해 용액이 뿌옇게 변한다.

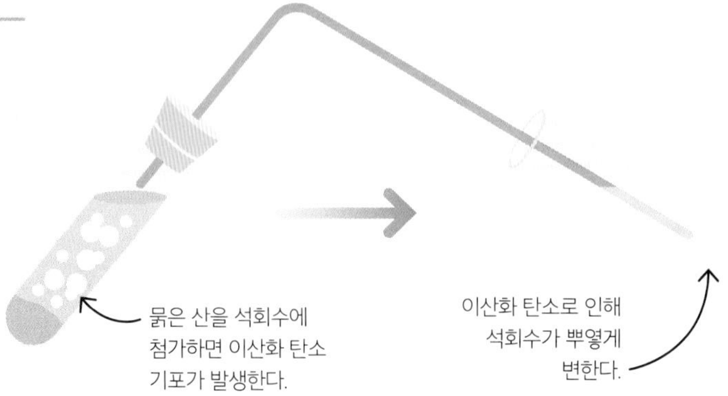
묽은 산을 석회수에
첨가하면 이산화 탄소
기포가 발생한다.
이산화 탄소로 인해
석회수가 뿌옇게
변한다.

음이온 검출 반응
할로젠 및 질산 이온

음이온은 원자가 하나 이상의 전자를 얻을 때 형성되는 이온(73쪽 참조)이다. 17족에 속하는 염소, 브로민, 아이오딘 원자(70쪽 참조)는 모두 할로젠화 이온을 형성할 수 있다. 15족에 속하는 원소인 질소도 질산 음이온을 형성할 수 있다.

염화 이온은 흰색 침전물을 생성한다.
브로민화 이온은 연노란색 침전물을 생성한다.
아이오딘화 이온은 노란색 침전물을 생성한다.

할로젠화 이온 검출

할로젠화 이온이 포함된 용액에 묽은 질산은 용액 몇 방울을 넣으면 할로젠화 이온과 반응하여 침전물을 형성한다. 침전물의 색을 통해 17족 원소의 종류를 식별할 수 있다.

핵심 요약

- ✓ 음이온은 전자를 얻어 형성되는 이온이다.
- ✓ 염소, 브로민, 아이오딘 원자는 할로젠화 이온이라고 하는 음이온을 형성한다.
- ✓ 질소와 산소는 질산 음이온을 형성한다.

질산 이온 검출

질산 이온은 질소 산화물의 음전하를 띤 이온(NO_3^-)이다. 용액에 질산 이온이 있는지 시험하려면 수산화 소듐 용액과 알루미늄 분말을 넣고 가열한다. 이를 통해 질산 이온이 반응하여 암모니아 가스를 생성한다. 이후 물에 적신 리트머스 종이나 만능 지시약을 이용하여 암모니아 기체를 검출한다.

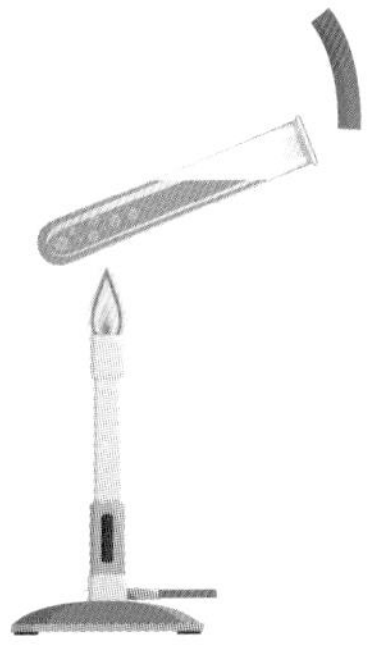

물에 적신 리트머스 종이가 파란색으로 변한다.

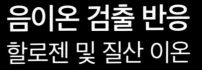

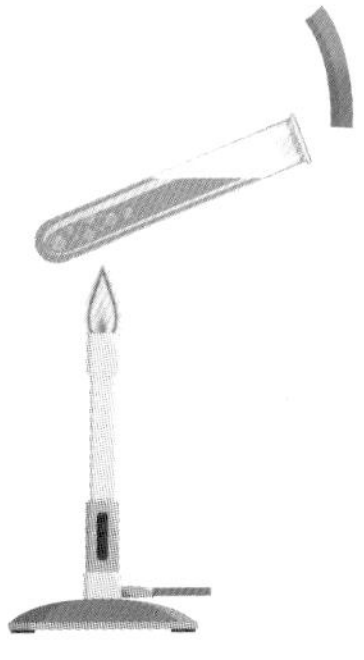

물에 적신 만능 지시약 종이가 파란색으로 변한다.

염화 이온 검출 반응

염소는 강한 냄새가 나는 기체이며, 색은 황록색을 띤다. 염소 원자는 주로 소금이나 여러 소비재 내에서 다른 원자와 결합한 형태로 존재한다(33쪽 참조). 염소는 세균을 제거하는 소독제나 양모, 종이 등의 물질을 표백하는 데에도 사용된다.

핵심 요약

- ✓ 염소는 황록색 기체이다.
- ✓ 염소는 소독제 및 표백제로 사용된다.
- ✓ 물에 적신 리트머스 종이의 색 변화를 통해 염소 기체의 존재를 확인할 수 있다.

리트머스 종이

물에 적신 파란색 리트머스 종이(134쪽 참조)를 이용하여 염소 기체의 존재를 확인할 수 있다.

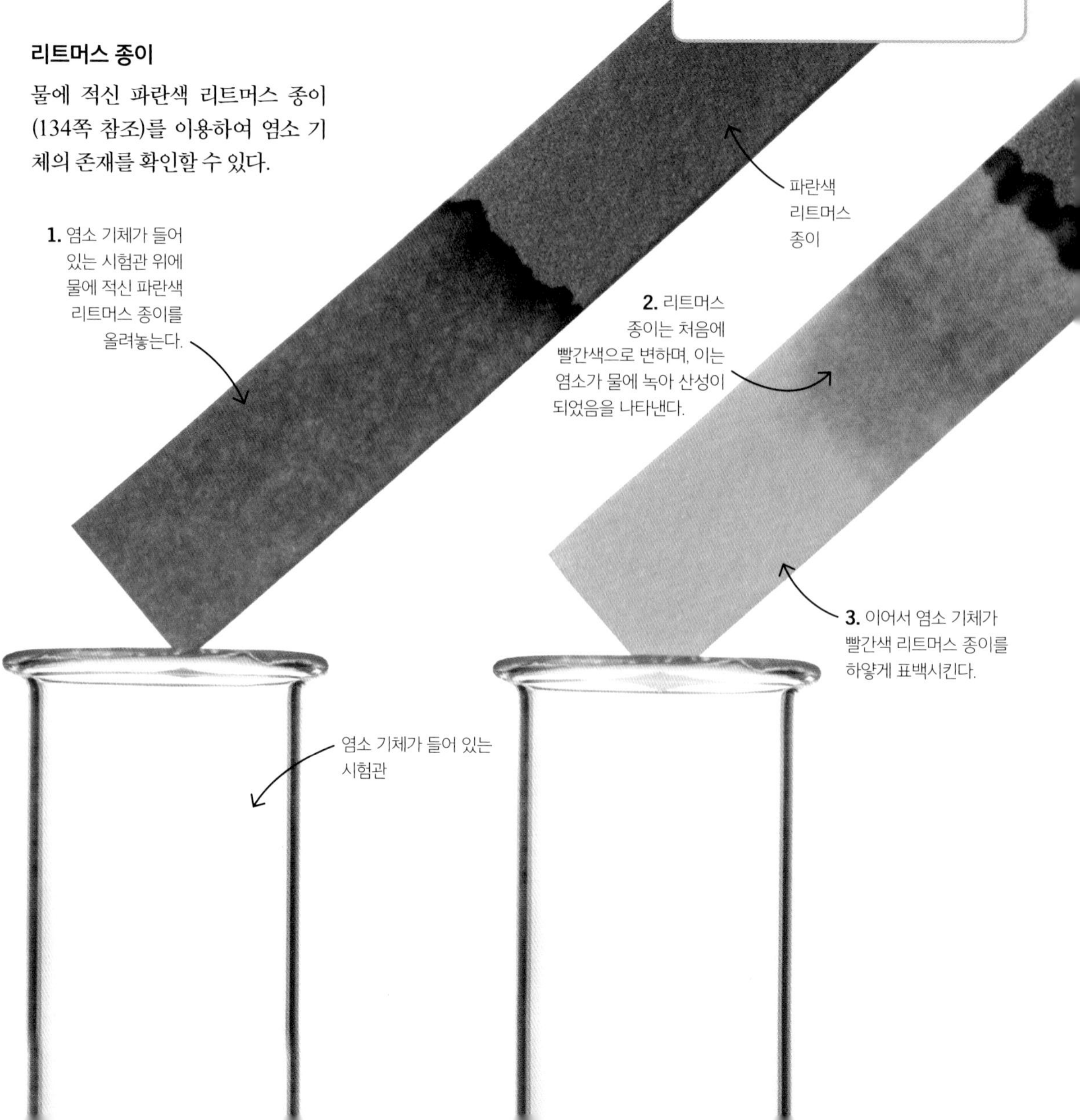
1. 염소 기체가 들어 있는 시험관 위에 물에 적신 파란색 리트머스 종이를 올려놓는다.
파란색 리트머스 종이
2. 리트머스 종이는 처음에 빨간색으로 변하며, 이는 염소가 물에 녹아 산성이 되었음을 나타낸다.
3. 이어서 염소 기체가 빨간색 리트머스 종이를 하얗게 표백시킨다.
염소 기체가 들어 있는 시험관

물 검출 반응

물은 지구상에서 가장 중요한 화합물 중 하나로 생명의 필수 요소이다. 염화 코발트 종이는 물의 존재 여부를 확인하는 데 이용되며, 공기 중 습기나 누수를 확인하는 데에도 유용하다.

핵심 요약

- 물은 생명에 필수 요소이다.
- 염화 코발트 종이는 물이 존재하면 파란색에서 분홍색으로 변한다.
- 이를 통해 물의 존재 여부를 확인할 수 있다.

염화 코발트 종이

염화 코발트 용액에 종이를 담근 후 파란색으로 변할 때까지 건조한다. 시험하고자 하는 물질 위에 종이를 올려놓았을 때 물이 존재하면 종이는 분홍색으로 변한다. 종이를 건조시키면 다시 파란색으로 바뀌기 때문에 이는 가역적인 반응이다(191쪽 참조).

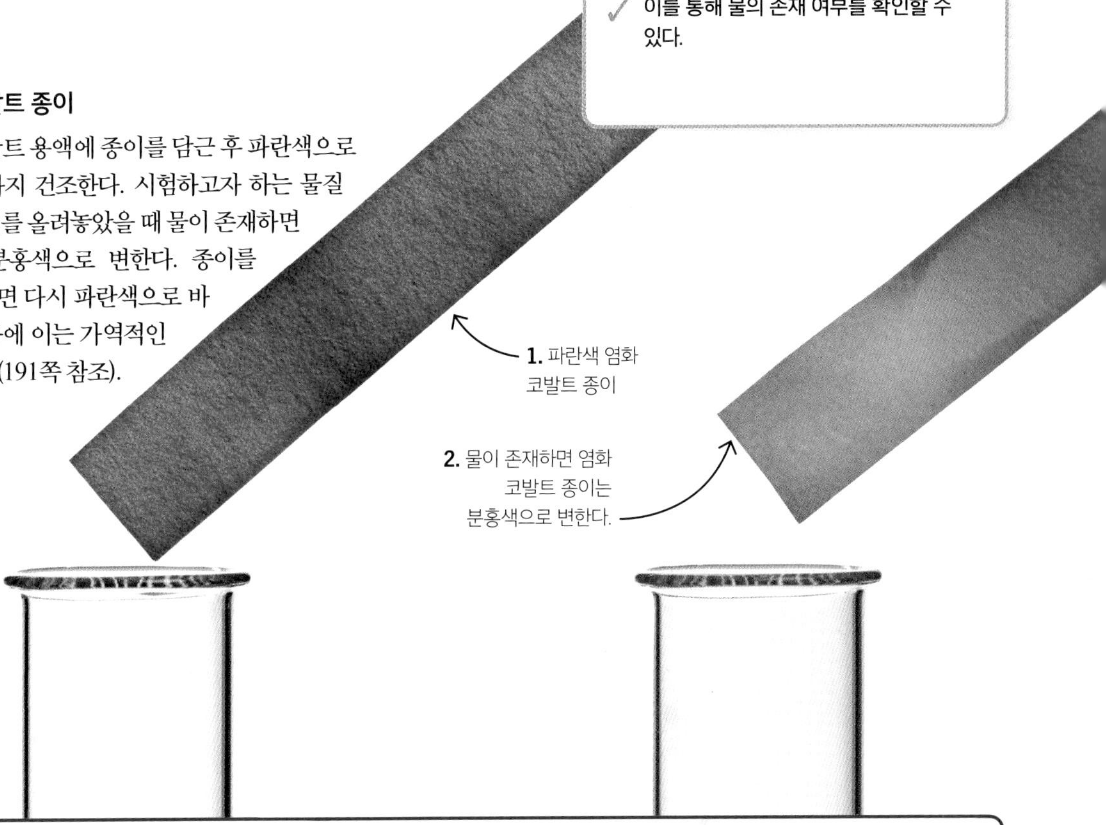

물 검출 방법

물은 다른 방법으로도 검출할 수 있다. 황산 구리 무수물은 수분을 포함하지 않는 흰색 분말이다. 그러나 물을 첨가할 경우 물과 반응하여 파란색의 황산 구리 수화물로 변한다. 이로써 물의 존재를 확인할 수 있다.

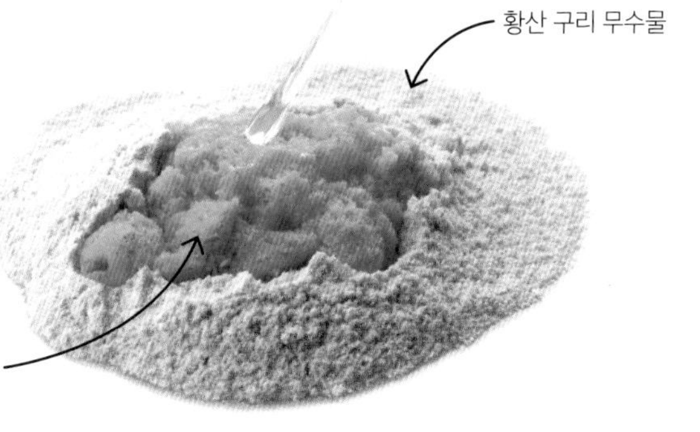

황산 구리에 물 첨가

불꽃 방출 분광법

백색광은 빨강, 주황, 노랑, 초록, 파랑, 남색, 보라 등 다양한 색의 스펙트럼으로 구성되어 있다. 불꽃 반응을 통해 방출되는 빛(232쪽 참조)은 특정 금속 이온에 의해 발생하며, 이는 단일 색상이 아니라 스펙트럼의 여러 색상이 혼합된 것이다. 불꽃 방출 분광법은 이러한 혼합된 색을 분리하여 각 원소의 스펙트럼(색상 배열)을 얻는 데 사용된다(239쪽 참조).

핵심 요약

- ✓ 백색광은 다양한 색의 스펙트럼으로 이루어져 있다.
- ✓ 불꽃 반응 실험에서 나타나는 빛은 여러 색이 혼합되어 있다.
- ✓ 분광법은 이러한 빛을 다양한 색으로 분리한다.
- ✓ 분광법을 이용해 각 원소가 가진 고유한 색의 스펙트럼을 알 수 있다.

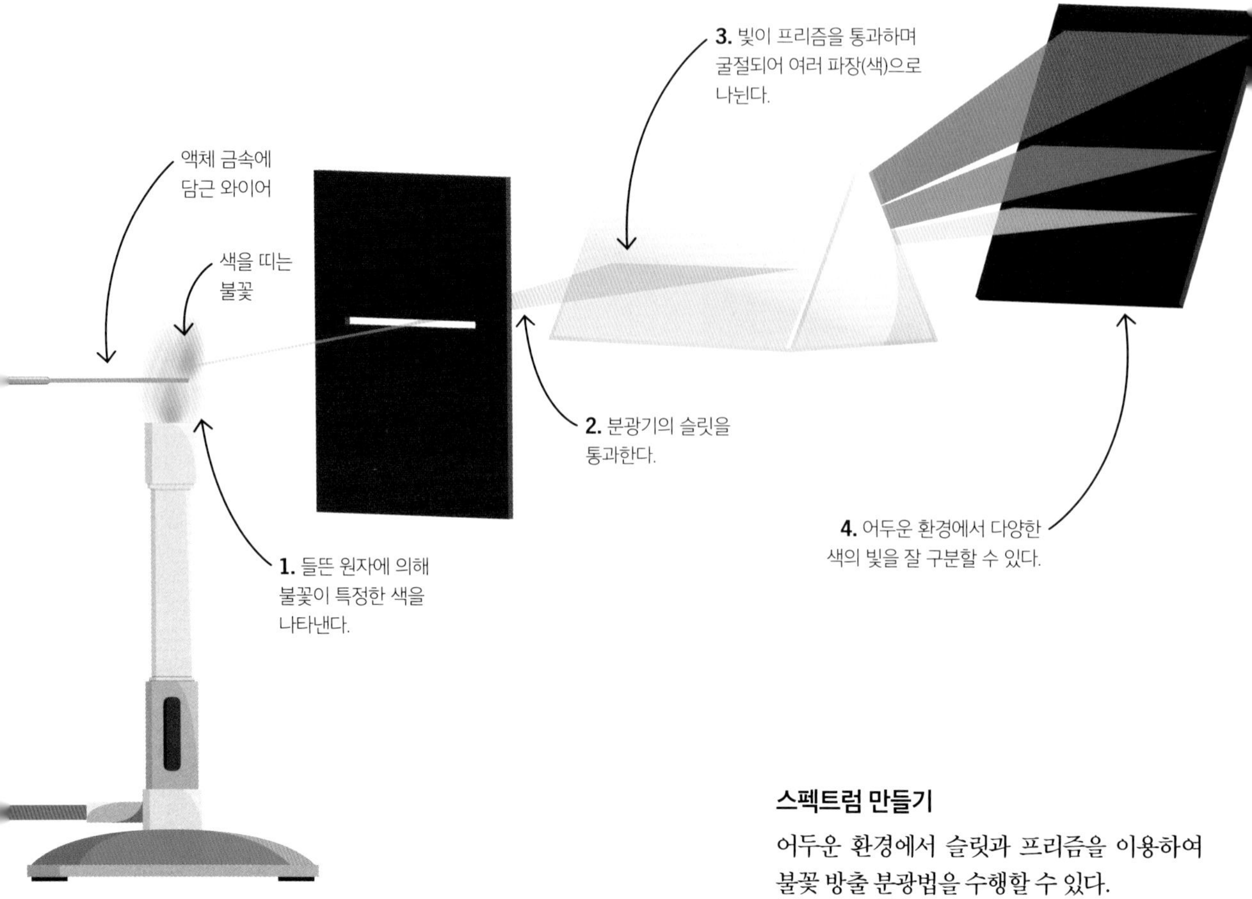
3. 빛이 프리즘을 통과하며 굴절되어 여러 파장(색)으로 나뉜다.
액체 금속에 담근 와이어
색을 띠는 불꽃
2. 분광기의 슬릿을 통과한다.
4. 어두운 환경에서 다양한 색의 빛을 잘 구분할 수 있다.
1. 들뜬 원자에 의해 불꽃이 특정한 색을 나타낸다.

스펙트럼 만들기

어두운 환경에서 슬릿과 프리즘을 이용하여 불꽃 방출 분광법을 수행할 수 있다.

분광 스펙트럼 해석하기

원자가 가열되면 전자가 들떠서 다른 전자 껍질로 이동한다(28쪽 참조). 이로 인해 서로 다른 파장의 빛이 발생하며, 이에 따라 빛의 색깔도 달라진다. 각각의 원소는 지문처럼 고유한 스펙트럼을 가지고 있다.

핵심 요약

- ✓ 각 원소에는 고유한 스펙트럼이 있다.
- ✓ 스펙트럼의 각 선은 불꽃에서 원소가 생성하는 색상의 파장을 나타낸다.
- ✓ 스펙트럼은 물질 내 원소의 존재를 감지하는 데 사용할 수 있다.

기기 분석의 장점

기기 분석은 실험자가 손수 작업하는 대신 기술을 사용하여 데이터를 분석하는 것이다. 이런 방식에는 많은 장점이 있는데, 특히 시간을 절약하고, 결과의 정확성을 높이며, 물질에 포함된 소량 원소까지도 검출이 가능하다.

원소 스펙트럼

수소, 헬륨, 네온, 소듐, 수은 원소는 모두 고유한 스펙트럼을 가지고 있다.

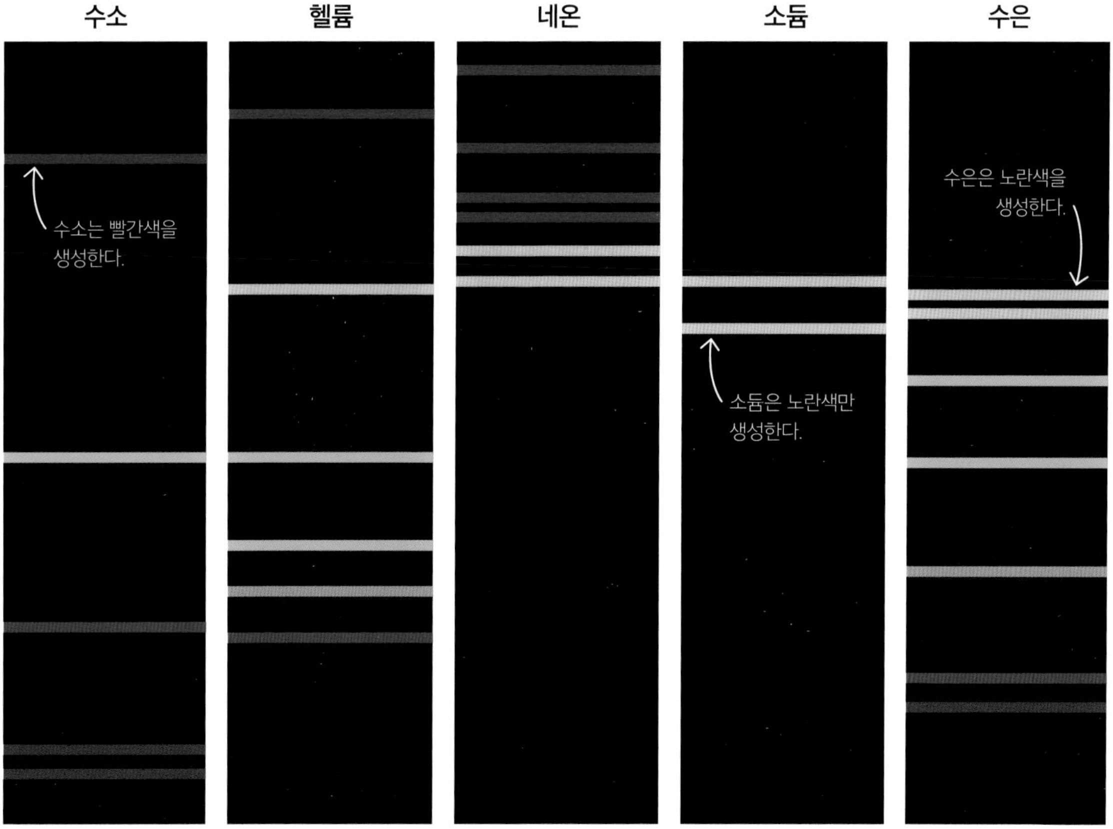

수소
헬륨
네온
소듐
수은
수소는 빨간색을 생성한다.
수은은 노란색을 생성한다.
소듐은 노란색만 생성한다.

지구와 화학

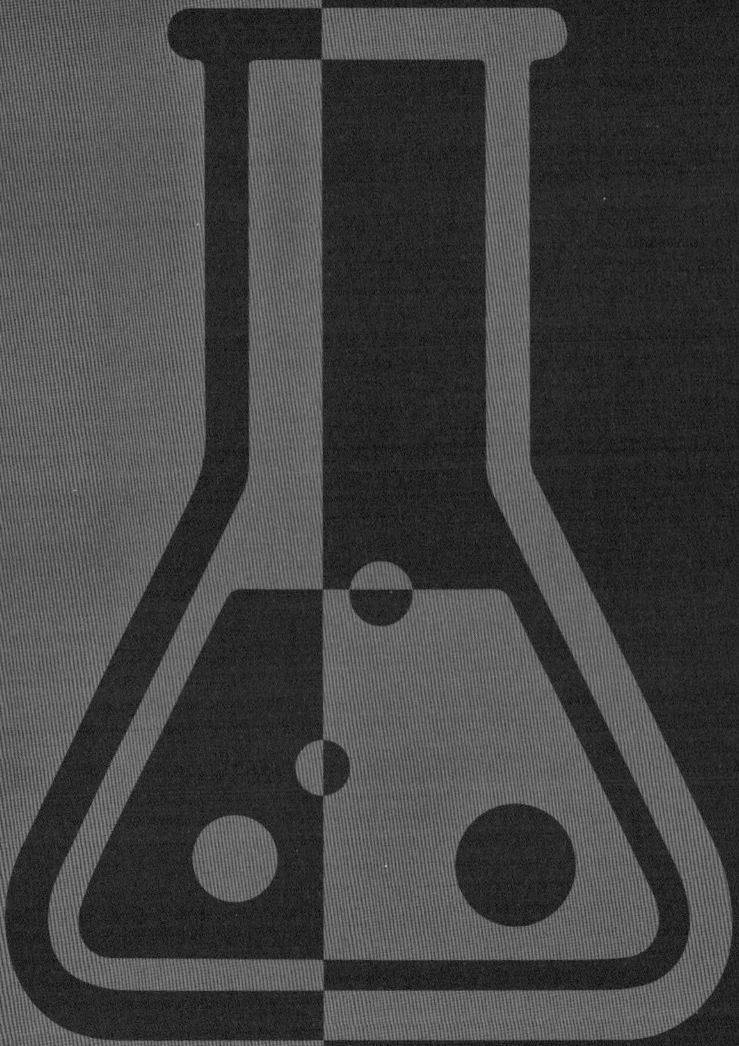

지구의 구조

지구는 여러 층으로 이루어져 있다. 지각은 단단한 암석과 다양한 광물 및 금속 광석으로 이루어져 있으며, 그 아래에는 녹아 있는 암석층인 맨틀이 있다. 맨틀의 일부는 대류로 인해 매우 느리게 움직인다. 지구의 핵은 2개의 층으로 이루어져 있는데, 외핵은 액체 금속의 혼합물이고, 내핵은 대부분 고체 철로 이루어져 있다.

핵심 요약

- ✓ 지구의 지각은 얇고 단단하다.
- ✓ 다양한 미네랄과 금속 광석이 지각에서 발견된다.
- ✓ 넓은 맨틀은 부분적으로 녹아 있지만, 일부분은 액체처럼 천천히 흐를 수 있다.
- ✓ 외핵은 액체이다.
- ✓ 내핵은 고체이다.

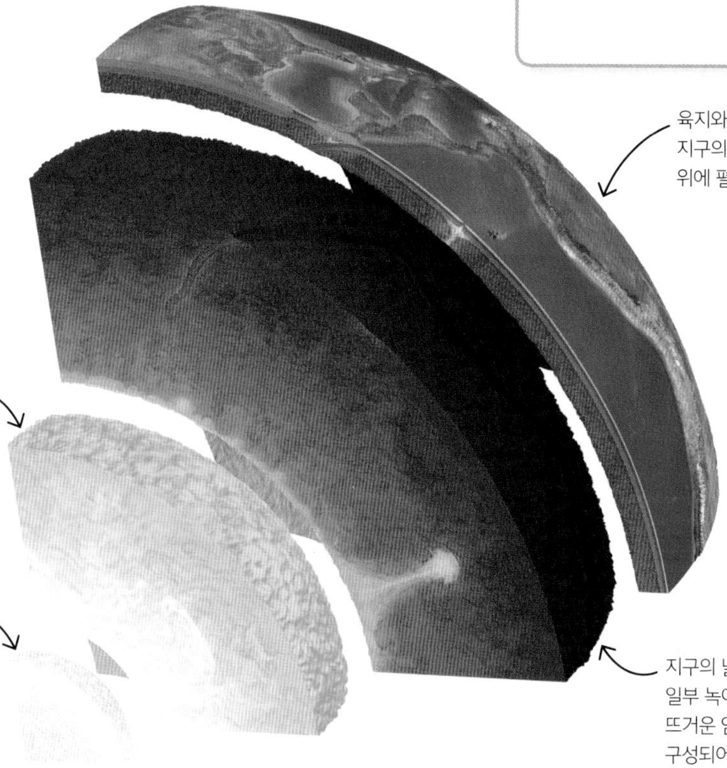

육지와 바다는 지구의 얇은 지각 위에 펼쳐져 있다.
지구의 외핵
지구의 내핵
지구의 넓은 맨틀은 일부 녹아 있는 뜨거운 암석으로 구성되어 있다.

지구

맨틀 대류

대류로 인하여 지각과 접하는 맨틀 부분이 액체와 같이 천천히 움직이는 대류 현상은 맨틀 내의 방사성 붕괴 과정과 핵에서 발생하는 열에 의해 일어난다(60쪽 참조). 이 대류는 원형으로 움직이며, 수백만 년 동안 상승과 하강을 번갈아 가며 반복한다.

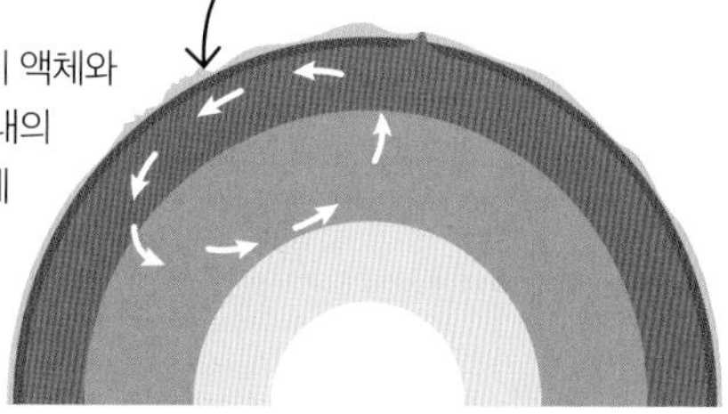

맨틀 대류는 원을 그리며 움직인다.

판 구조론

지구의 지각과 맨틀의 상층부는 '판'이라고 불리는 구조로 나누어져 있다. 판은 맨틀의 대류에 의해 움직이며, 1년에 약 1 cm씩 다른 방향으로 천천히 이동한다.

핵심 요약

- 지구의 지각과 상부 맨틀은 여러 개의 판으로 나뉘어 있다.
- 판은 그 아래의 맨틀 대류로 인해 매우 느리게 움직인다.
- 지진은 판의 급격한 움직임에 의해 발생한다.
- 판의 경계에서는 화산 활동이 자주 발생한다.

판의 구분

지각을 포함한 지구의 상층부는 퍼즐 조각처럼 여러 개의 판으로 나뉘어 있다. 판과 판이 만나는 곳을 판 경계라고 한다.

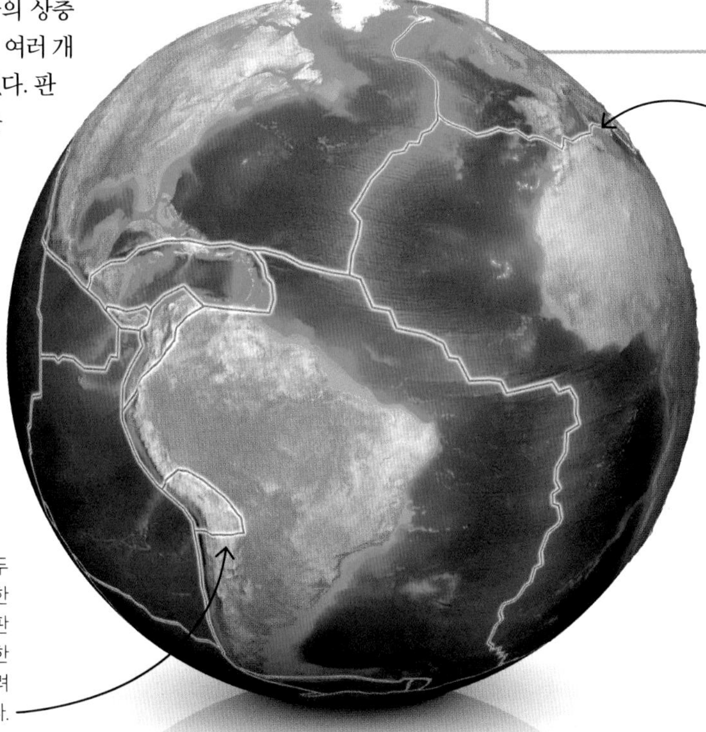

화산은 두 판이 서로 충돌하거나 멀어지는 판의 경계에서 흔히 발생한다.

안데스 산맥은 두 지각판이 만나면서 한 지각판이 다른 지각판 아래로 파고들어 한 지각판이 위로 밀려 올라가며 형성되었다.

지진

지진은 판 경계에서 두 판이 충돌하거나 움직일 때 발생한다. 지진으로 인해 큰 피해가 발생할 수 있다.

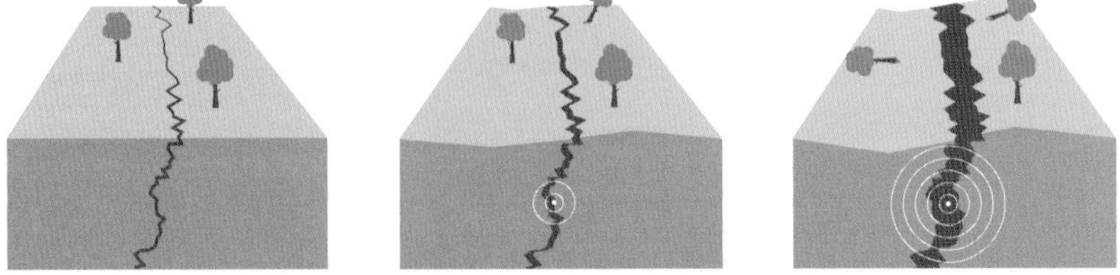

1. 서로 반대 방향으로 움직이는 2개의 판은 서로 끼일 수 있다.

2. 맨틀 대류로 인해 끼어 있는 판이 계속해서 압력을 받는다.

3. 결국 높아진 압력으로 인해 판이 갑자기 움직이게 되어 지진이 발생한다.

암석

암석은 형성 과정에 따라 크게 변성암, 화성암, 퇴적암 세 가지로 구분된다. 모든 암석은 지구 지각에서 자연적으로 형성되는 광물의 혼합물이다. 광물은 특정 원소나 화합물로 구성되어 있으며, 그로 인해 다양한 모양과 색의 결정을 갖게 된다.

핵심 요약

- ✓ 암석은 변성암, 화성암, 퇴적암의 세 가지 유형으로 분류할 수 있다.
- ✓ 암석은 광물로 구성되어 있으며, 광물은 특정한 원소나 화합물로 이루어져 있다.
- ✓ 광물 결정의 크기는 마그마의 응고 속도에 따라 달라진다.

편마암의 고르지 않은 줄무늬는 어느 방향으로 압축되었는지를 보여준다.

변성암

지각 내에서 암석이 열과 압력을 받으면 변성암이 형성된다.

이 반짝이는 검은색 화성암은 흑요석이다.

화성암

지각의 암석이 녹으면 마그마가 되고, 이 마그마가 굳어지면 화성암이 형성된다.

연한 갈색의 사암은 거친 표면을 가지고 있다.

퇴적암

암석 조각들이 강을 통해 바다로 운반되고, 그 위에 있는 여러 층에 의해 압축되어 퇴적암이 형성된다.

광물의 구조

암염 광물은 소듐 이온과 염화 이온으로 이루어져 있다. 이들 이온은 '결정'이라고 불리는 반복적인 3차원 구조를 형성한다.

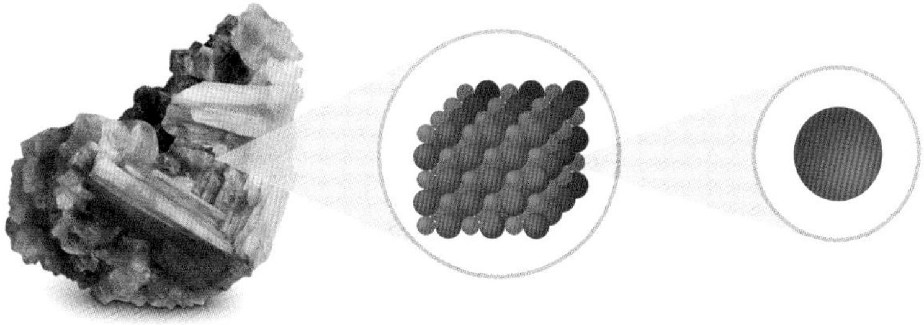

암석의 순환

암석은 끊임없이 변화한다. 수백만 년에 걸쳐 열과 압력, 풍화와 침식의 작용을 받는다. 이러한 과정을 암석의 순환이라고 하며, 암석을 다른 유형으로 변화시키는 주기를 암석 주기라고 한다.

핵심 요약

- 변성암, 화성암, 퇴적암은 순환 과정을 통해 다른 암석으로 변화할 수 있다.
- 암석 순환은 지표면의 내외부에서 일어난다.
- 암석 주기는 수백만 년 동안의 긴 시간을 거친다.

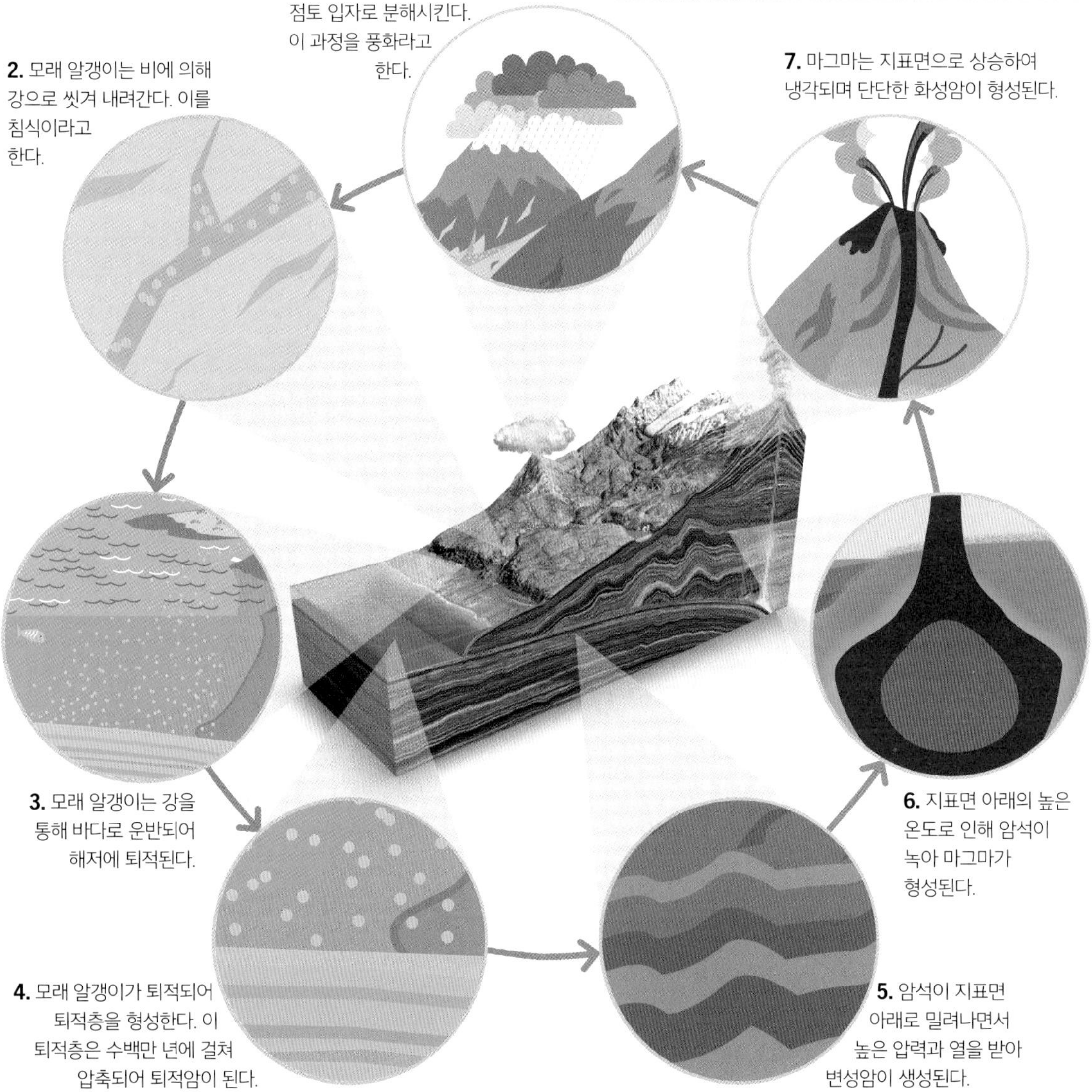
1. 바람과 비, 더위와 추위는 암석을 큰 돌에서 작은 모래나 점토 입자로 분해시킨다. 이 과정을 풍화라고 한다.
2. 모래 알갱이는 비에 의해 강으로 씻겨 내려간다. 이를 침식이라고 한다.
3. 모래 알갱이는 강을 통해 바다로 운반되어 해저에 퇴적된다.
4. 모래 알갱이가 퇴적되어 퇴적층을 형성한다. 이 퇴적층은 수백만 년에 걸쳐 압축되어 퇴적암이 된다.
5. 암석이 지표면 아래로 밀려나면서 높은 압력과 열을 받아 변성암이 생성된다.
6. 지표면 아래의 높은 온도로 인해 암석이 녹아 마그마가 형성된다.
7. 마그마는 지표면으로 상승하여 냉각되며 단단한 화성암이 형성된다.

대기

지구를 둘러싸고 있는 기체의 혼합물을 대기라고 한다. 대기의 구성은 수십억 년 동안 변화하면서 지구의 생명을 유지하게 하는 혼합물을 형성하였다.

핵심 요약

- ✓ 대기는 지구를 둘러싸고 있는 기체의 혼합물이다.
- ✓ 대기의 구성은 수십억 년에 걸쳐 형성되었다.
- ✓ 대기는 78%의 질소, 21%의 산소, 1% 미만의 아르곤, 소량의 이산화 탄소와 기타 기체들로 이루어져 있다.

대기 기체

다음은 대기에서 발견되는 주요 기체들이다.

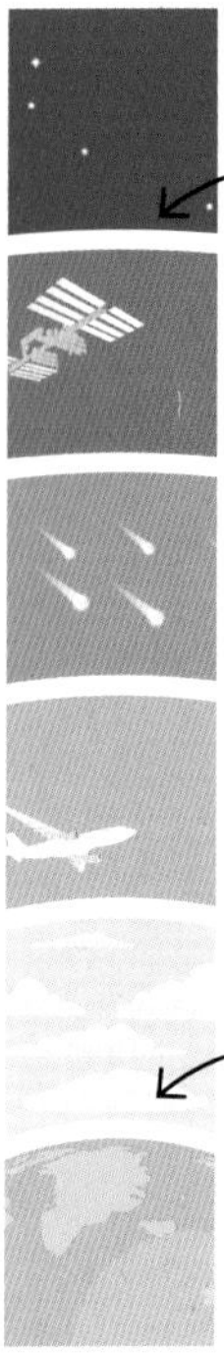

지구의 대기는 약 10,000 km까지 이른다.
지구 날씨 현상은 대부분 대기권의 하층부에서 발생한다.

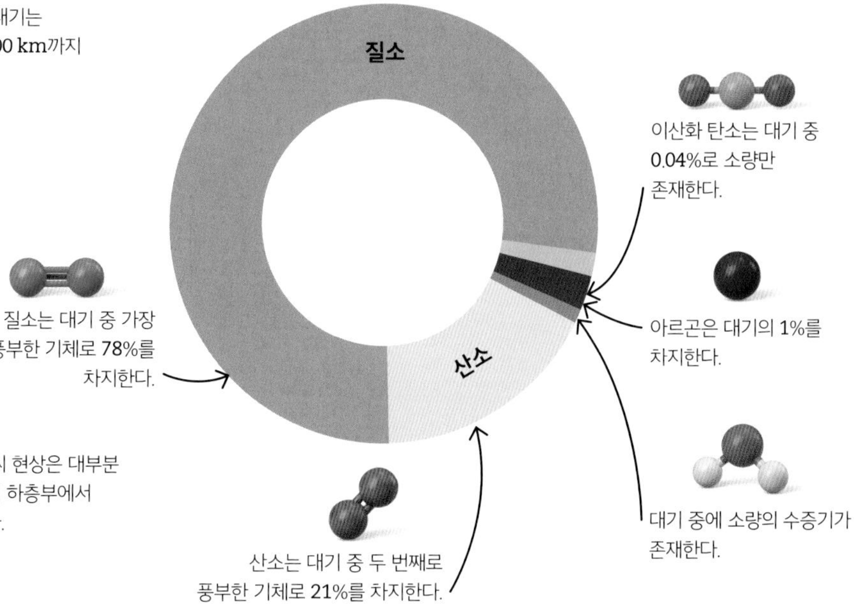

질소
산소
질소는 대기 중 가장 풍부한 기체로 78%를 차지한다.
산소는 대기 중 두 번째로 풍부한 기체로 21%를 차지한다.
이산화 탄소는 대기 중 0.04%로 소량만 존재한다.
아르곤은 대기의 1%를 차지한다.
대기 중에 소량의 수증기가 존재한다.

원시 대기

45억 년 전 초기 지구는 매우 뜨거운 상태였고 화산 활동이 빈번했다. 당시의 대기는 화산에서 방출되는 가스로 형성되었으며, 대부분 이산화 탄소 기체로 이루어져 있었다. 이후 수십억 년에 걸쳐 산소의 양이 오늘날과 같은 수준으로 증가했다.

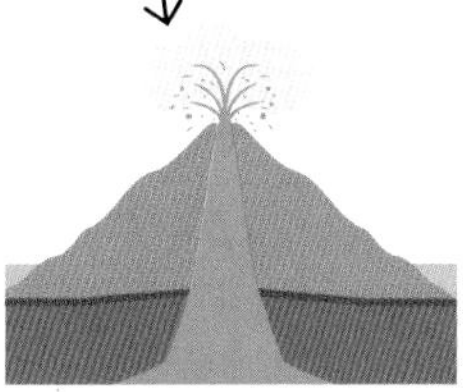

1. 수십억 년 전 화산은 이산화 탄소, 암모니아, 메테인, 수증기를 방출했다.

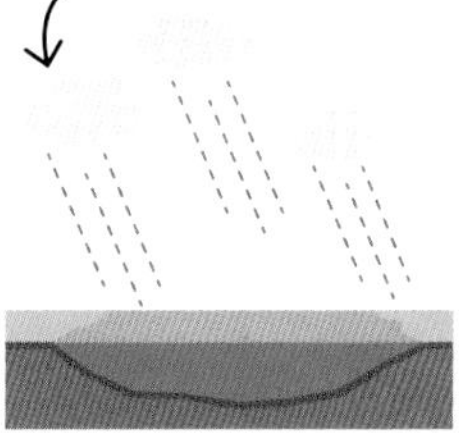

2. 지구가 냉각되어 수증기가 구름으로 응축되고 비가 내려 최초의 바다가 형성되었다.

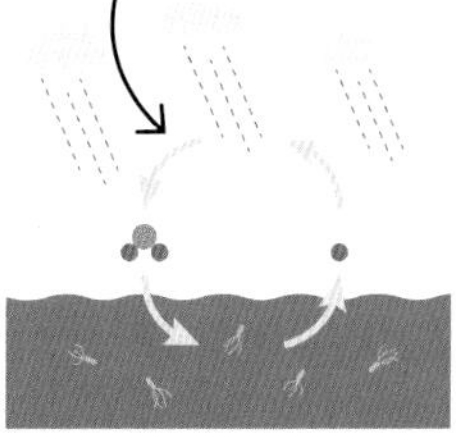

3. 바다에서는 미생물, 해조류, 식물 등 다양한 생명체들이 진화하며, 이산화 탄소를 흡수하고 산소를 방출하였다.

공기 중 산소 비율 측정

공기 중 산소의 비율은 구리와의 반응을 이용하여 측정할 수 있다. 가열된 구리 조각들 사이로 일정한 부피의 공기를 통과시킨다. 산소는 구리와 반응하여 공기 중에서 제거되며 산화 구리가 형성된다.

핵심 요약

- 공기 중 산소의 비율은 실험을 통해 측정할 수 있다.
- 구리 조각이 가열되면 공기 중의 산소를 흡수한다.
- 아래 공식을 이용하여 공기 중 산소의 비율을 계산할 수 있다.

산소 비율 측정 방법

2개의 주사기와 스탠드, 분젠 버너, 구리 조각들을 이용하여 공기 중 산소의 비율을 측정하는 실험을 할 수 있다.

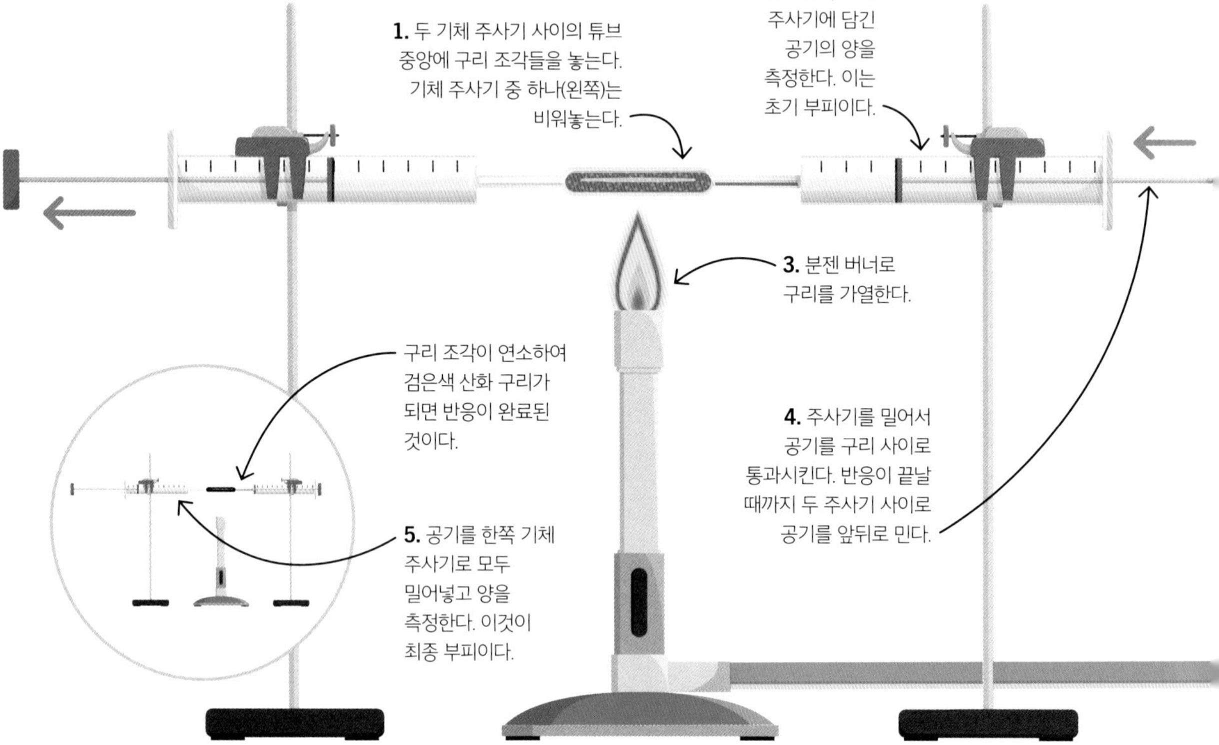

1. 두 기체 주사기 사이의 튜브 중앙에 구리 조각들을 놓는다. 기체 주사기 중 하나(왼쪽)는 비워놓는다.
2. 오른쪽 기체 주사기에 담긴 공기의 양을 측정한다. 이는 초기 부피이다.
3. 분젠 버너로 구리를 가열한다.
4. 주사기를 밀어서 공기를 구리 사이로 통과시킨다. 반응이 끝날 때까지 두 주사기 사이로 공기를 앞뒤로 민다.
구리 조각이 연소하여 검은색 산화 구리가 되면 반응이 완료된 것이다.
5. 공기를 한쪽 기체 주사기로 모두 밀어넣고 양을 측정한다. 이것이 최종 부피이다.

산소 비율 계산하기

위 실험의 2단계와 5단계에서 측정한 값을 오른쪽 공식에 대입하여 공기 중 산소의 비율을 계산한다.

$$\frac{\text{초기 부피} - \text{최종 부피}}{\text{초기 부피}} \times 100$$

탄소 순환

탄소는 지구상의 모든 생명체와 환경 사이에서 끊임없이 순환하는 원소로, 광합성 및 호흡과 같은 생물학적 과정을 통해 대기의 이산화 탄소 농도가 일정하게 유지된다.

핵심 요약

- ✓ 탄소는 생물체와 유기 물질을 통해 순환된다.
- ✓ 식물은 광합성을 통해 대기 중 이산화 탄소를 흡수한다.
- ✓ 동물은 먹이 섭취를 통해 탄소를 흡수한다.
- ✓ 동식물은 호흡을 통해 이산화 탄소를 배출한다.

탄소의 저장 및 이동

탄소는 대기, 지각, 해양, 식물 및 동물 내에 저장되며, 다양한 과정을 통해 지구 전체에서 이동한다.

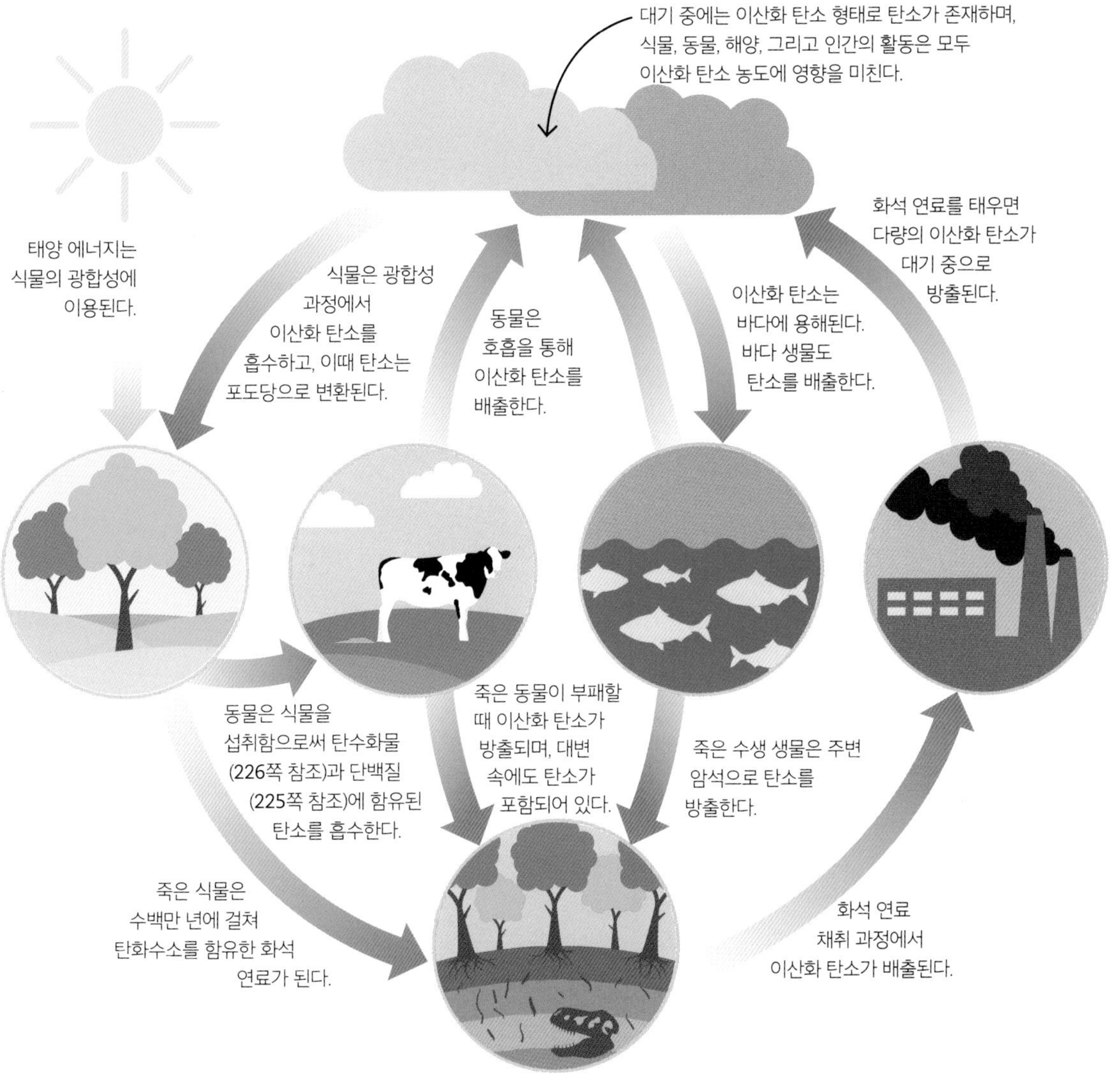

대기 중에는 이산화 탄소 형태로 탄소가 존재하며, 식물, 동물, 해양, 그리고 인간의 활동은 모두 이산화 탄소 농도에 영향을 미친다.
태양 에너지는 식물의 광합성에 이용된다.
식물은 광합성 과정에서 이산화 탄소를 흡수하고, 이때 탄소는 포도당으로 변환된다.
동물은 호흡을 통해 이산화 탄소를 배출한다.
이산화 탄소는 바다에 용해된다. 바다 생물도 탄소를 배출한다.
화석 연료를 태우면 다량의 이산화 탄소가 대기 중으로 방출된다.
동물은 식물을 섭취함으로써 탄수화물(226쪽 참조)과 단백질(225쪽 참조)에 함유된 탄소를 흡수한다.
죽은 동물이 부패할 때 이산화 탄소가 방출되며, 대변 속에도 탄소가 포함되어 있다.
죽은 수생 생물은 주변 암석으로 탄소를 방출한다.
죽은 식물은 수백만 년에 걸쳐 탄화수소를 함유한 화석 연료가 된다.
화석 연료 채취 과정에서 이산화 탄소가 배출된다.

온실 효과

지구 대기에 존재하는 미량의 특정 기체들은 태양 에너지를 가두어 지구를 따뜻하게 유지한다. 이를 온실 효과라고 한다. 이러한 효과가 없다면 지구의 평균 온도는 약 −18℃에 머무르게 되며, 이러한 저온 환경에서는 대부분의 생명체가 생존하기 어려울 것이다.

핵심 요약

- ✓ 온실 효과는 지구를 따뜻하게 유지하여 생명체가 생존할 수 있도록 한다.
- ✓ 온실가스는 태양에서 방출되는 열에너지를 가둔다.
- ✓ 주요 온실가스는 이산화 탄소, 메테인, 수증기이다.

보온 작용

지구의 대기는 온실과 같은 역할을 하여 표면을 따뜻하게 유지한다.

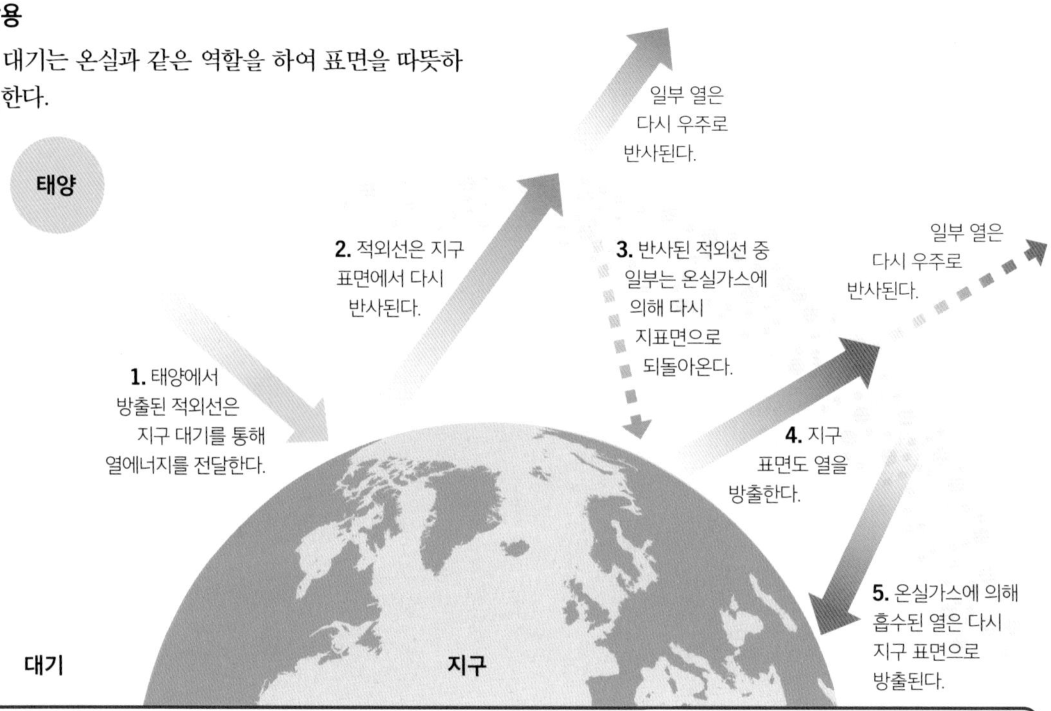

태양
1. 태양에서 방출된 적외선은 지구 대기를 통해 열에너지를 전달한다.
2. 적외선은 지구 표면에서 다시 반사된다.
일부 열은 다시 우주로 반사된다.
3. 반사된 적외선 중 일부는 온실가스에 의해 다시 지표면으로 되돌아온다.
일부 열은 다시 우주로 반사된다.
4. 지구 표면도 열을 방출한다.
5. 온실가스에 의해 흡수된 열은 다시 지구 표면으로 방출된다.
대기
지구

온실가스

모든 온실가스는 작은 분자로 이루어져 있으며, 이 분자들을 구성하는 원자들은 공유 결합으로 연결되어 있다. 메테인은 다른 기체보다 더 많은 열을 가둘 수 있기 때문에 가장 강력한 온실가스 중 하나로 여겨진다.

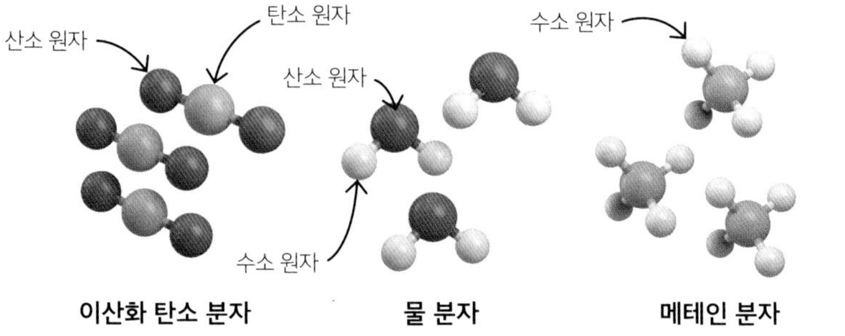

인간 활동의 영향

지난 300년 동안 인류의 활동은 대기 중의 온실가스 농도를 증가시켰다. 온실가스는 화석 연료가 우리의 생활에 필요한 전력과 교통 연료로 사용될 때 발생한다. 더욱이 인간은 자연의 탄소 순환 과정에 지장을 주어 대기 중 이산화 탄소의 흡수(247쪽 참조)를 방해하고 있다.

핵심 요약

- ✓ 인간 활동으로 인해 대기 중 온실가스 농도가 상승한다.
- ✓ 화석 연료를 태우면 온실가스가 대기 중으로 방출된다.
- ✓ 삼림 벌채는 대기 중 이산화 탄소를 흡수하는 식물을 감소시킨다.
- ✓ 육류의 수요 증가는 강력한 온실가스인 메테인을 배출하는 가축의 수를 증가시킨다.

부정적인 활동

온실가스 농도를 높이는 데 기여하는 인간 활동으로는 화석 연료 연소, 매립지에서의 폐기물 처리, 삼림 벌채, 농장 가축의 증가 등이 있다.

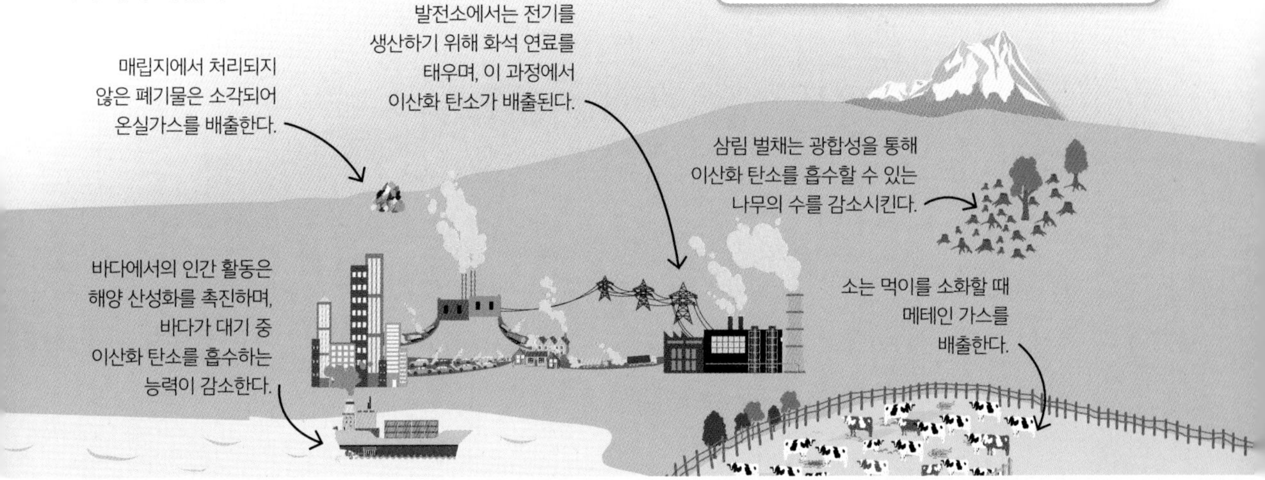

발전소에서는 전기를 생산하기 위해 화석 연료를 태우며, 이 과정에서 이산화 탄소가 배출된다.
매립지에서 처리되지 않은 폐기물은 소각되어 온실가스를 배출한다.
삼림 벌채는 광합성을 통해 이산화 탄소를 흡수할 수 있는 나무의 수를 감소시킨다.
바다에서의 인간 활동은 해양 산성화를 촉진하며, 바다가 대기 중 이산화 탄소를 흡수하는 능력이 감소한다.
소는 먹이를 소화할 때 메테인 가스를 배출한다.

대기 중 이산화 탄소의 농도 변화

1960년대부터 과학자들은 대기 중의 이산화 탄소 농도가 급격히 상승하고 있음을 발견하였다. 세계 인구의 증가와 함께 에너지의 수요도 늘어나고 있어, 화석 연료의 연소로 인한 이산화 탄소 방출량도 증가하고 있다.

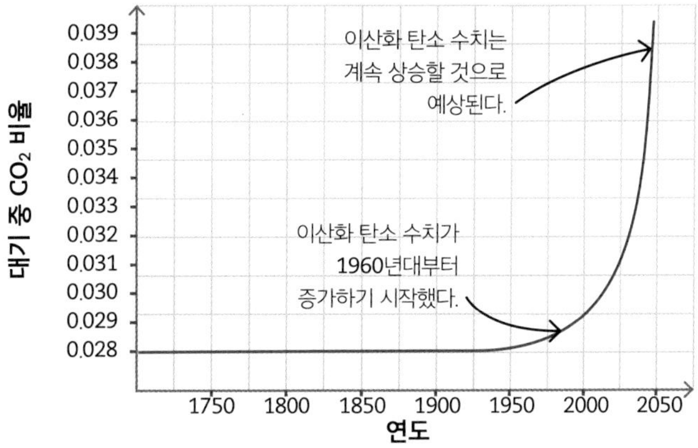

지구 온난화

지난 100년 동안 지구의 평균 기온은 약 1°C 상승했다. 이러한 변화는 인간의 활동으로 온실가스 농도가 증가하여 온실 효과(248쪽 참조)가 강화된 결과이다. 온도의 상승 폭은 작아 보이지만 심각한 기후 변화를 초래하였다.

핵심 요약

- ✓ 인간의 활동은 온실 효과를 강화시켜 지구 온난화를 초래한다.
- ✓ 이로 인해 지구의 기온은 상승하게 된다.
- ✓ 지구 온난화는 기후 변화를 일으킨다.

온실 효과

인간의 활동은 대기 중 온실가스 농도를 증가시킨다. 그 결과 온실 효과가 강화되어 지구의 평균 온도가 상승하였다.

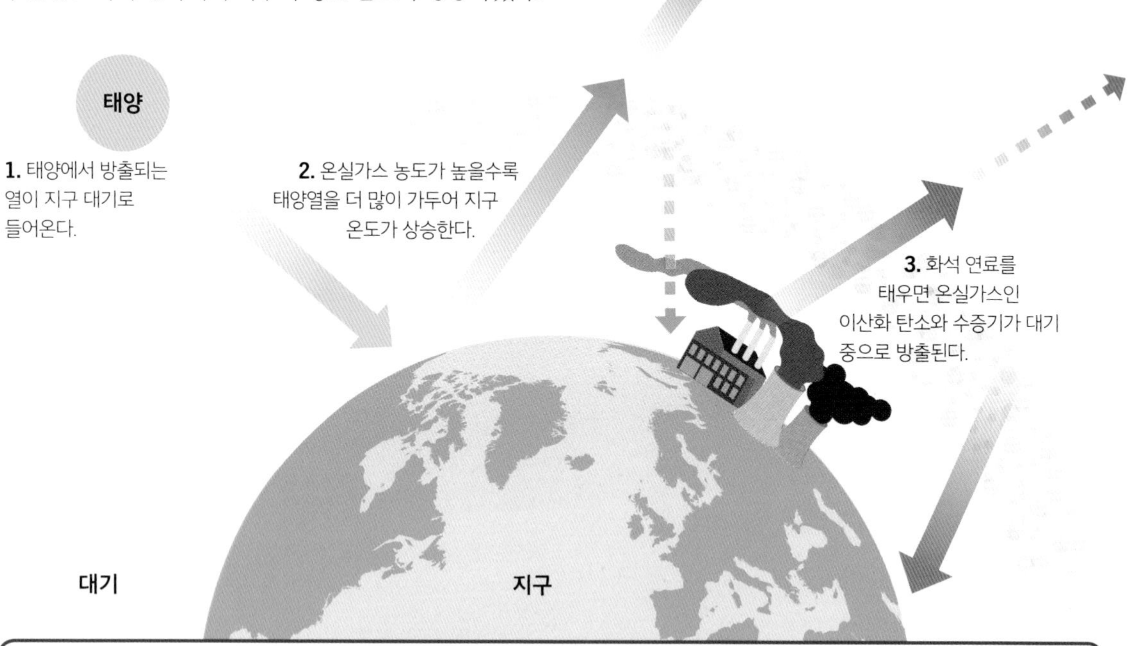
태양
1. 태양에서 방출되는 열이 지구 대기로 들어온다.
2. 온실가스 농도가 높을수록 태양열을 더 많이 가두어 지구 온도가 상승한다.
3. 화석 연료를 태우면 온실가스인 이산화 탄소와 수증기가 대기 중으로 방출된다.
대기
지구

기상 이변

날씨는 일상적인 온도, 햇빛, 강수 등의 조건을 의미하며, 기후는 오랜 시간 동안의 날씨 패턴을 가리킨다. 지구 온난화로 인해 기후 변화가 일어나고 있으며, 홍수, 가뭄, 폭풍 등으로 이어지고 있다.

지구 기온이 상승함에 따라 극지방의 만년설이 녹아 해수면이 상승하게 되어 홍수가 더 자주 발생한다.

지구의 기온 상승으로 이미 건조한 지역이 더욱 덥고 건조해짐에 따라 사막이 점차 넓어지고 있다.

지구 온도가 높아지면 강우량이 증가하고, 열대 지역에서는 기상 이변이 나타나며, 폭풍이 더 자주 발생한다.

탄소 발자국

탄소 발자국은 개인이나 기업, 국가 등이 활동이나 상품의 생산 및 소비 과정에서 직간접적으로 발생시키는 온실가스의 총량을 의미한다. 예를 들어 육류를 많이 먹거나 운전을 많이 하면 탄소 발자국이 상승하고, 매일 자전거를 타고 출퇴근하면 탄소 발자국이 감소할 수 있다. 또한 디젤 자동차는 연료를 태워 배기관에서 온실가스를 배출하기 때문에 탄소 발자국이 높다.

핵심 요약

- ✓ 탄소 발자국이란 대기 중으로 배출되는 온실가스의 총량을 말한다.
- ✓ 탄소 발자국은 개인, 제품, 기업에 대해 측정할 수 있다.
- ✓ 탄소 발자국을 정확히 측정하기는 어렵다.

탄소 발자국 줄이기

개인의 탄소 발자국에 영향을 미칠 수 있는 요소는 많다. 자신의 탄소 발자국을 이해하면 탄소 발자국을 줄이기 위한 방안을 찾는 데 도움이 된다.

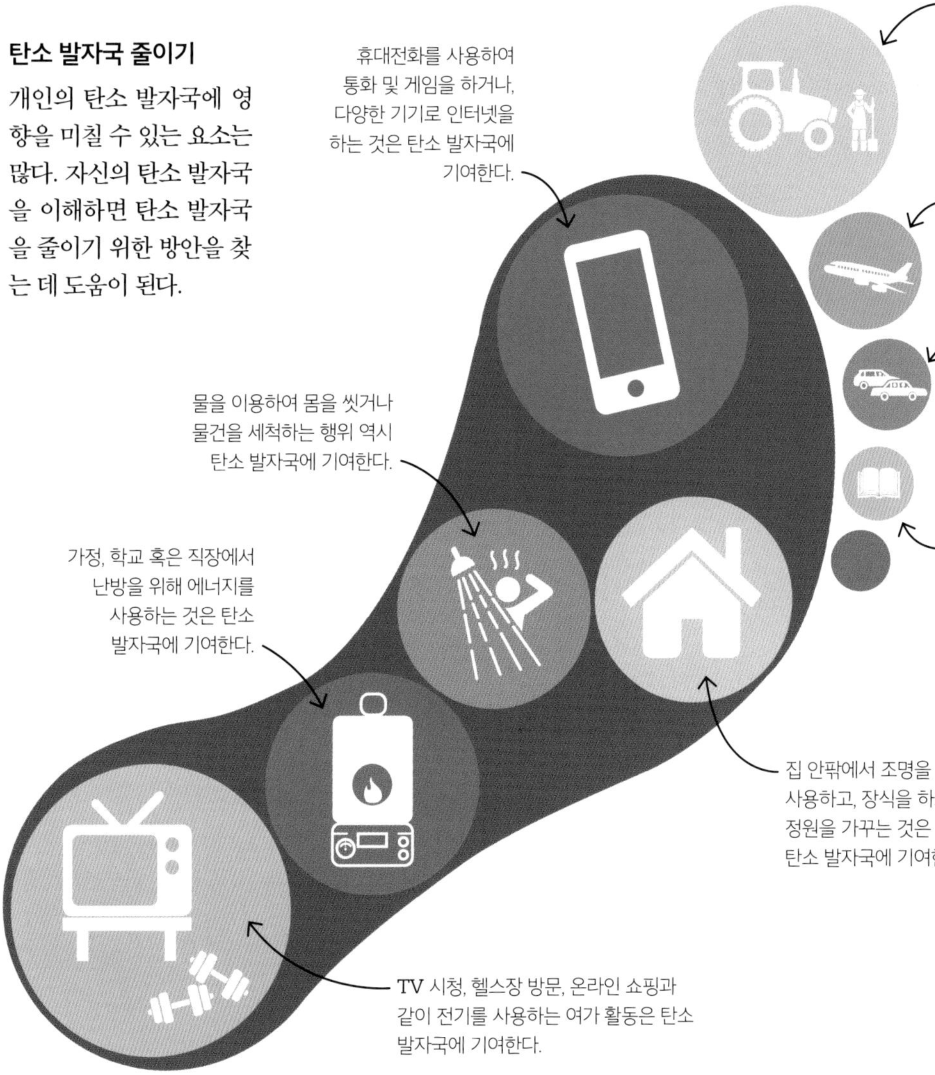

휴대전화를 사용하여 통화 및 게임을 하거나, 다양한 기기로 인터넷을 하는 것은 탄소 발자국에 기여한다.
농사를 짓고, 담배를 피우고, 외식을 하는 것은 탄소 발자국에 기여한다.
비행기를 타는 것도 탄소 발자국에 기여한다.
자가용 운전과 대중교통의 이용은 탄소 발자국에 기여한다.
물을 이용하여 몸을 씻거나 물건을 세척하는 행위 역시 탄소 발자국에 기여한다.
종이를 만들고 재활용하는 것은 탄소 발자국에 기여한다.
가정, 학교 혹은 직장에서 난방을 위해 에너지를 사용하는 것은 탄소 발자국에 기여한다.
집 안팎에서 조명을 사용하고, 장식을 하고, 정원을 가꾸는 것은 탄소 발자국에 기여한다.
TV 시청, 헬스장 방문, 온라인 쇼핑과 같이 전기를 사용하는 여가 활동은 탄소 발자국에 기여한다.

탄소 포집

탄소 발자국(251쪽 참조)을 줄이고 지구 온난화(250쪽 참조)에 대처하는 데 있어 정부는 개인보다 더 많은 권한과 자원을 가지고 있다. 화석 연료에 대한 세금을 인상하여 화석 연료 사용을 줄일 수 있지만, 이것만으로는 충분하지 않다. 과학자들은 화석 연료가 연소될 때 방출되는 이산화 탄소를 포집하여 지하에 저장하는 방법을 고안했다. 이를 탄소 포집이라고 한다.

핵심 요약

- ✓ 개인의 탄소 발자국을 줄이는 것도 도움이 되지만 지구 온난화를 막는 데는 충분하지 않다.
- ✓ 정부는 온실가스 배출을 줄이기 위한 정책과 법률을 시행해야 한다.
- ✓ 탄소 포집 과정을 통해 화석 연료를 태운 후 배출되는 이산화 탄소가 포집된다.
- ✓ 포집된 이산화 탄소는 지하에 저장된다.

탄소 포집

발전소, 공장, 정유소는 대기 중으로 많은 이산화 탄소를 배출한다. 각국 정부는 이산화 탄소 배출량을 줄이기 위해 탄소 포집 기술을 도입하고 있다.

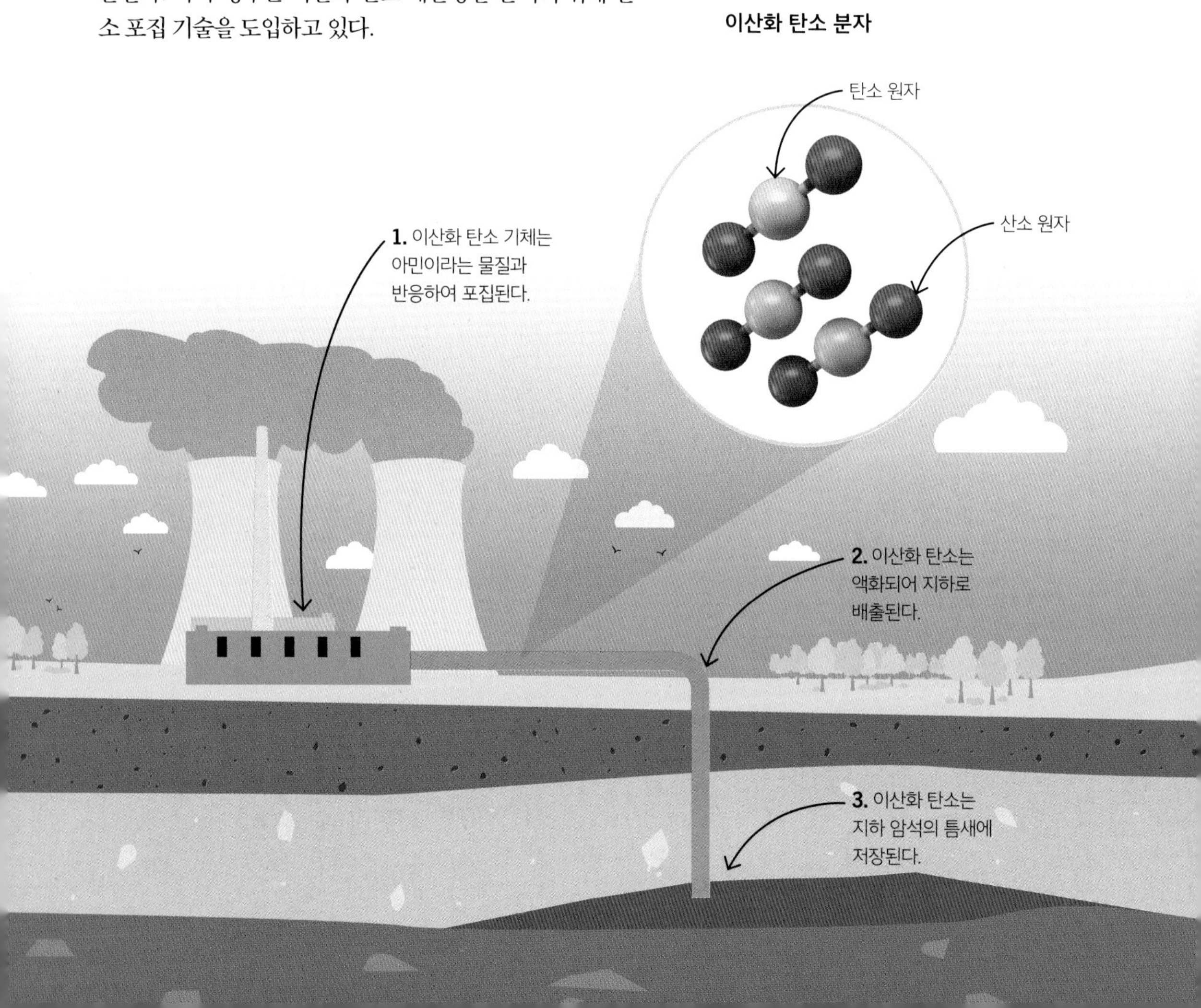

이산화 탄소 분자
탄소 원자
산소 원자
1. 이산화 탄소 기체는 아민이라는 물질과 반응하여 포집된다.
2. 이산화 탄소는 액화되어 지하로 배출된다.
3. 이산화 탄소는 지하 암석의 틈새에 저장된다.

원자력 에너지

일부 국가는 화석 연료 대신 대체 에너지원을 사용하도록 장려한다. 원자력은 공급 과정에서 온실가스를 배출하지 않기 때문에 청정 에너지의 한 유형이다. 그러나 원자력을 '만드는' 원자력 발전소는 위험한 방사성 폐기물을 대량으로 배출한다(60쪽 참조).

핵심 요약

- 국가는 대체 에너지원의 사용을 장려할 수 있다.
- 대체 에너지원은 온실가스 농도를 증가시키지 않는다.
- 원자력은 온실가스를 배출하지 않는다.
- 원자력 발전은 방사성 폐기물과 관련한 위험성을 가지고 있다.

핵분열

핵분열이 일어나는 동안 중성자가 큰 원자를 향해 발사되어 원자를 분해하며, 이때 많은 에너지가 방출된다. 핵분열은 원자력 발전소에서 열을 생성하는 데 사용되며, 이 열은 전기를 생산하는 데 활용된다.

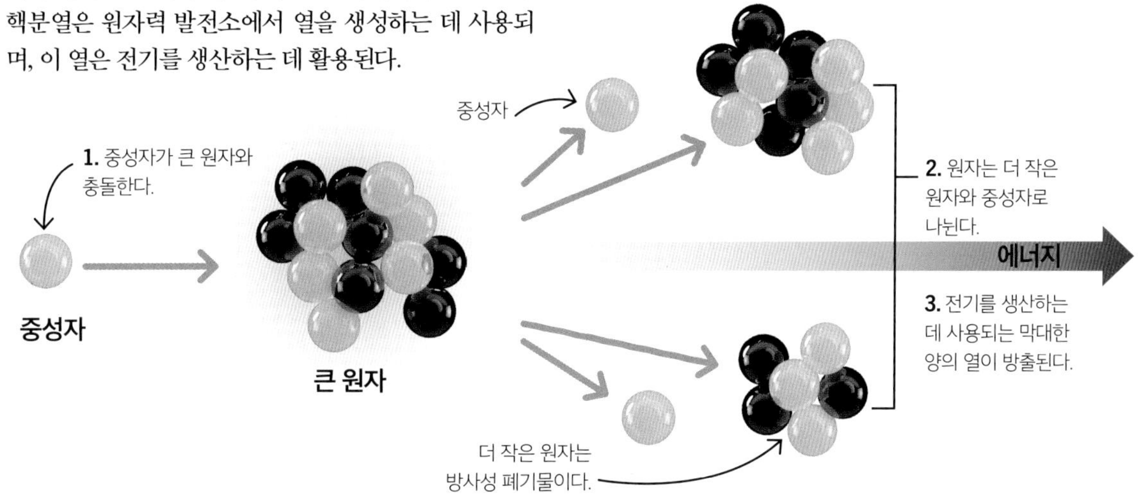

핵융합

핵융합이 진행되는 동안 수소 분자의 두 동위 원소(31쪽 참조)가 부딪혀 하나의 더 큰 헬륨 핵을 형성하며 엄청난 양의 에너지를 방출한다. 이것이 태양에서 에너지가 생성되는 방식이다. 과학자들은 아직 핵융합을 제어하고 생산된 에너지를 지구에서 안전하게 사용할 수 있는 방법을 찾지 못했다.

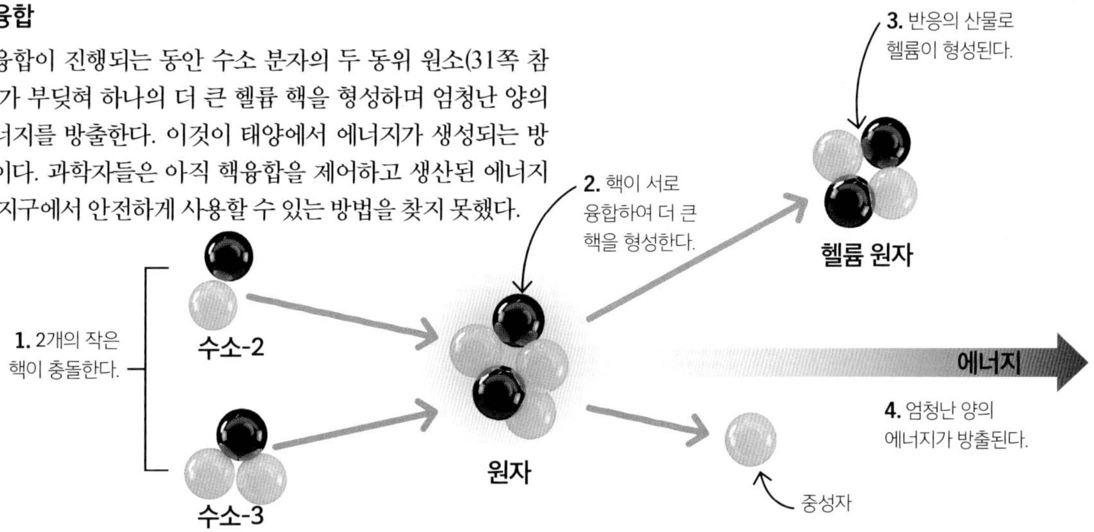

1. 2개의 작은 핵이 충돌한다.
수소-2
수소-3
2. 핵이 서로 융합하여 더 큰 핵을 형성한다.
원자
3. 반응의 산물로 헬륨이 형성된다.
헬륨 원자
에너지
4. 엄청난 양의 에너지가 방출된다.
중성자

대기 오염

대부분의 차량은 여전히 휘발유나 경유 같은 화석 연료를 주로 사용한다. 이러한 탄화수소 연료(202쪽 참조)가 연소하면 위험한 오염 물질과 함께 온실가스인 이산화 탄소가 대기 중으로 방출된다.

핵심 요약

- ✓ 화석 연료로 구동되는 차량은 대기 중으로 유해한 오염 물질을 방출한다.
- ✓ 화석 연료는 탄화수소로 이루어져 있으며 연소 시 오염 물질을 생성한다.
- ✓ 유독성 오염 물질의 예로는 일산화 탄소, 이산화 황, 질소 산화물 등이 있다.

미립자 오염 물질

대기 중의 오염 물질은 여러 형태로 존재하는데, 그중에는 메테인과 탄소를 포함하고 있으며 공기 중에 떠다니는 미세한 고체나 액체 입자들도 있다.

메테인 분자

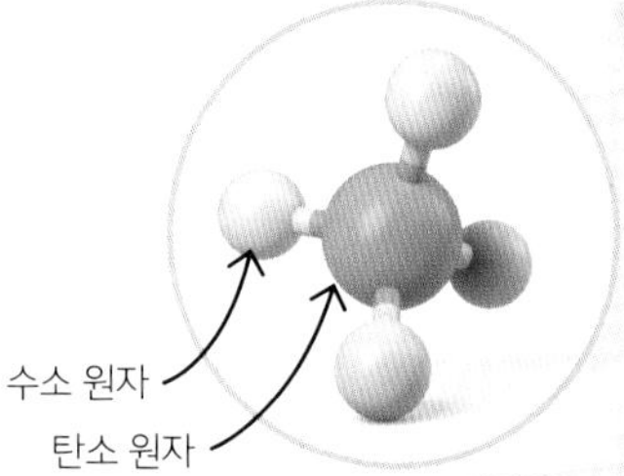

탄소 원자

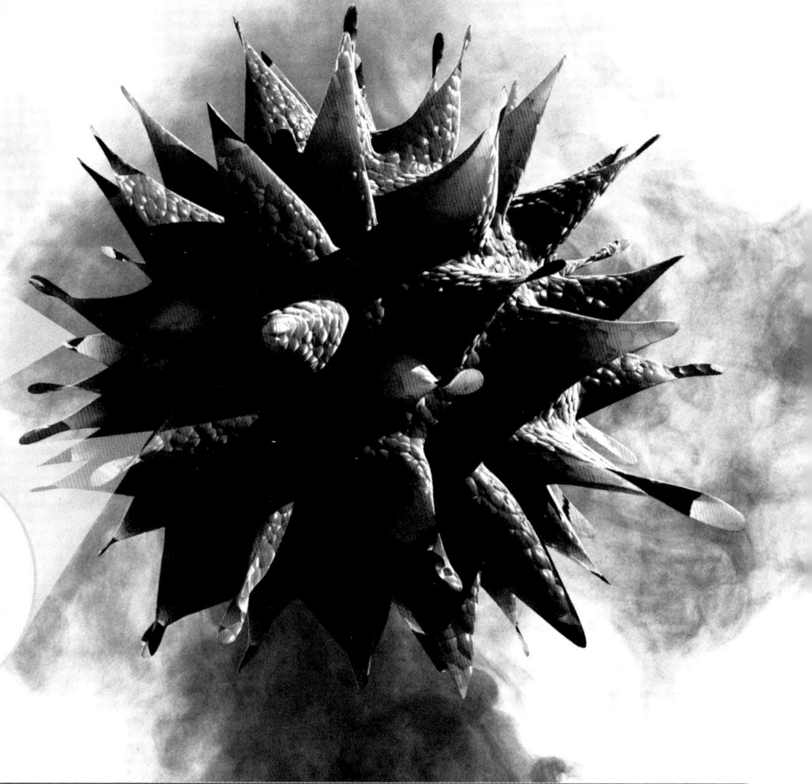

탄화수소의 불완전 연소

대기 중의 주요 오염 물질로는 일산화 탄소, 이산화 황, 그리고 질소 산화물 기체가 있다. 화석 연료를 사용하는 차량 엔진에서는 공기나 산소의 공급이 부족할 경우 탄화수소가 완전하게 연소되지 않을 수 있다. 연소되지 않은 탄화수소는 앞서 언급한 물질들만큼이나 유해할 수 있다(255쪽 참조).

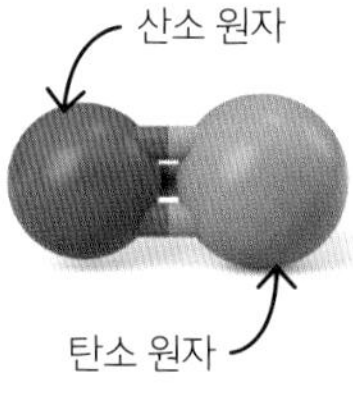

일산화 탄소

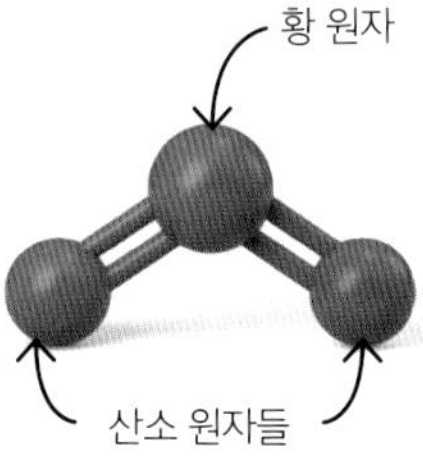

이산화 황

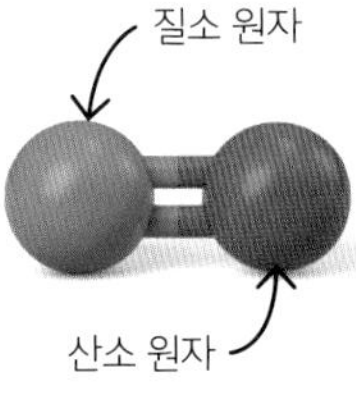

일산화 질소

오염이 미치는 영향

대기 중 오염 물질은 독성을 지니며 장기적으로 건강에 악영향을 줄 수 있다. 이러한 오염 물질은 일반적으로 무색 무취이며 감지하기 어려우나, 호흡을 방해하고 혈액을 오염시킬 수 있다. 또한 건물을 어둡게 하고 기계를 손상시킬 수 있으며, 가연성을 지닌 물질은 화재 위험을 증가시킨다.

핵심 요약

- ✓ 대기 중의 오염 물질은 독성을 띠며 호흡계 질환을 유발할 수 있다.
- ✓ 이러한 오염 물질 대부분은 무색 무취로 감지하기가 어렵다.
- ✓ 오염 물질은 건물에 손상을 입힐 수도 있다.

호흡 문제

헤모글로빈은 우리 혈액 속에 존재하는 단백질(225쪽 참조)로, 호흡 시 들이마신 산소와 결합해 몸 전체에 산소를 전달한다. 그러나 일산화 탄소는 헤모글로빈과 결합력이 강하여 산소의 운반을 방해한다. 이는 졸음을 유발하거나 의식을 잃게 하며, 사망에 이르게 할 수도 있다.

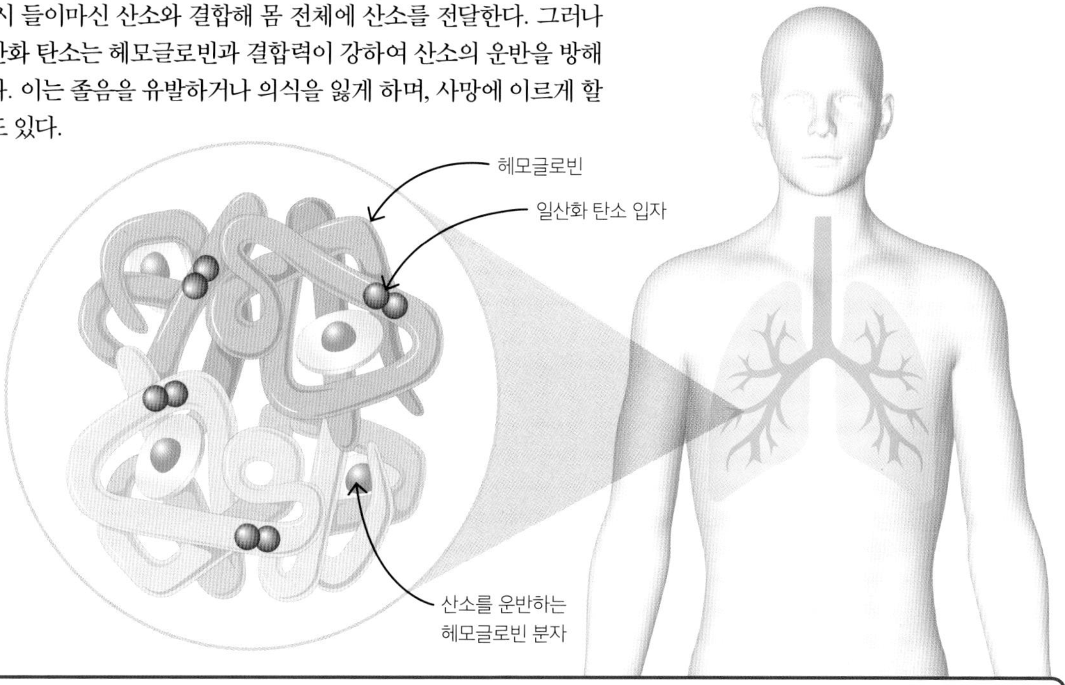

어두워지는 지구

지구 대기로 방출되는 미세한 오염 물질 입자들은 태양의 빛을 차단한다. 시간이 지남에 따라, 특히 도시와 산업 지역에서는 대기를 통과하는 빛의 세기가 점차 약해져 전 세계적으로 어두워지고 있다.

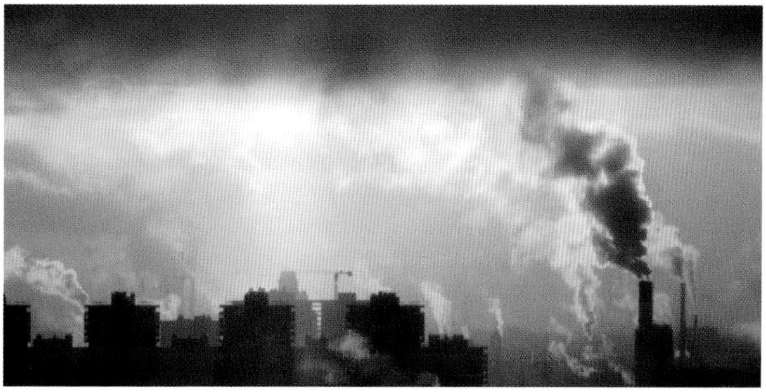

산성비

빗물에는 자연적으로 소량의 이산화 탄소가 녹아 있어 약산성이다. 그러나 대기 중 일부는 화석 연료의 불순물이 연소(163쪽 참조)되어 생기는 이산화 황, 이산화 질소 등의 기체로 오염되어 있으며, 이러한 기체가 빗물에 녹으면 비의 산성도가 더욱 높아져 산성비가 된다.

핵심 요약

- ✓ 빗물은 용해된 이산화 탄소로 인해 자연적으로 약간의 산성을 띤다.
- ✓ 산성비는 이산화 황과 이산화 질소 때문에 더욱 산성화된다.
- ✓ 산성비는 자연적으로 발생할 수 있지만, 인간의 활동에 의한 오염으로 더 심해진다.

침식된 동상

석회암으로 만든 조각상에 산성비가 내리면 암석에 포함된 탄산 칼슘과 반응하여 조각상이 침식된다.

석회암 조각상은 산성비의 영향으로 인해 부식되거나 얼룩질 수 있다.
동상의 일부분은 산성비의 영향을 받지 않았다.

산성비의 영향

산성비는 화산이 폭발하거나 식물이 분해되는 지역에서 자연적으로 발생할 수 있다. 두 경우 모두 이산화 탄소 기체를 방출하여 빗물을 산성으로 만든다. 그러나 산성비의 가장 큰 원인은 인간 활동에 의해 발생한다. 발전소와 같은 산업 공장은 이산화 황과 같은 가스를 대기 중으로 대량 배출한다.

1. 산성비는 금속, 암석 등 다양한 물질과 반응한다. 이로 인해 건물이 손상되고 침식된다.

2. 산성비는 식물에도 악영향을 미친다. 식물의 잎을 손상시켜 광합성을 저해하고, 뿌리의 성장을 억제하여 영양분 흡수를 방해한다.

3. 강이나 호수에 산성비가 많이 내리면 물이 산성화된다. 대부분의 동물은 산성 조건에서 생존할 수 없다.

여러 가지 자원

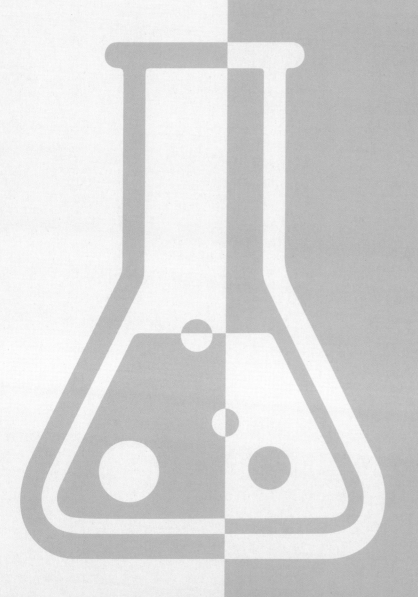

세라믹

세라믹은 도자기, 벽돌, 유리와 같은 비금속 재료로, 세라믹의 원자는 공유 결합 및 이온 결합으로 서로 결합되어 있다(80쪽 및 74쪽 참조). 세라믹은 매우 높은 온도로 가열하여 만들어진다. 녹는점이 높고, 뻣뻣하고 부서지기 쉬우며, 강하고 단열성이 있는 등 모두 비슷한 특성을 가지고 있다.

핵심 요약

- ✓ 세라믹은 공유 결합 및 이온 결합을 가진 비금속으로 만들어진다.
- ✓ 세라믹은 고온에서 가열하여 만들어진다.
- ✓ 세라믹은 이온 결합으로 비금속에 결합된 금속을 포함할 수 있다.
- ✓ 세라믹은 녹는점이 높고 열에 잘 견디며 반응성이 없다.
- ✓ 세라믹은 뻣뻣하고 부서지기 쉬우며, 강하고 단열성이 뛰어나다.

도자기

다양한 종류의 점토를 1,000°C까지 가열하여 도자기를 빚는다. 가열과 냉각 과정에서 화학 반응이 일어나 세라믹의 분자를 서로 결합시킨다.

벽돌

불순물이 포함된 점토를 성형하고 건조시킨 다음 1,200°C로 가열하면 불순물에 따라 다른 색상의 벽돌이 만들어진다.

소다 석회 유리

이산화 규소, 탄산 소듐, 탄산 칼슘 화합물의 혼합물을 1,600°C까지 가열하면 소다 석회 유리가 만들어진다. 이는 가장 저렴한 형태의 유리이다.

붕규산 유리

이산화 규소와 산화 붕소 화합물의 혼합물을 가열하여 붕규산 유리를 만든다. 이 유형의 유리는 빠른 가열과 냉각을 견딜 수 있어 실험에 유용하다.

자기의 분자 구조

고급 도자기는 특정 종류의 점토를 일반 자기를 만들 때보다 더 높은 온도로 가열하여 만들어진다. 가열하면 카올리나이트라고 하는 단단한 결정이 형성된다.

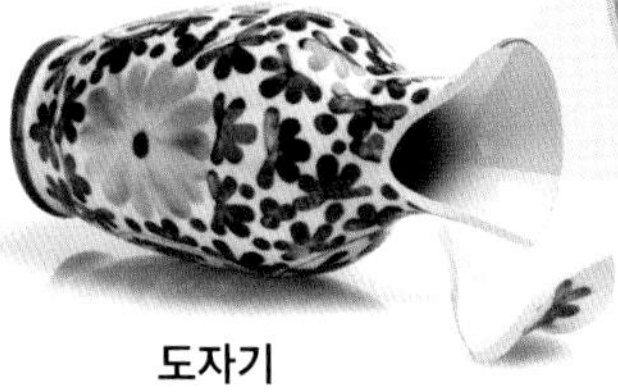

도자기

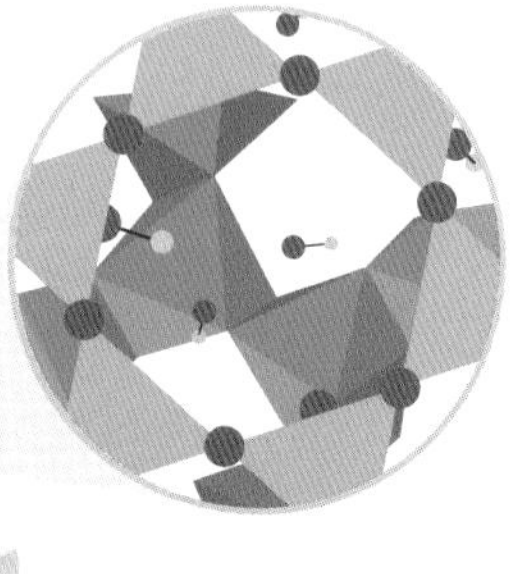

카올리라이트 결정 구조

복합 재료

복합 재료란 두 종류 이상의 소재를 복합한 재료를 말한다. 각각의 소재는 그 자체의 독특한 특성을 가지고 있다. 일반적으로 복합 재료는 구성 소재들이 가지고 있는 특성들을 유지할뿐더러, 더욱 우수한 성능을 가질 수 있다. 이로 인해 특정 용도에 적합한 복합 재료가 만들어진다.

핵심 요약

- ✓ 복합 재료는 두 종류 이상의 소재를 조합하여 유용한 기능을 하는 재료이다.
- ✓ 합성 섬유의 특성은 합성 섬유를 구성하는 물질에 따라 달라진다.
- ✓ 몇몇 인공 복합 재료는 특정한 용도를 위해 만들어진다.

유리 섬유와 탄소 섬유

유리 섬유 또는 탄소 섬유를 폴리에스터 수지에 삽입하여 강도 높은 복합 재료를 만들 수 있다. 유리 섬유는 형태를 쉽게 조작할 수 있고 견고하고 가벼우며 약간의 유연성을 지닌 반면, 탄소 섬유는 유리 섬유보다 훨씬 강하고 가볍지만 제작 비용이 훨씬 많이 든다.

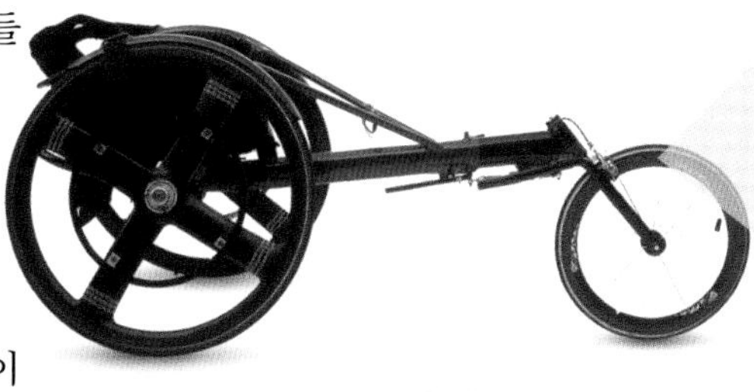

패럴림픽 레이싱 휠체어

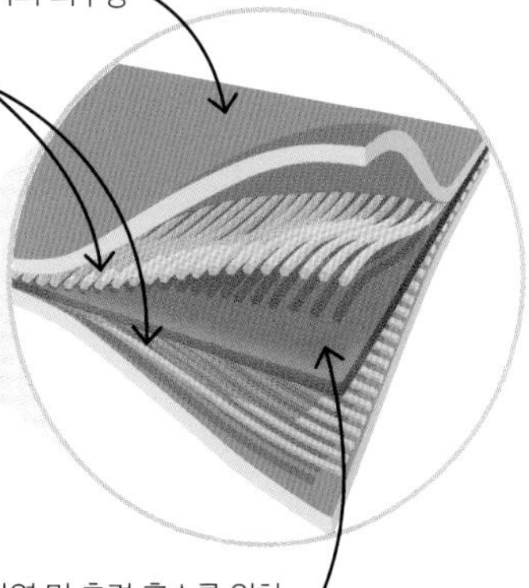

콘크리트

모래, 시멘트, 골재(작은 돌 조각)를 혼합하여 만든 콘크리트는 건축 분야에서 널리 사용되는 견고한 복합 재료이다. 콘크리트의 강도를 더욱 높이기 위해 철근을 추가한다.

콘크리트

철근 콘크리트

천연 복합 재료

목재의 리그닌이라는 천연 고분자에 포함된 셀룰로오스 섬유(226쪽 참조)는 천연 복합 재료의 한 예이다. 이러한 조합은 개별 물질을 단독으로 사용할 때보다 훨씬 더 강도가 높다.

목재

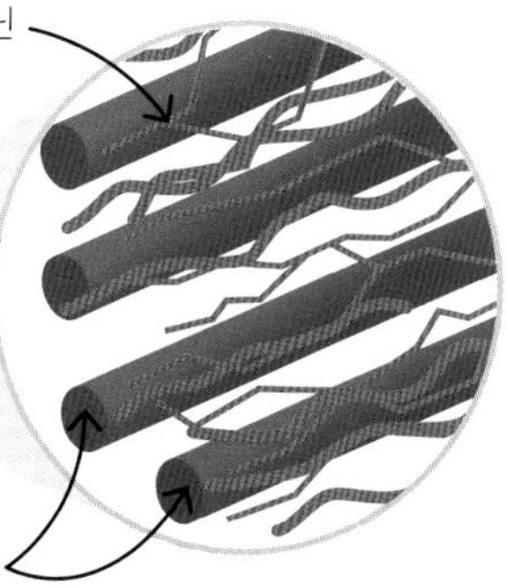

합성 고분자

합성 고분자는 여러 개의 단량체를 연결하여 인공적으로 만든 긴 사슬 형태의 분자이다. 다양한 제품, 장비, 건축물, 도구, 의류 등의 제조에 이용되며, 활용 목적에 따라 특성을 조절하여 만들 수 있다.

핵심 요약

- ✓ 합성 고분자는 많은 단량체들이 연결되어 형성된다.
- ✓ 합성 고분자는 강하며 가볍고 유연하다. 또한 뛰어난 단열 및 절연 특성을 갖고 있다.

저밀도 폴리에틸렌

비닐봉투는 저밀도 폴리에틸렌(LDPE)이라는 중합체로 제작된다. 튼튼하면서도 유연한 특성이 있으며, 무독성이다.

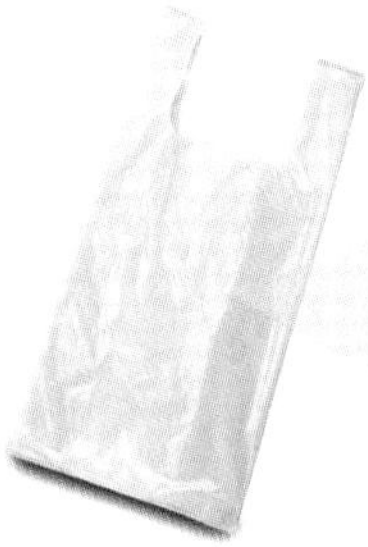

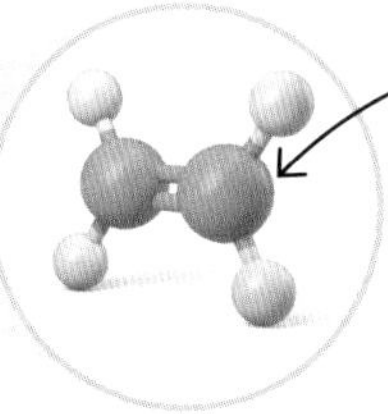

저밀도 폴리에틸렌은 에텐이라는 탄화수소가 공유 결합하여 생성된 긴 사슬 구조로 이루어져 있다.

고밀도 폴리에틸렌

배수관은 고밀도 폴리에틸렌이라는 중합체로 제작된다. 강력하고 단단하며 방수 특성이 있다.

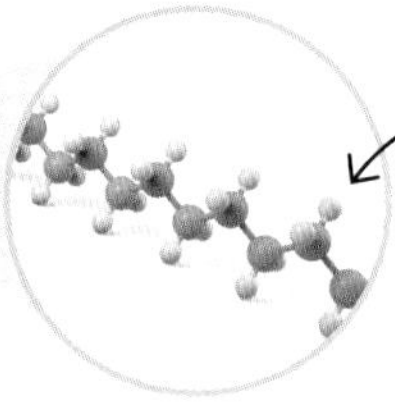

고밀도 폴리에틸렌 또한 탄소와 수소 원자들이 연결된 긴 탄화수소 사슬로 구성되어 있다.

폴리클로로에텐(PVC)

전기 배선에는 폴리클로로에텐(PVC)이라는 중합체가 사용된다. PVC가 강하고, 내구성이 뛰어나며, 탁월한 전기 절연 특성을 지니기 때문이다.

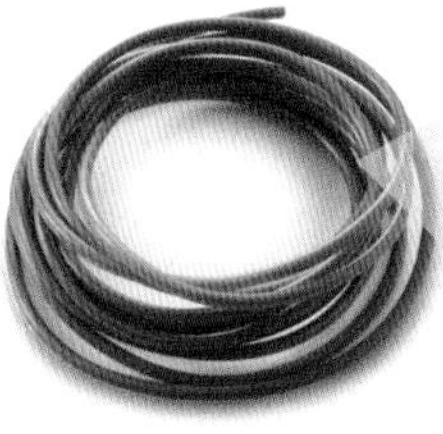

이 중합체는 탄소, 수소, 염소 원자를 포함하는 탄화수소의 긴 사슬 구조로 구성되어 있다.

스판덱스

스포츠웨어는 스판덱스 또는 라이크라라는 중합체로 제작된다. 강하고 내구성이 및 신축성이 있다.

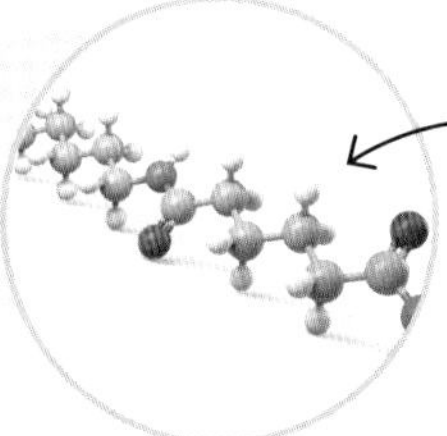

반복되는 단량체 우레탄(산소, 탄소, 수소, 질소 원자 함유)의 긴 사슬이 결합되어 스판덱스를 구성한다.

나일론

칫솔에는 강하고 유연하며 내구성이 뛰어난 나일론 중합체가 사용된다.

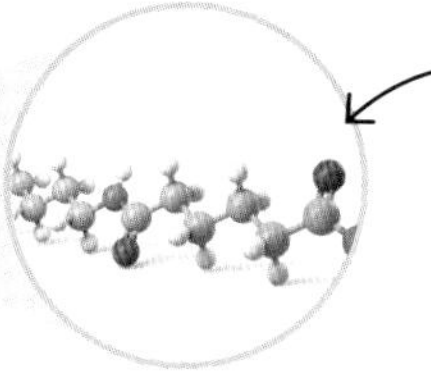

산소, 탄소, 수소, 질소 원자로 이루어진 긴 사슬이 나일론을 구성한다.

중합체 형성

축합 중합체(222쪽 참조)는 2개의 단량체가 물과 같은 작은 분자를 방출하여 서로 결합할 때 형성된다. 이러한 단량체들은 '작용기'라는 특정 원자나 원자 그룹을 포함하며, 이로 인해 단량체들이 연속적으로 결합하여 긴 사슬 구조를 형성한다. 나일론은 이러한 축합 중합체의 대표적인 예이다.

나일론 합성

나일론은 연속적인 사슬 형태로 만들어진다. 하나의 층이 제거될 때마다 용액 속의 다른 단량체가 사슬의 끝부분에 결합하게 되어 이 사슬이 계속 확장된다. 이 반응은 모든 단량체가 반응하여 나일론의 긴 사슬을 완성할 때까지 지속된다.

나일론
반응 용액의 상층에는 염화 아디포일이라는 화학 물질이 사이클로헥산에 용해되어 있다.
나일론이 두 층 사이에 형성된다.
반응 용액의 아래층에는 1,6-다이아미노헥산이라는 화학 물질이 물에 용해되어 있다.

핵심 요약

- ✓ 축합 중합체는 물과 같은 작은 분자를 방출하며 형성된다.
- ✓ 축합 중합을 위한 단량체는 2개의 작용기를 가진다.
- ✓ 나일론은 축합 중합체의 예이다.

플라스틱의 종류

플라스틱은 중합체로 만들어진다. 플라스틱에는 사슬의 공유 결합(80쪽 참조) 여부에 따라 두 가지 다른 형태의 플라스틱이 있다.

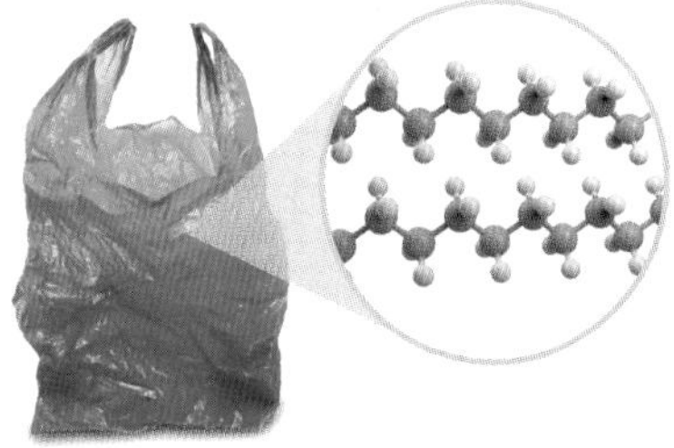

비닐봉지와 같은 **열가소성 플라스틱**은 사슬 사이에 공유 결합이 없다. 즉 쉽게 녹아 재활용(268쪽 참조)할 수 있다.

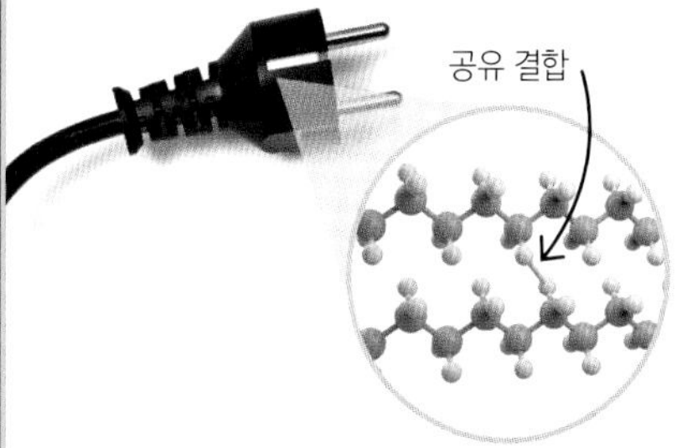

플러그와 같은 **열경화성 플라스틱**은 사슬 사이에 공유 결합이 있다. 즉 쉽게 녹지 않아 쉽게 뜨거워질 수 있는 전자제품에 유용하다.

합금

합금은 두 가지 이상의 금속(56-57쪽 참조) 또는 금속과 비금속이 결합된 혼합물(32쪽 참조)이다. 합금은 새롭고 유용한 특성을 갖기 때문에 다양한 용도로 활용된다. 구리와 주석의 합금인 청동은 순수한 금속만을 사용할 때보다 훨씬 높은 강도를 가진다. 순수 금속과 비교한 합금에 대해서는 89쪽에 나와 있다.

핵심 요약

- ✓ 합금은 금속과 다른 원소의 혼합물이다.
- ✓ 합금은 종종 순수한 금속보다 더 유용한 특성을 가진다.
- ✓ 합금은 높은 강도와 내구성을 가지며, 더 가볍고 부식의 위험이 적을 수 있다.

마그네슘-실리콘 합금

자전거 프레임은 마그네슘과 실리콘이 결합된 알루미늄 합금으로 만들어져 매우 가볍고 튼튼하다.

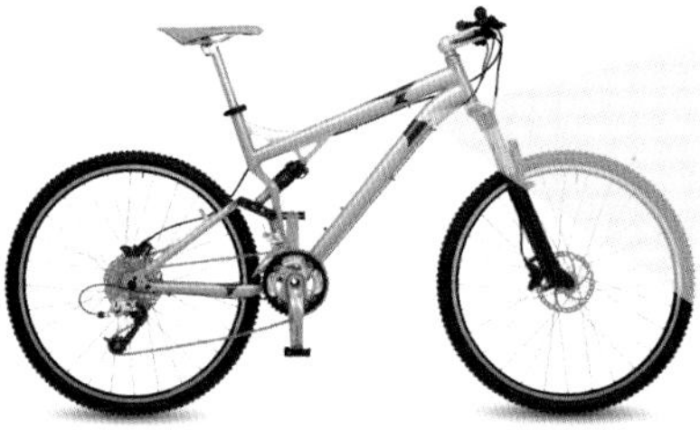

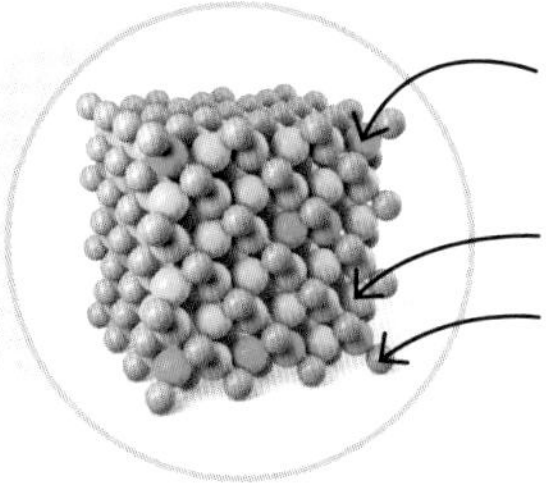

구리-아연 합금

트럼펫은 황동이라고 불리는 구리-아연 합금으로 만들어져 내구성이 강하고 부식에 강하다.

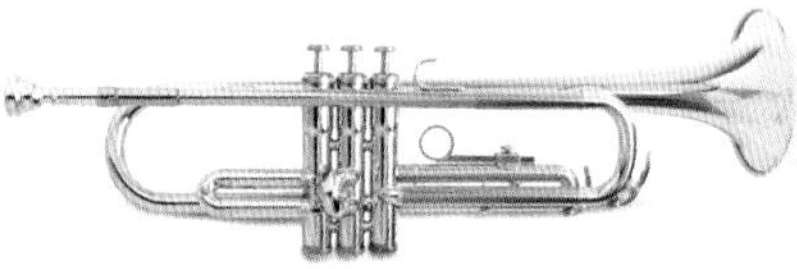

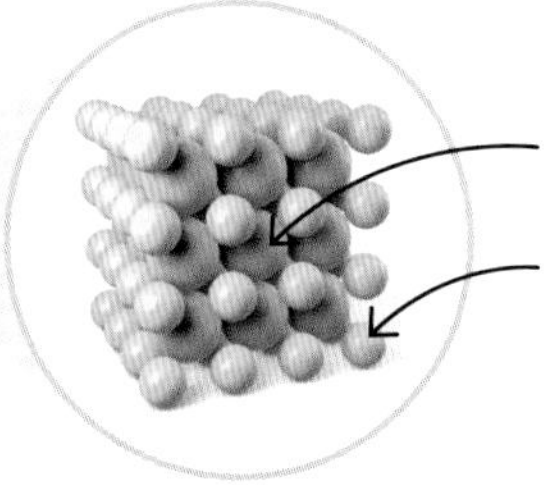

티타늄-금 합금

시계와 보석류는 순금보다 더 강하고 단단한 티타늄-금 합금으로 만들어진다.

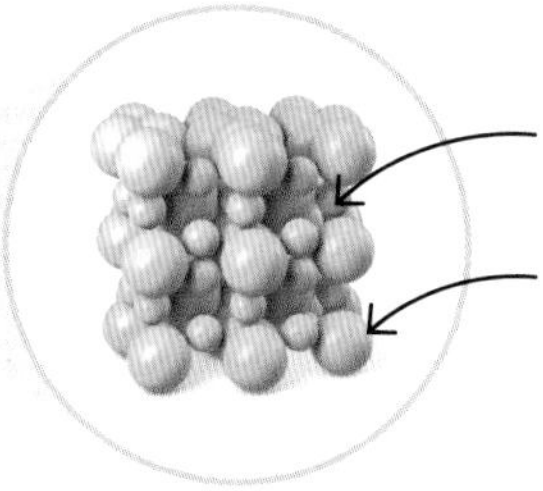

스테인리스강

칼은 부식에 강한 철과 크로뮴의 합금인 스테인리스강으로 만들어진다.

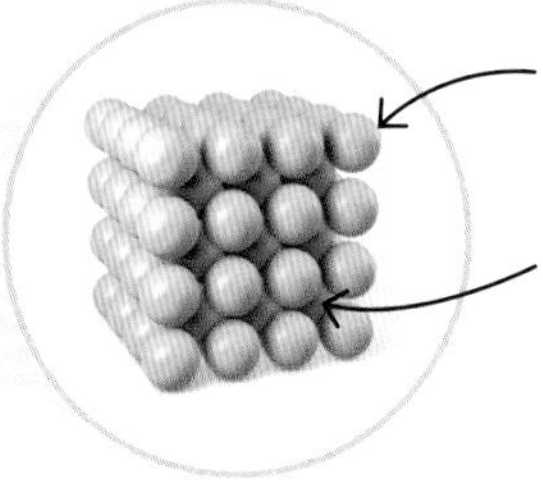

지속 가능성

지속 가능한 삶의 방식은 유한한 자원을 보존하여(266쪽 참조) 미래 세대도 충분히 사용할 수 있도록 하는 것을 목표로 한다. 지속 가능성은 또한 고갈되지 않는 자원을 에너지원으로 활용하는 방안을 고려한다(267쪽 참조). 현재 많은 기업들이 자원의 한정성을 고려하여 대체 수단을 연구하며 지속 가능한 기업이 되기 위한 다양한 노력을 기울이고 있다.

핵심 요약

- ✓ 지속 가능한 생활은 유한한 자원을 보존하는 것이다.
- ✓ 지속 가능하다는 것은 미래 세대를 위해 준비하고 계획하는 것을 의미한다.
- ✓ 미생물 용출과 식물을 이용한 광물 추출은 구리를 채취하는 지속 가능한 방법이다.

미생물 용출

박테리아는 저품위 광석(소량의 구리가 함유된 암석)에서 구리를 추출하는 데 활용될 수 있다. 이는 고품위 광석(많은 양의 구리가 함유된 암석)에서 구리를 추출하는 것보다 비용이 적게 들고 환경에 덜 해롭다. 바이오 침출 방식은 굴착 없이 자원에서 구리를 추출하기 때문에 지속 가능성이 높다.

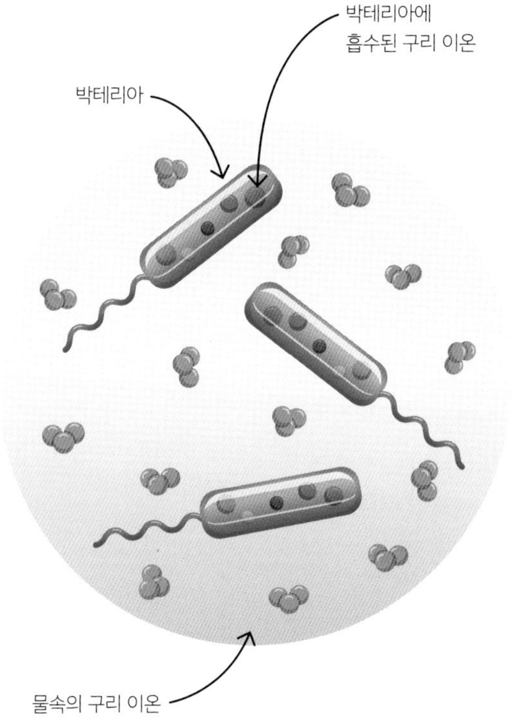

식물을 활용한 광물 추출

구리가 풍부한 토양에서 자란 식물은 뿌리를 통해 구리를 흡수하고, 이를 잎사귀로 이동시킨다. 이러한 식물의 잎사귀를 태워 얻은 재에서 수용성 구리 화합물을 얻어 구리를 추출할 수 있다. 이 방법은 에너지 소모가 거의 없고 구리 광석의 자연 매장량을 소비하지 않기 때문에 경제적이며 지속 가능하다.

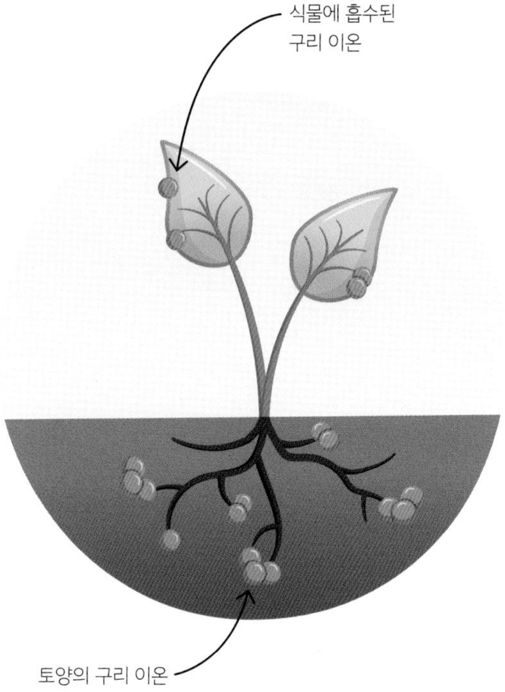

부식

대부분의 금속은 공기 중에 방치할 경우 표면에 얇은 층이 형성된다. 이러한 층은 금속이 공기 속의 기체, 주로 산소와의 반응으로 생성되며, 이것을 '부식'이라고 한다. 예컨대 반응성이 높은 금속인 소듐은 빠르게 부식되어 산화 소듐의 얇은 층을 형성하고, 반응성이 낮은 은은 천천히 부식되어 검은색의 산화 은 층을 형성한다.

핵심 요약

- ✓ 부식은 금속 표면이 주변 물질과 반응하여 일어난다.
- ✓ 반응성이 높은 금속일수록 더 빨리 부식된다.
- ✓ 공기 중에서 금속이 부식되면 금속 산화물 층이 형성되는 경우가 많다.

시간의 흐름에 따른 부식

대기 속에는 다양한 기체가 포함되어 있다. 시간이 흐르면서 철제 못은 산소와의 반응을 통해 산화 철로 이루어진 녹을 형성한다.

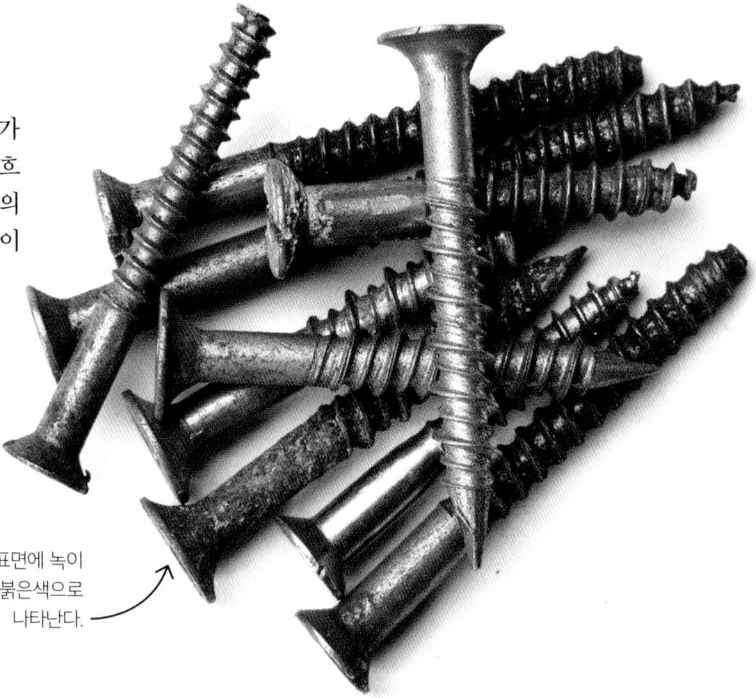

못 표면에 녹이 거친 붉은색으로 나타난다.

알루미늄의 부식

알루미늄 역시 공기 속의 산소와 반응하여 산화 알루미늄 층을 형성한다. 그러나 이 층은 철의 녹처럼 쉽게 떨어지거나 부서지지 않는다. 이 얇은 층은 알루미늄을 덮어 추가적인 부식을 막는다.

산화 알루미늄 층이 알루미늄 위에 보호막을 형성한다.

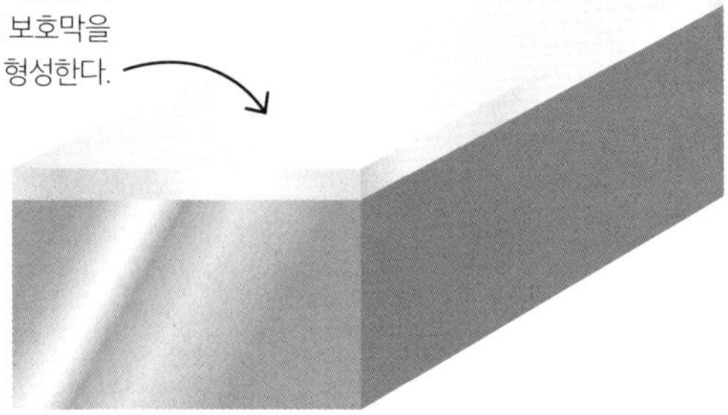

알루미늄

부식 방지

부식은 금속의 내구성을 약화시키며, 이로 인해 금속 구조물을 교체해야 할 수도 있다. 이러한 교체 작업에는 상당한 비용이 든다. 부식을 효과적으로 예방하는 가장 기본적인 방법은 금속 표면에 공기와 습기를 차단하는 물질을 코팅하는 것이다. 이때 물체의 용도에 따라 적합한 코팅제가 달라진다. 예를 들어 기계와 공구는 기름이나 그리스로 코팅하고, 자동차는 페인트를 칠한다.

핵심 요약

- ✓ 부식은 금속을 손상시키며 이로 인해 비용이 발생한다.
- ✓ 금속 표면을 코팅하면 공기와 물을 차단하여 부식을 방지한다.
- ✓ 코팅의 종류에는 기름과 그리스, 페인트, 주석 도금, 전기 도금 등이 있다.

녹 방지

다양한 환경에서 철제 못에 얼마나 많은 녹이 생기는지 확인하는 실험을 설계할 수 있다. 철이 녹슬지 않게 하려면 물이나 산소를 제거해야 한다.

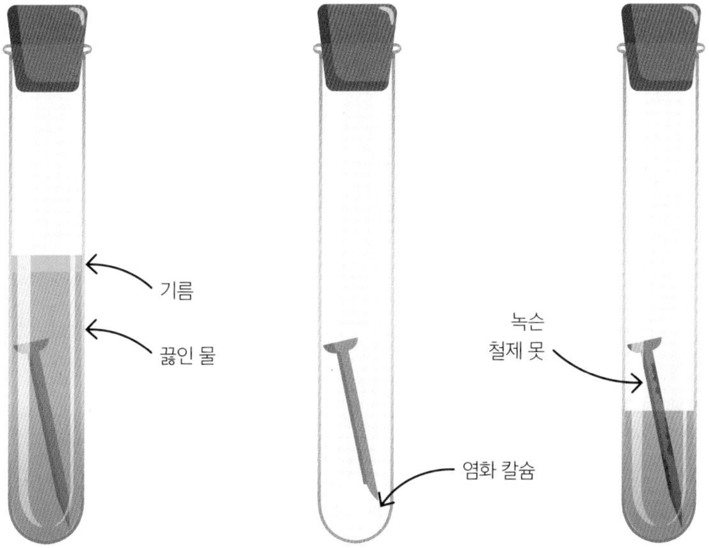

끓인 물이 담긴 시험관 속의 철제 못은 기름층이 공기가 닿지 못하게 막아주기 때문에 녹슬지 않는다.

염화 칼슘이 들어 있는 시험관 속의 철제 못은 염화 칼슘이 공기 중의 수증기를 흡수하기 때문에 녹슬지 않는다.

물과 공기가 모두 존재하는 시험관에 철제 못을 넣으면 녹이 슬게 된다.

금속 보호

강철과 같은 금속을 부식으로부터 보호하기 위해 다른 재료로 코팅할 수 있다. 철강 제조 시설에서는 금속 표면을 보호하고 녹을 방지하기 위해 안료와 수지를 함유한 분말 코팅을 하는 경우가 많다.

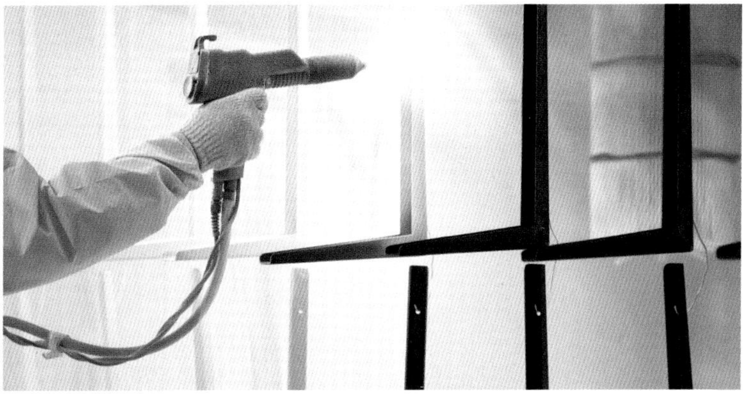

한정된 자원

우리가 사용하는 대부분의 자원은 유한하며 고갈될 위험이 있다. 제조 공정에 사용되는 화석 연료, 금속 광석 및 기타 광물은 이러한 한정된 자원의 예이다. 석유와 같은 화석 연료는 에너지원으로서의 기능 외에도 화학 산업에서 주요 원료로서 중요한 역할을 한다.

핵심 요약

- ✓ 한정된 자원은 공급이 제한적이므로 고갈될 위험이 있다.
- ✓ 화석 연료, 금속 광석 및 광물은 한정된 자원이다.
- ✓ 화석 연료는 우리의 주요 에너지 원천이자, 화학 산업의 기본 원료로 활용된다.
- ✓ 한정된 자원을 추출하는 것은 장단점이 있다.

구리 광산

미국의 빙엄 캐니언(Bingham Canyon) 광산은 지구상에서 가장 큰 구리 광산 중 하나로 알려져 있다.

이 구리 광산의 깊이는 1,200 m이다.

암석을 운반하는 트럭은 많은 소음을 발생시켜 지역 주민들에게 불편을 초래한다.

자원 추출

석유와 천연가스 같은 화석 연료는 현재 사용량을 기준으로 약 50년 후에는 고갈될 전망이다. 연료나 광석을 채굴하고 시추하는 것에는 다양한 이점과 함께 여러 문제점도 존재한다. 그러나 대체 가능한 에너지원을 찾거나 자원의 사용을 중단하지 않는 한, 우리는 추출과 관련된 문제를 최소화하는 방안을 연구하고 새로운 공급원을 계속 찾아야 할 것이다.

장점	단점
유용한 제품 생산	에너지원 소모
일자리 제공	서식지 피해
지역 인프라 개선	폐기물 발생
많은 화석 연료 추출	큰 비용 발생

재생 가능한 자원

재생 가능한 자원은 우리가 평생 동안 사용할 수 있고 고갈되지 않는 물질을 의미한다. 그 이유는 이러한 자원이 단시간에 재생성될 수 있거나 천연 에너지원이기 때문이다. 예를 들어 알코올은 식물의 당분을 발효시켜 만들어지며 화학 산업에서 널리 활용된다. 더 많은 당분을 만들기 위해 언제든지 더 많은 식물을 재배할 수 있으므로 알코올은 재생 가능한 자원이다. 재생 가능한 자원은 유한한 자원을 사용하는 것에 대한 효과적인 대안을 제시한다.

핵심 요약

- ✓ 재생 가능한 자원은 고갈되지 않는 물질이다.
- ✓ 식물을 활용하여 재생 가능한 에너지를 생성할 수 있다.
- ✓ 재생 가능한 에너지는 화석 연료의 사용을 줄이는 데 중요한 역할을 한다.

재생 에너지

재생 가능한 에너지에는 다양한 형태가 있으며, 이들 대부분은 자연적 과정을 통해 생성된다. 따라서 우리가 별도로 생성 과정에 개입할 필요가 없는 안정적이고 지속 가능한 에너지 공급원이다.

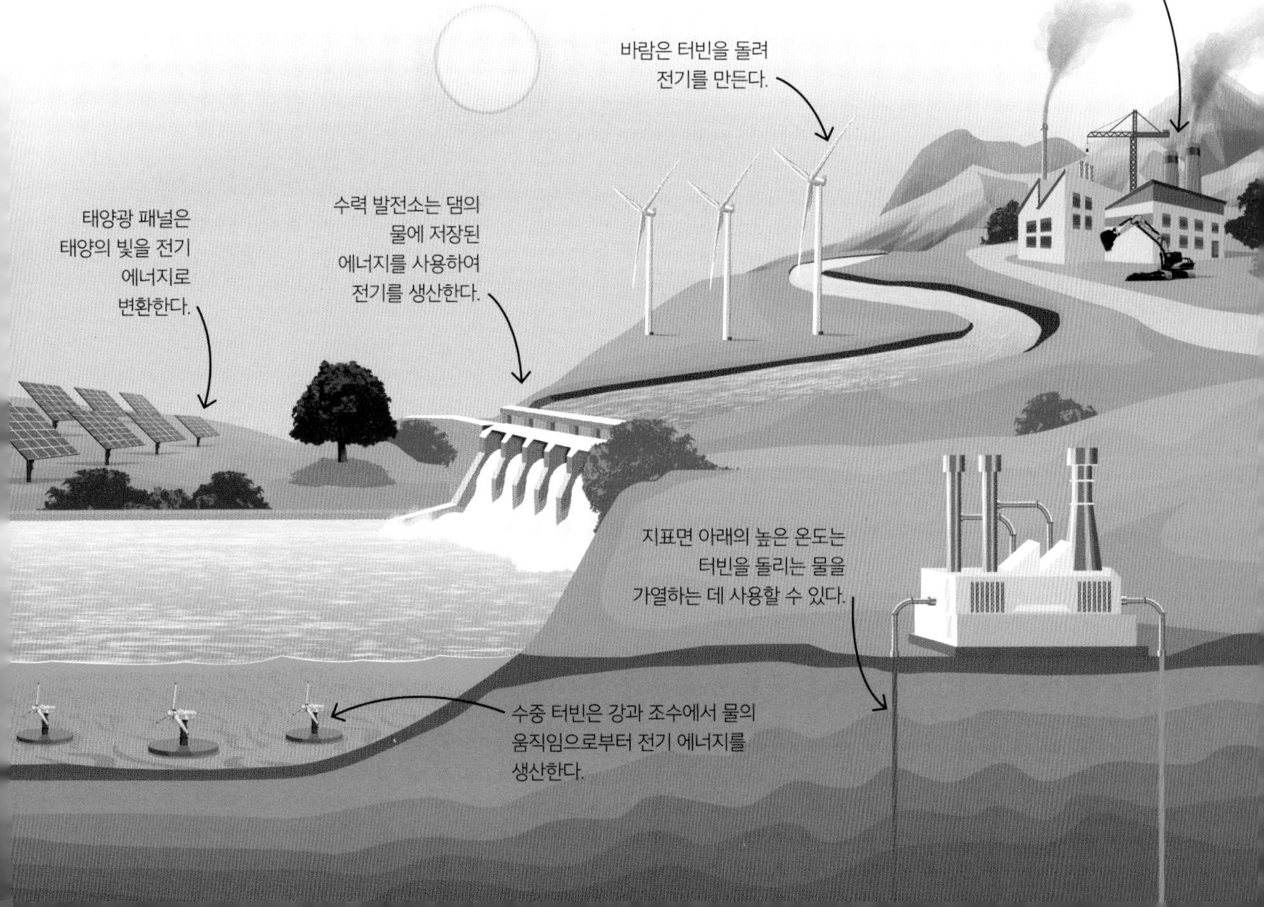

발효 식물 재료(바이오매스)를 사용하여 연료용 메테인 가스를 생산할 수 있다.
바람은 터빈을 돌려 전기를 만든다.
태양광 패널은 태양의 빛을 전기 에너지로 변환한다.
수력 발전소는 댐의 물에 저장된 에너지를 사용하여 전기를 생산한다.
지표면 아래의 높은 온도는 터빈을 돌리는 물을 가열하는 데 사용할 수 있다.
수중 터빈은 강과 조수에서 물의 움직임으로부터 전기 에너지를 생산한다.

재활용

재활용은 한정된 자원(266쪽 참조)을 새로운 제품으로 바꾸는 과정이다. 재료를 수거하고 분류하고 재활용하는 것은 복잡한 과정일 수 있지만, 이를 통해 우리는 한정된 자원에 크게 의존하지 않게 된다. 재활용은 한정된 자원을 직접 추출하는 것보다 에너지를 덜 소모한다.

핵심 요약

- ✓ 재활용은 자원을 여러 번 활용하는 과정이다.
- ✓ 재활용을 통해 한정된 자원의 사용을 줄일 수 있다.
- ✓ 재활용은 에너지와 화석 연료를 절약할 수 있다.

유리 재활용

유리는 재활용을 위해 쉽게 수거하고 분류할 수 있다. 유리를 재활용하면 시간과 비용을 절약할 수 있으며, 재활용 제품은 새 제품과 거의 동일하다.

1. 재활용 장소에서 유리를 수거한다.
2. 유리를 색상과 종류별로 분류하고 분쇄한다.
3. 분쇄된 유리를 함께 섞고 녹을 때까지 가열한다.
4. 유리가 시트 형태로 성형된다.

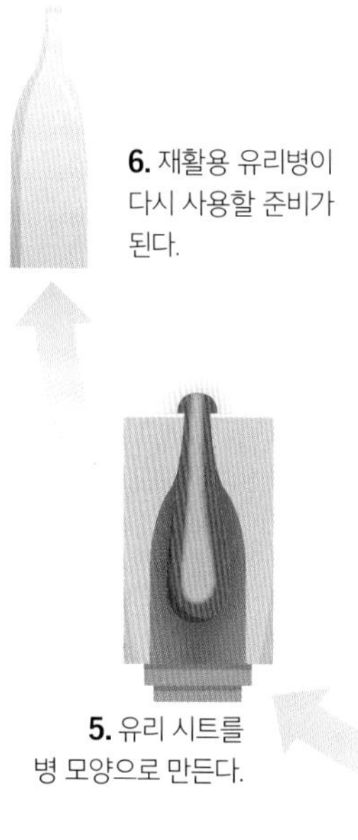

5. 유리 시트를 병 모양으로 만든다.
6. 재활용 유리병이 다시 사용할 준비가 된다.

금속 재활용

금속은 유리와 비슷한 방식으로 재활용되며, 녹여서 다른 모양으로 성형된다. 불순물을 제거하기 위해 화학 공정으로 처리해야 하는 경우도 있다.

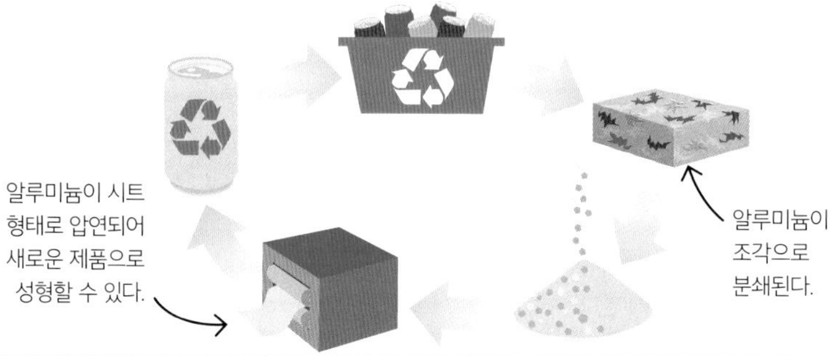

알루미늄이 조각으로 분쇄된다.
알루미늄이 시트 형태로 압연되어 새로운 제품으로 성형할 수 있다.

전 과정 평가

전 과정 평가(LCA)는 제품의 생성 단계부터 폐기 단계까지 제품이 환경에 미치는 모든 영향을 살펴본다. LCA를 위한 정보를 수집하는 데는 많은 시간이 소요될 수 있다. 그러나 사람들이 어떤 제품을 사용할지, 얼마나 효율적일지, 또는 다른 대체 제품을 사용해야 하는지에 대한 결정을 내리는 데 도움을 줄 수 있다.

핵심 요약

- ✓ 전 과정 평가(LCA)는 제품이 환경에 미치는 영향을 깊이 있게 분석한다.
- ✓ LCA에는 재료 확보, 제조, 사용, 폐기의 4단계가 있다.
- ✓ LCA는 제품의 설계부터 제조, 재활용 방법의 결정 과정에 중요한 참고 자료가 된다.

LCA 단계

LCA는 크게 제품의 제조에 필요한 재료 확보, 제품의 제조, 제품의 사용, 그리고 제품의 폐기 및 처리의 네 가지 주요 단계로 구성된다.

비닐봉투의 LCA

비닐봉투의 제조에는 한정된 원유와 에너지가 사용된다. 그럼에도 불구하고 LCA의 연구 결과 다른 대체재들에 비해 환경에 미치는 영향이 상대적으로 적은 것으로 나타났다.

필요한 주요 원료는 원유이며, 이는 한정된 자원이다.
원유에서 폴리에틸렌을 만드는 데는 많은 에너지가 필요하다.
비닐봉투는 재사용이 가능하다.
대부분의 비닐봉투는 쉽게 폐기할 수 없으며, 결국 매립지에 버려진다.

종이봉투의 LCA

종이봉투는 재생 가능한 자원(267쪽 참조)인 나무로 만들어지므로 비닐봉투에 비해 '친환경적인' 대안으로 보일 수 있다. 하지만 종이봉투를 제조하는 데는 많은 에너지가 사용된다.

필요한 주요 원료는 재생 가능한 목재와 물이다.
종이봉투를 만들 때 많은 양의 에너지가 사용된다.
종이봉투는 쉽게 찢어지고 재사용 가능성이 낮다.
종이제품은 재활용할 수 있다.

식수

우리가 마시는 물을 식수라고 한다. 이 물의 대부분은 강, 호수, 대수층(물을 머금고 있는 지하 암석)으로부터 나온다. 이러한 물속에는 돌이나 나뭇잎, 진흙과 같은 이물질을 비롯해 소금, 비료, 다양한 미생물이 포함되어 있다. 물은 저수지에 보관되며, 우리가 안전하게 섭취할 수 있도록 다양한 불순물을 제거하는 처리 과정을 거친다.

핵심 요약

- ✓ 우리가 사용하는 물은 주로 강, 호수, 대수층에서 나오며 저수지에 저장된다.
- ✓ 이러한 자연의 물에는 불용성 고체, 용해성 물질, 박테리아가 포함되어 있다.
- ✓ 식수는 마셔도 되는 안전한 물이다.
- ✓ 식수를 제조하는 과정에는 큰 이물질 제거, 미세물질 여과, 염소 처리, 저장의 네 가지 주요 단계가 있다.

물 처리 방법

깨끗하고 안전한 식수는 우리 생활에 필수 요소이다. 저수지에 저장된 물은 여러 과정을 거쳐 식수로 사용할 수 있도록 처리된다.

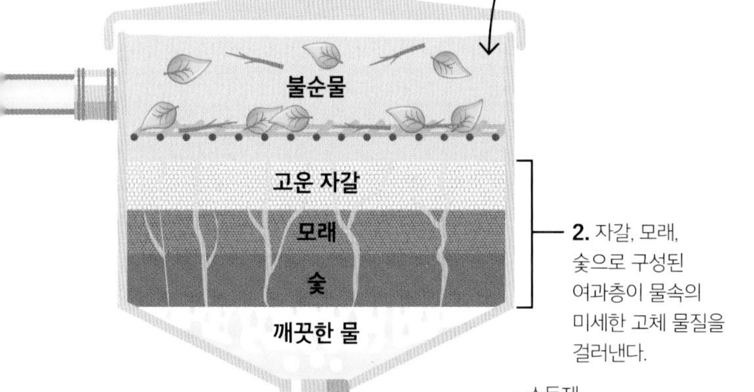

1. 물은 정화 그물과 침전 탱크를 통과하여 나뭇가지와 같은 큰 이물질을 제거한다.
불순물
고운 자갈
모래
숯
깨끗한 물
2. 자갈, 모래, 숯으로 구성된 여과층이 물속의 미세한 고체 물질을 걸러낸다.

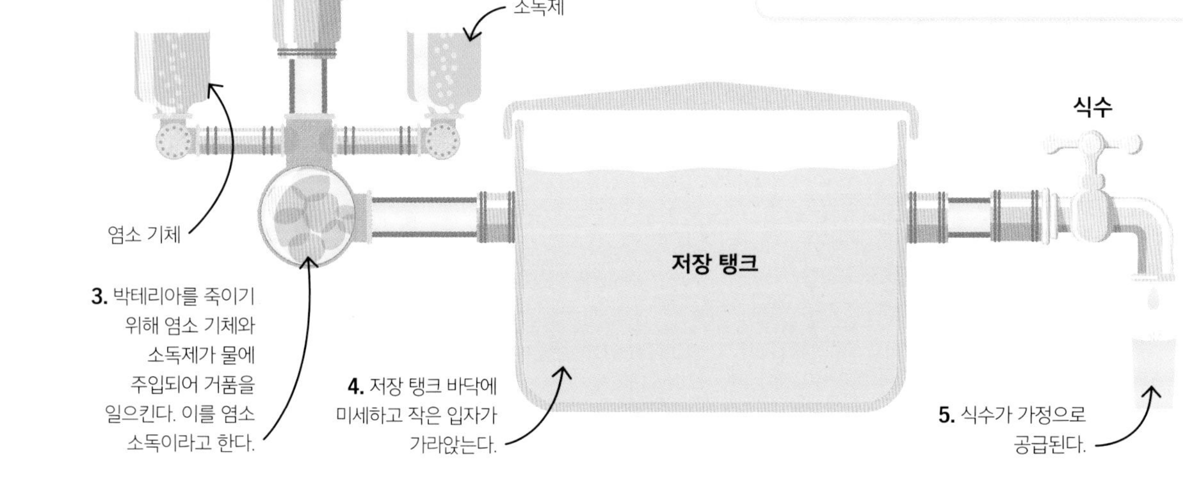

소독제
염소 기체
식수
저장 탱크
3. 박테리아를 죽이기 위해 염소 기체와 소독제가 물에 주입되어 거품을 일으킨다. 이를 염소 소독이라고 한다.
4. 저장 탱크 바닥에 미세하고 작은 입자가 가라앉는다.
5. 식수가 가정으로 공급된다.

깨끗한 식수

식수는 모든 고체 입자와 미생물을 제거했지만, 이를 순수한 물이라 할 수 없다. 식수에는 염과 같은 용존 물질이 포함되어 있을 수 있다. 물 분자만을 포함하는 순수한 물은 증류 과정을 통해 얻을 수 있다(271쪽 참조).

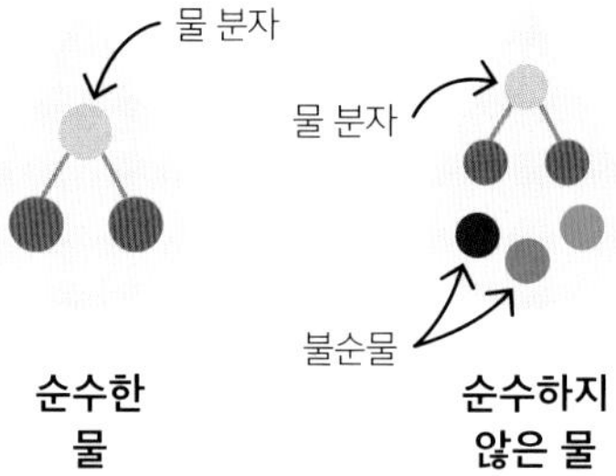

바닷물

지구상의 물 중 약 97%는 바다에 존재한다. 바닷물은 과도한 염분으로 인해 그대로는 마실 수 없다. 이러한 바닷물은 '담수화' 과정을 통해 식수로 전환될 수 있다. 담수화는 산업 공정에서 막을 이용하거나 간단한 증류 과정(49쪽 참조)을 통해 수행될 수 있다.

핵심 요약

- ✓ 바닷물에는 염분이 너무 많이 함유되어 있어 그대로는 마실 수 없다.
- ✓ 바닷물을 순수한 물로 바꾸는 과정을 담수화라고 한다.
- ✓ 바닷물을 증발시키고 수증기를 응축하여 담수화할 수 있다.

담수화

물 공급이 쉽지 않은 더운 나라에서는 해안 근처에 담수화 시설을 설치하여 식수를 생산한다.

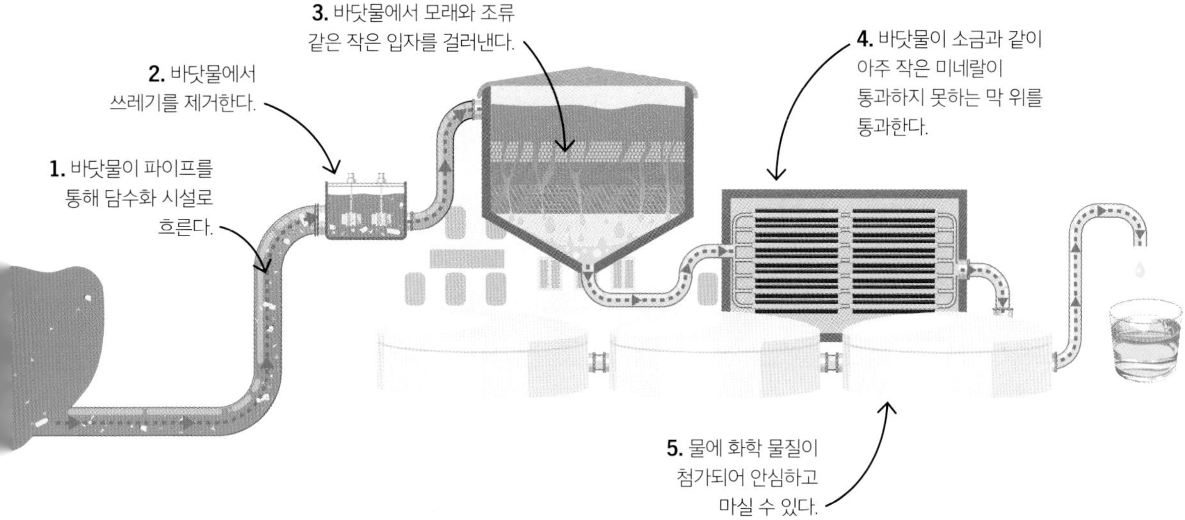

3. 바닷물에서 모래와 조류 같은 작은 입자를 걸러낸다.
2. 바닷물에서 쓰레기를 제거한다.
1. 바닷물이 파이프를 통해 담수화 시설로 흐른다.
4. 바닷물이 소금과 같이 아주 작은 미네랄이 통과하지 못하는 막 위를 통과한다.
5. 물에 화학 물질이 첨가되어 안심하고 마실 수 있다.

실험실에서의 증류

증류(49쪽 참조)를 통해 바닷물에서 염분을 제거할 수 있다.

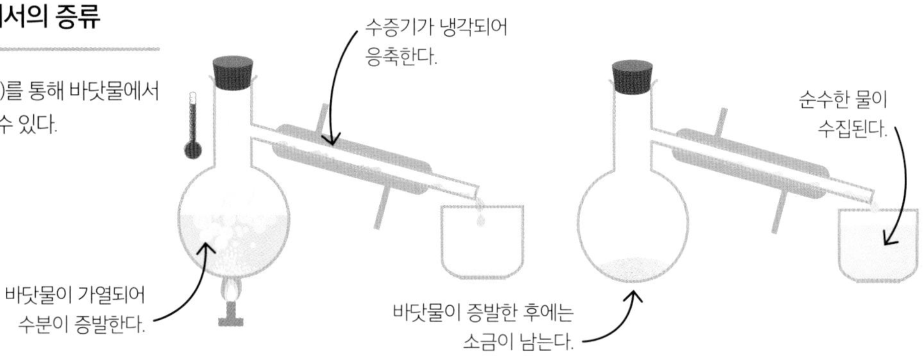

수증기가 냉각되어 응축한다.
순수한 물이 수집된다.
바닷물이 가열되어 수분이 증발한다.
바닷물이 증발한 후에는 소금이 남는다.

폐수

매일 많은 물이 사용되며 이 중 상당량이 낭비되고 있다. 수십억 리터의 물이 버려져 하수구와 배수구로 흘러들어가며, 산업, 농업, 가정에서 발생하는 폐수에는 유해한 물질이 포함되어 있다. 예를 들어 가정에서 나오는 폐수에는 질병을 유발할 수 있는 박테리아가 포함되어 있다.

핵심 요약

- ✓ 폐수에는 유해 물질이 포함되어 있다.
- ✓ 폐수는 가정, 산업 및 농업에서 발생한다.

개인 폐수

샤워를 하거나 화장실을 이용하여 생긴 폐수에는 암모니아와 같은 유해한 질소 화합물이 포함되어 있을 수 있다.

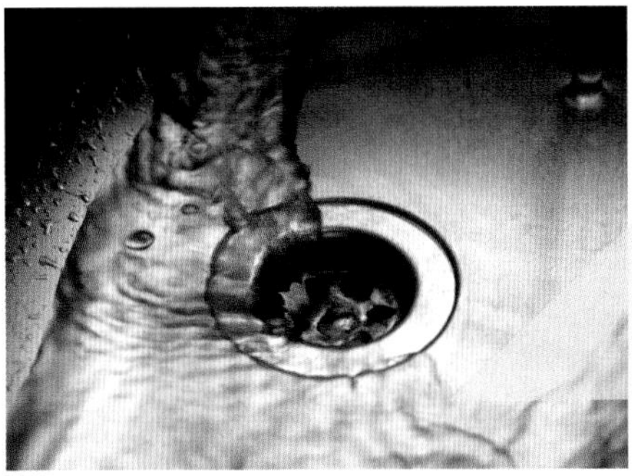

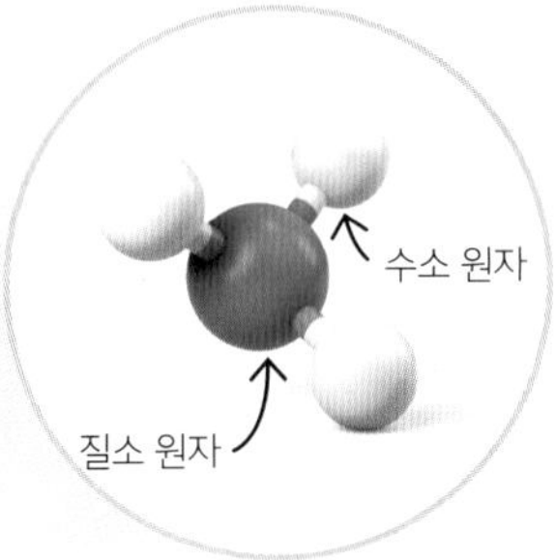

암모니아 분자

산업 폐수

공장에서 발생하는 폐수는 뷰테인과 같은 탄화수소 및 기타 독성 물질을 함유할 수 있다. 이러한 물질이 강이나 호수로 흘러들어가면 야생동물에게 독성을 발휘할 수 있다.

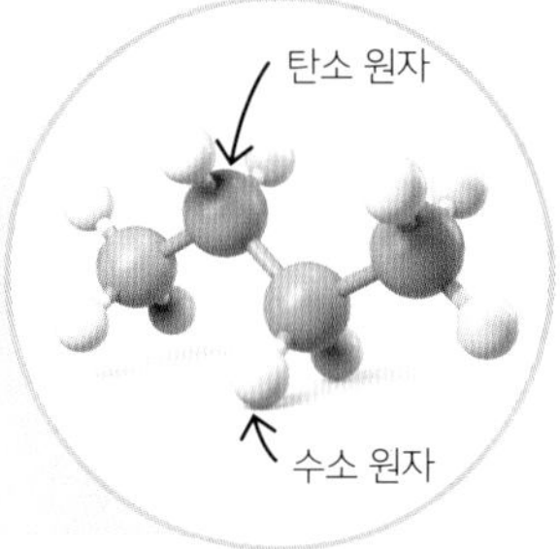

뷰테인 분자

농업 폐수

농장에서 흘러나오는 물에는 비료가 포함되어 있어 호수의 조류가 수면 위로 자랄 수 있다. 이는 햇빛이 호수 바닥에 도달하는 것을 차단하여 현지 생태계를 파괴하고 식물과 동물의 생존에 위협을 준다.

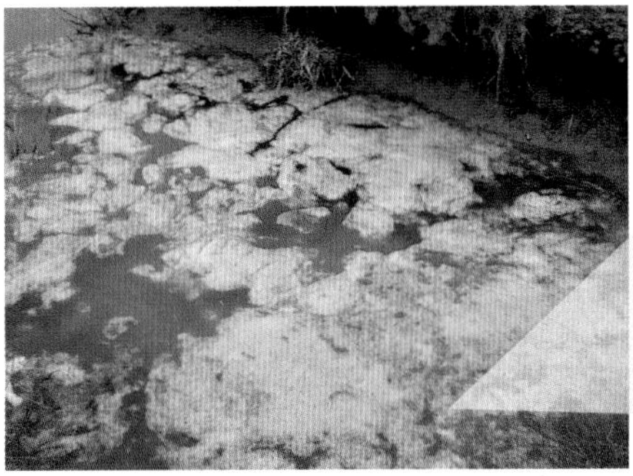

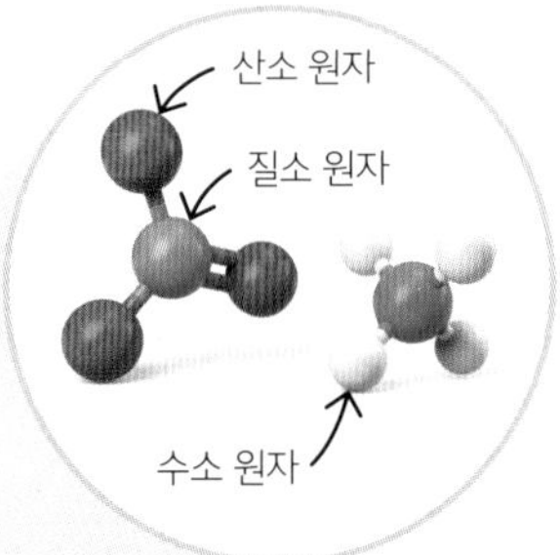

질산 암모늄 분자

폐수 처리

욕실에서 나오는 물에는 고형 폐기물, 화학 물질, 미생물이 포함되어 있으며, 배수관을 통해 하수도로 운반된다. 이러한 폐수는 환경에 방출되기 전에 안전성을 확인하기 위해 적절히 수집 및 처리되어야 한다.

핵심 요약

- ✓ 폐수는 하수처리장으로 운반되어 정화된다.
- ✓ 이 과정을 통해 고형물, 화학 물질, 유해 박테리아가 제거된다.
- ✓ 처리된 후의 물은 자연 환경으로 방류된다.
- ✓ 하수 처리의 주요 단계는 선별, 침전, 생물학적 처리, 공기 공급, 화학적 처리이다.

하수 처리

하수 처리는 큰 입자 및 모래 제거(선별), 침전, 생물학적 처리, 슬러지 분해를 위한 공기 공급, 마지막 화학 처리 과정을 거친다. 이 과정을 거친 후 물은 강, 호수, 혹은 바다로 방류할 수 있다.

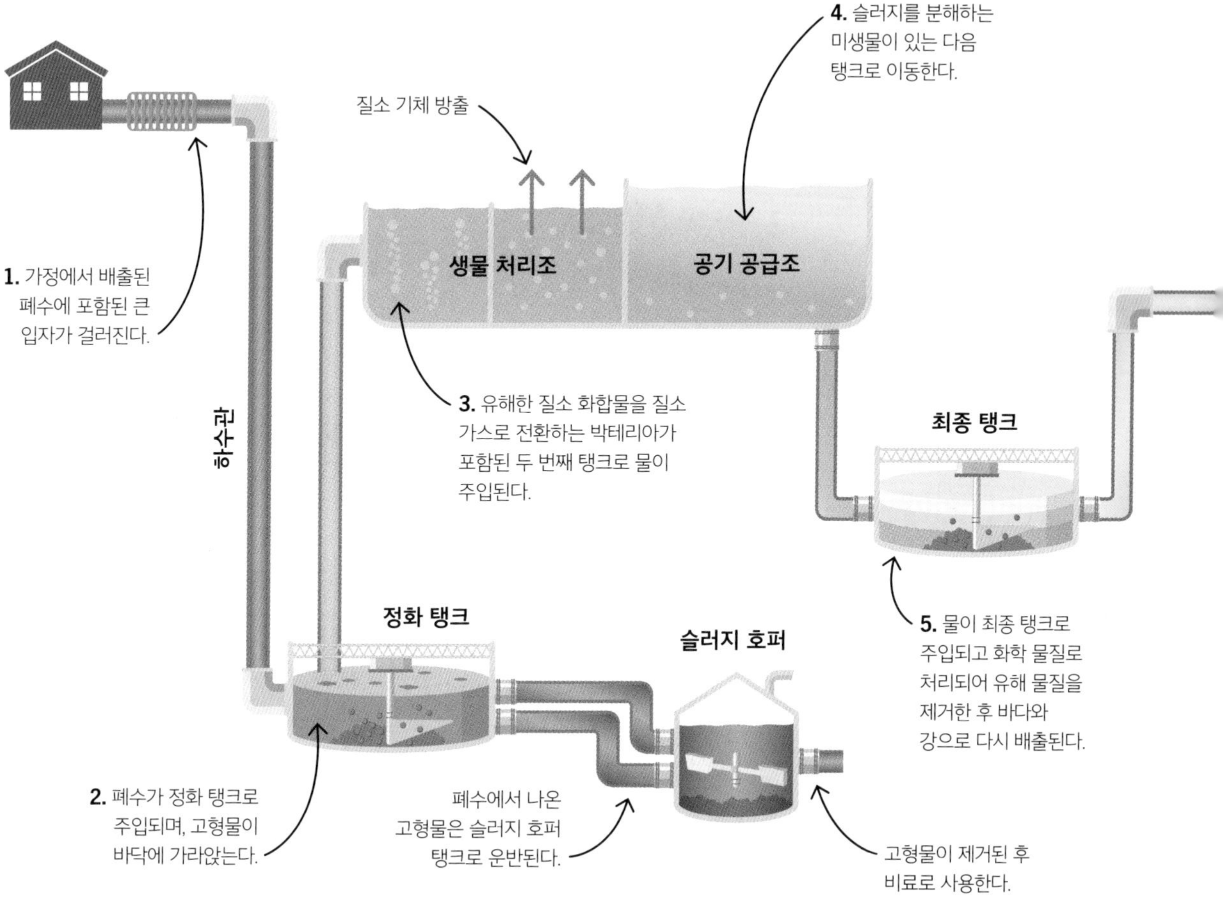

4. 슬러지를 분해하는 미생물이 있는 다음 탱크로 이동한다.
질소 기체 방출
생물 처리조
공기 공급조
1. 가정에서 배출된 폐수에 포함된 큰 입자가 걸러진다.
하수관
3. 유해한 질소 화합물을 질소 가스로 전환하는 박테리아가 포함된 두 번째 탱크로 물이 주입된다.
최종 탱크
정화 탱크
슬러지 호퍼
5. 물이 최종 탱크로 주입되고 화학 물질로 처리되어 유해 물질을 제거한 후 바다와 강으로 다시 배출된다.
2. 폐수가 정화 탱크로 주입되며, 고형물이 바닥에 가라앉는다.
폐수에서 나온 고형물은 슬러지 호퍼 탱크로 운반된다.
고형물이 제거된 후 비료로 사용한다.

하버 공정

암모니아(NH_3)는 다양한 용도로 사용되는 중요한 화합물이다. 특히 농업에서 사용되는 비료 제조뿐만 아니라 플라스틱 및 염료 생산에도 사용된다. 암모니아는 질소와 수소 원소로 구성되어 있으며, 질소의 낮은 반응성으로 인해 암모니아 합성을 위해서는 특정한 조건과 촉매가 필요하다(184쪽 참조). 하버 공정은 철을 촉매로 사용하여 질소와 수소를 반응시켜 암모니아를 합성한다.

핵심 요약

- ✓ 암모니아는 중요한 산업용 화학 물질이다.
- ✓ 하버 공정은 공기 중의 질소와 천연가스로부터 얻은 수소를 사용하여 암모니아를 합성한다.
- ✓ 반응 속도를 높이기 위해 철 촉매가 사용된다.
- ✓ 암모니아는 냉각을 통해 분리되고, 반응하지 않은 질소와 수소는 재활용된다.

하버 공정의 작동 방식

하버 공정은 질소와 수소 기체를 이용하여 액체 상태의 암모니아를 산업적으로 합성하는 방법이다.

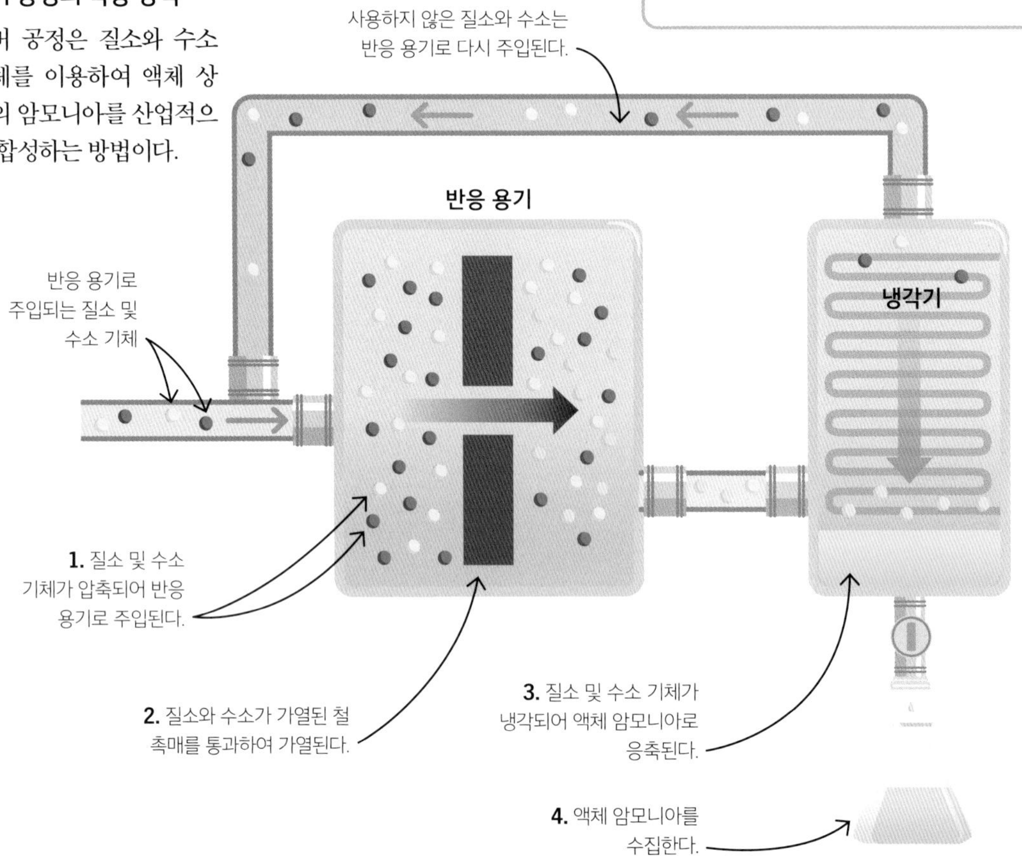
사용하지 않은 질소와 수소는 반응 용기로 다시 주입된다.
반응 용기
냉각기
반응 용기로 주입되는 질소 및 수소 기체
1. 질소 및 수소 기체가 압축되어 반응 용기로 주입된다.
2. 질소와 수소가 가열된 철 촉매를 통과하여 가열된다.
3. 질소 및 수소 기체가 냉각되어 액체 암모니아로 응축된다.
4. 액체 암모니아를 수집한다.

화학 반응식

반응은 가역적이므로 질소와 수소 중 일부만 암모니아로 전환된다.

$$N_2(g) + 3H_2(g) \rightleftharpoons 2NH_3(g)$$

반응의 조건

화학 산업에서는 수익을 추구하기 위해 최대한 빠르게 많은 양의 제품을 생산한다. 하버 공정은 효율적인 가역 반응이지만, 반응 속도가 느리며 암모니아를 많이 생성하지 않는다. 그러나 과학자들은 반응의 조건을 변경함으로써 이를 개선할 수 있다.

핵심 요약

- ✓ 화학 산업에서는 가장 짧은 시간 내에 가장 높은 수득률을 낼 수 있는 조건이 선택된다.
- ✓ 하버 공정에서는 저온과 고압에서 최적의 수득률을 얻을 수 있다.
- ✓ 하버 공정의 최적 조건은 200기압, 400~500°C, 촉매의 사용이다.

조건 선택

그래프는 낮은 온도와 높은 압력에서 암모니아의 수득률이 높다는 것을 보여준다. 수득률이란 이론적인 생성량 대비 실제 얻은 생성량을 의미한다. 하버 공정에서 선정된 조건은 반응 속도, 수득률 및 비용 간의 균형을 고려한 것이다.

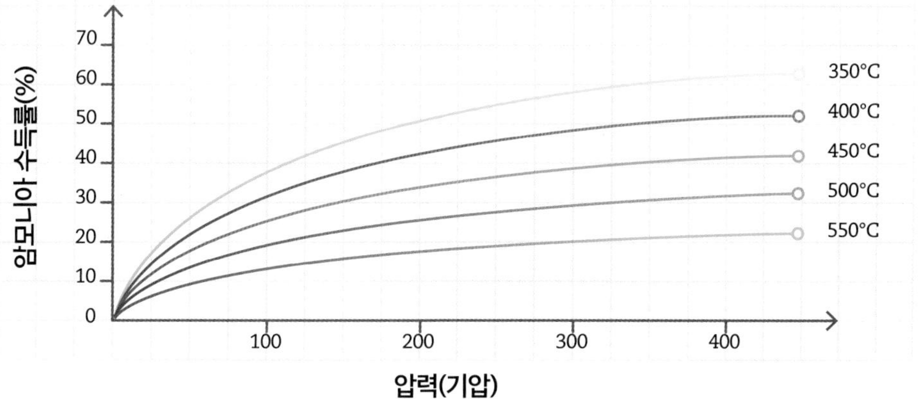

산업용 촉매

촉매는 반응의 대체 경로를 제공하여 반응 속도를 높이기 때문에 산업 공정에서 흔히 사용된다(184쪽 참조). 촉매는 반응 중에 변하지 않아 여러 번 재사용이 가능하므로 비용을 절감하게 된다. 산화 바나듐 결정은 하버 공정에서 촉매로 사용된다.

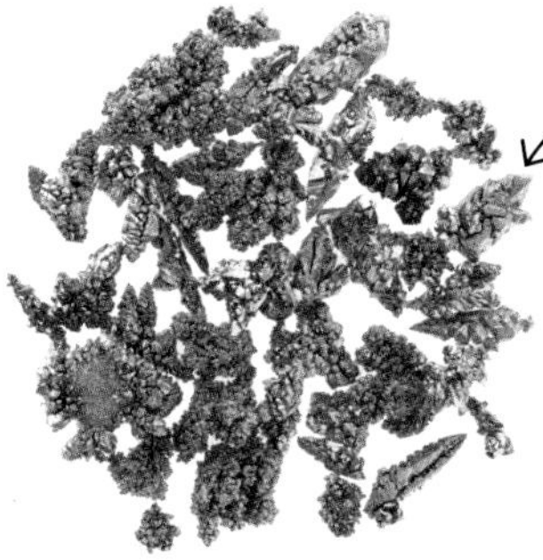

산화 바나듐 결정

비료

식물은 성장 과정에서 필요한 특정 원소들을 토양으로부터 흡수한다. 그러나 시간이 흐르면서 이러한 필수 원소들은 점차 소진된다. 따라서 농부와 정원사는 토양의 원소를 보충하기 위해 비료를 사용한다. 비료에는 식물의 성장에 필수적인 수용성 화합물들이 포함되어 있다.

비료 화합물

인공 비료는 질소(N), 인(P), 포타슘(K) 원소를 다양한 비율로 포함하고 있다. 이러한 원소들은 수용성 화합물의 형태로 식물에 의해 흡수된다. 이들 원소의 화학 기호에 따라 NPK 비료라고 부르며(52-53쪽 참조), 각 원소의 함량에 따라 비료의 색상이 다르게 나타난다.

원소	기능
질소	성장
마그네슘	광합성
포타슘	기공 개폐
인	광합성 및 호흡

핵심 요약

- ✓ 식물은 성장을 위해 토양에서 필수 원소들을 흡수한다.
- ✓ 가장 중요한 세 가지 원소는 질소, 인, 포타슘이다.
- ✓ 비료는 용해되어 식물에 필수 원소를 제공한다.
- ✓ 대다수의 비료는 이온 화합물 형태로 존재한다.

비료의 작용 원리

일부 농장에서는 기계를 이용해 토양에 비료를 뿌린 다음 물을 뿌려 비료가 용해되어 토양으로 필요한 원소를 방출할 수 있도록 한다. 식물은 자라면서 이러한 필수 원소를 포함한 여러 영양분을 토양으로부터 흡수하게 된다.

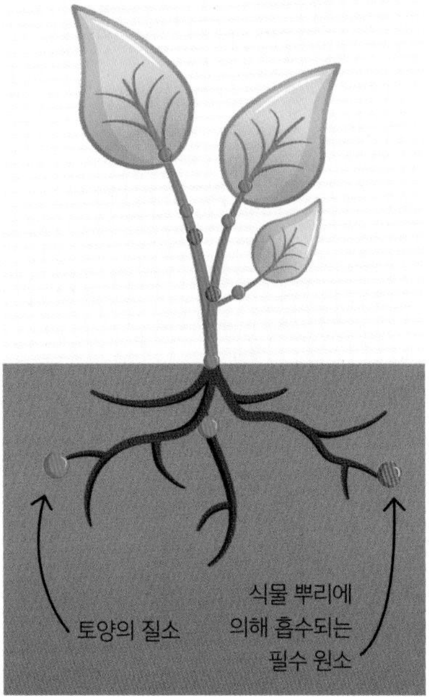

비료 생산

비료는 간단한 장비로 실험실에서 제조하거나 또는 대규모 산업 현장에서 생산할 수 있다. 산업 현장에서는 거대한 강철 용기에서 비료를 생산하기 위해 필요한 발열 반응을 수행한다. 이 반응으로 인해 발생하는 열은 비료의 수분을 증발시켜 비료를 더욱 농축시킨다. 그러나 실험실에서의 비료 제조는 훨씬 더 소규모로 이루어진다.

핵심 요약

- ✓ 비료는 산업 현장 또는 실험실에서 만들 수 있다.
- ✓ 산업 현장에서는 비료가 더 농축된 형태로 대량 생산된다.
- ✓ 실험실에서 적정과 결정화 과정을 통해 비료를 제조할 수 있다.

실험실에서 비료 만들기

비료의 일종인 황산 암모늄을 만들려면 삼각 플라스크, 뷰렛, 분젠 버너(또는 물 중탕 장치)가 필요하다.

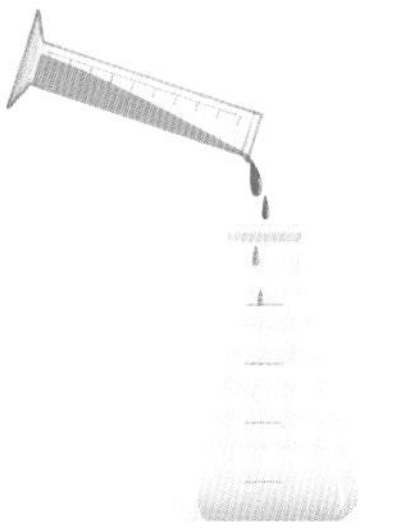

1. 눈금 실린더를 사용하여 암모니아 용액 25 cm^3를 측정하고 삼각 플라스크에 붓는다.

2. 메틸 오렌지 지시약 2방울을 첨가한다. 용액이 노란색으로 변하여 알칼리성임을 알 수 있다.

3. 뷰렛을 사용하여 용액이 주황색으로 변할 때까지 묽은 황산을 천천히 첨가한다.

4. 첨가한 황산의 양을 기록한다. 사용한 용액은 폐수통에 버린다.

5. 같은 양의 암모니아와 황산으로 실험을 반복한다. 황산 필요량을 이미 알고 있으므로 이번에는 지시약을 사용할 필요가 없다.

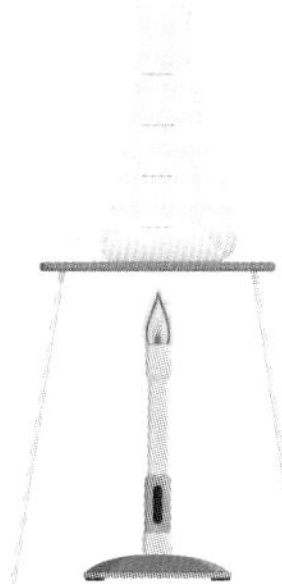

6. 황산 암모늄 용액을 결정화한다 (47쪽 참조). 형성된 결정이 비료가 된다.

암모니아 + 황산 ⟶ 황산 암모늄

$$2NH_3(aq) + H_2SO_4(aq) \longrightarrow (NH_4)_2SO_4(aq)$$

용어 풀이

가설(hypothesis) 과학적 아이디어나 이론

강산(strong acid) 대부분이 이온화되는 산

거름종이(filter paper) 불용성 물질의 통과를 막고 액체는 통과시키는 종이

격자(lattice) 원자의 정렬된 구조

결정(crystal) 원자가 규칙적인 3차원 패턴으로 배열된 자연적으로 발생하는 고체 물질

결합(bond) 원자들이 하나의 집합체를 형성할 수 있도록 해주는, 원자들 사이에 작용하는 인력

고체(solid) 입자가 서로 결합되어 고정된 위치를 유지하는 상태. 모양과 부피가 고정되어 있음

공식(formula (mathematical)) 수학 기호로 작성된 규칙이나 관계

공유 결합(covalent bond) 두 원자 사이에 전자를 공유하는 결합

광물(mineral) 소금과 같이 자연적으로 발생하는 무기 화학 물질. 종종 암석에서 발견되거나 물에 용해되며, 일부 미네랄은 생명에 필수적임

광석(ore) 금속과 같은 유용한 원소를 정제하고 수집할 수 있는 암석이나 광물

광합성(photosynthesis) 식물이 태양 에너지를 사용하여 물과 이산화탄소로부터 탄수화물과 산소를 만드는 과정

구조식(displayed formula) 분자 내 원자 사이의 결합을 표시하기 위해 기호와 직선을 사용하는 화학식

금속(metals) 많은 유사한 특성을 공유하는 원소 그룹

기체(gas) 입자가 서로 끌리지 않고 자유롭게 움직일 수 있는 상태. 흐를 수 있으며, 어떤 모양이든 가질 수 있고, 모든 용기를 채울 수 있음

껍질(shell) 전자가 핵 주위를 공전하는 경로

끓는점(boiling point) 액체가 기체로 끓어서 변하는 온도

녹는점(melting point) 고체가 액체로 녹는 온도

녹슬다(rusting) 철이 부식되다

농도(concentration) 용액에 용해된 용질의 양을 측정한 것

농도 기울기(concentration gradient) 한 영역의 물질 농도와 다른 영역의 물질 농도 간의 차이. 큰 농도 기울기는 확산 속도가 빨라지도록 함

단량체(monomer) 결합하여 중합체라고 불리는 더 큰 분자를 형성할 수 있는 작은 분자

단백질(protein) 질소를 함유한 유기 물질로 고기, 생선, 치즈, 콩 등의 식품에 들어 있음. 생명체는 성장과 회복을 위해 필요함

대기(atmosphere) 지구를 둘러싼 기체 혼합물

데이터(data) 실험을 통해 수집된 숫자, 사실, 통계 등의 정보 모음

독성(toxic) 유해한 물질을 설명하는 데 사용하는 단어

동위 원소(isotopes) 중성자 수가 다른 두 원소의 형태

동족(homologous) 동일한 작용기를 갖는 화합물 그룹을 설명하는 데 사용되는 단어

막(membrane) 일부 물질은 통과하지 못하게 막고 일부 물질은 통과시키는 얇은 장벽 또는 경계

만능 지시약(universal indicator) pH에 따라 특정 색상으로 변하는 염료의 혼합물

모형(model) 과학자들이 물체나 시스템의 작동 방식을 이해하는 데 도움이 되는, 실제 물체나 시스템을 단순화한 표현

몰(mole) 양을 세는 단위로, 1몰은 아보가드로 수만큼의 입자임

무수물(anhydrous) 물 분자를 포함하지 않는 화합물

물질(matter) 우리 주변의 모든 것을 구성하는 소재

물질(substance) 단일 화합물 또는 화합물의 혼합물

묽은(dilute) 용액에 어떤 물질이 적은 양 녹아 있음을 설명하는 단어

미생물(microorganism) 현미경을 통해서만 볼 수 있는 작은 유기체

밀도(density) 부피 대비 질량

박테리아(bacteria) 지구상의 주요 생명체 중 하나인 단세포 생물. 대부분의 박테리아는 유익하지만 일부는 질병을 유발함

반응물(reactant) 다른 물질과 화학적으로 반응하여 생성물을 형성하는 물질

반응성(reactive) 다른 물질과 쉽게 반응하는지를 나타낼 때 사용하는 단어

발열 반응(exothermic reaction) 열을 방출하는 화학 반응

방사선(radiation) 방사능 물질에서 방출되는 전자기파 또는 입자 흐름

배터리(battery) 전기 에너지를 생산하기 위한 장치. 내부에 하나 이상의 화학 전지를 포함함

백신(vaccine) 신체에 항원이 존재하도록 하는 안전한 방법으로, 실제 질병이 나타나면 신체가 이에 맞서 싸울 준비가 되어 있음

부산물(by-product) 화학 반응 중에 생성되는 유용하지 않은 부수물

부식(corrosion) 주로 산소와 물로 인해 금속이나 다른 고체 물질이 손상되는 화학 반응

부식성(corrosive) 부식을 일으키는 물질을 설명하는 단어

부피(volume) 물체가 차지하는 공간의 양

분자(molecule) 2개 이상의 원자가 강한 화학 결합으로 연결된 물질

분해(decompose) 더 단순한 물질로 나누는 것

불용성(insoluble) 액체에 용해되지 않는 성질

뷰렛(burette) 액체의 정확한 부피를 측정하는 데 사용되는 기구

브로민화물(bromide) 브로민 원소와 하나 이상의 원소를 함유한 화합물

비금속(non-metal) 원자 가장 바깥쪽 껍질에서 전자를 얻어 다른 원소와 반응할 가능성이 있는 원소 유형

산(acid) 물에 용해될 때 수소 이온을 방출하는 화합물로, 용액의 pH 값이 7보다 작아지도록 함

산성(acidic) 산의 성질을 갖는 물질을 설명하는 단어

산소(oxygen) 실온에서 기체인 16족 원소. 공기의 21%를 차지함

산화(oxidation) 원자가 산소를 얻거나 전자를 잃는 반응

산화물(oxide) 산소가 하나 이상의 다른 원소와 결합되어 있는 화합물

생성물(product) 반응물 사이에서 화학 반응이 일어난 후 형성되는 새로운 물질

석탄(coal) ◎ 화석 연료(fossil fuel) 참조

설탕(sugar) 탄수화물의 일종

세포(cell) 살아 있는 물질의 작은 단위. 세포는 모든 생명체의 구성 요소임

수산화물(hydroxide) 수소, 산소 및 대체로 금속 원소를 포함하는 화합물의 일종

수용액(aqueous solution) 용매가 물인 용액

수화물(hydrated) 물 분자와 결합된 화합물

순수(pure) 원소나 한 가지 화합물로만 구성된 물질을 설명하는 데 사용되는 단어

승화(sublimation) 고체 물질이 액체 상태를 거치지 않고 바로 기체로 변하는 과정, 또는 그 반대

시료(sample) 실험의 대상이 되는 물질

실온(room temperature) 20°C

실험(experiment) 가설이 참인지 아닌지를 검증하기 위해 설계한 통제된 상황

아미노산(amino acid) 단백질 분자를 구성하는 분자

아이오딘화물(iodide) 아이오딘 원소와 다른 원소를 함유한 화합물

알케인(alkane) 분자 내에 탄소-탄소 이중 결합이 없는 탄화수소

알칼리(alkali) 물에 용해되면 OH^- 이온을 생성하여 pH가 7보다 커지도록 함

알칼리성(alkaline) 알칼리의 성질을 갖는 물질을 설명하는 단어

알켄(alkene) 분자 내에 탄소-탄소 이중 결합이 있는 탄화수소

알코올(alcohol) 작용기 −OH를 갖는 화합물

알파 입자(alpha particle) 2개의 양성자와 2개의 중성자로 구성되며 +2의 전하를 가진 입자

압력(pressure) 표면에 작용하는 힘의 강도를 나타내는 척도. 힘의 강도와 압력이 가해지는 표면적에 따라 달라짐

액체(liquid) 물질의 입자가 서로 느슨하게 부착되어 자유롭게 움직이는 상태. 흐르고 어떤 모양이든 가질 수 있지만, 부피는 고정되어 있음

약물(drug) 체내 기능을 바꾸기 위해 섭취되는 화학 물질. 대부분 질병을 치료하거나 예방하기 위해 복용되고 있음

약산(weak acid) 일부만 이온화된 산

양성자(protons) 원자핵에 있는 양전하를 띤 입자. 핵 주위를 도는 전자를 끌어당김

어는점(freezing point) 액체가 고체로 어는 온도

에너지(energy) 어떤 일이 일어나게 만드는 힘. 한 형태에서 다른 형태로 변환될 수 있음

에스터(ester) 작용기 −COO−를 포함하는 동족 계열 화합물

에텐(ethene) 2개의 탄소와 4개의 수소 원자를 포함하는 화합물. 주로 식물에서 생산되는 기체로, 과일 숙성을 유발하는 호르몬 역할을 함

여과(filtration) 불용성 고체로부터 액체를 분리하는 방법

여과액(filtrate) 필터를 통과한 액체

염(salt) 산이 알칼리와 반응하여 형성되는 화합물

염기(base) 산을 중화시킬 수 있는 물질

염화물(chloride) 염소 원소와 하나 이상의 원소를 포함하는 화합물

영양소(nutrients) 동물과 식물이 섭취하는 생명과 성장에 필수적인 물질

온도(temperature) 사물이 얼마나 뜨거운지 또는 차가운지를 나타내는 척도

용매(solvent) 용질이 용해되어 용액을 형성하는 물질로, 보통 액체 상태임

용액(solution) 용질 분자나 이온이 용매 분자 사이에 균일하게 퍼져 있는 혼합물

용융(molten) 일반적으로 고체이지만 고온으로 가열하면 액체가 되는 물질을 설명하는 데 사용되는 단어

용질(solute) 용매에 녹아 용액을 형성하는 물질

용해(dissolve) 다른 물질과 완전히 혼합되는 것. 대부분의 경우 소금과 같은 고체는 물과 같은 액체에 용해됨

용해성(soluble) 액체에 용해되는 능력

우주(universe) 공간 전체와 그 안에 포함된 모든 것을 의미함

원소(element) 더 단순한 물질로 분해될 수 없는 순수한 물질

원소 기호(symbol (chemical)) 원소를 나타내는 고유한 한 글자 또는 두 글자 기호

원유(crude oil) ➲ 화석 연료(fossil fuel) 참조

원자(atom) 원소의 가장 작은 단위로 양성자, 중성자, 전자로 구성되어 있음

원자 번호(atomic number) 원자에 포함된 양성자 수로, 모든 원소는 고유한 원자 번호를 가지고 있음

원자핵(nucleus) 양성자와 중성자로 구성된 원자의 중심 부분

유기(organic) 생물체에서 유래하거나 탄소와 수소 원자를 기반으로 한 화합물

유기체(organism) 생명체

유독한(poisonous) ➲ 독성(toxic) 참조

유전자(gene) DNA에 암호화되어 있으며 생명체 세포 내부에 저장되어 있는 명령. 부모로부터 자손에게 전달되며, 각 생물의 유전적 특성을 결정함

음이온(anion) 음전하를 띤 이온으로 (+)극에 끌림

응축(condensation) 물질이 기체에서 액체로 변하는 과정

응축하다(condense) 기체에서 액체로 변하다

이론(theory) 실험을 통해 검증된 과학적 아이디어

이산화 탄소(carbon dioxide) 공기 중에 존재하는 기체로, 1개의 탄소 원자와 2개의 산소 원자로 구성됨

이산화물(dioxide) 분자 내에 2개의 산소 원자를 포함한 화합물

이온(ion) 원자가 전자를 잃거나 얻은 상태

이온 결합(ionic bond) 정전기적 인력으로 금속 이온과 비금속 이온 사이에 형성되는 결합

이원자(diatomic) 2개의 원자로 구성된 분자

인공물(artificial) 자연에는 존재하지 않고 인간이 만들어낸 물질

인화성(flammable) 불이 잘 붙는 물질을 설명하는 단어

입자(particle) 원자, 분자, 이온과 같은 아주 작은 물질

자기성(magnetic) 자기장을 생성하는 물체를 설명하는 데 사용되는 단어. 특정 물질을 끌어당기고 다른 자석을 끌어당기거나 밀어낼 수 있음

자유 전자(delocalized electrons) 원자 사이를 자유롭게 이동하는 전자

작용기(functional group) 유기 화합물의 특성을 결정하는 원자, 원자 그룹 또는 결합

작용제(agent) 다른 물질과 상호작용하여 효과를 촉진하는 물질

전극(electrode) 전기 회로의 전기 접점. 양전하 또는 음전하를 가질 수 있음

전기 분해(electrolysis) 전류를 사용하여 화합물을 원소로 분리하는 것

전도체(conductor) 열이나 전기를 쉽게 전달하는 물질

전자(electrons) 원자 내부의 음전하를 띤 입자. 전자는 껍질이라고 불리는 층에서 원자핵 주위를 공전하며, 원자에 의해 교환되거나 공유되어 분자를 함께 묶는 결합을 만듦

전자 배치(electronic (configuration)) 원자 내에서 전자가 배열되는 방식

전지(cell (electrochemical)) 전기 에너지를 생산하는 장치

전하(charge) 물질이 띠는 양 또는 음의 전기

전해질(electrolyte) 용융 물질 또는 용해된 용액에 들어 있는 전기를 흐르게 하는 물질

절연체(insulator) 열이나 전기가 잘 흐르지 않는 물질

정밀(precise) 많은 유효 숫자로 이루어진 측정을 설명하는 용어. 정밀한 측정이 항상 정확하지는 않을 수 있음

정전기적 인력(electrostatic attraction) 음전하와 양전하 사이의 인력

정확한(accurate) 실험에서 측정한 값이 참값에 가까울 때 그 측정은 정확하다고 표현함

조류(algae) 물에 살며 광합성을 통해 양분을 만드는 단순한 식물과 유사한 유기체

족(group) 주기율표의 한 열에 있는 원소의 집합. 한 족의 원소들은 각 원소가 바깥 껍질에 같은 수의 전자를 갖고 있기 때문에 비슷한 성질을 가지고 있음

주기(period) 주기율표의 한 행에 있는 원소의 집합

주기율표(periodic table) 알려진 모든 원소를 나타내는 표

중성(neutral) 양전하나 음전하를 띠지 않는 것을 설명하는 데 사용되는 단어. 산성도 알칼리성도 아닌 pH 7의 용액임

중성자(neutron) 원자핵에 포함된 전하가 없는 입자

중합체(polymer) 반복 단위로 이루어진 긴 사슬 모양의 탄소 화합물. 플라스틱을 예로 들 수 있음

중화(neutralization) 산과 염기 사이의 화학 반응

증기(vapour) 냉각하거나 압력을 가하면 다시 액체로 바뀔 수 있는 기체

증류(distillation) 용액에서 순수한 액체를 분리하는 방법

증발(evaporation) 물질이 액체에서 기체로 변하는 과정

증발하다(evaporate) 액체에서 기체로 상태 변화하다

지시약(indicator) 산성이나 알칼리성에서 색이 변하는 물질

진한(concentrated) 용액에 어떤 물질이 많은 양이 녹아 있음을 설명하는 단어

질량(mass) 물체에 들어 있는 물질의 양

질산염(nitrate) 질소와 산소의 음이온을 함유한 염

첨가 반응(addition reaction) 2개의 반응물이 결합하여 하나의 생성물을 만드는 화학 반응

촉매(catalyst) 화학 반응의 속도를 빠르게 하지만 반응 중에 변하지 않는 물질

축(axis) 그래프에 측정값을 표시하는 2개의 수직선 중 하나

취약한(brittle) 쉽게 부서지는 단단한 고체를 설명하는 단어

치환(displacement) 반응성이 더 높은 원소가 화합물에서 반응성이 낮은 원소를 대체하는 화학 반응

침전물(precipitate) 용액에 녹아 있는 물질과 용액에 첨가된 물질 사이의 반응 후에 용액 내에서 형성된 작은 고체 입자

카복실산(carboxylic acids) 작용기 −COOH를 포함하는 유기 화합물의 동족 계열

크래킹(cracking) 큰 탄화수소 분자를 더 작고 더 유용한 알칸과 알켄으로 분해하는 반응

탄산염(carbonate) 탄소와 산소 원자뿐만 아니라 다른 원자도 포함하는 화합물. 많은 광물은 탄산염임

탄화수소(hydrocarbon) 공유 결합으로 결합된 수소와 탄소 원자만을 포함하는 화합물

특성(property) 원소나 화합물의 특징을 의미함. 예를 들어 색상이나 반응성은 물질의 특성임

평균(mean, average) 일련의 값을 더한 후 전체 값으로 나누어 구한 평균값

평균 원자량(relative atomic mass, A_r) 모든 동위 원소를 포함한 원자의 평균 질량

평형(equilibrium) 정반응이 역반응과 같은 속도로 일어나는 상태

포화(saturated) 단일 공유 결합만을 포함하는 분자를 설명하는 데 사용되는 단어

포화 용액(saturated solutions) 용질이 더 이상 용해될 수 없는 용액

표면적(surface area) 고체 물체의 외부 전체 면적

플라스틱(plastic) 광범위한 유용한 특성을 갖는 고분자 유형

플루오린화(fluoride) 플루오린 원소가 하나 이상의 원소와 결합된 화합물

피펫(pipette) 액체를 옮기는 데 사용되는 기구

한계 반응물(limiting reactant) 반응에서 가장 먼저 완전히 소모되는 반응물

할로젠(halogens) 주기율표 17족의 원소

합금(alloy) 금속과 다른 금속 또는 비금속을 혼합하여 만든 물질

합성 물질(synthetic) 특정 목적을 위해 인간이 제조한 물질

현미경(microscope) 렌즈를 사용하여 작은 물체를 더 크게 보이게 만드는 과학 기구

혈액(blood) 동물의 몸을 순환하는 액체로, 중요한 물질을 세포에 전달하고 노폐물을 제거함

호르몬(hormone) 혈액을 통해 이동하며 특정 표적 기관의 기능을 변경하는, 신체 내 샘에서 생성되는 화학 물질. 종종 강력한 효과를 나타냄

호흡(respiration) 세포가 탄수화물로부터 에너지를 전달하는 과정

혼합물(mixture) 화학 결합으로 연결되지 않은 물질의 집합

화석 연료(fossil fuel) 생물의 화석화된 잔해에서 만들어진 연료. 예로 석탄, 원유, 천연가스 등이 있음

화학(chemistry) 원소의 특성과 반응을 과학적으로 연구하는 학문

화학 물질(chemical) 몇몇 원소로부터 만들어진 화합물을 의미하는 단어

화학식(formula (chemical) 화학 물질 내의 원자의 종류와 수를 나타낸 것

화학식량(relative formula mass, M_r) 화합물에 포함된 원자들의 평균 원자량의 합

화학자(chemist) 원소, 화합물, 화학 반응을 연구하는 과학자

화합물(compound) 원자의 결합으로 구성된 2개 이상의 원소로 이루어진 화학 물질

환원(reduction) 물질이 산소를 잃거나 전자를 얻는 반응

활성화 에너지(activation energy) 입자가 반응하기 위해 가져야 하는 최소한의 에너지

황산염(sulfate) 황과 산화 이온을 함유한 염

황화물(sulfide) 황 원소와 하나 이상의 다른 원소를 포함하는 화합물

효소(enzyme) 화학 반응 속도를 높이는 세포에서 생성되는 단백질

흡열 반응(endothermic reaction) 열을 흡수하는 화학 반응

(−)극(cathode) 음으로 하전된 전극

(+)극(anode) 양으로 하전된 전극

pH 용액의 산성 또는 알칼리성을 측정하는 데 사용되는 척도

x축(x-axis) 그래프의 가로축

y축(y-axis) 그래프의 세로축

찾아보기

ㅈ

기타

감사의 말

The publisher would like to thank the following people for their assistance in the preparation of this book:
Sam Atkinson, Edward Aves, and Alexandra Di Falco for editorial help; Nicola Erdpresser, Joe Lawrence, Daksheeta Pattni, and Sammi Richiardi for design help; Steve Crozier for picture retouching; Martin Payne for proofreading; Helen Peters for the index.

The publisher would like to thank the following for their kind permission to reproduce their photographs: (Key: a-above; b-below/bottom; c-centre; f-far; l-left; r-right; t-top)

1 Science Photo Library: Martyn F. Chillmaid. **2 Dorling Kindersley:** Ruth Jenkinson / RGB Research Limited (background). **3 Dorling Kindersley:** Ruth Jenkinson / RGB Research Limited (bl, bl/sodium, bc, br, br/Caesium). **5 Dreamstime.com:** Okea (br). **6 Science Photo Library:** (bl); Martyn F. Chillmaid (bl/Strong Acid, c/Weak Acid). **7 Science Photo Library:** (br). **8 Science Photo Library:** Martyn F. Chillmaid (br). **12 Dreamstime.com:** Katerynakon (crb). **iStockphoto.com:** E+ / bymuratdeniz (cl). **15 Alamy Stock Photo:** sciencephotos (bc). **Dreamstime.com:** Robert Davies (ca). **iStockphoto.com:** Ranta Images (cr). **Science Photo Library:** Andrew Lambert Photography (cb). **16 Science Photo Library:** Martyn F. Chillmaid (c). **20 Dreamstime.com:** Dmitrii Kazitsyn (cra). **Fotolia:** Fotoedgaras (cr). **Science Photo Library:** Martyn F. Chillmaid (cla). **22 Dorling Kindersley:** Clive Streeter / The Science Museum, London (c/used 2 times). **30 Dorling Kindersley:** Ruth Jenkinson / RGB Research Limited (fcl, cra); Colin Keates / Natural History Museum, London (c). **31 Dorling Kindersley:** Ruth Jenkinson / RGB Research Limited (cr). **32 Alamy Stock Photo:** studiomode (cl). **iStockphoto.com:** E+ / Turnervisual (c). **Science Photo Library:** Martyn F. Chillmaid (cr). **33 Alamy Stock Photo:** studiomode (cl). **iStockphoto.com:** E+ / Turnervisual (c). **Giphotostock/ Science Photo Library:** Editorial Image (cr). **34 Dorling Kindersley:** Ruth Jenkinson / Holts Gems **35 Science Photo Library:** Martyn F. Chillmaid (br/used 2 times). **36 Science Photo Library:** (tc). **38 Alamy Stock Photo:** Evgeny Karandaev (clb). **Science Photo Library:** Vitaliy Belousov / Sputnik (br); Martyn F. Chillmaid (crb). **39 iStockphoto.com:** E+ / Mitshu (r). **40 Science Photo Library:** Turtle Rock Scientific (r). **41 Science Photo Library:** (c). **42 Science Photo Library:** Giphotostock (c). **43 Science Photo Library:** Giphotostock (cra). **44 Science Photo Library:** Giphotostock (b/used 2 times). **45 Science Photo Library:** Giphotostock (bl). **46 Science Photo Library:** (c). **47 Alamy Stock Photo:** Stocksearch (c). **48 Science Photo Library:** Giphotostock (c). **50 Science Photo Library:** (c/used twice). **54 Getty Images:** Science & Society Picture Library (c). **56 123RF.com:** photopips (crb). **Dorling Kindersley:** Ruth Jenkinson / RGB Research Limited (cb). **SuperStock:** Science Photo Library (cl). **57 Dorling Kindersley:** Ruth Jenkinson / Holts Gems (cla). **Dreamstime.com:** Laurenthive (fcla); Dmitry Skutin (cra). **Science Photo Library:** Ian Cuming / Ikon Images (bc). **58 Dorling Kindersley:** Ruth Jenkinson / RGB Research Limited (fbr, br, bl/sodium, fbl/Lithium, bc). **59 Getty Images:** Moment Open / (c) Philip Evans (bl). **60 Dorling Kindersley:** Ruth Jenkinson / RGB Research Limited (cb, clb, cr, c, cl). **61 Dorling Kindersley:** Ruth Jenkinson / RGB Research Limited (crb, cb, cr, c, cl). **62-63 Science Photo Library:** Andrew Lambert Photography (b). **64 123RF.com:** cobalt (bc); Oleksandr Marynchenko (bl). **Dorling Kindersley:** Ruth Jenkinson / RGB Research Limited (crb, cb, clb, cr, c, cl, cra, ca, cla). Fotolia: efired (fbr). **65 Dorling Kindersley:** Ruth Jenkinson / RGB Research Limited (br). **Science Photo Library:** US Department Of Energy (bl); Dirk Wiersma (crb). **66 Dreamstime.com:** Pavel Naumov (fbr). **67 123RF.com:** scanrail (bc). **Dorling Kindersley:** Ruth Jenkinson / RGB Research Limited (crb, clb, cr, cl). **SuperStock:** Science Photo Library (c). **68 Dorling Kindersley:** Ruth Jenkinson / RGB Research Limited (cb, clb, c, cl). **69 Dorling Kindersley:** Ruth Jenkinson / RGB Research Limited (br, bl, crb, cl). **70 Dorling Kindersley:** Ruth Jenkinson / RGB Research Limited (cr, cl, cl/fluorine, ca). **71 Dorling Kindersley:** Ruth Jenkinson / RGB Research Limited (cr, cb, clb, cr, c, cl). **79 Science Photo Library:** Charles D. Winters (c). **83 Dorling Kindersley:** Ruth Jenkinson / RGB Research Limited (c). **84 Alamy Stock Photo:** Mediscan (c). **85 Alamy Stock Photo:** Phil Degginger (br). **86 Dreamstime.com:** MinervaStudio (clb); Eduard Bonnin Turina (bc). **Fotolia:** apttone (c). **88 Alamy Stock Photo:** Yuen Man Cheung (br). **89 Dorling Kindersley:** Ruth Jenkinson / RGB Research Limited (cl). **91 Dreamstime.com:** Grafner (c). **93 Dreamstime.com:** Bblood (c). **96 Dreamstime.com:** Andreykuzmin (c); Romikmk (crb); Nikkytok (crb/Dense steam); Valentyn75 (clb). **98 Science Photo Library:** Turtle Rock Scientific (c). **100 SuperStock:** Science Photo Library (c). **102 Alamy Stock Photo:** James King-Holmes (clb). **JOHN ROGERS/ UNIVERSITY OF ILLINOIS AT URBANA-CHAMPAIGN:** (crb). **Science Photo Library:** Steve Gschmeissner (cb); National Cancer Institute (b). **103 Science Photo Library:** David Parker (c). **104 Science Photo Library:** Giphotostock (cl). Shutterstock: xiaorui (c). **105 iStockphoto.com:** Sashul9 (l). **107 Science Photo Library:** (ca). **109 Science Photo Library:** (b). **111 Science Photo Library:** Andrew Lambert Photography (cl, cr). **112 Science Photo Library:** Science Source (cr, c, cl). **115 Science Photo Library:** Turtle Rock Scientific / Science Source (c). **116 Science Photo Library:** Trevor Clifford Photography / Science Photo Library (r). **127 Science Photo Library:** Martyn F. Chillmaid (cr). **130 123RF.com:** maksym yemelyanov / maxxyustas (cl); mrtwister (cr). **Dreamstime.com:** Denira777 (c). **131 123RF.com:** imagepixels (c). **Dreamstime.com:** Puripat Khummungkhoon (cl); Winnipuhin (cr). **Science Photo Library:** (tc). **132 Science Photo Library:** Andrew Lambert Photography (l). **133 Science Photo Library:** (c). **134 Science Photo Library:** (cra); Turtle Rock Scientific (br, cr). **135 Science Photo Library:** Giphotostock (cr, cl). **136 Science Photo Library:** Charles D. Winters (r). **137 Science Photo Library:** Martyn F. Chillmaid (c, c/Strong Acid). **138 Science Photo Library:** Giphotostock (cr, cl). **140 Science Photo Library:** (c). **145 Science Photo Library:** Martyn F. Chillmaid (c). **146 Dorling Kindersley:** Clive Streeter. **147 Science Photo Library:** Martyn F. Chillmaid (c). **152 Science Photo Library:** Giphotostock (b). **156 Dreamstime.com:** Ekaterina Semenova / Ekaterinasemenova (bc). **158 Science Photo Library:** (b). **163 Science Photo Library:** Lewis Houghton (r). **164 Science Photo Library:** (r). **165 Science Photo Library:** Turtle Rock Scientific / Science Source (c). **166 123RF.com:** Romolo Tavani (c). **167 Science Photo Library:** Giphotostock (r). **173 Alamy Stock Photo:** Independent Picture Service (bc/ fruit battery). **Science Photo Library:** (r). **Shutterstock:** Alexander Konradi (bc). **174 Science Photo Library:** (c). **175 Dreamstime.com:** Yudesign (c). **176 Science Photo Library:** Giphotostock (c). **177 Science Photo Library:** Mikkel Juul Jensen (c). **179 123RF.com:** Romolo Tavani (br). **Dreamstime.com:** Anest (c). **Science Photo Library:** Giphotostock (bc); Paul Rapson (bc/crude oil). **181 Science Photo Library:** Martyn F. Chillmaid (c). **182 Science Photo Library:** Giphotostock (c). **183 Science Photo Library:** Turtle Rock Scientific (c). **184 Science Photo Library:** (c). **187 Science Photo Library:** Trevor Clifford Photography (c). **188 Alamy Stock Photo:** sciencephotos (c). **191 Science Photo Library:** Martyn F. Chillmaid (cr, c). **192 Science Photo Library:** Turtle Rock Scientific / Science Source (c). **193 Science Photo Library:** Giphotostock (cr, cl). **194 Science Photo Library:** Turtle Rock Scientific / Science Source (b). **196 Science Photo Library:** Giphotostock (r). **201 Dreamstime.com:** Gualtiero Boffi (cb). **Science Photo Library:** (c). **202 Science Photo Library:** Spacex (c). **203 Science Photo Library:** Crown Copyright / Health & Safety Laboratory (crb). **205 123RF.com:** Scanrail (tr). **Alamy Stock Photo:** Nathan Allred (cra). **Dreamstime.com:** Ilfede (crb). **PunchStock:** Westend61 / Rainer Dittrich (cr). **Science Photo Library:** Paul Rapson (cr/Kerosene); Victor De Schwanberg (br). **206 Science Photo Library:** Paul Rapson (c). **211 Science Photo Library:** Martyn F. Chillmaid (r). **216 Science Photo Library:** Andrew Lambert Photography (bc); Martyn F. Chillmaid (cb); Turtle Rock Scientific / Science Source (ca). **217 Alamy Stock Photo:** David Lee (cr). **Dreamstime.com:** R. Gino Santa Maria / Shutterfree, Llc (cra). **Science Photo Library:** Andrew Lambert Photography (crb). **218 Getty Images:** Brand X Pictures / Science Photo Library - Steve Gschmeissner (cr). **Science Photo Library:** Martyn F. Chillmaid (c). **225 Dreamstime.com:** Pglazar (c). **226 Science Photo Library:** Dennis Kunkel Microscopy (c). **232 Science Photo Library:** (c). **233 Science Photo Library:** Giphotostock (b); Turtle Rock Scientific / Science Source (c). **234 Science Photo Library:** Giphotostock (tr). **235 Science Photo Library:** (tl/Silver nitrate, ftl/ Chloride ions, tc/Iodide ions). **236 Science Photo Library:** Martyn F. Chillmaid (b). **237 Science Photo Library:** (br); Martyn F. Chillmaid (c). **241 Dorling Kindersley:** Arran Lewis / NASA (c). **242 Alamy Stock Photo:** Naeblys (c). **243 Dorling Kindersley:** Colin Keates / Natural History Museum, London (bc). **254 Science Photo Library:** 201010 LTD (c). **255 123RF.com:** Nikolai Grigoriev / grynold (b). **256 Alamy Stock Photo:** Ryan McGinnis (c). **258 Dorling Kindersley:** Cloki (cb). **Dreamstime.com:** Design56 (bc); Subodh Sathe (ca). **Science Photo Library:** Turtle Rock Scientific (br). **259 Dorling Kindersley:** Gary Ombler / Universal Cycle Centre (c). **260 Dreamstime.com:** Georgii Dolgykh / Gdolgikh (bc); Gemenacom (cb). **261 123RF.com:** Aleksey Poprugin (cr). **Dreamstime.com:** Ib Photography / Inbj (crb). **Science Photo Library:** Giphotostock (l). **262 Dreamstime.com:** Yifang Zhao (c). **264 123RF.com:** Nik Merkulov (c). **265 Dreamstime.com:** Dingalt (b). **266 123RF.com:** Dmytro Nikitin (cr). **269 123RF.com:** Aleksey Poprugin (bl). **272 Alamy Stock Photo:** Robert Brook / Science Photo Library (cb). **Science Photo Library:** Robert Brook (bc). **Shutterstock:** dkingsleyfish (ca). **275 Dorling Kindersley:** Ruth Jenkinson / RGB Research Limited (bc). **276 Science Photo Library:** Martyn F. Chillmaid (c)

All other images © Dorling Kindersley
For further information see: www.dkimages.com